全国医药类高职高专“十三五”规划教材·药学类专业

生物化学（第2版）

主　编　朱海英　徐世明
副主编　张丽娟　刘　伟
编　者　（以姓氏笔画为序）
王宏娟　首都医科大学燕京医学院
吕慧玲　运城护理职业学院
朱海英　山西职工医学院
任　捷　山西职工医学院
刘　伟　乐山职业技术学院
许　莹　山西职工医学院
李思敏　湖南科技职业学院
张丽娟　首都医科大学燕京医学院
徐世明　首都医科大学燕京医学院
黄泓轲　乐山职业技术学院

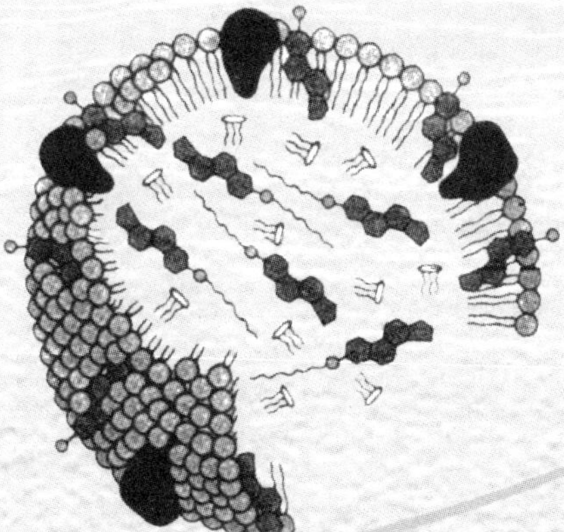

西安交通大学出版社
XI'AN JIAOTONG UNIVERSITY PRESS

图书在版编目(CIP)数据

生物化学/朱海英，徐世明主编. —2版. —西安：西安交通大学出版社，2017.6

全国医药类高职高专“十三五”规划教材·药学类专业

ISBN 978-7-5605-9611-2

Ⅰ.①生… Ⅱ.①朱… ②徐… Ⅲ.①生物化学-高等职业教育-教材 Ⅳ.①Q5

中国版本图书馆CIP数据核字(2017)第081654号

书　　名　生物化学(第2版)
主　　编　朱海英　徐世明
责任编辑　王银存

出版发行　西安交通大学出版社
(西安市兴庆南路10号　邮政编码710049)
网　　址　http://www.xjtupress.com
电　　话　(029)82668357　82667874(发行中心)
(029)82668315(总编办)
传　　真　(029)82668280
印　　刷　陕西奇彩印务有限责任公司

开　　本　787mm×1092mm　1/16　**印张**　17.75　**字数**　425千字
版次印次　2017年8月第2版　2017年8月第1次印刷
书　　号　ISBN 978-7-5605-9611-2
定　　价　35.00元

读者购书、书店添货，如发现印装质量问题，请与本社发行中心联系、调换。
订购热线：(029)82665248　(029)82665249
投稿热线：(029)82668803　(029)82668804
读者信箱：med_xjup@163.com

再版说明

全国医药类高职高专规划教材于2012年出版，现已使用近4年，为我国药学类职业教育培养大批药学专业技能型人才发挥了积极的作用。教材着力构建具有药学专业特色和专科层次特点的课程体系，以职业技能的培养为根本，力求满足学科、教学和社会三方面的需求。全套教材共18种，主要供药学类专业学生使用。

随着我国职业教育体制改革地不断深入，药学类专业办学规模不断扩大，办学形式、专业种类、教学方式亦呈多样化发展。同时，随着我国医疗卫生体制改革、国家基本药物制度、执业药师制度建设地不断深入推进与完善，以及《中国药典》(2015年版)的颁布等，对药学职业教育也提出了新的要求和任务。为了更好地贯彻落实《国家中长期教育改革和发展规划纲要(2011—2020年)》文件精神，顺应职业教育改革发展的趋势，同时也为“十三五”期间申报国家规划教材做准备，在总结汲取1版教材成功经验的基础上，西安交通大学出版社医学分社于2016年启动了“全国医药类高职高专‘十三五’规划教材·药学类专业”的再版工作。

本轮教材改版，以《高等职业学校专业教学标准(试行)》为依据，按照《药品管理法》《国家基本药物目录》《国家非处方药目录》要求，进一步提高教材质量，邀请医药院校教师、医药企业人员共同参与，以对接高职高专药学(药品)类专业教学标准和职业标准。以就业为导向，以能力为本位，以学生为主体，突出药学专业特色，以国家执业助理药师资格准入标准为指导，以培养技能型、应用型专业技术人才为目标，坚持“基础够用，突出技能”的编写原则，做到精简实用，从而更有效地施惠学生、服务教学。

为了便于学生学习、教师授课，在教材内容、体例设置上编出特色，教材各章开篇以高职高专教学要求为标准，编写“学习目标”；正文中根据课程、教材特点有选择性地增加“知识拓展”“实例解析”“课堂活动”“思维导图”等模块；在每章内容后附有“目标检测”，供教师和学生检验教学效果、巩固学习使用。此外，本轮教材编写紧扣执业助理药师资格考试大纲，增设了“考纲提示”模块，根据岗位需要设计教材内容，力求与生产实践、职业资格鉴定(技能鉴定)无缝对接。

由于众多教学经验丰富的专家、学科带头人和教学骨干教师积极踊跃并严谨认真地参与本轮教材的编写，使教材的质量得到了不断完善和提高，并被广大师生所认同。在此，西安交通大学出版社医学分社对长期支持本套教材编写和使用的院校、专家、老师及同学们表示诚挚的感谢！我们将继续坚持“用最优质的教材服务教学”的理念，为我国医药学职业教育做出应有的贡献。

本轮教材出版后，各位教师、学生在使用过程中，如发现问题请及时反馈给我们，以便及时更正和修订完善。

编审委员会

前　言

由西安交通大学出版社组织编写的全国医药类高职高专“十三五”规划教材，是为了深入贯彻落实《国家中长期教育改革和发展规划纲要（2010—2020 年）》确定的教育信息化目标任务，推进医药卫生类高职高专“十三五”教育信息化建设工作，全面提高职业教育质量的创新举措。《生物化学》作为重要的医学基础教材，应突出知识的连贯性和应用性，注重提高学生认识问题、解决问题的能力，目的在于为社会培养实用型医药学人才。

本教材的编写原则是“理论够用，突出实践”，侧重“三基”（基本知识、基本理论和基本技能）。根据高职高专学生特点，本教材在编写内容上力求语言简明流畅，条理清晰，具有可读性；在层次上注意章节间的相关性和连续性，便于学生系统地把握本学科的基本知识和基本理论；对于一些复杂的理论知识在文字叙述的同时附有相关图表，方便教学和学习。每章设有“学习目标”“知识链接”和“目标检测”等内容，可达到提高学习效率，拓展知识面的目的。

本教材内容分为四篇。第一篇，生命物质的结构与功能，包括蛋白质的结构与功能、核酸的结构与功能、酶、维生素、水和无机盐；第二篇，物质的代谢与调控，包括糖代谢、生物氧化、脂类代谢、氨基酸代谢、核苷酸代谢、核酸的生物合成、蛋白质的生物合成及调控；第三篇，专题篇，包括细胞信号转导、基因工程与分子生物学常用技术、肝的生物化学；第四篇，实验指导，设计七个与生物化学相关的实验，以便增强学生的操作能力，较好地满足高职高专学生的教学需要。

参加本教材编写的人员来自全国不同地区，均为具有丰富教学经验的一线骨干教师。在编写过程中，全体参编人员态度积极、工作作风严谨，同时，西安交通大学出版社给予了支持和指导，使本教材的编写任务得以顺利完成，在此表示诚挚感谢。

限于编写时间仓促，水平有限，本教材难免有疏漏之处，欢迎大家批评指正。

朱海英

2017 年 5 月

目　　录

第二篇　物质的代谢与调控

第三篇　专题篇

第四篇　实验指导

第一章 绪 论

学习目标

【掌握】生物化学的概念。

【熟悉】生物化学研究的主要内容及其与医学的关系。

【了解】生物化学的发展简史。

一、生物化学的概念

生物化学(biochemistry)是用化学、物理学及生物学等学科的原理和方法从分子水平上研究生物体的化学组成以及生命过程中化学规律的一门科学，因此，生物化学的研究目的是在分子水平上揭示生命现象的本质，提高人类的生存质量，故生物化学又被称为“生命的化学”。

生物化学研究的对象是生物机体，因此，根据生物体的不同，生物化学分为植物生化、动物生化、微生物生化等。医学生物化学主要研究的对象是人体，是医药专业学生学习的主要医学基础课程。

二、生物化学研究的主要内容

根据研究内容，生物化学可分为叙述(静态)生化和动态生化。叙述生化主要研究生物体的物质组成以及这些物质的分子结构与功能；动态生化主要研究生命过程中的化学规律，即机体内的物质代谢及其调节和基因信息传递及其调控。

(一)生物体的化学组成及结构

生物体是由蛋白质、核酸、脂类、糖类、维生素、水和无机盐等物质组成的，其中生物大分子包括蛋白质、核酸、脂类、糖类等，这些物质分子量大，结构复杂，一般都是由一些基本结构单位按一定方式和顺序连接所形成的多聚体。例如，由氨基酸作为基本组成单位，通过肽键连接形成多肽链，进而形成蛋白质；由核苷酸作为基本组成单位，通过磷酸二酯键连接形成多核苷酸链，进而形成核酸等。令科学家们一直追寻的是，为什么这些物质不像在无生命世界中那样，可以任意地、零乱地堆积在一起，相反，在生物体内却必须系统地、有规律地组合在一起，形成特定的空间结构，才能发挥各种各样的生物学功能。研究生物大分子的分子结构、理化性质及其生物学功能是生物化学这门学科的一项重要内容。

物质的结构与功能是紧密相关的，即结构是功能的基础，而功能是结构的体现。生物大分子结构复杂，功能多样，探索其结构与功能之间的奥妙关系是当前生物化学研究的热点之一。

(二)物质代谢及调节

在生命过程中，机体与外界环境之间不断发生物质交换，实现自我更新，这一过程称为新陈代谢。食物经消化吸收进入血液，由血液运输至各组织细胞进行物质代谢，包括分解代谢和合成代谢两个过程。分解代谢是指机体分解自身物质并且释放能量的过程；合成代谢是指机体将从外界摄取的营养物质转化为自身物质并储存能量的过程。在生物体内，能量的载体是ATP，ATP是生命活动中能够直接利用的能量形式。物质代谢是一个复杂的过程，需要在多种酶的催化下，经过一系列化学反应逐步完成。各种物质均有各自的代谢途径，代谢途径之间相互联系、相互协调，使机体能够适应体内外环境的变化，维持正常的生命活动。

在漫长的生物进化过程中，生物体内形成了完善的调节系统，进化程度越高的生物其调节机制越复杂精细。物质代谢及其调节过程是生物化学研究的重要课题。

(三)基因信息传递及其调控

1953年沃森(J. Watson)和克里克(F. Crick)两人提出了著名的DNA双螺旋结构模型，标志着在生物化学的研究进入了分子生物学时期。现已证明，DNA是遗传的物质基础，具有储存和传递遗传信息的功能。DNA分子中的功能片段称为基因。遗传信息传递与表达包括复制、转录和翻译等过程，此过程不仅与生物的遗传、变异、生长、分化等诸多生命过程有关，而且还与遗传病、恶性肿瘤等疾病的发病机制有关。

遗传信息传递受到复杂机制的调控，研究和揭示遗传信息传递、表达及调控机制是当今生物化学研究的热点内容之一。

三、生物化学发展简史

(一)早期应用阶段

早在西方生物化学诞生之前，我国古代劳动人民在生产、饮食及医药等实践中就运用到了生物化学知识。在酶学方面，公元前21世纪，我国人民已能造酒，这是我国古代用“曲”作“媒”(酶)催化谷物淀粉发酵的实践；在营养学方面，早在《黄帝内经·素问》中记载“五谷为养，五果为助，五畜为益，五菜为充”，将食物分为四大类，以“养”“助”“益”“充”来表明其在营养上的价值；在医药方面，记载有用防风、车前子、杏仁(含维生素B_1)等治疗脚气病，用猪肝(含维生素A)治疗雀目即夜盲症等，《食疗本草》中也记载了许多运用食物治疗疾病的事例。这是生物化学早期发展的萌芽状态。

(二)生物化学产生阶段

18世纪中叶，随着物理、化学和生物学等学科的发展，生物化学得到了一定的发展，逐渐形成了生物化学的雏形。1903年提出了“生物化学”一词，从此，生物化学作为一门独立学科得到了迅速发展。在这一时期，生物化学研究的主要内容是生物体的化学组成，揭示了生命的表现形式是蛋白质，发现了核酸，成功分离出血红蛋白，属于叙述(静态)生物化学阶段。

(三)生物化学快速发展阶段

20世纪生物化学得到了快速发展，到20世纪50年代，分离纯化了许多生化物质，证明了酶的化学本质是蛋白质，研究了维生素、氨基酸等物质的结构和功能。更重要的是许多代谢途径被阐明，如糖代谢途径、脂肪酸β-氧化过程、三羧酸循环等，揭示了生物机体的代谢过程，属于动态生物化学阶段。

（四）分子生物学发展阶段

1953年，沃森和克里克建立了DNA双螺旋结构模型，这一里程碑式的发现标志着生物化学进入了分子生物学发展阶段。在此基础上研究并确立了遗传的中心法则并破译了遗传密码，进一步阐明了遗传信息传递与表达的机制，为揭示生命奥秘奠定了基础。20世纪60—70年代，DNA重组技术的建立开启了基因重组和基因工程技术，20世纪末PCR技术的建立启动了人类基因组计划，确定了人类基因组的全部序列及约10万个基因的一级结构。这些研究成果必将会加深人们对生命本质的认识，从而极大地推动医学的发展，在疾病预防、治疗和抗衰老及新药研究等方面将产生深远的意义。

四、生物化学与医药学的关系

生物化学作为一门重要的医学基础学科，在疾病的诊断、治疗和了解疾病发病机制等方面都有重要作用。组成生物体的化学成分改变和物质代谢过程的异常均是导致疾病产生的原因，如酪氨酸酶缺失导致白化病，糖、脂代谢紊乱会导致糖尿病及高脂血症等。了解疾病的发病机制不仅可以预防疾病发生，还可以对疾病进行正确诊断和治疗。分子生物学的迅速发展，使人们对恶性肿瘤、心血管疾病、神经系统疾病、免疫性疾病等重大疾病的发病机制有了深入的认识，因此生物化学及分子生物学的发展是诊断和治疗疑难杂症的理论保障。

生物化学广泛应用于药学领域，研究药物的成分、疗效及药物在机体中的代谢过程都需要生物化学知识作基础，生物化学的发展对药学理论的研究起到了促进作用。另外，生物化学和分子生物学的发展产生了一些生物新技术，包括细胞工程技术、基因工程技术、酶工程技术等，这些新技术在生物制药中发挥了重要作用。

总之，生物化学是临床医学和药学的发展基础，学好生物化学，对医学生来说具有深远意义。

目标检测

一、名词解释

生物化学

二、简答题

1. 生物化学的研究内容有哪些？
2. 简述生物化学与临床医学和药学的关系。

（朱海英）

第一篇

生命物质的结构与功能

SHENGMINGWUZHIDEJIEGOUYUGONGNENG

第二章　蛋白质的结构与功能

学习目标

【掌握】氨基酸的结构特征；蛋白质等电点的概念及应用；蛋白质基本结构和空间结构的含义；蛋白质变性的概念及临床应用。

【熟悉】蛋白质的元素组成及特点；蛋白质沉淀的原理和方法。

【了解】氨基酸的理化性质；蛋白质结构与功能的关系；蛋白质的分类。

第一节　蛋白质的分子组成

早在1878年恩格斯就说过：生命是蛋白质(protein)的存在形式。随后，生命科学的发展证明了这一论断。对于生物体来说，蛋白质是其生命活动的重要载体，可以说没有蛋白质就没有生命。因此，蛋白质是生物体内重要的生物大分子。

一、蛋白质的元素组成

组成生物体的蛋白质尽管种类繁多，结构各异，但元素组成相似，其主要构成元素有碳(50%～55%)、氢(6%～8%)、氧(19%～24%)、氮(13%～19%)和硫(0～4%)。有的还含少量的磷、铁、碘、硒等元素。蛋白质的含氮量十分接近，约为16%。由于蛋白质是体内主要的含氮物质，因此，生物样品中蛋白质的含量，可以通过测其氮含量而推算出。

计算公式：

100克样品中蛋白质含量(g%) = 每克样品中含氮量(g)×6.25 ×100%

二、蛋白质的基本组成单位——氨基酸

蛋白质经酸、碱或蛋白水解酶作用后，可水解为氨基酸(amino acid)，因此，氨基酸是蛋白质的基本组成单位。组成蛋白质的氨基酸共有20种。

(一)氨基酸的结构

组成蛋白质的氨基酸，其结构可用下面通式表示，R为氨基酸的侧链基团。

$$\begin{array}{c} R—CH—COOH \\ | \\ NH_2 \end{array}$$

组成人体的20种氨基酸具有共同的结构特点。①除脯氨酸为α-亚氨基酸外，均为α-氨基酸，即α-碳原子上连接一个羧基和一个氨基。②氨基酸结构中α-碳原子为不对称碳原子(甘

氨酸除外)，因此，氨基酸有两种构型，即 D-型和 L-型。组成人体蛋白质的氨基酸均为 L-型。

(二)氨基酸的分类

根据氨基酸侧链 R 基团的结构和性质的不同，可以将组成人体蛋白质的 20 种氨基酸分为四类：①非极性氨基酸；②极性中性氨基酸；③酸性氨基酸；④碱性链氨基酸(表 2-1)。

表 2-1　氨基酸的分类

分类及中文名称	缩写符号	结构式	等电点(pI)
非极性氨基酸			
甘氨酸	Gly,G	$H-CH(NH_3^+)-COO^-$	5.97
丙氨酸	Ala,A	$CH_3-CH(NH_3^+)-COO^-$	6.00
缬氨酸	Val,V	$CH_3-CH(CH_3)-CH(NH_3^+)-COO^-$	5.96
亮氨酸	Leu,L	$CH_3-CH(CH_3)-CH_2-CH(NH_3^+)-COO^-$	5.98
异亮氨酸	Ile,I	$CH_3-CH_2-CH(CH_3)-CH(NH_3^+)-COO^-$	6.02
苯丙氨酸	Phe,F	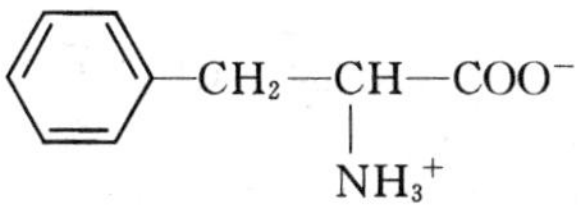	5.48
脯氨酸	Pro,P	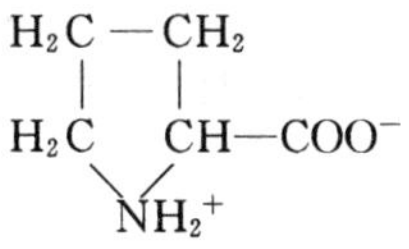	6.30
极性中性氨基酸			
色氨酸	Trp,W	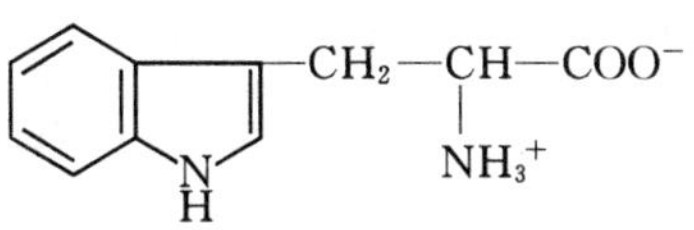	5.89
丝氨酸	Ser,S	$HO-CH_2-CH(NH_3^+)-COO^-$	5.68

续表

分类及中文名称	缩写符号	结构式	等电点(pI)
酪氨酸	Tyr,Y	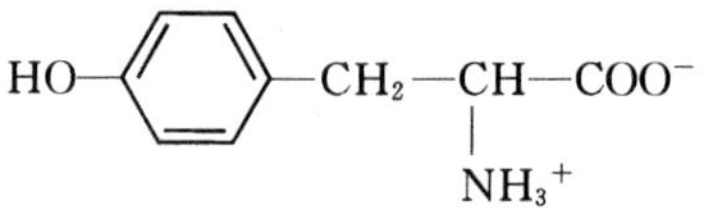	5.66
半胱氨酸	Cys,C	$HS-CH_2-CH(NH_3^+)-COO^-$	5.07
甲硫氨酸	Met,M	$CH_3-S-CH_2-CH_2-CH(NH_3^+)-COO^-$	
苏氨酸	Thr,T	$HO-CH(CH_3)-CH(NH_3^+)-COO^-$	5.60
天冬酰胺	Asn,N	$H_2N-C(=O)-CH_2-CH(NH_3^+)-COO^-$	5.41
谷氨酰胺	Gln,Q	$H_2N-C(=O)-CH_2-CH_2-CH(NH_3^+)-COO^-$	5.65
酸性氨基酸			
天冬氨酸	Asp,D	$HOOC-CH_2-CH(NH_3^+)-COO^-$	2.97
谷氨酸	Glu,E	$HOOC-CH_2-CH_2-CH(NH_3^+)-COO^-$	3.22
碱性氨基酸			
赖氨酸	Lys,K	$H_2N-CH_2-CH_2-CH_2-CH_2-CH(NH_3^+)-COO^-$	9.74
精氨酸	Arg,R	$H_2N-C(=NH)-NH-CH_2-CH_2-CH_2-CH(NH_3^+)-COO^-$	10.76
组氨酸	His,H	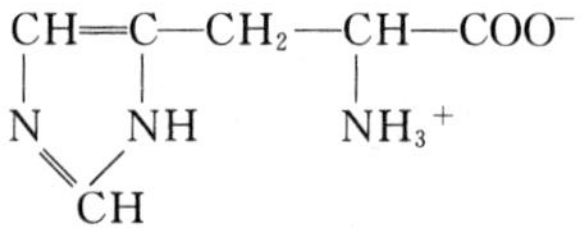	7.59

非极性氨基酸的侧链为芳香烃基、脂肪烃基等非极性基团。因此,此类氨基酸在水中溶解度较小。极性中性氨基酸的侧链上含有巯基、羟基及酰胺基等极性基团,具有亲水性。因此,

与非极性侧链氨基酸相比，此类氨基酸较易溶于水，但在中性水溶液中不电离。酸性侧链氨基酸是指天冬氨酸和谷氨酸，其结构特征是侧链上有羧基，在生理条件下能解离释放 H^+ 从而带负电荷。碱性侧链氨基酸是指赖氨酸、组氨酸和精氨酸，其结构特征是侧链上有氨基、咪唑基和胍基，在生理条件下能接受 H^+ 从而带正电荷。

在蛋白质结构中除以上 20 种氨基酸外，还含有羟脯氨酸、羟赖氨酸等修饰氨基酸，这些氨基酸都是在蛋白质合成过程中或合成后对相应的氨基酸进行加工、修饰而来，这些氨基酸可以改变蛋白质的溶解度、稳定性等理化性质，使蛋白质具有生物多样性。

(三)氨基酸的理化性质

所有氨基酸的结构中既含有碱性氨基，又含有酸性羧基，因此氨基酸具有酸碱两性解离的特性。氨基酸的解离方式与其所在溶液的酸碱度有关。当溶液的 pH 为某一值时，氨基酸解离为阳离子和阴离子的趋势相等，成为兼性离子而呈电中性，此时溶液的 pH 值称为该氨基酸的等电点(pI)。一般酸性氨基酸的等电点 $pI<4.0$，中性氨基酸的等电点 pI 为 5.0～6.5，碱性氨基酸的等电点 $pI>7.5$。

色氨酸和酪氨酸含有共轭双键，在 280 nm 波长附近有最大紫外吸收。

(四)蛋白质分子中氨基酸的连接方式

氨基酸是蛋白质的基本组成单位，它们聚合可形成蛋白质。在蛋白质结构中，氨基酸之间通过肽键(peptide bond)连接形成高分子蛋白质。肽键是指一个氨基酸的 α-羧基与另一个氨基酸的 α-氨基脱水缩合形成的共价键(—CO—NH—)。

氨基酸通过肽键连接形成的化合物称为肽(peptide)。由 2 个氨基酸结合所形成的肽称为二肽，3 个氨基酸形成三肽，以此类推。通常将 10 个以下氨基酸连接形成的肽称为寡肽，将 10 个以上氨基酸连接形成的肽称为多肽(polypeptide)，因为多肽呈长链状，故又称多肽链。多肽链有两端，一端是游离的 α-氨基，称为氨基末端(或 N-末端)，书写时位于多肽链的左端；另一端是游离的 α-羧基，称为羧基末端(或 C-末端)，书写时位于多肽链的右端。因此，多肽链的书写方向为：从左到右，从 N-末端到 C-末端。肽链中的氨基酸因脱水缩合而结构不全，故称为氨基酸残基。

生物体内存在许多游离的活性肽，它们具有特殊的生物学功能。例如，谷胱甘肽(GSH)，是由谷氨酸、半胱氨酸和甘氨酸组成的三肽。GSH 具有还原性可保护体内含巯基的蛋白质和酶不被氧化等功能。

第二节　蛋白质的分子结构

蛋白质是由多个氨基酸组成的生物大分子，每种蛋白质都有其特定的结构，结构决定其功能。目前，蛋白质的分子结构分为一级结构、二级结构、三级结构和四级结构。二级结构、三级结构、四级结构称为空间结构或空间构象。蛋白质的分子形状、理化性质和生物学活性主要由其特定的空间结构来决定。

一、蛋白质的基本结构

蛋白质的一级结构(primary structure)，是指组成蛋白质的氨基酸残基在多肽链中的排列顺序。一级结构是蛋白质的基本结构。一级结构中的主要化学键是肽键，有些蛋白质一级结构中还有二硫键。

蛋白质所含氨基酸的种类、数量不同，氨基酸在多肽链中的排列顺序不同，其一级结构就不相同，所以 20 种氨基酸可形成种类繁多的蛋白质。一级结构是蛋白质形成空间结构的基础。

二、蛋白质的空间结构

(一)蛋白质的二级结构

蛋白质的二级结构(secondary structure)，是指在蛋白质分子中某一段多肽链主链原子的相对空间位置，但不包括氨基酸侧链的构象。二级结构中的主要化学键是氢键。

肽单元是蛋白质形成二级结构的物质基础。经 X 射线衍射技术对氨基酸和寡肽的晶体结构分析发现，构成肽键的 4 个原子(N、H、C、O)和两端的两个 C_α 处于同一平面，这 6 个原子构成的平面称为肽平面或肽单元。肽单元可围绕 α-碳原子旋转，其旋转角度决定相邻两个肽单元之间的空间位置，可使多肽链形成多种形式的主链和侧链构象。因此，蛋白质二级结构的空间构象有 α-螺旋、β-折叠、β-转角和无规卷曲四种类型。其中以 α-螺旋、β-折叠为主。

α-螺旋，是指多肽链的主链围绕中心轴有规律盘绕形成的紧密的螺旋结构(图 2-1)。其结构特征有：①多肽链的主链以 α-碳原子为转折点，以肽单元为基本单位，按顺时针方向螺旋，形成右手螺旋；②螺旋一周含 3.6 个氨基酸残基，螺距为 0.54 nm；③维持 α-螺旋结构稳固的化学键是氢键；④在 α-螺旋中各氨基酸残基的侧链基团伸向螺旋外侧，其形状、大小、性质及电离状态均可影响 α-螺旋的形成及稳定性。如脯氨酸是亚氨基酸，其肽键上的 N 原子上无 H，不能形成氢键，故多肽链在脯氨酸处就走向转折，不能形成 α-螺旋；R 侧链较大的氨基酸如亮氨酸、天冬酰胺会影响 α-螺旋的形成；带有同种电荷的 R 基团在相互靠近时由于电荷的排斥则不利于 α-螺旋的形成。

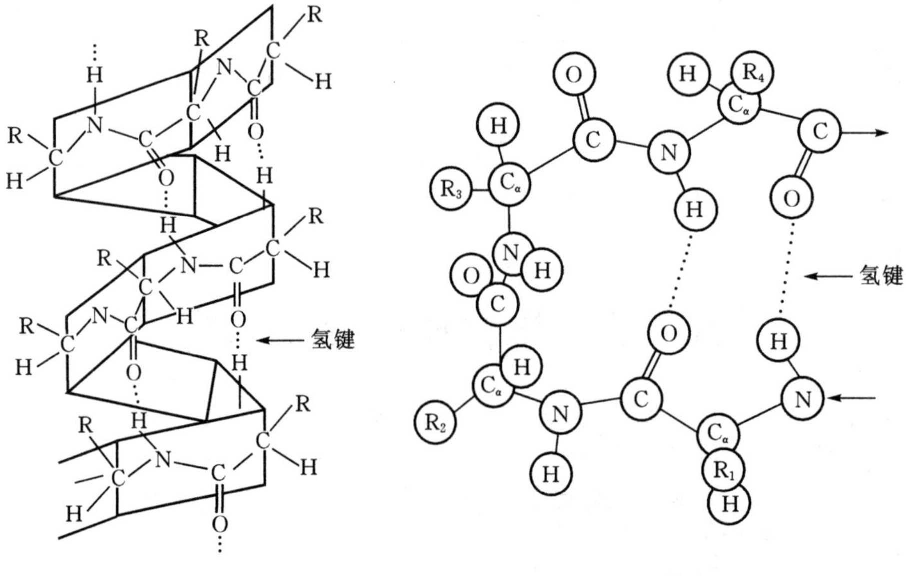

α-螺旋　　β-转角

图 2-1　α-螺旋与 β-转角结构示意图

β-折叠,是指多肽链主链以α-碳原子为折点,相邻的肽单元依次折叠而形成的比较伸展的锯齿状结构(图 2-2)。其结构特征有:①多肽链中相邻肽单元间折叠成锯齿状,呈伸展状态,平面间的夹角 110°;②β-折叠结构平行排布,维持β-折叠结构稳定的化学键主要是氢键,氢键的方向垂直于折叠的长轴;③两条多肽链的方向既可以相同,有可以相反,且以后者更为稳定;④R 基团交错伸向β-折叠结构的上下方。

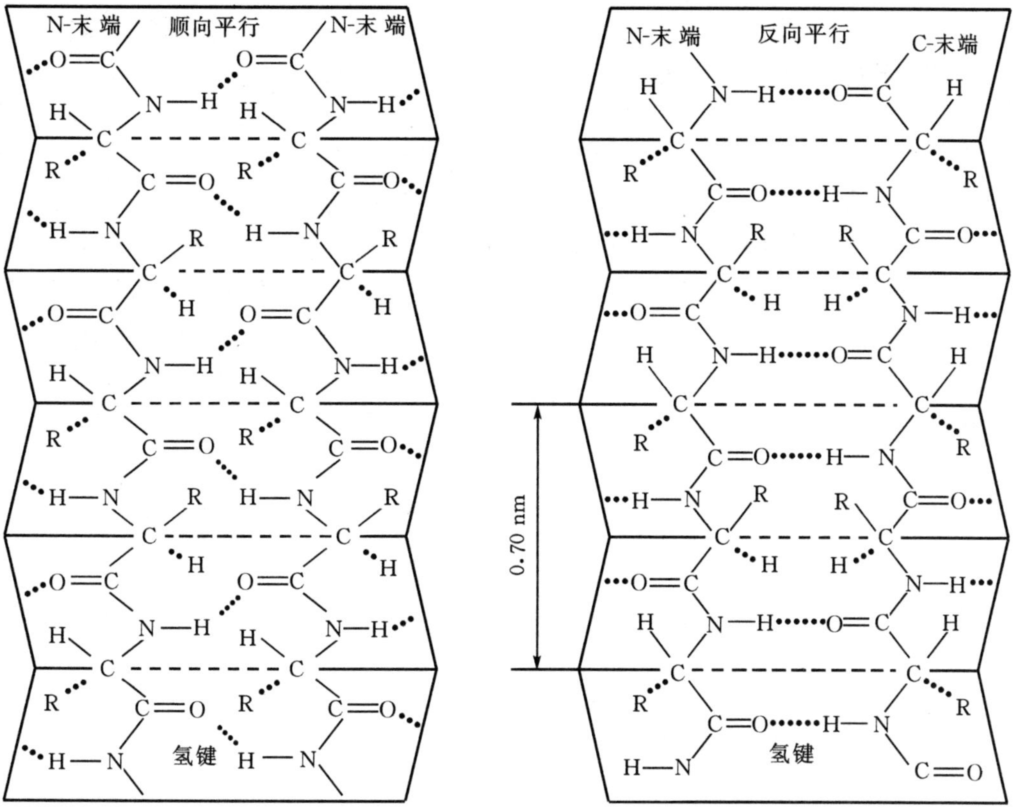

图 2-2 β-折叠结构示意图

β-转角多出现在球状蛋白质分子中,多肽链的主链常出现 180°的回折,回折部分称为β-转角。此结构通常由 4 个氨基酸残基组成,第二个氨基酸残基常为脯氨酸。氢键可维持β-转角的结构稳定。

(二)蛋白质的三级结构

蛋白质的三级结构(tertiary structure)是指多肽链中所有原子在三维空间的相对位置。蛋白质的三级结构是在二级结构的基础上,多肽链进一步卷曲、折叠而形成的结构。维持三级结构稳定的化学键有疏水键、盐键、氢键和范德华力等次级键。其中以疏水键为主。

在分子量较大蛋白质的三级结构中常可形成多个结构较为紧密且稳定的区域称为结构域。结构域是发挥生物学功能的特定区域。

(三)蛋白质的四级结构

不是所有蛋白质都有四级结构,由一条多肽链形成的蛋白质只有一级结构、二级结构和三级结构，由两条或两条以上多肽链形成的蛋白质才具有四级结构。

在蛋白质的四级结构中，每一条多肽链都有独立完整的三级结构，称为亚基(subunit)。在蛋白质分子中，各亚基的空间排布及亚基之间接触部位的相互作用，称为蛋白质的四级结构(quarternary structure)。在四级结构中，亚基之间主要靠疏水键、氢键和盐健等非共价键结合。单一亚基一般不具有生物学功能，只有亚基聚集形成完整的四级结构才能发挥生物学功能。

知识拓展

鲍林与蛋白质结构

鲍林(L. Pauling)是美国化学家，曾两次获得诺贝尔奖。20 世纪 30 年代中期，鲍林开始研究生物大分子结构。最初，他主要研究血红蛋白的分子结构，随后，他将 X 射线衍射测试晶体结构的方法引入蛋白质结构研究中，不仅为测定蛋白质结构提供了主要方法，而且经过研究提出了最早的蛋白质 α-螺旋结构模型，即蛋白质分子中的肽链在空间呈螺旋状排列。1951 年，鲍林根据肽链和肽平面化学结构的理论研究和对血红蛋白结构的实验研究，提出了 α-螺旋和 β-折叠是蛋白质二级结构基本结构单元的理论。有学者认为，这一理论影响了 DNA 双螺旋结构模型的提出。

回折部分称为 β-转角。此结构通常由 4 个氨基酸残基组成，第二个氨基酸残基常为脯氨酸。氢键可维持 β-转角的结构稳定。

无规卷曲是指多肽链中没有确定规律性的局部肽链结构。

三、蛋白质结构与功能的关系

蛋白质的结构与其功能密切相关，一级结构是蛋白质生理功能的基础。一方面，具有不同一级结构的蛋白质其生物学功能也不相同。例如，正常人血红蛋白的生物学功能是运输 O_2 和 CO_2。它有两条 α 亚基和两条 β 亚基，其 β 亚基中的第 6 位氨基酸是谷氨酸，而镰状红细胞贫血患者的血红蛋白中，其 β 亚基中的第 6 位氨基酸被换成了缬氨酸，使水溶性的血红蛋白聚集成丝，相互黏着，失去原有的生物学功能，不仅是红细胞变形为镰刀形且易破碎，导致贫血。这种因蛋白质结构的改变所导致的疾病，称之为“分子病”，其根本原因是由于基因突变而引起的。另一方面，在不同物种中，具有相同功能的蛋白质具有相似的一级结构。如来源于不同哺乳动物的胰岛素，均具有降低血糖的功能，是因为它们有相似的一级结构。诸如都含有 51 个氨基酸，由 A 和 B 两条多肽链组成，其结构中半胱氨酸残基的数量及其排列位置也极相似，仅有个别氨基酸有差异，所以具有相同的生物学功能。

蛋白质的功能与其空间结构也密切相关。蛋白质所具有的特定空间结构可决定蛋白质的特殊功能。例如，血红蛋白在未结合 O_2 时，其 4 个亚基之间结合紧密，处于紧张态，对氧的亲和力低，运氧能力较差；当与 O_2 结合后，亚基之间的结合键断裂致使其空间结构发生改变，使其结构变得相对松弛，处于松弛态。因为对氧的亲和力高，从而提高了血红蛋白的运氧能力。

所以蛋白质结构与功能有着密切的关系，研究它们之间的关系，可以从分子水平上去认识各种生命现象，为人类健康长寿、疾病（如肿瘤、遗传性疾病）的预防、药物的研制和疾病的治疗提供重要的理论依据。

第三节　蛋白质的理化性质

一、蛋白质的两性解离和等电点

在蛋白质分子中，除了每条肽链两个末端的游离 α-羧基和 α-氨基可解离外，其侧链 R 上还有一些可解离的基团，如天冬氨酸和谷氨酸（酸性氨基酸）残基 R 上的羧基，碱性氨基酸赖氨酸残基 R 上的氨基等。在一定 pH 值溶液中，蛋白质既能解离出 H^+ 而带负电荷，又能结合 H^+ 而带正电荷，因此，蛋白质具有两性解离的特性，是两性电解质。蛋白质在溶液中所带电荷的数量和性质，既取决于蛋白质分子中酸性氨基酸和碱性氨基酸的相对含量，也受溶液酸碱度的影响。当蛋白质溶液为某一 pH 值时，蛋白质解离成正、负离子的趋势相等，成为兼性离子，静电荷为零，此时溶液的 pH 值称为该蛋白质的等电点（isoelectric point，pI）。等电点是蛋白质的特征常数。当溶液的 pH 值小于蛋白质的 pI 时，蛋白质带正电荷，当溶液的 pH 值大于蛋白质的 pI 时，蛋白质带负电荷。下式表示蛋白质的解离状态：

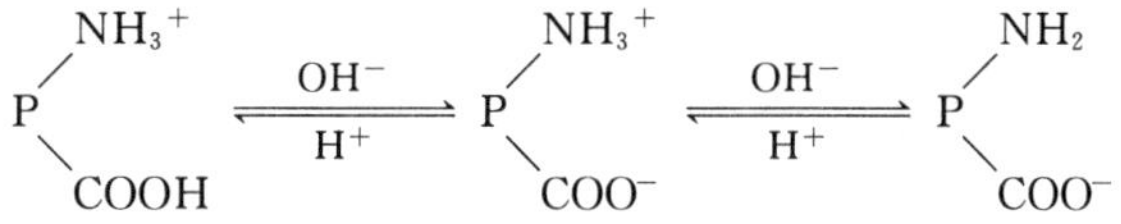

阳离子（pH<pI）　　两性离子（pH=pI）　　阴离子（pH>pI）

人体内大部分蛋白质的等电点在 pH 值为 5.0 左右，故在生理条件（pH 值为 7.35～7.45）下，蛋白质以负离子形式存在。但是由于不同蛋白质其 pI 不同，在相同溶液中所带电量也不相同，根据这一特性，在临床上可利用电泳的方法将血清蛋白质进行分离。

二、蛋白质的胶体性质

蛋白质是高分子化合物，其分子颗粒大小（直径为 1～100 nm）在胶体范围内，因此蛋白质具有胶体性质。

蛋白质的胶体溶液十分稳定，是因为蛋白质的疏水基团通过疏水作用埋藏于分子内部，而亲水基团分布于蛋白质分子表面并与水分子产生水合作用，使蛋白质分子表面形成比较稳定的水化膜；同时蛋白质在非等电点条件下都带有一定量的同种电荷，产生相斥作用，防止蛋白质颗粒聚集。蛋白质分子表面水化膜和亲水基团解离产生的同种电荷是维持蛋白质胶体溶液稳定的条件。如果破坏蛋白质分子表面水化膜，中和其表面电荷，则蛋白质胶体溶液不稳定，可发生蛋白质分子之间聚集而沉淀。

蛋白质胶体颗粒不易透过半透膜，因此，利用半透膜可将混杂于蛋白质溶液中的小分子化合物去除，这种方法称为透析。透析是分离纯化蛋白质常用的简便方法。

三、蛋白质的沉淀

蛋白质分子聚集从溶液中析出的现象称为沉淀。变性的蛋白质由于疏水基团暴露而使肽链相互缠绕容易发生沉淀，但沉淀的蛋白质不一定都变性。在蛋白质溶液中加入高浓度的中性盐（如氯化钠、硫酸铵等）可使蛋白质沉淀，这种方法称为盐析。盐析沉淀的蛋白质一般不变性，去除盐分后仍可得到具有原活性的蛋白质。但常温下酒精溶液既可沉淀蛋白质，又可使蛋白质变性。另外，重金属离子和生物碱试剂分别可与带负电荷和带正电荷的蛋白质结合生成不溶性的蛋白盐，使蛋白质沉淀并失去生物活性。在临床上用牛奶或鸡蛋清抢救重金属盐中毒患者就是利用了这一原理。

四、蛋白质的变性作用

蛋白质因受到某些物理或化学因素的影响，其分子中的某些化学键（肽键除外）因被破坏而导致其空间结构受到破坏，改变其空间构象和理化性质，失去原有的生物学活性，称为蛋白质的变性（denaturation）。变性后的蛋白质理化性质发生相应的改变，如溶解度下降，结晶能力消失，黏度升高，对蛋白水解酶的抵抗力下降等。引起蛋白质变性的因素常见的有加热、高压、射线、强酸、强碱、乙醇等有机溶剂、重金属离子及生物碱试剂等。在临床医学中，经常利用蛋白质的变性因素进行消毒和灭菌，如碘附（含有酒精）消毒、高压灭菌等。相反，需要保存蛋白质制剂（如抗体、疫苗等）时，必须防止蛋白质变性，如可采用低温保存等。

五、蛋白质的紫外吸收性质

大多数蛋白质含有酪氨酸和色氨酸，这两种氨基酸结构中具有共轭双键，所以蛋白质在波长为 280 nm 的紫外线有最大吸收峰，利用这一特性常可快速分析样品中蛋白质含量。

六、蛋白质的呈色反应

蛋白质分子可与有关试剂反应呈现一定颜色，即为蛋白质的呈色反应。这一特性常被用于蛋白质的定性、定量分析。

（一）双缩脲反应

双缩脲反应，即在碱性铜溶液中，含有多个肽键的蛋白质或肽类化合物与 Cu^{2+} 反应可生成紫红色内络盐，在一定范围内，颜色的深浅与蛋白质的含量成正比，故此反应常用于蛋白质的定性和定量分析。

（二）Folin -酚试剂反应

在碱性条件下，蛋白质分子中酪氨酸残基与酚试剂（含磷钨酸-磷钼酸化合物）作用可生成蓝色化合物，在 540 nm 波长处，此蓝色化合物的吸光值与蛋白质含量有较好的相关性，其灵敏度是双缩脲反应的 100 倍。

第四节 蛋白质的分类

蛋白质的分类方法比较多,可以根据组成、功能、形状等进行分类。

一、根据蛋白质的化学组成分类

根据蛋白质的化学组成可将蛋白质分为单纯蛋白质和结合蛋白质两类。单纯蛋白分子中只含氨基酸如清蛋白、免疫球蛋白等。结合蛋白质是由蛋白部分和非蛋白质部分组成,非蛋白质部分称为辅基,如糖蛋白、脂蛋白、核蛋白等。

二、根据蛋白质的功能分类

根据蛋白质的主要功能可将其分为活性蛋白质和非活性蛋白质两类。活性蛋白质包括酶、受体蛋白、蛋白类激素及运输和储存蛋白质等;非活性蛋白质包括胶原、角蛋白、弹性蛋白等。

三、根据蛋白质的形状分类

根据蛋白质分子形状可将其分为球状蛋白质和纤维状蛋白质两类。凡蛋白质分子的长轴与短轴之比小于 10 为球状蛋白质,如清蛋白、免疫球蛋白、肌红蛋白等;蛋白质分子的长轴与短轴之比大于 10 为纤维状蛋白质,如胶原蛋白、角蛋白和弹性蛋白等。

目标检测

一、名词解释

1. 肽键
2. 亚基
3. 蛋白质的等电点

二、简答题

1. 何谓蛋白质的基本结构和空间结构？并说明维持各级结构的主要化学键。
2. 何谓蛋白质的变性作用？哪些因素可以引起蛋白质的变性？

（朱海英）

第三章　核酸的结构与功能

学习目标

【掌握】核酸的基本组成单位；DNA 的结构与功能；mRNA 和 tRNA 的结构与功能；核酸的紫外吸收性质；DNA 的变性与复性。

【熟悉】核酸的元素组成、种类和分布。

【了解】体内某些重要的核苷酸、核酸的一般性质及核酸分子杂交。

第一节　核酸的分子组成

1869 年瑞士化学家米歇尔(F. Miescher)从脓细胞中提取出一种富含 N 和 P 的酸性化合物，因存在于细胞核中，故命名为“核质”。20 年后，核酸(nucleic acid)这一名词才正式启用。后续研究发现，核酸是生命遗传的物质基础，广泛存在于所有动物、植物细胞和微生物体内。

一、核酸的元素组成

核酸主要由 C、H、O、N、P 5 种元素组成，其中 P 的含量比较恒定，约占 9.5%，因此可以通过对生物样品中磷元素含量测定来定量分析核酸含量。

二、核酸的化学组成

核酸分为脱氧核糖核酸(deoxyribonucleic acid，DNA)和核糖核酸(ribonucleic acid，RNA)两大类。核苷酸是核酸的基本组成单位，核酸水解后得到核苷酸，核苷酸进一步水解为核苷和磷酸，核苷还可以水解生成戊糖和碱基。因此，核酸由戊糖、碱基和磷酸 3 种组分构成。

三、核酸的基本构成单位——核苷酸

(一)碱基

组成核苷酸的碱基分为嘌呤(purine)碱基和嘧啶(pyrimidine)碱基两大类。嘌呤碱基主要包括腺嘌呤(adenine，A)和鸟嘌呤(guanine，G)。嘧啶碱基主要包括胞嘧啶(cytosine，C)、胸腺嘧啶(thymine，T)和尿嘧啶(uracil，U)。DNA 中含有的主要碱基为 A、G、C、T，RNA 中含有的主要碱基为 A、G、C、U(图 3－1)。

在 DNA 和 RNA 中，尤其是在 tRNA 中，还存在有少量碱基修饰后的衍生物，如黄嘌呤、次黄嘌呤、二氢尿嘧啶、假尿嘧啶及各种甲基化碱基等，统称为稀有碱基。

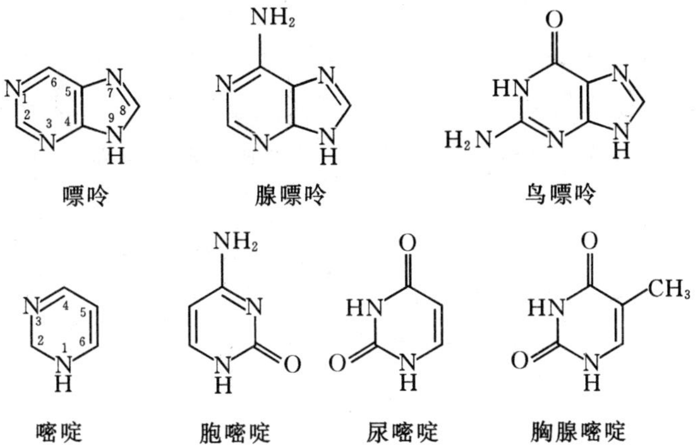

图 3-1 核酸中主要碱基的结构

(二)戊糖

构成核酸的戊糖有两种，β-*D*-核糖(β-*D*-ribose，R)和 β-*D*-2-脱氧核糖，两类戊糖的区别仅在于第 2 位碳原子所连接的基团(图 3-2)。前者参与 RNA 构成，后者参与 DNA 构成，根据所含戊糖不同可以划分两类核酸。为了避免与碱基中的碳原子编号混淆，戊糖的碳原子编号都加上一撇(′)，以示区别。由于 DNA 第 2 位碳原子没有连接羟基，导致 DNA 分子比 RNA 分子在化学结构上更稳定，成为遗传信息的主要载体。

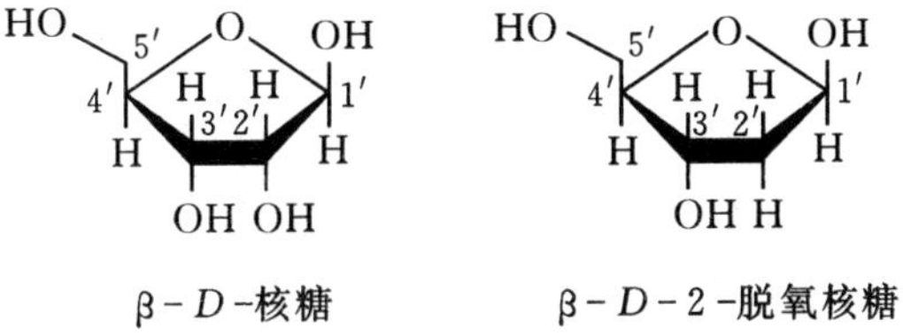

图 3-2 核酸中戊糖的结构

(三)磷酸

磷酸为酸性物质，通过磷酯键与戊糖相连，连接在戊糖上的磷酸基在溶液中可电离，以阴离子状态存在。DNA 和 RNA 的化学组成见表 3-1。

表 3-1 DNA 和 RNA 的化学组成

	核酸类型	DNA	RNA
化学组成	碱基	A、G、C、T	A、G、C、U
	戊糖	脱氧核糖	核糖
	磷酸	有	有

(四)核苷

碱基与戊糖脱水缩合形成核苷,通过糖苷键连接。核糖或脱氧核糖以第一位碳原子(C-1′)与嘌呤碱基的第九位氮原子(N-9)或与嘧啶碱基的第一位氮原子(N-1)相连接。核糖与碱基缩合形成核糖核苷(N),存在于 RNA 中;脱氧核糖与碱基缩合形成脱氧核糖核苷(dN),存在于 DNA 中。

核苷命名时前面冠以碱基的名称,如腺嘌呤核苷(简称腺苷,A)、胞嘧啶脱氧核苷(简称脱氧胞苷,dC)(图 3-3)。某些核苷及其衍生物能干扰 DNA 的合成,可用于治疗病毒感染和肿瘤,如利巴韦林、阿糖胞苷、更昔洛韦、5-氟尿嘧啶等。

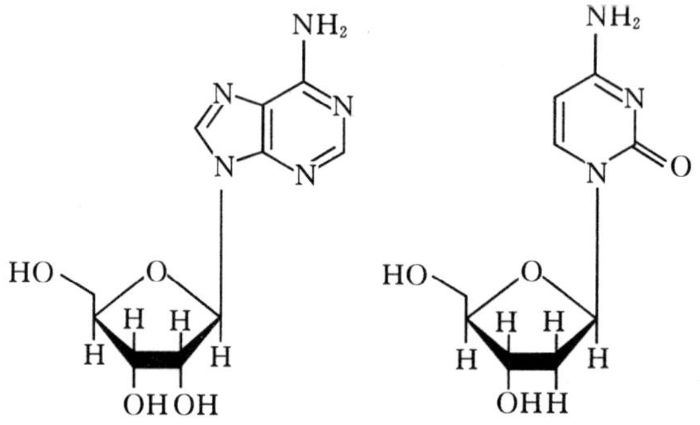

腺嘌呤核苷(腺苷)　　胞嘧啶脱氧核苷(脱氧胞苷)

图 3-3　腺嘌呤核苷和胞嘧啶脱氧核苷

(五)核苷酸

核苷酸是核酸分子的基本构成单位。核苷酸分子中戊糖上碳原子(2′、3′、5′)所连的羟基与磷酸脱水缩合形成磷酯键。生物体中游离的核苷酸大多数都是 5′-核苷酸。

根据连接磷酸基团的数目不同,核苷酸可以分为核苷一磷酸(NMP)、核苷二磷酸(NDP)和核苷三磷酸(NTP)(N 代表 A、G、C、U);脱氧核苷酸可以分为脱氧核苷一磷酸(dNMP)、脱氧核苷二磷酸(dNDP)和脱氧核苷三磷酸(dNTP)。DNA 和 RNA 的主要碱基、核苷及核苷酸组成见表 3-2。

表 3-2　DNA 和 RNA 的主要碱基、核苷及核苷酸组成

核酸类型	碱基	核苷	核苷酸
DNA	腺嘌呤(A)	脱氧腺苷(dA)	脱氧腺苷酸(dAMP)
	鸟嘌呤(G)	脱氧鸟苷(dG)	脱氧鸟苷酸(dGMP)
	胞嘧啶(C)	脱氧胞苷(dC)	脱氧胞苷酸(dCMP)
	胸腺嘧啶(T)	脱氧胸苷(dT)	脱氧胸苷酸(dTMP)
RNA	腺嘌呤(A)	腺苷(A)	腺苷酸(AMP)
	鸟嘌呤(G)	鸟苷(G)	鸟苷酸(GMP)
	胞嘧啶(C)	胞苷(C)	胞苷酸(CMP)
	尿嘧啶(U)	尿苷(U)	尿苷酸(UMP)

(六)核苷酸的衍生物

1. 多磷酸核苷酸

5′-核苷酸的磷酸基可以进一步磷酸化生成二磷酸核苷酸(NDP)及三磷酸核苷酸(NTP),其中磷酸之间以高能磷酸键相连接(图 3-4)。多磷酸核苷酸具有非常重要的生物学功能。ATP 在细胞能量代谢中起主要作用,UTP、CTP 及 GTP 也是体内多种物质合成代谢中能量的来源。

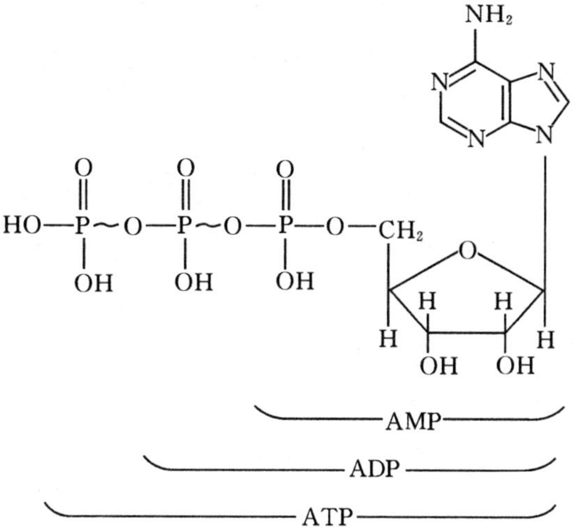

图 3-4 多磷酸核苷酸的结构

2. 环化核苷酸

目前发现两种环化核苷酸 3′,5′-环化腺苷酸(cAMP)和 3′,5′-环化鸟苷酸(cGMP)广泛存在于组织细胞内,是细胞内信息传递的中间媒介,被视为激素作用的“第二信使”,具有重要调控作用。

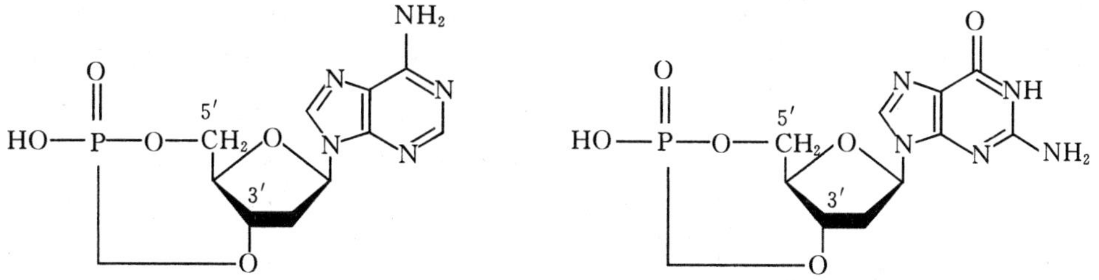

3′,5′-环化腺苷酸(cAMP)　　3′,5′-环化鸟苷酸(cGMP)

图 3-5 环化核苷酸的结构

3. 辅酶类核苷酸

许多辅酶成分中含有核苷酸,如 AMP 是 NAD^+、$NADP^+$、FAD、CoA 等的组成成分,在生物氧化和物质代谢中起重要作用。

第二节 核酸的分子结构

一、核酸的基本结构

核酸是由核苷酸聚合而成的生物大分子。核酸中的核苷酸以3′,5′-磷酸二酯键构成链状分子,3′,5′-磷酸二酯键是由前一核苷酸的3′-羟基与后一核苷酸的5′-磷酸基脱水缩合而成。多核苷酸链的一端称为5′-末端,具有游离的5′-磷酸基,该端核苷酸5′位上的磷酸基不再与其他核苷酸相连接;另一端称为3′-末端,具有游离的3′-羟基,该端核苷酸3′位上的羟基不再与其他核苷酸相连接。

多核苷酸链具有方向性,即5′→3′。核酸链的结构相对复杂,书写时多采用简写式,简写式包括线条式和字符式。其中,A、G、C、T、U既可代表核酸中的碱基,也可代表核苷酸。小写字母p代表磷酸,糖基省略不写,因此凡简写式中出现T即为DNA链,出现U则为RNA链。

(一)DNA的基本结构

组成DNA的基本单位是四种脱氧核糖核苷酸,即脱氧腺苷酸(dAMP)、脱氧鸟苷酸(dGMP)、脱氧胸苷酸(dTMP)、脱氧胞苷酸(dCMP)。DNA的一级结构是指DNA分子中脱氧核苷酸的排列顺序。DNA分子中脱氧核苷酸之间的差别仅限于碱基部分,因此一级结构又称为碱基排列顺序。分析DNA分子的一级结构对阐明DNA结构与功能的关系具有重要的意义。

DNA不仅是生命遗传信息的物质基础,也是个体生命活动的信息基础。遗传信息是以基因的形式存在的,基因(gene)就是DNA分子中的特定区段。一个生物体的全部基因序列称为基因组。各种生物基因组的大小、结构、基因的种类和数量都是不同的,高等动物的基因组可高达3×10^9个碱基对。研究生物基因组的组成,基因组内各基因的精确结构、相互关系及表达调控的科学称为基因组学。2001年,人类基因组计划公布了人类基因组草图,为基因组学的研究揭开了新的一页。基因组学的诞生和发展,给医学带来了革命性的变化。以基因组学为基础,人类疾病大多数直接或间接地与基因相关,从而提出了基因病的概念。基因病是由于基因异常所导致的疾病,按控制疾病的基因遗传特点可将人类疾病分为单基因病、多基因病和获得性基因病。不论是哪一种基因病,其本质都是在不同致病因素的作用下基因发生损伤、变异、缺陷、突变等,造成基因调控、基因表达的异常。因此可以有针对性地从分子水平上来防治疾病,基因组学给疾病的治疗开辟了一个新思路。药物基因组学也随之诞生,它是基因功能学与分子药理学的有机结合,促进了新药的开发和应用。

(二)RNA的基本结构

RNA是由4种核糖核苷酸,即腺苷酸(AMP)、鸟苷酸(GMP)、胞苷酸(CMP)、尿苷酸(UMP),以3′,5′-磷酸二酯键连接而成的线状单链分子。与DNA不同,RNA分子是具有局部双螺旋结构的单链分子。RNA分子中含有A、G、C、U 4种主要碱基和一些稀有碱基,碱基组成不像DNA那样有规律。RNA分子质量相对较小,核苷酸残基数目一般在数十至数千之间,分子量在数百至数百万之间。RNA与DNA的主要区别见表3-3。

表 3-3　DNA 与 RNA 的主要区别

核酸	DNA	RNA
名称	脱氧核糖核酸	核糖核酸
结构	右手双螺旋结构	单链结构
基本单位	脱氧核糖核苷酸(dNMP)	核糖核苷酸(NMP)
戊糖	β-*D*-2-脱氧核糖	β-*D*-核糖
特征碱基	胸腺嘧啶(T)	尿嘧啶(U)
碱基配对	A 与 T、G 与 C,全部配对	A 与 U、G 与 C,部分配对
稀有碱基	极少见	多见
分布	细胞核	细胞质
分子大小	一般比 RNA 大得多	大小不等,含数十至数千个核苷酸
功能	储存遗传信息	参与遗传信息表达

生物体内有多种不同的 RNA 分子,它们分别具有不同的生理功能(表 3-4)。细胞内主要的 RNA 分子有 3 种,即信使 RNA(messenger RNA,mRNA)、转运 RNA(transfer RNA,tRNA)、核糖体 RNA(ribosomal RNA,rRNA),它们均与蛋白质的合成有密切关系。

表 3-4　生物体内 RNA 的种类、分布及功能

	细胞核和胞液	线粒体	功能
核糖体 RNA	rRNA	mt rRNA	核糖体的组分
信使 RNA	mRNA	mt mRNA	蛋白质合成的模板
转运 RNA	tRNA	mt tRNA	转运氨基酸
核内不均一 RNA	hnRNA		真核生物成熟 mRNA 的前体
核内小 RNA	snRNA		参与 hnRNA 的剪接、转运
核仁小 RNA	snoRNA		rRNA 的加工、修饰
胞质小 RNA	scRNA/7SL-RNA		蛋白质内质网定位合成的信号识别体的组分

二、核酸的空间结构

(一)DNA 的空间结构

1. DNA 的二级结构

1950 年,夏格夫(E. Chargaff)总结出 DNA 碱基组成的规律,包括以下几点。

(1)腺嘌呤与胸腺嘧啶的摩尔数相等,即 A=T;鸟嘌呤与胞嘧啶的摩尔数相等,即 G=C。

(2)不同生物种属的 DNA 碱基组成存在差异。

(3)同一个体不同组织、不同器官的 DNA 具有相同的碱基组成。

1951年，富兰克林(R. Franklin)拍摄得到DNA晶体X射线衍射照片。1953年，美国人沃森和英国人克里克两位科学家提出了DNA分子双螺旋结构的模型(图3-6)，并将该模型的论文发表在英国著名杂志*Nature*上，其要点如下。

(1)DNA分子由两条反向平行的脱氧多核苷酸链组成，一条链的方向为5′→3′，另一条链的方向为3′→5′，两条链相互缠绕形成右手双螺旋结构。

(2)磷酸和脱氧核糖交替排列位于双螺旋外侧，碱基位于双螺旋内侧，两条链的碱基之间通过氢键相互作用，形成碱基配对关系。两条链的碱基配对严格遵循碱基互补配对原则，即A与T配对形成2个氢键，G与C配对形成3个氢键。配对的2个碱基称为互补碱基，通过互补碱基而结合的两条链彼此称为互补链。配对碱基所处的平面称为碱基对平面，碱基对平面相互平行，并与中心轴垂直。

(3)DNA双螺旋的表面形成一个大沟和一个小沟，大、小沟携带了其他分子可识别的信息，目前认为这些沟状结构与蛋白质和DNA间的识别有关。

(4)双螺旋结构的直径为2 nm，螺距为3.4 nm，每旋转一周包含10个碱基对，每两个碱基对之间的相对旋转角度为36°，且相邻碱基对平面间的垂直距离为0.34 nm。

(5)稳定双螺旋结构的主要作用力是氢键和碱基堆积力。横向作用力主要是碱基对之间的氢键，纵向作用力主要是碱基堆积力，它由层叠堆集的碱基平面间的疏水作用形成，是稳定DNA双螺旋结构的主要作用力。除此以外，磷酸基团上的负电荷与介质中的阳离子之间形成离子键，也能减少双链间的静电排斥。

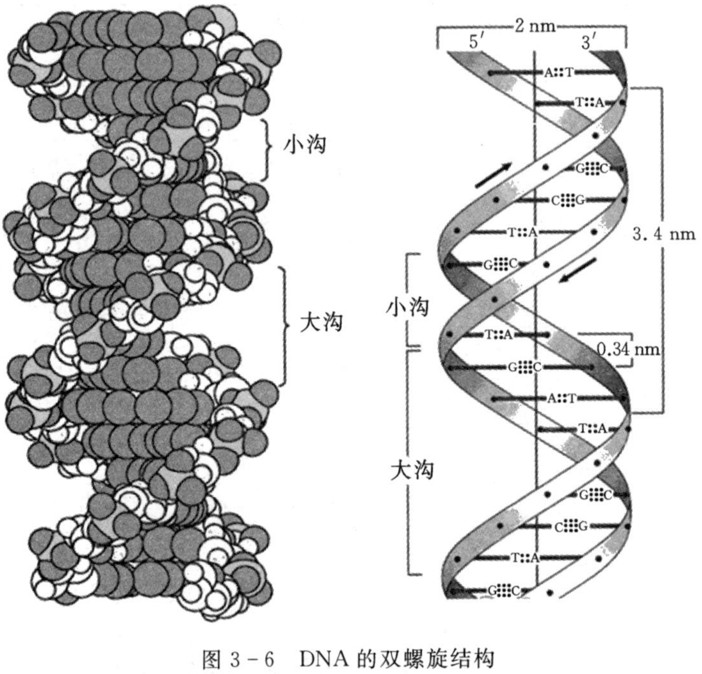

图3-6　DNA的双螺旋结构

沃森和克里克提出的DNA双螺旋结构的构象称为B型DNA，是DNA在正常生理环境下最稳定的构象形式。当环境相对湿度降到72%时，B型DNA将转变成A型DNA。还有一些人工合成的DNA，为左手双螺旋构象，称为Z型DNA。在生物体内，不同类型的DNA在功能上可能有所差异，与基因表达的调节和控制相适应。DNA双螺旋结构的提出开启了分子生物学时代，使遗传的研究深入到分子层次，人们清楚地了解了遗传信息的构成和传递途径。随后，分子遗传学、分子免疫学、细胞生物学等新学科快速发展起来，一个又一个生命的奥秘从分子角度得到了更清晰的阐明。

2. DNA的高级结构

(1)超螺旋结构：超螺旋是DNA三级结构的主要形式。DNA的超螺旋结构是指DNA在双螺旋结构基础上进一步扭曲盘旋形成的空间构象。若螺旋方向与DNA的双螺旋方向相同则形成正超螺旋；反之则形成负超螺旋。

自然界中生物体内大多数DNA分子以负超螺旋为主。绝大多数原核生物的DNA都是共价封闭的环状双螺旋分子，如某些病毒DNA、噬菌体DNA，真核细胞中的线粒体DNA、叶绿体DNA也都是环状的。在DNA双螺旋结构基础上，共价闭合环状DNA进一步扭曲形成负超螺旋。负超螺旋有利于DNA的复制和转录。

(2)真核生物DNA的组装结构——染色体：真核生物的基因组DNA比原核生物的基因组DNA大得多，真核生物的基因组DNA通常与蛋白质结合后，经过反复折叠，压缩近万倍后，以染色体形式存在于平均直径为5 μm的细胞核内。核小体是染色体结构的最基本单位，由直径为11 nm×5.5 nm的组蛋白核心和盘绕在核心上的DNA构成。核心由H2A、H2B、H3和H4 4种组蛋白各2分子组成，形成八聚体，146 bp长的DNA盘绕组蛋白核心1.75圈，形成核小体的核心颗粒。各核心颗粒间有一个连接区，约有60 bp长的DNA和一分子组蛋白H1组成(图3-7)

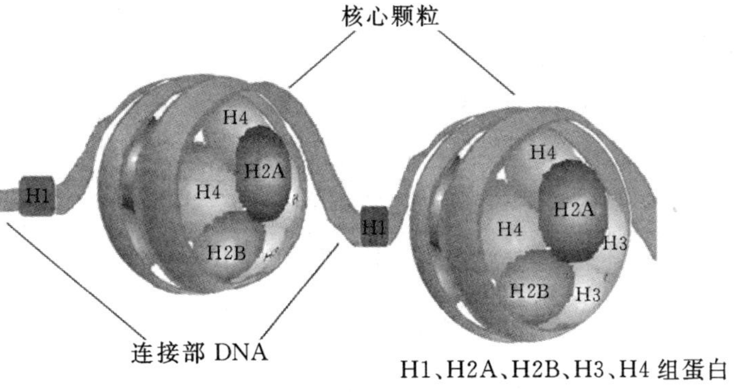

图3-7 核小体的结构

(二)RNA的空间结构

RNA虽是线状单链分子，在部分区域也能通过自身回折进行碱基互补配对，形成局部双螺旋。在RNA分子形成的局部双螺旋中，A与U配对，G与C配对，也可能存在少量的非标准配对，如G与U配对。非互补配对的区域则膨胀突出形成环，从而与短的双螺旋区共同形成“发夹结构”或“发卡结构”。发夹结构是RNA中最典型的二级结构形式，在此基础上RNA

可进一步折叠形成三级结构，RNA 也能与蛋白质结合成核蛋白复合物。

1. mRNA 的结构与功能

mRNA 占细胞内 RNA 总量的 2%～5%，种类较多，是细胞内最不稳定的一类 RNA。

原核生物的 mRNA 转录后一般不需要加工，直接指导蛋白质合成，mRNA 的转录合成与蛋白质的合成发生在同一细胞空间，几乎同时进行。原核生物 mRNA 的半衰期比真核生物的 mRNA 要短得多，转录后很快就开始降解。原核生物的 mRNA 结构简单，往往只含有几个功能上相关的蛋白质编码序列，可翻译出几种蛋白质，编码序列间含有间隔序列，可能与核糖体的识别和结合有关。在 5′-末端和 3′-末端分别有与翻译起始和终止有关的非编码序列，原核生物的 mRNA 中不含有修饰碱基。

真核生物的成熟 mRNA 并非细胞核中 DNA 转录的直接产物，它是由转录前体不均一核 RNA(heterogeneous nuclear RNA，hnRNA)剪接并修饰后转入细胞质中参与蛋白质合成的。因此，真核生物 mRNA 的合成和表达发生在不同的时间和空间。真核生物成熟 mRNA 的结构(图 3-8)有如下特点。

(1)5′-末端帽子结构：大部分真核细胞 mRNA 的 5′-末端都以 7-甲基鸟苷三磷酸(m^7GpppN)为起始结构，这种结构称为帽子结构。mRNA 的帽子结构可与一类称为帽结合蛋白的分子结合。这种由 mRNA 和帽结合蛋白形成的复合物对于 mRNA 从细胞核转运至细胞质，与核糖体和翻译起始因子结合及 mRNA 的稳定性维持等均起到重要作用。

(2)3′-末端尾巴结构：绝大多数真核细胞 mRNA 的 3′-末端有数十至数百个腺苷酸连接而成的多聚腺苷酸结构，称为多聚腺苷酸尾或多聚 A 尾(poly A-tail)。研究认为，3′-末端多聚 A 尾结构与 5′-末端帽子结构共同负责 mRNA 从细胞核向细胞质的转运、维持 mRNA 的稳定性及翻译起始的调控。去除 3′-末端多聚 A 尾结构与 5′-末端帽子结构可导致细胞内 mRNA 的降解。

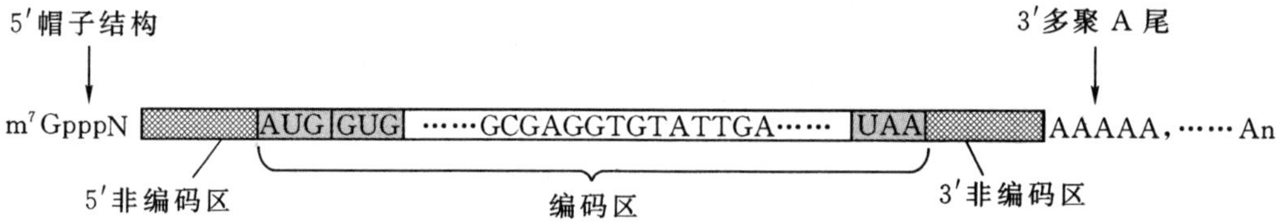

图 3-8　真核生物成熟 mRNA 的结构

mRNA 的功能是将位于细胞核染色体 DNA 中的遗传信息转运到细胞质中，作为模板指导蛋白质的合成。mRNA 中每 3 个相邻的核苷酸组成三联体，代表某种氨基酸或起始、终止信息。此三联体称为密码子，共有 64 种密码子，起始密码子为 AUG，终止密码子为 UAA、UAG、UGA。起始密码子的上游序列称为 5′-末端非翻译区，终止密码子的下游序列称为 3′-末端非翻译区，起始密码子与终止密码子之间的序列为编码序列。根据密码子与氨基酸之间的对应关系可指导合成一种特定的蛋白质分子。

2. tRNA 的结构与功能

tRNA 约占总 RNA 的 15%，细胞中少数几种氨基酸只有一种 tRNA 作为载体，而多数氨基酸则需要几种 tRNA 作为载体。因此细胞中 tRNA 数量大于氨基酸数，细菌中有 30～40 种 tRNA，动物和植物中有 50～100 种 tRNA。tRNA 是单链分子，分子量较小，一般由 70～90 个核苷酸组成。生物体内的 tRNA 大多具有以下结构特点。

(1)含有较多的稀有碱基：稀有碱基占所有碱基的 10%～20%。常见的稀有碱基有二氢尿嘧啶(DHU)、假尿嘧啶(Ψ)及不少被甲基化修饰的碱基。

(2)二级结构呈三叶草形：tRNA 的核苷酸存在着一些能形成互补配对的区域，形成茎状局部双螺旋，而中间不能配对的区域则膨出形成环状结构。发夹结构的存在使得 tRNA 的二级结构形似三叶草(图 3-9)。三叶草结构由 4 个臂和 4 个环组成，左右两侧的环以含有的稀有碱基来命名，分别为 DHU 环和 TΨC 环，下方的环内含有一个反密码子，因而称为反密码环。还有一个环，不同的 tRNA 差别较大，称为额外环或可变环。

(3)3′-末端为氨基酸臂：所有 tRNA 的 3′-末端均以-CCA-OH 的序列结束，该末端是氨基酸的结合部位。氨基酸被活化后其 α-COOH 与该序列末端-OH(2′或 3′)脱水缩合后共价结合。少数氨基酸只能与一种 tRNA 结合进而被运载，大多数氨基酸可被多种 tRNA 运载。

(4)反密码环内含有反密码子：每个 tRNA 下方的反密码环内都含有由 3 个连续碱基组成的短序列，它可以与 mRNA 中编码相应氨基酸的密码子中的碱基互补配对结合，将其所携带的氨基酸正确地排布在正在合成中的多肽链中。因此，tRNA 所携带并运载的氨基酸种类取决于反密码环内的反密码子。

(5)三级结构呈倒"L"形：三级结构是在二级结构的基础上折叠而成的，呈倒"L"形(图 3-9)，是 tRNA 的有效形式。氨基酸臂和反密码环分别位于倒"L"形分子的两端，DHU 环和 TΨC 环位于拐角上。倒"L"形的 3′末端-CCA-OH 是结合氨基酸的部位；另一端的反密码环能与 mRNA 上对应的密码子配对结合。tRNA 三级结构的稳定主要靠氢键和碱基堆积力来维持。

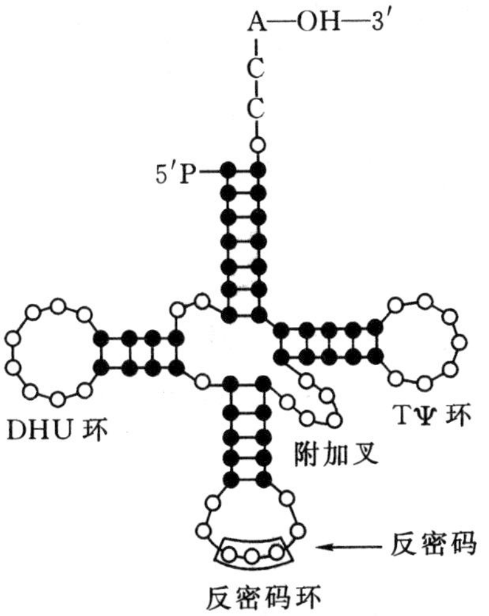

tRNA 的二级结构

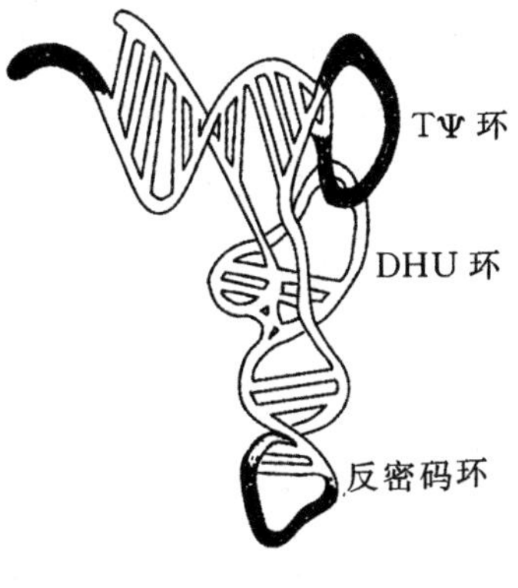

tRNA 的三级结构

图 3-9　tRNA 的二级结构与三级结构

在蛋白质生物合成过程中 tRNA 的功能是携带并转运氨基酸和识别密码子。tRNA 是转运氨基酸的载体，每一个 tRNA 可通过 3′-末端携带一种氨基酸，并将氨基酸转运到核糖体上。tRNA 能识别 mRNA 上的密码子，并通过反密码子与密码子互补配对。

3. rRNA 的结构与功能

rRNA 占细胞内 RNA 总量的 80%以上，是细胞内含量最多的一种 RNA。rRNA 与多种蛋白质共同构成核蛋白体或称为核糖体，核糖体可解聚为大、小两个亚基。

原核生物含有 3 种 rRNA，它们的相对分子量分别是 5S、16S 和 23S，其中 16S rRNA 和 20 余种蛋白质构成核糖体的小亚基，5S rRNA、23S rRNA 和 30 余种蛋白质共同构成大亚基。真核生物的 rRNA 有四种，它们的相对分子量分别是 5S、5.8S、18S 和 28S，其中 18S rRNA 和 30 余种蛋白质构成小亚基，5S rRNA、5.8S rRNA 和 28S rRNA 与 50 余种蛋白质共同构成大亚基。

rRNA 上有 tRNA 和 mRNA 的结合位点，在合成多肽链的过程中核糖体主要靠 rRNA 来发挥作用，而核糖体蛋白质可维持 rRNA 的构象，起着辅助的作用。

第三节　核酸的理化性质

一、核酸的一般性质

核酸分子中既含有酸性基团磷酸基，又含有碱性基团碱基，因此核酸是两性电解质，具有两性解离性质。核酸分子中含有多个磷酸基团，容易解离，为多元酸，故具有较强酸性，可用电泳和离子交换分离纯化核酸。DNA 双螺旋结构中两条链间氢键的形成与碱基的解离状态有关，而碱基的解离状态又与所处溶液的 pH 值有关，所以 DNA 所处溶液的 pH 直接影响双螺旋结构的稳定。当 pH 值在 4.0～11.0 范围内时，碱基对结合最稳定。超过此范围，DNA 即发生变性。

核酸是线性生物大分子，因此它们在溶液中黏度较大。RNA 分子比 DNA 分子短，分子量小，其黏度远小于 DNA。高分子量的 DNA 在机械力的作用下易发生断裂，因此基因组 DNA 的提取相对较困难。不同结构的核酸分子在离心场力的作用下沉降速率有很大差别，因此，可通过超速离心法分离纯化核酸。

DNA 是白色纤维状固体，RNA 是白色粉末状固体，两者都微溶于水，不溶于乙醇，因此常用乙醇来沉淀 DNA。DNA 难溶于 0.14 mol/L 的 NaCl 溶液，可溶于 1～2 mol/L 的 NaCl 溶液，RNA 则相反，可据此分离二者。

二、核酸的紫外吸收性质

核酸的碱基环上含有共轭双键，因此碱基及包含碱基组分的核苷、核苷酸和核酸均具有紫外吸收的性质(图 3-10)，其最大吸收值在 260 nm 附近。这一性质可被用来对核酸进行定性定量分析。

通过测定 260 nm 处的紫外吸收值(optical density，OD_{260})可以计算出溶液中所含的

DNA 或 RNA 的含量，$OD_{260}=1.0$ 时相当于含有 50 μg/ml 双链 DNA、40 μg/ml 单链 DNA（或 RNA）、20 μg/ml 寡核苷酸。通过 260 nm 处的紫外吸收值与 280 nm 处的紫外吸收值的比值还可以判断核酸样品的纯度，DNA 纯品 $OD_{260}/OD_{280}=1.8$，RNA 纯品 $OD_{260}/OD_{280}=2.0$。当 $OD_{260}/OD_{280}>1.8$，样品中可能混有 RNA；当 $OD_{260}/OD_{280}<1.8$ 时，样品可能混有蛋白质和苯酚。

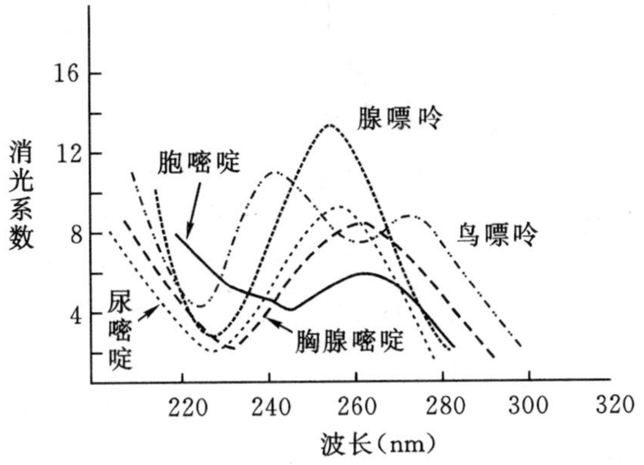

图 3-10 核酸中碱基的紫外吸收光谱

三、核酸的变性、复性及杂交

(一)DNA 变性

DNA 的变性是指在某些理化因素的作用下，DNA 双螺旋中互补碱基对之间的氢键断裂，使 DNA 结构松散，不断解链成为单链的过程。DNA 变性的实质是维系双螺旋的氢键被破坏，双链逐步被解开成为单链。因此，DNA 变性只涉及二级结构的改变，不改变其一级结构，即核苷酸的排列顺序不变。引起 DNA 变性的因素主要有加热、强酸、强碱、有机溶剂、酰胺、尿素等。通过加热引起 DNA 变性的过程称为热变性。DNA 变性可引起其理化性质改变，如黏度下降，紫外吸收值增加等，DNA 变性后可失去生物活性。

DNA 变性后，双链解开使更多的碱基暴露出来，在 260 nm 处的紫外吸收值增加，这一效应称为增色效应。DNA 热变性过程是在一个很窄的温度范围内骤然发生并很快完成的，就像结晶的固体物质到达熔点突然熔化一样。DNA 热变性过程以温度(T)对紫外吸收值(OD_{260})作图得到的曲线呈 S 形，该曲线称为解链曲线(图 3-11)。热变性过程中紫外吸收值达到最大吸收值一半时所对应的温度称为解链温度或熔解温度(melting temperature，T_m)，也就是 50% 的 DNA 双螺旋链解开变为单链时所需要的环境温度。OD_{260} 值的变化可反映 DNA 的变性程度。T_m 与下列因素有关。①T_m 值与核酸的均一程度有关。均一性越高的样品，变性过程的温度范围越小。②T_m 值与碱基组成有关。G-C 碱基对含量越多，T_m 值就越高；A-T 碱基对含量越多，T_m 值就越低。这是因为 G-C 碱基之间存在 3 个氢键，而 A-T 碱基之间只有 2 个氢键，因而要解开 G-C 碱基之间的氢键要消耗更多的能量。③T_m 值与介质离子强度成正比，溶液离子强度高时，T_m 值大。

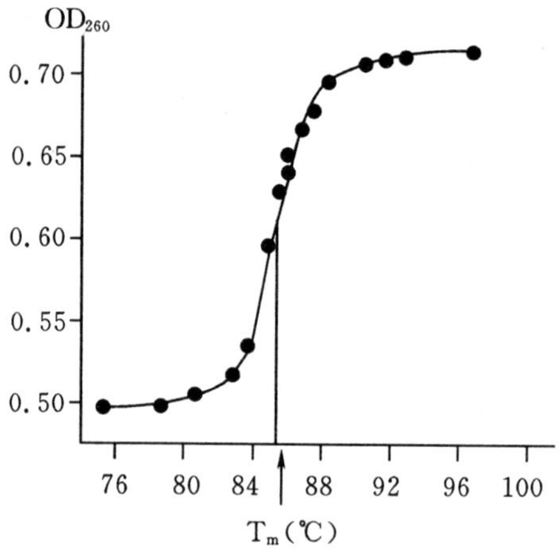

图 3-11 DNA 解链曲线与 T_m 值

(二)复性与杂交

变性后的 DNA 在缓慢去除变性因素后，可使彼此分开的两条单链重新配对结合，恢复原来的双螺旋结构，这一过程称为复性(renaturation)。热变性后的 DNA 在缓慢冷却时复性的过程称为退火。DNA 的复性使双螺旋结构得到恢复，因而在 260 nm 处紫外吸收减弱，这种现象称为减色效应。复性必须在缓慢去除变性因素的条件下进行，因为变性后的 DNA 单链必须先找到互补链，然后以合适的取向配对结合。如加热使 DNA 变性后，迅速将温度降至 4 ℃以下，则很难实现复性，利用这一特性可保持 DNA 的单链状态。

对不同来源的 DNA 或 RNA 进行变性，将这些异源单链 DNA 或 RNA 放在同一溶液中复性，如果它们在某些区域存在碱基互补关系，则可以配对结合在一起，形成杂化双链，这一过程称为核酸分子杂交。这一原理可以用来研究 DNA 分子中某一基因的位置、鉴定两种核酸分子间的序列相似性、检测某些专一序列在待测样品中的存在与否等。分子杂交在核酸研究中是一个重要工具，基因芯片等现代检测手段的最基本原理就是核酸分子杂交。核酸的分子杂交技术在分子生物学和遗传学的研究中具有重要意义，可以用于分析样品中是否存在特定基因序列，基因序列是否存在变异，也可以用于研究基因的表达情况，因此广泛用于基因组研究、遗传病检测、刑事案件侦破及亲子鉴定、法医鉴定等领域，是分子生物学的核心技术。

目标检测

一、名词解释

1. DNA 变性
2. T_m
3. DNA 的一级结构

二、简答题

1. 试述 DNA 双螺旋结构模式的要点。
2. 试述三种主要 RNA 的结构特点和生物功能。
3. 试述 DNA 与 RNA 分子组成、结构及功能的区别。

（黄泓轲）

第四章　酶

学习目标

【掌握】酶、酶活性中心、酶原、同工酶的概念及影响酶促反应速度的因素。

【熟悉】酶促反应的特点；酶的作用机制；维生素与辅酶的关系。

【了解】酶的命名、分类，酶的活力单位及酶与医学的关系。

第一节　概　述

一、酶的化学本质

生物体内时刻都在进行着新陈代谢活动，保证这些代谢能顺利实施的原因之一，就是因为有生物催化剂的存在。目前，人们已经发现的生物催化剂有两种：酶（enzyme，E）和核酶（ribozyme）。酶是由活细胞产生的对其底物具有高度特异性和高度催化效率的蛋白质。1926年，萨姆纳（J. Sumner）首次从刀豆中提取出脲酶，并证明其化学本质是蛋白质，后陆续发现2000余种酶，均证明是蛋白质。核酶是具有高效、特异催化作用的核酸，为近年发现的核酸类生物催化剂。

酶所催化的化学反应称为酶促反应，被酶催化的物质称为底物（substrate，S），催化所生成的物质称为产物（product，P），酶催化化学反应的能力称为酶活性（enzyme activity）。如果酶丧失催化能力称为酶失活。体内各种各样的代谢反应，如食物的消化与吸收、物质的合成与分解、反应方向及速度的调控、遗传信息的传递等，几乎都是在酶的催化下进行的。体内生理功能的完成与酶的催化密不可分，当体内某些酶缺失或某些酶活性受到抑制都可以导致代谢紊乱。临床上测定某些酶活性可以协助诊断和治疗相关疾病，因此，酶学的研究和应用对维护人类的健康具有重要意义。

二、酶的作用特点

酶作为生物催化剂具有一般催化剂的特征：①微量的酶就能发挥巨大的催化作用，在反应前后没有质和量的改变；②只能催化热力学上允许进行的化学反应；③只能缩短化学反应达到平衡所需的时间，而不能改变化学反应的平衡点；④对可逆反应的正反应和逆反应都具有催化作用；⑤酶和一般催化剂的作用机制均是降低反应所需的活化能。但是，酶也具有与一般催化剂不同的特点。

(一)催化效率高

酶具有极高的催化效率。一般而言,对于同一反应,酶的催化效率比非催化反应高 10^8～10^{20} 倍,比一般催化剂高 10^7～10^{13} 倍。例如,酵母蔗糖酶催化蔗糖水解的速度是 H^+ 的 2.5×10^{12} 倍。酶高度的催化效率有赖于酶蛋白与底物分子之间独特的作用机制。

(二)特异性强

酶对底物具有严格的选择性,称为酶的特异性或专一性(specificity)。根据酶对底物选择的严格程度不同,酶的特异性可分为 3 种类型。

1. 绝对特异性

一种酶只能催化一种底物,发生一定的化学反应,生成一定的产物,称为绝对特异性。例如,脲酶只能催化尿素水解成 NH_3 和 CO_2,而对尿素的衍生物则无催化作用。

2. 相对特异性

一种酶可作用于一类底物或一种化学键发生化学变化,这种不太严格的选择性称为相对特异性。例如,脂肪酶不仅能催化脂肪水解,也可水解简单的酯类化合物;蔗糖酶既能水解蔗糖,也可水解棉籽糖中的同一糖苷键。

3. 立体异构特异性

一种酶只对底物的一种立体异构体具有催化作用,这种特性称为酶的立体异构特异性。例如,*L* -乳酸脱氢酶只催化 *L* -乳酸脱氢转变为丙酮酸,而对 *D* -乳酸没有催化作用;α -淀粉酶只能水解淀粉中的 α - 1,4 -糖苷键,而不能水解纤维素中的 β - 1,4 -糖苷键。

(三)可调节性

在正常情况下,机体内的物质代谢处于错综复杂、有条不紊的动态平衡之中,而酶活性的调节则是维持这种平衡的重要环节。机体通过各种调控方式,改变酶的催化活性,以适应生理功能的需要,促进体内物质代谢的协调统一,保证生命活动的正常进行。例如,酶与代谢物在细胞内的区域化分布;代谢物对酶活性的抑制与激活,对代谢途径中关键酶的调节;酶的含量受酶生物合成的诱导与阻遏作用的调节等。

(四)不稳定性

酶的化学本质绝大部分是蛋白质,能使蛋白质变性的理化因素如强酸、强碱、有机溶剂、重金属盐、高温、紫外线及剧烈震荡等均能影响酶活性,甚至使酶完全失去催化活性。酶比一般催化剂对理化因素的影响更为敏感,所以酶促反应需要在常温、常压和接近中性的条件下进行。

三、酶的命名及分类

(一)酶的命名

酶的命名方法分为习惯命名法和系统命名法。

1. 习惯命名法

习惯命名法通常是以酶催化的底物、反应性质及酶的来源等来命名。

(1)依据酶所催化的底物命名，如淀粉酶、脂肪酶、蛋白酶等。还可指明酶的来源，如唾液淀粉酶、胰蛋白酶等。

(2)依据催化反应的性质命名，如脱氢酶、转氨酶等。

(3)综合上述两项原则命名，如乳酸脱氢酶、氨基酸氧化酶等。

习惯命名法简单、易记，应用历史较长，但缺乏系统性，有时会出现混乱。

2. 系统命名法

国际酶学委员会(IEC)以酶的分类为依据，制定了与分类法相适应的系统命名法。系统命名法规定每一种酶均有一个系统名称，它标明酶的所有底物与反应性质，并附有一个4位数字的分类编号，底物名称之间用"："隔开。系统命名法虽然合理，但比较烦琐，使用不方便。为了应用方便，国际酶学委员会又从每种酶的数个习惯名称中选定一个简便实用的推荐名称。现将一些酶的系统名称和推荐名称举例列于表4-1。

表4-1 一些酶的系统名称和推荐名称举例

编号	推荐名称	系统名称	催化的反应
EC1.4.1.3	谷氨酸脱氢酶	*L*-谷氨酸：NAD^+ 氧化还原酶	*L*-谷氨酸+H_2O+NAD^+ $\rightleftharpoons$ α-酮戊二酸+NH_3+NADH
EC2.6.1.1	天冬氨酸氨基转移酶	*L*-天冬氨酸：α-酮戊二酸氨基转移酶	*L*-天冬氨酸+α-酮戊二酸 $\rightleftharpoons$ 草酰乙酸+*L*-谷氨酸
EC3.5.3.1	精氨酸酶	*L*-精氨酸脒基水解酶	*L*-精氨酸+H_2O $\longrightarrow$ *L*-鸟氨酸+尿素
EC4.1.2.13	果糖二磷酸醛缩酶	*D*-果糖-1,6-二磷酸：*D*-甘油醛-3-磷酸裂合酶	*D*-果糖-1,6-二磷酸 $\rightleftharpoons$ 磷酸二羟丙酮+*D*-甘油醛-3-磷酸
EC5.3.1.9	磷酸葡萄糖异构酶	*D*-葡萄糖-6-磷酸酮醇异构酶	*D*-葡萄糖-6-磷酸 $\rightleftharpoons$ *D*-果糖-6-磷酸
EC6.3.1.2	谷氨酰胺合成酶	*L*-谷氨酸：氨连接酶	ATP+*L*-谷氨酸+NH_3 $\rightleftharpoons$ ADP+磷酸+*L*-谷氨酰胺

(二)酶的分类

国际酶学委员会根据酶催化反应的性质，将酶分为6大类，分别用1、2、3、4、5、6编号来表示。

1. 氧化还原酶类

氧化还原酶类(oxidoreductases)是催化底物进行氧化还原反应的酶类。反应通式：$AH_2 + B \longrightarrow A + BH_2$，如乳酸脱氢酶、琥珀酸脱氢酶、细胞色素氧化酶等。该类酶的辅酶是 NAD^+ 或 $NADP^+$，FMN 或 FAD。

2. 转移酶类

转移酶类(transferases)是催化底物之间进行某种基团的转移或交换的酶类。反应通式：$A-R + C \longrightarrow A + C-R$，如氨基转移酶、甲基转移酶、磷酸化酶等。

3. 水解酶类

水解酶类(hydrolases)是催化底物发生水解反应的酶类。反应通式：A－B＋ H_2O ⟶ A－H＋ B－OH，如淀粉酶、蛋白酶、脂肪酶、磷酸酶等。

4. 裂合酶类或裂解酶类

裂合酶类或裂解酶类(lyases)是催化从底物分子上移去一个基团并留下双键的反应或其逆反应的酶类。反应通式：A－B ⟶ A＋B，如柠檬酸合酶、醛缩酶等。

5. 异构酶类

异构酶类(isomerases)是催化各种同分异构体间相互转化的酶类。反应通式：A ⇌ B，如磷酸丙糖异构酶、磷酸己糖异构酶等。

6. 合成酶类或连接酶类

合成酶类或连接酶类(ligases)是催化两分子底物合成为一分子化合物，同时偶联有 ATP 的磷酸键断裂释放能量的酶类。反应通式：A ＋ B ＋ ATP ⟶ A－B ＋ ADP ＋ Pi，如谷氨酰胺合成酶、谷胱甘肽合成酶等。

第二节　酶的结构与功能

一、酶的化学组成

酶的化学本质是蛋白质，根据酶的化学组成不同，可分为单纯酶(simple enzyme)和结合酶(conjugated enzyme)两类。

(一)单纯酶

单纯酶是仅由氨基酸残基构成的单纯蛋白质，通常只有一条多肽链。其催化活性主要由蛋白质结构所决定。例如，淀粉酶、脂肪酶、蛋白酶、脲酶、核糖核酸酶等均属于单纯酶。

(二)结合酶

1. 结合酶的组成

结合酶由蛋白质部分和非蛋白质部分组成，前者称为酶蛋白(apoenzyme)，后者称为辅助因子(cofactor)，酶蛋白和辅助因子结合形成的复合物称为全酶(holoenzyme)。

2. 辅助因子的种类

结合酶的辅助因子有两类：金属离子和小分子有机化合物。

常见的金属离子有 K^+、Na^+、Mg^{2+}、Zn^{2+}、Fe^{2+}、Cu^{2+} 等。金属离子的作用：①维持酶分子的特定构象；②参与电子的传递；③在酶与底物之间起桥梁作用；④中和阴离子，降低反应的静电斥力等。

作为辅助因子的一些小分子有机物，多数是 B 族维生素或其衍生物(表 4－2)，它们的主要作用是参与酶的催化过程，在酶促反应中起传递电子、质子或转移某些基团(如酰基、氨基、甲基等)的作用。

表 4－2　B 族维生素构成的辅助因子

维生素	化学本质	辅酶(基)形式	主要功能
维生素 B_1	硫胺素	焦磷酸硫胺素(TPP)	脱羧
维生素 B_2	核黄素	黄素单核苷酸(FMN) 黄素腺嘌呤二核苷酸(FAD)	递氢
维生素 PP	尼克酸或 尼克酰胺	尼克酰胺腺嘌呤二核苷酸(NAD^+) 尼克酰胺腺嘌呤二核苷酸磷酸($NADP^+$)	递氢
维生素 B_6	吡哆醇、吡哆醛、 吡哆胺	磷酸吡哆醛 磷酸吡哆胺	转氨基 氨基酸脱羧
泛酸		辅酶 A	转移酰基
生物素		生物素	羧化
叶酸		四氢叶酸(FH_4)	转移一碳单位
维生素 B_{12}	钴胺素	甲基 B_{12}	转移甲基

3. 辅酶与辅基的区别

酶的辅助因子按其与酶蛋白结合的牢固程度可分为辅酶和辅基。与酶蛋白结合疏松，用透析或超滤的方法易分开的辅助因子称为辅酶(coenzyme)。与酶蛋白结合紧密，不能通过透析或超滤方法将其除去的称为辅基(prosthetic group)。

4. 结合酶的特点

酶催化作用有赖于全酶的完整性，酶蛋白和辅助因子单独存在时均无催化活性，只有结合在一起构成全酶才有催化活性；一种辅助因子可与不同的酶蛋白结合，构成多种不同特异性的酶；在酶促反应过程中，酶蛋白决定催化反应的特异性，而辅助因子则决定反应的类型。

二、酶的作用机制

(一)酶能大幅度降低反应的活化能

酶和一般催化剂加速反应的机制都是降低反应的活化能，在反应体系中，底物分子所含的能量各不相同。在反应的任一瞬间，只有那些含能较高，达到或超过一定能量水平的分子(活化分子)才有可能发生化学反应。底物分子从初态转变为活化态所需的能量称为活化能。反应体系中活化分子数目越多，反应越快。酶之所以有高度催化效率就是能大幅度地降低反应所需要的活化能(图 4－1)。

例如：$H_2O_2 + H_2O_2 \longrightarrow 2H_2O + O_2$

在无催化剂存在时，反应所需活化能 75 600 J/mol；用胶体钯作催化剂时需活化能 49 000 J/mol；若在过氧化氢酶催化时，需活化能 8400 J/mol。可见在过氧化氢酶催化下，反应活化能由 75 600 J 降至 8400 J 时，反应速度增加百万倍以上。

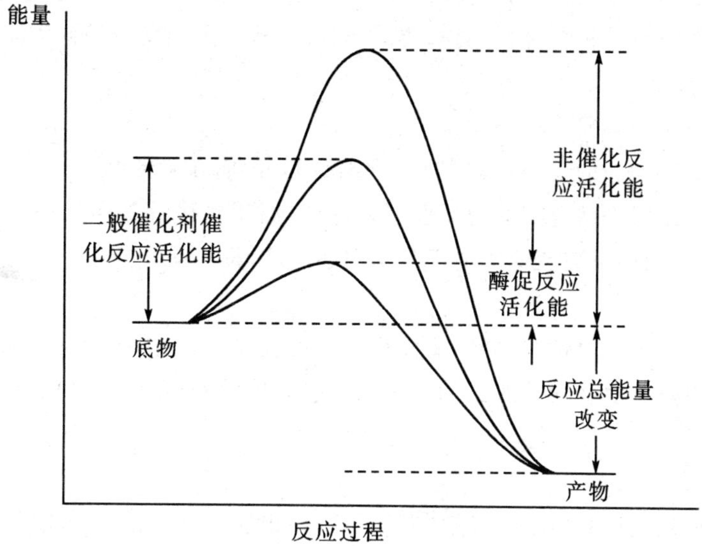

图 4-1 酶促反应与非酶促反应活化能的比较

(二)酶促反应的机制

酶作为生物催化剂,能否发挥高度的催化效率,关键在于酶活性中心的结合基团能否与底物结合,并进一步形成过渡状态。酶与底物结合并使底物形成过渡态的机制有以下几种。

1. 诱导契合学说

酶在发挥催化作用时,首先与底物(S)结合形成酶-底物复合物(ES),这种中间产物不稳定,很快分解为产物(P)和游离的酶,即中间产物学说。此反应可用下式表示。

$$E+S \rightleftharpoons ES \longrightarrow E+P$$

酶与底物结合的能量来自于酶活性中心功能基团与底物相互作用时形成的多种非共价键(如氢键、离子键、疏水作用力等),它们结合时产生的能量称为结合能。当 E 与 S 结合生成 ES 复合物并进一步形成过渡状态,此过程释放较多的结合能,可抵消部分反应物分子所需的活化能,使更多的初态分子转变为活化状态。

酶与底物的结合不是强硬的锁与钥匙的关系,20 世纪 60 年代,Koshland 提出诱导契合学说(induced-fit hypothesis),合理地解释了酶-底物复合物形成的机制。酶在催化反应时,酶与底物相互靠近,在结构上相互诱导、变形、适应,进而相互结合,称为诱导契合学说(图4-2)。

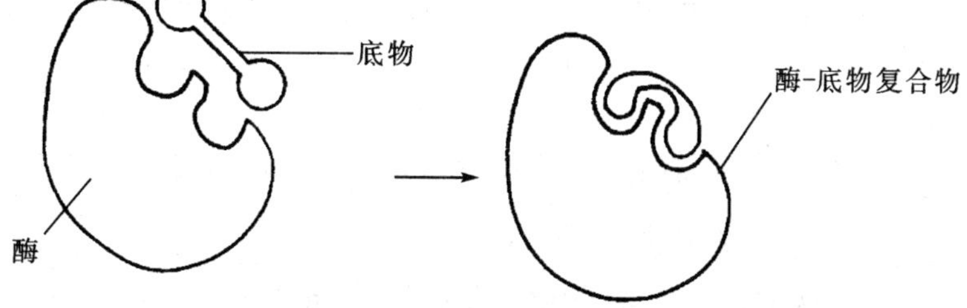

图 4-2 酶与底物结合的诱导契合假说示意图

酶的构象改变利于和底物结合；底物在酶的诱导下也发生变形，处于不稳定的过渡态，过渡态的底物与酶的活性中心最相吻合，易受酶的催化攻击，从而大幅度地降低酶促反应所需的活化能，使化学反应速度加快。

2. 邻近效应与定向排列

在两个以上底物参加的反应中，底物之间必须以正确的方向相互碰撞，才有可能发生反应。酶在反应中将诸底物结合到酶的活性中心，使它们相互接近并形成利于反应的正确定向关系，也即将分子之间的反应变成类似于分子内的反应，提高反应速率。

3. 表面效应

酶的活性中心多为疏水性"口袋"，酶促反应在此疏水环境中进行，使底物分子脱溶剂化，排除周围水分子对酶和底物功能基团的干扰性吸引或排斥，防止形成水化膜，利于酶与底物密切接触结合。

4. 多元催化

酶是两性电解质，其活性中心的某些基团可以释出质子(酸)或接受质子(碱)，参与质子的转移，因此，酶常常兼有酸、碱双重催化作用。有的酶活性中心存在亲核基团，可提供电子给带有正电荷的过渡态中间物，加速产物的生成，称为亲核催化作用。某些酶的催化基团通过与底物形成瞬间共价键而激活底物，与之结合生成产物，称为共价催化作用。

总之，酶促反应常常是多种催化机制的综合协同作用实现的，这是酶促反应高效率的重要原因。

三、酶的结构

(一)酶的必需基团

酶蛋白分子的结构特点是具有活性中心。酶分子中存在有许多化学基团，如—NH_2、—COOH、—SH、—OH 等，这些基团并不都与酶的催化活性有关。其中与酶活性密切相关的基团称为酶的必需基团(essential group)。常见的必需基团有组氨酸残基上的咪唑基、丝氨酸和苏氨酸残基上的羟基、半胱氨酸残基上的巯基、某些酸性氨基酸残基上的自由羧基和碱性氨基酸残基上的氨基等。酶的必需基团有两种：能直接与底物结合的必需基团称为结合基团(binding group)；能催化底物转化为产物的必需基团称为催化基团(catalytic group)，有的必需基团可同时具有这两方面的功能。

(二)酶的活性中心

酶分子的必需基团在一级结构的排列上可能相距甚远，但肽链经过盘绕、折叠形成空间结构时，这些必需基团可彼此靠近，形成一个能与底物特异性结合并催化底物转化为产物的特定区域，称为酶的活性中心(active center)或活性部位(active site)。单纯酶的活性中心，是由氨基酸残基组成的三维结构；对结合酶来说，辅酶或辅基也参与酶活性中心的形成。

(三)酶活性中心外的必需基团

有一些必需基团虽然不在酶的活性中心内，但在维持酶活性中心的空间构象是必需的，这些基团称为酶活性中心外的必需基团(图 4-3)。

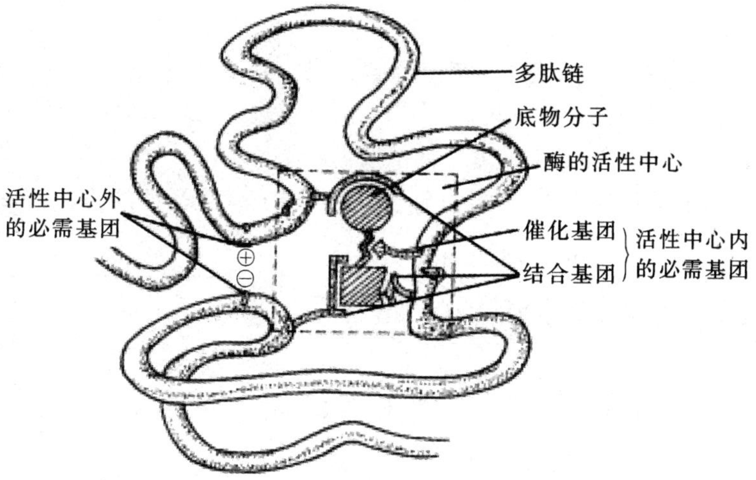

图 4-3 酶的活性中心示意图

酶的活性中心往往位于酶分子表面，或凹陷处，或裂缝处，也可通过凹陷或裂缝深入到酶分子内部。不同的酶分子结构不同，活性中心各异，催化作用各不相同。具有相同或相近活性中心的酶，尽管其分子组成和理化性质不同，而催化作用可相同或极为相似。酶的活性中心一旦被其他物质占据或某些理化因素使酶的空间结构破坏，酶则丧失催化活性。

四、酶原

(一)酶原的概念

有些酶在细胞内合成或初分泌时，没有催化活性，这种无活性的酶的前身物质称为酶原(zymogen)。酶原是体内某些酶暂不表现催化活性的一种特殊存在形式。在一定条件下，酶原受某种因素作用后，分子结构发生变化，暴露或形成了活性中心，转变成为有活性的酶的过程，称为酶原的激活。

体内胃蛋白酶、胰蛋白酶、糜蛋白酶(胰凝乳蛋白酶)、羧基肽酶、弹性蛋白酶等在它们初分泌时均以无活性的酶原形式存在，其激活过程见表 4-3。

表 4-3 部分酶原的激活过程

酶原	激活条件	激活的酶	水解片段
胃蛋白酶原	$\xrightarrow{H^+ 或胃蛋白酶}$	胃蛋白酶	6 个多肽片段
胰蛋白酶原	$\xrightarrow[或胰蛋白酶]{肠激酶}$	胰蛋白酶	六肽
糜蛋白酶原	$\xrightarrow[或糜蛋白酶]{胰蛋白酶}$	糜蛋白酶	两个二肽
羧基肽酶原 A	$\xrightarrow{胰蛋白酶}$	羧基肽酶 A	几个碎片
弹性蛋白酶原	$\xrightarrow{胰蛋白酶}$	弹性蛋白酶	几个碎片

(二)酶原的激活

酶原激活的实质是酶的活性中心形成或暴露的过程，以胰蛋白酶原的激活为例，在胰腺细胞内胰蛋白酶原合成和初分泌时，并无活性，当它随胰液进入肠道后，在肠激酶的作用下，从N端第六位赖氨酸与第七位异亮氨酸残基之间的肽键断裂，水解掉一个六肽片段，使肽链分子空间构象发生改变，形成了活性中心，胰蛋白酶原转变成具有催化活性的胰蛋白酶(图4-4)。

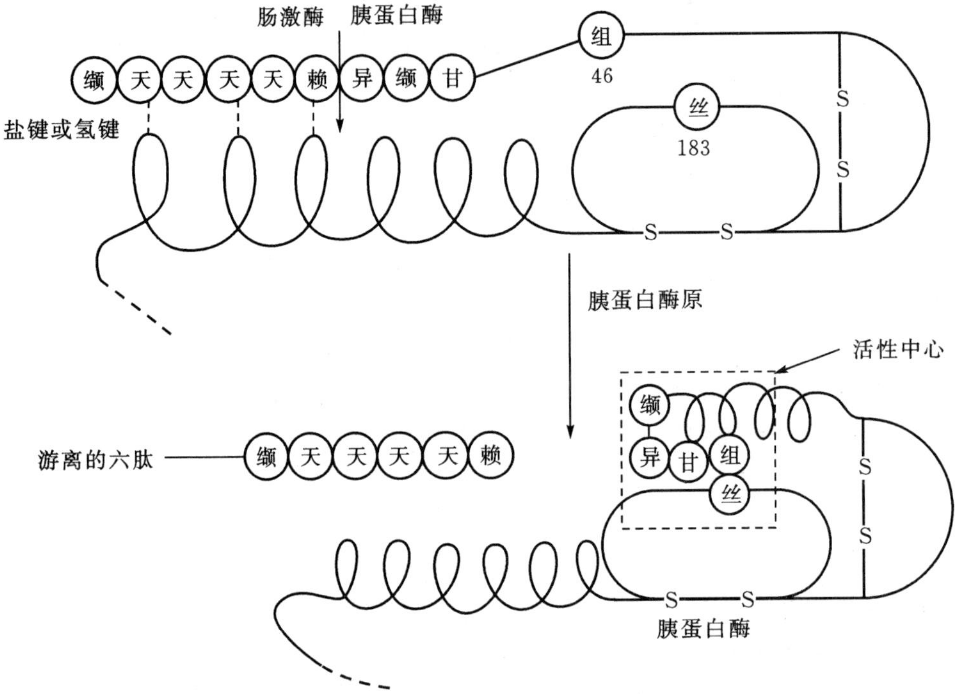

图4-4 胰蛋白酶原激活示意图

知识拓展

酶原激活与急性胰腺炎

急性胰腺炎是一种常见疾病，是多种病因导致胰酶在胰腺内被激活，引起胰腺组织自身消化、水肿、出血甚至坏死的炎症反应。正常胰腺能分泌胰蛋白酶、糜蛋白酶、胰淀粉酶、胰脂肪酶、磷脂酶等多种消化酶，除胰淀粉酶、脂肪酶、核糖核酸酶外，在胰腺细胞内多数酶以无活性的酶原形式存在。在胆石症、酗酒、暴饮暴食等致病因素作用下，胰腺自身的保护作用被破坏，胰蛋白酶原、糜蛋白酶原等在胰腺内过早被激活，导致胰腺自身消化，被激活的酶还可通过血液和淋巴循环到达全身，引起多器官损伤，并成为胰腺炎致死和各种并发症的原因。

(三)生理意义

酶原及酶原的激活具有重要的生理意义，不仅保护了产生酶原的组织细胞免受酶的自身消化，且保证酶在特定部位和环境发挥催化作用。例如，血液中参与凝血过程的酶类在正常情况下均以酶原形式存在，防止血管内凝血，保证血流畅通，在出血时，凝血酶原被激活，使血液凝固，防止过多出血。

五、同工酶

同工酶(isoenzyme)是指催化相同的化学反应，但酶蛋白的分子结构、理化性质乃至免疫学特性不同的一组酶。这些酶存在于同一机体的不同组织中，甚至同一组织细胞内的不同亚细胞结构中，它在代谢调节上起着重要的作用。

现已发现百余种酶具有同工酶，其中发现最早、研究最多的同工酶是乳酸脱氢酶(LDH)。LDH 是由两种亚基组成的四聚体，即骨骼肌型(M 型)亚基和心肌型(H 型)亚基，两种亚基以不同比例组成 5 种同工酶(图 4－5)：$LDH_1(H_4)$、$LDH_2(H_3M)$、$LDH_3(H_2M_2)$、$LDH_4(HM_3)$和 $LDH_5(M_4)$。由于分子结构的差异，5 种同工酶具有不同的电泳速度，电泳时它们都向正极移动，其电泳速度由 $LDH_1 \cdots\cdots \rightarrow LDH_5$ 依次递减。

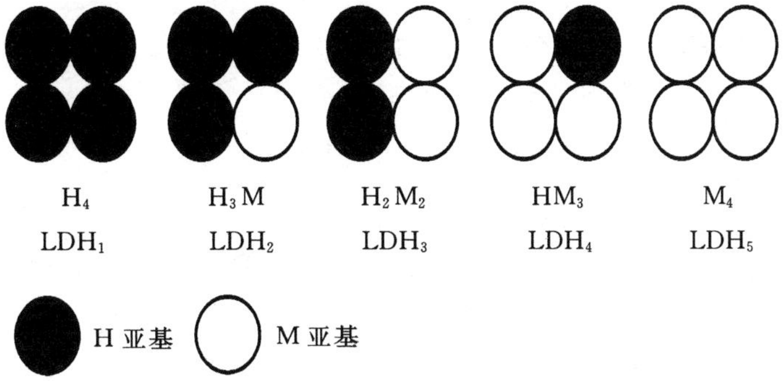

图 4－5　LDH 同工酶结构模式图

LDH 同工酶在不同组织器官中的含量与分布比例不同(表 4－4)，心肌中以 LDH_1 较为丰富，主要催化乳酸脱氢生成丙酮酸，有利于心肌细胞利用乳酸氧化供能；肝和骨骼肌中含 LDH_5 较多，催化丙酮酸还原为乳酸，利于骨骼肌进行糖酵解作用。

表 4－4　人体各组织器官中 LDH 同工酶的分布(占总活性的百分比)

组织器官	LDH_1	LDH_2	LDH_3	LDH_4	LDH_5
心肌	67	29	4	<1	<1
肾	52	28	16	4	<1
肝	2	4	11	27	56
骨骼肌	4	7	21	27	41
红细胞	42	36	15	5	2
肺	10	20	30	25	15
胰腺	30	15	50	—	5
脾	10	25	40	25	5
子宫	5	25	44	22	4

同工酶的测定已应用于临床实践，是现代医学诊断中较灵敏可靠的手段。当某组织病变时，可能有某种特殊的同工酶释放出来，使同工酶谱发生改变。因此，通过观测患者血清中LDH同工酶的电泳图谱，鉴别病变器官和判断损伤程度。例如，心肌受损患者血清LDH_1含量上升，肝细胞受损的患者血清LDH_5含量显著增高。

第三节 影响酶促反应速度的因素

对酶催化活性大小的研究，可通过测定酶促反应的速度作为判断的依据。酶促反应动力学是研究各种因素影响酶促化学反应速度的规律。影响酶促反应速度的因素包括底物浓度、酶浓度、温度、pH、激活剂和抑制剂等。为避免酶促反应进行过程中底物浓度因被消耗而相对降低及反应产物堆积等因素对反应速度的影响，常以酶促反应开始时的速度（初速度）为依据研究各种因素对酶催化活性的影响。

一、底物浓度对酶促反应速度的影响

酶促反应速度与底物浓度密切相关。在酶浓度（[E]）和其他反应条件不变的情况下，反应速度（V）对底物浓度（[S]）作图呈矩形双曲线（图 4－6）。

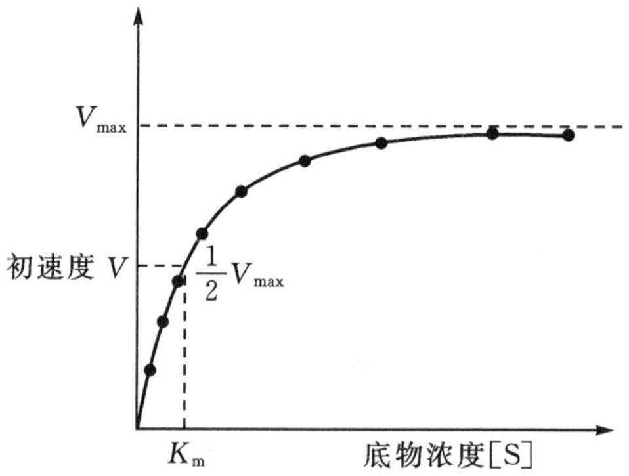

图 4－6　底物浓度对酶促反应速度的影响

曲线表明，当[S]很低时，V随[S]的增加而急剧加快，成正比关系；随着[S]的不断增加，V加快但不成正比；当[S]增加到一定程度时，再增加[S]，V也不再加快，此时的反应速度称最大反应速度（V_{max}），说明酶的活性中心已被底物所饱和。

底物浓度对反应速度的影响曲线可以用中间产物学说来解释。酶催化反应时，首先E与S结合成ES中间复合物，然后转变成产物（S＋E→ES→E＋P）。由此可知，酶促反应速度主要取决于ES复合物浓度（[ES]），[ES]越多，V越快。当[S]很低时，增加[S]，E立即与S结合生成ES，V与[S]呈正比；随着[S]的增加，多数E已与S结合，新的ES形成渐缓，V的增幅减小；当[S]增加到一定程度时，所有酶的活性中心均被底物所饱和，[ES]将保持不变，反应速度接近最大值。

（一）米氏方程

1913年，米凯利斯（L. Michaelis）与门坦（M. Menten）根据中间产物学说，提出了底物浓度与酶促反应速率关系的数学表达式，称为米氏方程。

$$V=\frac{V_{max}[S]}{K_m+[S]}$$

公式中 V 为反应初速度，[S]为底物浓度，V_{max}为反应的最大速度，K_m 为米氏常数。

(二) K_m 与 V_{max}的意义

(1)当酶促反应速度为最大反应速度一半时(设 $V=1/2V_{max}$)，米氏常数与底物浓度相等($K_m=[S]$)。

$$\frac{1}{2}V_{max}=\frac{V_{max}[S]}{K_m+[S]}$$

$$即\ K_m=[S]$$

K_m 值是最大反应速度一半时的底物浓度(单位为 mol/L)。K_m 值是酶的特征性常数，通常只与酶的结构、酶所催化的底物和反应环境有关，而与酶的浓度无关。

(2) K_m 值可用来表示酶与底物的亲和力。K_m 值愈大，表示酶与底物的亲和力愈小；K_m 值愈小，酶与底物的亲和力愈大，也即不需要很高的底物浓度便可达到最大反应速度。

(3) K_m 值可以判断酶作用的最适底物。K_m 值最小的底物一般认为是该酶的天然底物或最适底物。

(4) V_{max}是酶完全被底物饱和时的反应速度，与酶浓度成正比。

二、酶浓度对酶促反应速度的影响

酶促反应体系中，在底物浓度足以使酶饱和的情况下，酶促反应速度与酶浓度成正比关系，即酶浓度越高，反应速度越快(图 4-7)。

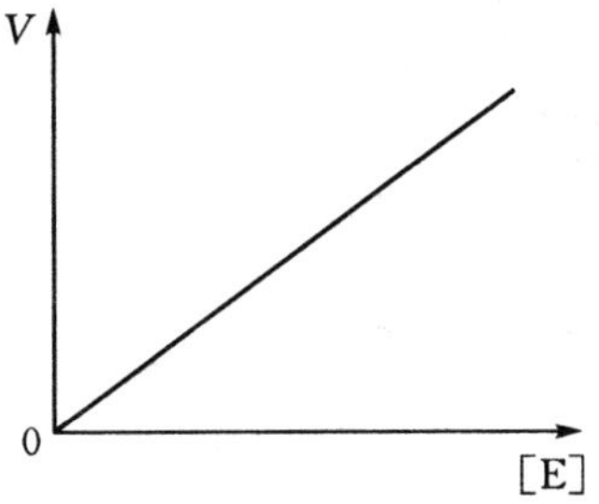

图 4-7 酶浓度对酶促反应速度的影响

三、温度对酶促反应速度的影响

化学反应速度随温度升高而加快。酶是蛋白质，温度过高可引起酶蛋白变性，因此，温度对酶促反应速度具有双重影响。在较低温度范围内，随着温度升高，酶的活性逐步增加，以致达到最大反应速度。升高温度一方面可加快酶促反应速度，同时也增加酶变性的危险。温度升高到 60 ℃以上时，大多数酶开始变性；80 ℃时，多数酶的变性不可逆转，反应速度则因酶变性而降低。综合这两种因素，将酶促反应速度达到最大时的环境温度称为酶的最适温度(optimum temperature)。温血动物组织中酶的最适温度一般在 35～40 ℃。环境温度低于最适温度时，温度加快反应速度这一效应起主导作用，温度每升高 10 ℃，反应速度可加大 1～2 倍（图 4－8）。

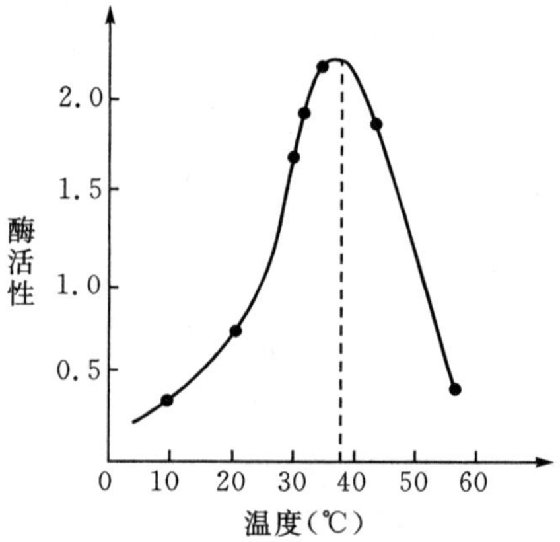

图 4－8 温度对淀粉酶活性的影响

温度对酶促反应速度的影响在临床上具有理论指导意义。在低温条件下，由于分子碰撞机会少的缘故，酶的催化作用难以发挥，酶活性处于抑制状态。但低温一般不破坏酶的结构，一旦温度回升后，酶活性恢复。所以对酶制剂和酶检测标本（如血清、血浆等）应在低温保存。另外，低温麻醉可通过低温降低酶活性以减慢组织细胞代谢速度，提高机体在手术过程中对氧和营养物质缺乏的耐受性。温度升高超过 80 ℃后，多数酶因热变性而失去活性。酶的最适温度不是酶的特征性常数，因为最适温度与反应进行时间有关，酶可以在短时间内耐受较高的温度，相反，延长反应时间，最适温度便降低。据此，在生化检验中，可以采取适当提高温度，缩短反应时间的方法，进行酶的快速检测诊断。

四、pH 对酶促反应速度的影响

酶促反应介质的酸碱度可影响酶分子中的极性基团，特别是酶活性中心上必需基团的解离状态和必需基团中质子供体或质子受体所需的离子状态，酸碱度同时也可影响底物和辅酶（如 NAD^+、HSCoA、氨基酸等）的解离状态，从而影响酶与底物的结合。只有在某一酸碱度范围内，酶、底物和辅酶的解离情况，最适宜于它们之间互相结合，酶具有最大催化作用，使酶促反应速度达最大值。因此酸碱度的改变对酶的催化作用影响很大（图 4－9）。酶催化活性最大时的 pH 值称为酶的最适 pH 值。

最适 pH 值不是酶的特征性常数，它受底物浓度、缓冲液的种类与浓度，以及酶的纯度等因素的影响。溶液的 pH 值高于或低于最适 pH 值，酶的活性降低，酶促反应速度减慢，偏离最适 pH 值越远，酶的活性越低，甚至会导致酶的变性失活。每一种酶都有其各自的最适 pH 值。生物体内大多数酶的最适 pH 值接近中性环境，但也有例外，如胃蛋白酶的最适 pH 值大约为 1.8，肝精氨酸酶的最适 pH 值在 9.8 左右。临床上用酸性溶液配制胃蛋白酶合剂就是依据这一特点。此外，同一种酶催化不同的底物最适 pH 值也稍有变动。

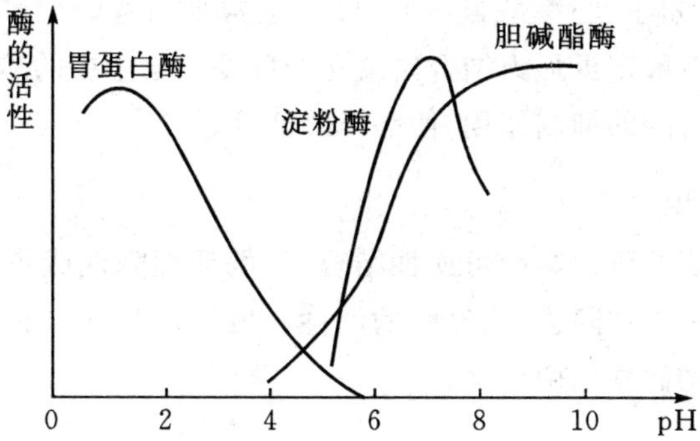

图 4-9　pH 对某些酶活性的影响

五、激活剂对酶促反应速度的影响

能使酶由无活性变为有活性或使酶活性增加的物质称为酶的激活剂(activator)。激活剂包括无机离子和小分子有机物，如 Mg^{2+}、K^{+}、Mn^{2+}、Cl^{-} 及胆汁酸盐等。其中，大多数金属离子激活剂对酶促反应是不可缺少的，否则酶将失去活性，这类激活剂称为必需激活剂。如 Mg^{2+} 是激酶的必需激活剂。有些激活剂不存在时，酶仍有一定的催化活性，但催化效率较低，加入激活剂后，酶的催化活性显著提高，这类激活剂称为非必需激活剂。如 Cl^{-} 是淀粉酶的激活剂。激活剂具有以下功能：①维持和稳定酶催化作用时所需的空间结构；②作为酶与底物之间的桥梁；③作为辅助因子的一部分构成酶的活性中心。

六、抑制剂对酶促反应速度的影响

凡能选择性使酶的催化活性下降，但不使酶蛋白变性的物质统称为酶的抑制剂(inhibitor)。通常根据抑制剂与酶结合的紧密程度不同，把酶的抑制作用分为可逆性抑制作用(reversible inhibition)和不可逆性抑制作用(irreversible inhibition)两类。

(一)不可逆性抑制作用

抑制剂以牢固的共价键与酶活性中心上的必需基团结合，使酶失去活性，称为不可逆性抑制作用。这种抑制剂不能用透析、超滤等简单物理的方法予以去除，只能通过某些药物才能解除抑制，使酶恢复活性。

例如，农药美曲膦酯(敌百虫)、敌敌畏等有机磷化合物能专一性地与胆碱酯酶活性中心丝氨酸残基的侧链羟基(—OH)结合，使酶失去活性，引起有机磷农药中毒。

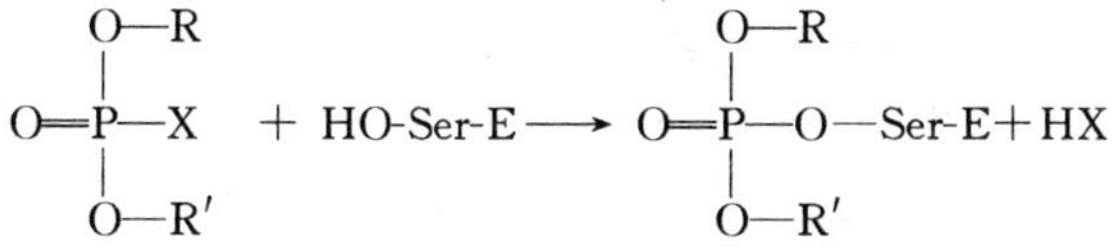

有机磷杀虫剂　胆碱酯酶(活)　磷酰化胆碱酯酶(失活)

胆碱酯酶能催化乙酰胆碱水解为乙酸和胆碱，当有机磷化合物中毒时，此酶活性受到抑制，胆碱能神经末梢分泌的乙酰胆碱因不能及时水解而蓄积，造成迷走神经兴奋而呈现中毒症状(如流涎、肌痉挛、瞳孔缩小、心率减慢等)。临床上常采用解磷定(PAM)、氯解磷定等来抢救有机磷化合物中毒。解磷定可强力结合磷酰化胆碱酯酶分子中的磷酰基,使胆碱酯酶游离,从而解除有机磷化合物对酶的抑制作用,使酶恢复活性。

(二)可逆性抑制作用

这类抑制剂通常以非共价键与酶可逆性结合,使酶活性降低或丧失。因结合比较疏松可用透析或超滤等方法将抑制剂除去,恢复酶的活性。根据抑制剂与底物的关系主要分为竞争性抑制作用和非竞争性抑制作用两种类型。

1. 竞争性抑制作用

抑制剂(I)与底物(S)的结构相似,能与底物竞争酶的活性中心,从而阻碍酶与底物的结合,这种抑制称为竞争性抑制作用(competitive inhibition)。竞争性抑制作用具有以下特点:①抑制剂在结构上与底物相似,两者竞相争夺同一酶的活性中心;②抑制剂与酶的活性中心结合后,酶分子失去催化作用;③竞争性抑制作用的强弱取决于抑制剂与底物的浓度之比,抑制剂浓度不变时,通过增加底物浓度可以减弱甚至解除抑制作用;④酶既可以结合底物分子也可以结合抑制剂,但不能与两者同时结合。E、S、I 及其催化反应的关系见图 4-10。

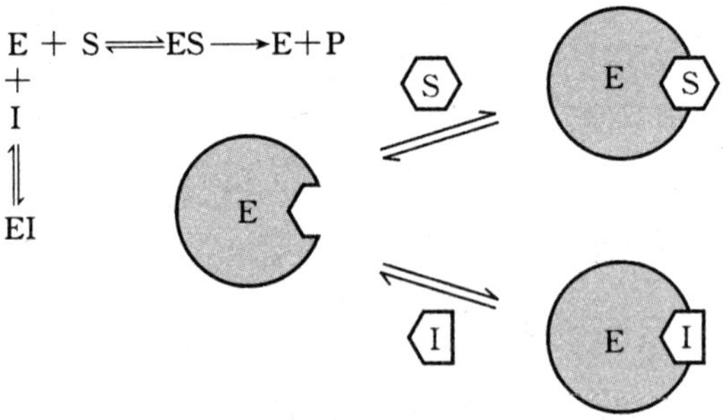

图 4-10 竞争性抑制作用示意图

例如,丙二酸对琥珀酸脱氢酶的抑制作用是最典型的竞争性抑制作用。丙二酸与琥珀酸结构相似,故两者竞争结合琥珀酸脱氢酶的活性中心。由于丙二酸与酶的亲和力远大于底物琥珀酸的亲和力,当丙二酸的浓度为琥珀酸浓度的 1/50 时,酶的活性可被抑制 50%。若增加琥珀酸的浓度,此种抑制作用可被减弱。

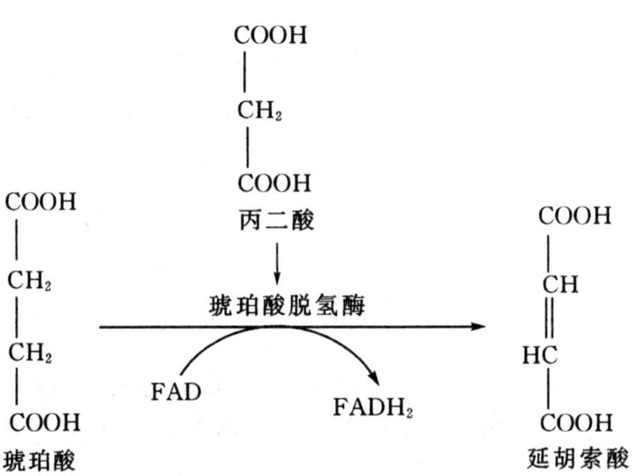

应用竞争性抑制的原理可阐明某些药物的作用机制。例如，磺胺类药物和磺胺增效剂便是通过竞争性抑制作用抑制细菌生长的。对磺胺类药物敏感的细菌，在生长繁殖时不能利用环境中的叶酸，而是在菌体内二氢叶酸合成酶的作用下，利用对氨基苯甲酸(PABA)、二氢蝶呤及谷氨酸合成二氢叶酸(FH_2)，后者在二氢叶酸还原酶的作用下，进一步还原生成四氢叶酸(FH_4)，四氢叶酸是细菌合成核酸过程中不可缺少的辅酶。磺胺类药物与对氨基苯甲酸结构相似，是二氢叶酸合成酶的竞争性抑制剂，可以抑制二氢叶酸的合成；磺胺增效剂(TMP)与二氢叶酸结构相似，是二氢叶酸还原酶的竞争性抑制剂，可以抑制四氢叶酸的合成。

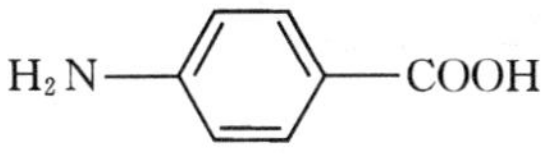

(对氨基苯甲酸)

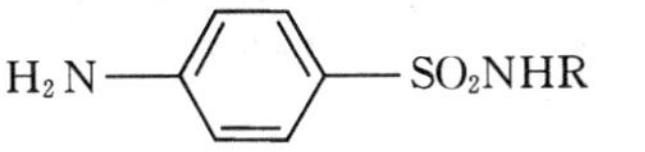

(磺胺类药物)

对氨基苯甲酸 }
二氢蝶呤 } —二氢叶酸合成酶 / 磺胺类药物(－)→ 二氢叶酸 —二氢叶酸还原酶 / 磺胺增效剂(－)→ 四氢叶酸
谷氨酸 }

磺胺类药物与其增效剂在两个作用点分别竞争性抑制细菌体内二氢叶酸的合成及四氢叶酸的合成，影响一碳单位的代谢，从而有效地抑制了细菌体内核酸及蛋白质的生物合成，导致细菌不能生长繁殖。人体能从食物中直接获取叶酸，所以人体四氢叶酸的合成不受磺胺及其增效剂的影响。根据竞争性抑制作用的特点，在服用磺胺类药物时，必须保持血液中药物的浓度，才能发挥最有效的抑菌作用。

许多抗代谢类抗癌药物，如甲氨蝶呤(MTX)、5－氟尿嘧啶(5－FU)、6－巯基嘌呤(6－MP)等，都是酶的竞争性抑制剂，可抑制肿瘤的生长。

2. 非竞争性抑制作用

抑制剂(I)与底物(S)的结构不相似，I与酶活性中心外的必需基团结合，使酶活性降低，这种抑制称为非竞争性抑制作用(non-competitive inhibition)。典型的非竞争性抑制作用的反应过程见图4－11。

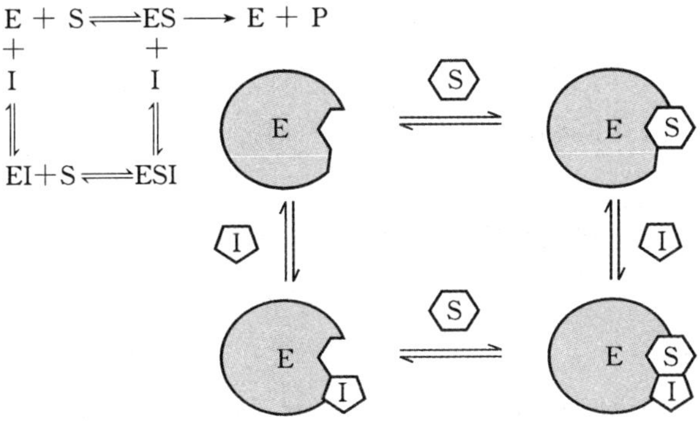

图4－11 非竞争性抑制作用示意图

由于Ⅰ结合在E活性中心外的部位，不影响E与S、EI与S的结合，I与S之间无竞争关系。I可以与游离的E结合形成EI，也可与ES结合形成ESI，EI也可以再与S结合形成ESI。在反应体系中，形成不能分解为产物的ESI"死端"复合物，抑制酶的活性。

非竞争性抑制作用中，抑制剂对酶活性的抑制程度，取决于抑制剂的绝对浓度，与底物浓度无关，抑制剂浓度愈大，抑制作用愈强。可见，非竞争性抑制不能通过增加底物浓度加以解除。

第四节　酶与医学

一、酶活力单位

在临床上，常通过测定酶的活性作为诊断疾病、判断药物疗效、估计疾病愈后的依据。通常用酶促反应速度的大小来衡量酶活性的高低。酶促反应速度可用单位时间内底物的消耗量或产物的生成量来表示。1976年国际酶学委员会规定：在最适条件下，每分钟催化1 μmol底物转化为产物所需的酶量为一个国际单位(IU)。1979年，国际酶学委员会又推荐用催量(Kat)来表示酶活性，其定义为：在最适条件下，每秒钟使1 mol底物转化为产物所需的酶量为1 Kat。催量与国际单位之间的换算关系为：$1\ \text{Kat}=6\times10^{7}\ \text{IU}$；$1\ \text{IU}=16.67\times10^{-9}\ \text{Kat}$。

二、酶在医学中的应用

(一)酶与疾病发生

体内的物质代谢在酶催化下，通过各种因素的调节有条不紊地进行。酶的质和量异常或酶的活性受抑制，可引发某些疾病。

1.先天性酶异常

先天性或遗传性酶缺陷可引起某些疾病。例如，苯丙氨酸羟化酶缺陷导致苯丙酮酸尿症；酪氨酸酶缺乏导致白化病；6-磷酸葡萄糖脱氢酶缺乏导致溶血性贫血(蚕豆病)等。

2.继发性酶异常

激素代谢障碍或维生素缺乏也可影响某些酶的活性。例如，胰岛素分泌不足，导致多种酶活性的异常而发生糖尿病；维生素K缺乏时，γ-谷氨酰羧化酶活性降低，肝脏合成的凝血因子Ⅱ、Ⅶ、Ⅸ、Ⅹ不能进一步羧化成熟，造成凝血功能障碍。

中毒性疾病常是由于毒物抑制酶的活性所致，如一氧化碳、氰化物、有机磷农药、重金属离子等分别抑制不同的酶，造成代谢反应中断或代谢物的堆积，导致一系列中毒症状，甚至致人死亡。

(二)酶与疾病诊断

在正常情况下，细胞内发挥催化作用的酶在血清中含量甚微，在某些病理情况下，可导致血清酶活性的改变。其主要原因如下。

(1)组织细胞损伤或细胞膜通透性增大，进入血液中酶的量增加。例如，急性胰腺炎时，血清中淀粉酶活性升高；肝脏损伤时，血清中丙氨酸氨基转移酶活性增加。

(2)某些细胞增殖加快,其特异的标志酶可释放入血。例如,前列腺癌血清中酸性磷酸酶活性升高。

(3)酶的排泄障碍,引起血清酶活性升高。例如,胆管阻塞时,血清碱性磷酸酶活性升高。

(4)当酶合成障碍或酶活性受到抑制时,血清酶活性降低。例如,肝病时,血中某些凝血酶原或凝血因子含量降低;有机磷中毒时胆碱酯酶活性降低。

另外,血清同工酶谱的测定对疾病的器官定位诊断有一定参考意义,如 LDH 和 CK 同工酶的测定,对心脏、肝脏、脑组织的病变都具有一定诊断价值。现将常用于临床诊断的血清酶列于表 4-5。

表 4-5　常见用于临床诊断的血清酶

血清酶	主要来源	诊断的主要疾病
丙氨酸氨基转移酶	肝、心、骨骼肌	肝实质疾病
酸性磷酸酶	红细胞、前列腺	骨病、前列腺癌
碱性磷酸酶	肝、骨、肾、肠黏膜、胎盘	肝胆疾病、骨病
醛缩酶	骨骼肌、心	肌肉病
天冬氨酸氨基转移酶	肝、心、肾、骨骼肌、红细胞	肝实质疾病、心肌梗死、肌肉病
肌酸激酶	脑、心、骨骼肌、平滑肌	心肌梗死、肌肉病
淀粉酶	胰腺、卵巢、唾液腺	胰腺疾病
胆碱酯酶	肝	肝实质疾病、有机磷杀虫剂中毒
γ-谷氨酰转肽酶	肝、肾	肝实质疾病、酒精中毒
谷氨酸脱氢酶	肝	实质疾病
γ-谷氨酰转肽酶	肝、肾	肝实质疾病、酒精中毒
5′核苷酸酶	肝胆管	肝胆疾病
乳酸脱氢酶	心、肝、骨骼肌、红细胞、淋巴结等	心肌梗死、溶血、肝实质疾病

(三)酶与疾病治疗

酶在医学研究中广泛应用,酶可作为试剂、药物和工具,用于诊断、治疗和科学研究。下面仅就酶在临床治疗上的应用归纳如下。

1. 帮助消化

胃蛋白酶、胰蛋白酶、淀粉酶、脂肪酶等都可用于帮助消化。

2. 消炎抑菌

溶菌酶、菠萝蛋白酶、木瓜蛋白酶可缓解炎症,促进消肿;糜蛋白酶可用于外科清疮和烧伤患者痂垢的清除以及防治脓胸患者浆膜粘连等。磺胺类药物通过酶的竞争性抑制作用起到抑菌消炎的作用。

3. 防治血栓

链激酶、尿激酶和纤溶酶等均可溶解血栓,防止血栓形成,可用于脑血栓、心肌梗死等疾病的防治。

4. 治疗肿瘤

人工合成的巯基嘌呤(6-巯基嘌呤)、氟尿嘧啶(5-氟尿嘧啶)等药物,通过阻断肿瘤细胞代谢通路中相应的酶活性,可以达到遏制肿瘤生长的目的。

综上所述,酶作为试剂广泛应用于临床检验和科学研究,不仅在生化检验中测定血糖、血脂等用酶法分析,而且在一些免疫学指标检测、激素测定、肿瘤标志物测定中应用酶学方法。这种方法灵敏、准确、方便、迅速。

此外,酶工程是对酶进行改造的新型应用技术,主要是利用物理的、化学的或分子生物学的方法对酶分子进行改造,包括对酶分子中功能基团进行化学修饰、酶的固定化、抗体酶等。固定化酶是指采用物理化学技术,将水溶性酶转化成为不溶于水但仍具催化活性的固态酶,能连续催化反应,又可回收反复使用,现已能利用固定化酶生产多种药物,如采用氨基甲酰磷酸激酶生产ATP,11β-羟化酶生产氢化可的松等。抗体酶是具有催化功能的免疫球蛋白,既有抗体的高度选择性,又有酶的高效催化能力。医学上可以利用抗体酶特异性的破坏病毒蛋白、清除血管凝血块或用于吸毒、癌症药物治疗减轻化疗副作用等。酶学知识及其应用技术的发展为新药研发、生产、医疗服务等开拓了更为广阔的前景。

目标检测

一、名词解释

1. 酶的活性中心
2. 酶原
3. 同工酶

二、简答题

1. 酶的特异性有哪些?
2. 影响酶促反应速度的因素有哪些?
3. 比较竞争性抑制作用与非竞争性抑制作用的异同。

(徐世明)

第五章　维生素

学习目标

【掌握】维生素的分类；维生素缺乏常见的原因；各类维生素缺乏导致的临床常见疾病。

【熟悉】各类维生素的化学本质及来源。

第一节　概　述

一、维生素的命名及分类

维生素(vitamin)是维持机体正常功能所必需，但在体内不能合成或合成量很少，必须由食物供给的一类小分子有机物。维生素每日需要量甚少，它们既不能构成机体组织成分，也不作为体内供能物质，然而在调节物质代谢和维持生理功能等方面却发挥着重要作用。长期缺乏某种维生素，会导致维生素的缺乏症。维生素的名称最初是按发现的先后命名，如维生素A、维生素B、维生素C、维生素D等。在了解了它们的化学结构和生理功能后，又据结构和功能来命名，如维生素A又称视黄醇或抗干眼病维生素。

维生素的种类较多，它们的化学结构差异很大，最常见的分类方法是按照维生素的溶解性质不同，分为脂溶性维生素和水溶性维生素两大类。

(一)脂溶性维生素

脂溶性维生素包括维生素A、维生素D、维生素E、维生素K。它们不溶于水，易溶于脂类及多数有机溶剂。在食物中与脂类共存，并随脂类一同吸收。吸收后的脂溶性维生素在血液中与脂蛋白及某些特殊的结合蛋白特异结合而运输，在体内有一定量的储存，主要储存部位是肝脏。

(二)水溶性维生素

水溶性维生素包括维生素B族(B_1、B_2、PP、B_6、泛酸、叶酸、生物素、B_{12})和维生素C。它们均溶于水，体内过剩的部分可由尿排出体外，因而在体内很少蓄积，也不会因此而发生中毒。因为水溶性维生素在体内的储存很少，所以必须经常从食物中摄取。

二、维生素缺乏常见原因

脂溶性维生素和水溶性维生素在人体内的代谢特点不同。许多因素可导致维生素缺乏，引起维生素缺乏常见原因如下。

(一)摄入量不足

膳食中维生素含量不足、搭配不合理或因食物储存、烹调、加工方法不当，使维生素大量破坏与流失均可引起维生素的摄入不足。例如,淘米过度、煮稀饭加碱、米面加工过细均可使维生素 B_1 大量丢失破坏。

(二)机体吸收利用率降低

某些原因造成消化系统吸收功能障碍,如肠蠕动加快、胆道疾患、长期腹泻等疾病造成维生素的吸收、利用减少。

(三)维生素需要量增加而补充相对不足

在某些生理或病理条件下,机体对维生素的需要量会相对增加。例如,生长发育期儿童、孕妇与哺乳期妇女、慢性消耗性疾病患者,对维生素的需要量较多,如按常量供给可引起维生素不足或产生维生素缺乏病。

(四)其他原因

长期服用广谱抗生素使肠道正常菌群的生长受到抑制,可引起某些由肠道细菌合成的维生素缺乏,如维生素 K、维生素 B_6、叶酸等。日光照射不足,可使皮肤内维生素 D_3 产生不足,易造成小儿佝偻病或成人软骨病。

当水溶性维生素摄入过多时,可随尿排出体外,不易引起机体中毒,但非生理性大剂量摄入,有可能干扰其他营养素代谢。脂溶性维生素大量摄入,可导致体内积存过多而引起中毒。

第二节　脂溶性维生素

一、维生素 A

(一) 化学本质及来源

维生素 A 又称抗干眼病维生素。化学本质是含有 β-白芷酮环的多聚异戊二烯的不饱和单元醇。天然维生素 A 有 A_1 和 A_2 两种形式, A_1 又称视黄醇(retinol), A_2 称 3-脱氢视黄醇(图 5-1)。维生素 A 在体内的活性形式包括视黄醇、视黄醛和视黄酸。

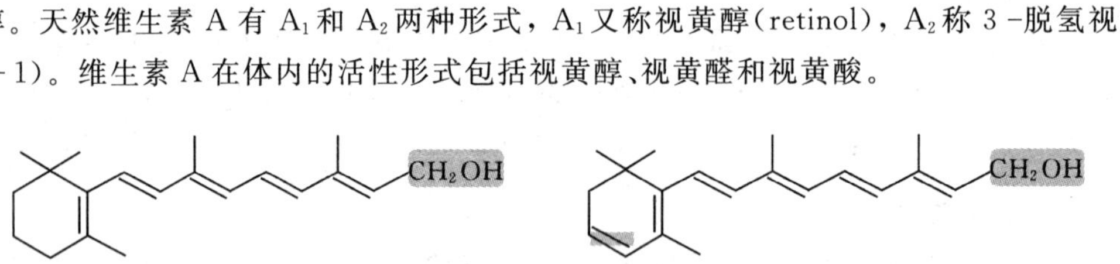

A_1　　A_2

图 5-1　维生素 A_1 和 A_2 的结构

天然维生素 A 存在于动物体内,动物的肝脏、鱼肝油、奶类及鱼卵中含量丰富。植物中不存在维生素 A,但胡萝卜、菠菜、番茄、杧果等黄绿色植物中含有多种胡萝卜素,尤其 β-胡萝卜素(β-carotene)(图 5-2) 最为重要,它可在肠壁和肝脏中转变为维生素 A,这种本身不具有维生素 A 活性,但在体内可以转变为维生素 A 的物质,称为维生素 A 原。

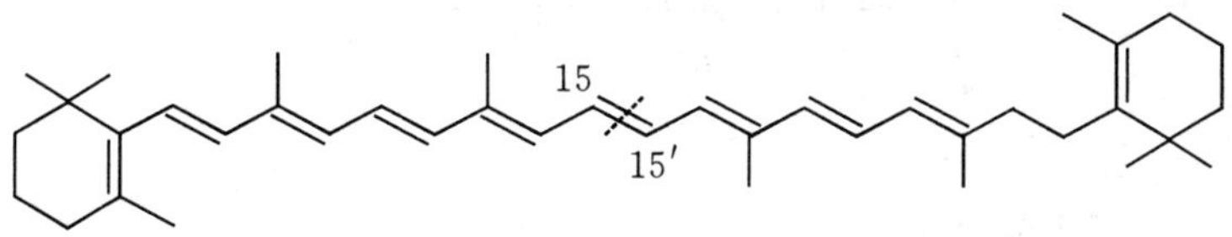

图 5-2 β-胡萝卜素的结构

(二)功能及缺乏病

1. 构成视觉细胞内感光物质

人视网膜感光细胞有视锥细胞和视杆细胞两类。其中视杆细胞内有由维生素 A_1 转变成的 11-顺视黄醛和视蛋白结合而成的络合物——视紫红质，视紫红质对弱光或暗光非常敏感。当视紫红质感光时，11-顺视黄醛在光异构作用下转变成全反视黄醛，并与视蛋白分离而失色，这一光异构变化同时可引起杆状细胞膜的钙离子通道的开放，钙离子迅速流入细胞并激发神经冲动，经传导到大脑后产生视觉。在维生素 A 缺乏时，必然会引起 11-顺视黄醛的不足，视紫红质合成减少，对弱光的敏感性降低，使暗适应时间延长，甚至会发生夜盲症。

2. 参与糖蛋白的合成

维生素 A 能促进组织发育和分化所需要的糖蛋白的合成。若维生素 A 缺乏，可引起上皮组织干燥、增生和角化等，其中以眼、呼吸道、消化道等黏膜上皮受影响较为显著。眼部表现为泪腺上皮角化，泪液分泌受阻，以致角膜、结膜干燥，产生眼干燥症。故维生素 A 又称抗干眼病维生素。

3. 其他作用

维生素 A 通过增加细胞表面的上皮生长因子受体数目而促进生长、发育；人体上皮细胞的正常分化与视黄酸直接相关，流行病学调查表明，维生素 A 的摄入与癌症的发生呈负相关，动物实验也表明，摄入维生素 A 可减轻致癌物质的作用。另外，β-胡萝卜素是抗氧化剂，在氧分压较低的条件下，能直接消灭自由基，而自由基是引起肿瘤和许多疾病的重要因素。

二、维生素 D

(一)化学本质及来源

维生素 D 又称抗佝偻病维生素，含有环戊烷多氢菲结构，是类固醇衍生物。它主要包括维生素 D_2(麦角钙化醇)(ergocalciferol)和维生素 D_3(胆钙化醇)(cholecalciferol)两种形式。人体皮下存在一种 7-脱氢胆固醇，它是由体内胆固醇在皮肤细胞氧化而成，经紫外线照射可转变成维生素 D_3，故称为维生素 D_3 原。维生素 D_3 含量最丰富的食物为鱼肝油、动物肝脏和蛋黄，其他食物中含量较少。维生素 D_2 来自植物性食品。

(二)功能及缺乏病

维生素 D_2 和维生素 D_3 本身都没有生理活性，它们必须在体内进行一系列的代谢转变才能生成活性维生素 D_3，即 $1,25-(OH)_2-D_3$。体内维生素 D_3 在肝微粒体中 25α-羟化酶催化下生成 $25-(OH)-D_3$，经血液运输至肾脏，经肾小管上皮细胞线粒体内 1α-羟化酶的作用生成

1,25 -$(OH)_2$- D_3(图 5 - 3)。活性维生素 D_3 经血液运输到小肠、骨及肾等靶器官发挥其生理作用。

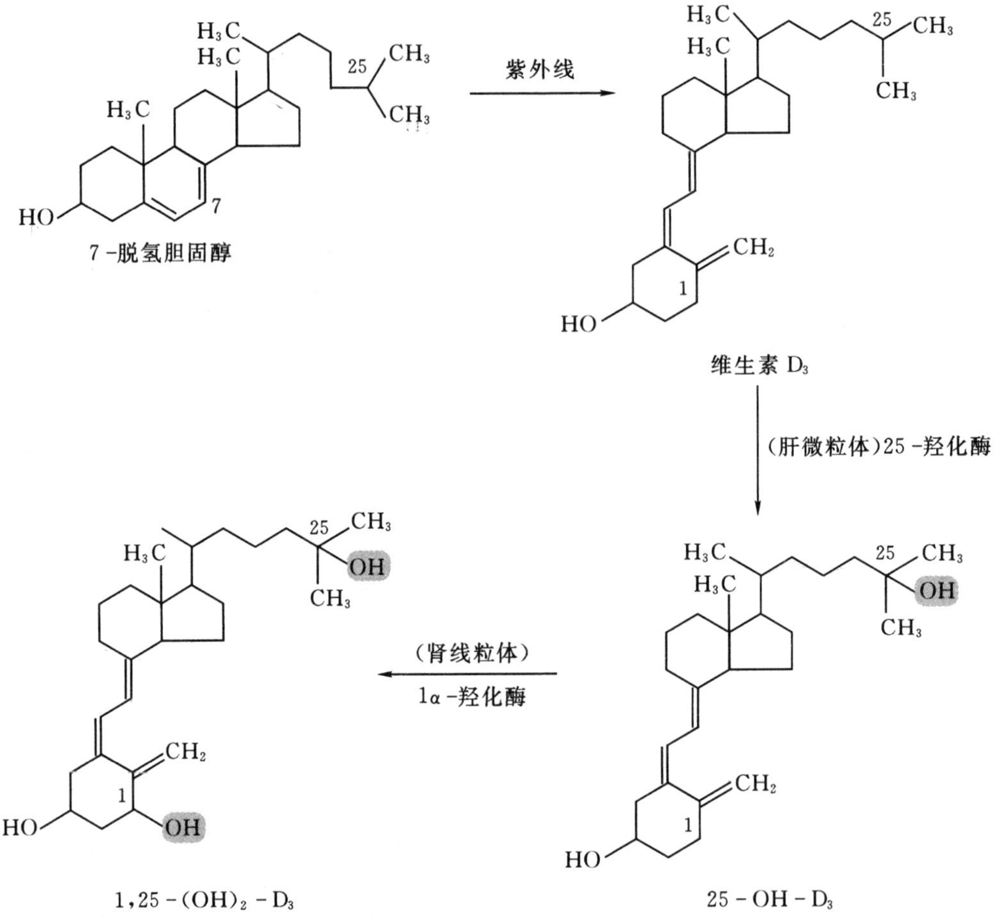

图 5 - 3 活性维生素 D_3 的生成

1,25 -$(OH)_2$- D_3 的主要作用是调节钙磷代谢,它可促进小肠对食物中钙和磷的吸收,促进肾对钙和磷的重吸收,还可影响骨组织的钙代谢,促进骨和牙的钙化作用。当缺乏维生素 D 时,成骨作用发生障碍,儿童可发生佝偻病,成人引起软骨病。另外 1,25 -$(OH)_2$- D_3 还具有调节皮肤、大肠、前列腺、乳腺、心、脑、骨骼肌、胰岛 B 细胞、单核细胞和活化的 T 和 B 淋巴细胞的分化等功能。

三、维生素 E

(一)化学本质及来源

维生素 E 又称生育酚,它主要分为生育酚(tocopherol)和生育三烯酚(tocotrienol)两大类。每类根据甲基数目和位置不同分成 α、β、γ、δ 4 种(图 5 - 4)。自然界以 α -生育酚分布最广,生理活性最强。维生素 E 在无氧条件下对热稳定,但对氧十分敏感,易被氧化。各种植物油、深海鱼油、谷物的胚芽、绿叶蔬菜是维生素 E 较好的来源。

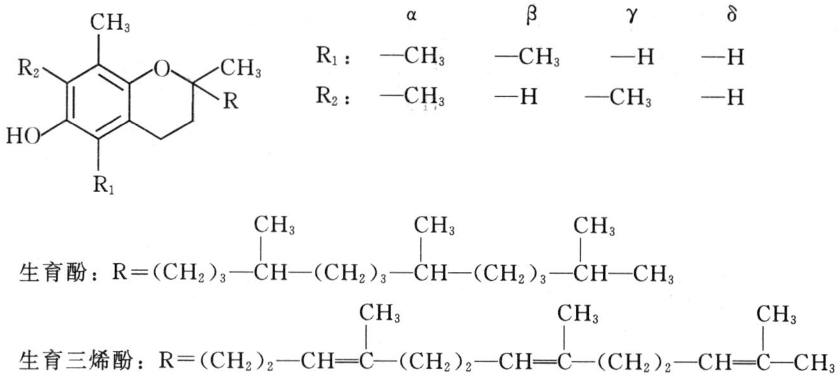

图 5-4　维生素 E 的结构

(二)功能及缺乏病

1. 抗氧化作用

维生素 E 可与机体内具有强氧化性的自由基起反应，形成生育酚自由基，生育酚自由基又可进一步与另一自由基反应，生成非自由基产物——生育醌。通过此机制可防止自由基对生物膜的破坏，保护生物膜的结构和功能。

2. 与动物生殖功能有关

动物实验证明，缺乏维生素 E 时其生殖器官发育受损甚至不育。人类尚未发现维生素 E 缺乏所至的不育症。但临床上常用维生素 E 来治疗先兆流产和习惯性流产。

3. 其他功能

维生素 E 能提高血红素合成过程中关键酶 δ-氨基-γ-酮戊酸（ALA）合酶及 ALA 脱水酶的活性，促进血红素的合成。所以孕妇、哺乳期的妇女及新生儿应注意补充维生素 E。

维生素 E 可降低血浆低密度脂蛋白（LDL）的浓度，防止动脉硬化等疾病的发生。

维生素 E 还可以调节某些基因的表达，如与生育酚的摄取和降解相关的基因、脂质摄取与动脉硬化的相关基因及细胞黏附与炎症的相关基因等。因而，维生素 E 在抗炎、维持机体正常免疫功能及抑制细胞增殖等方面发挥作用。

维生素 E 一般不易缺乏，在某些脂肪吸收障碍等疾病时可引起缺乏，表现为红细胞数量减少，寿命缩短。体外实验可见，红细胞脆性增加等贫血症，偶可引起神经障碍。

四、维生素 K

(一)化学本质及来源

维生素 K 是萘醌的衍生物，与凝血有关，又称凝血维生素。天然存在的有维生素 K_1（叶绿醌，phylloquinone）、维生素 K_2（多异戊烯甲基萘醌，multiprenylmena quinone）两种（图 5-5）。维生素 K_1 在绿叶蔬菜和动物肝脏中含量丰富，维生素 K_2 则是人体肠道细菌的代谢产物。临床上常用的维生素 K_3、维生素 K_4 是人工合成的，能溶于水，可口服或注射。

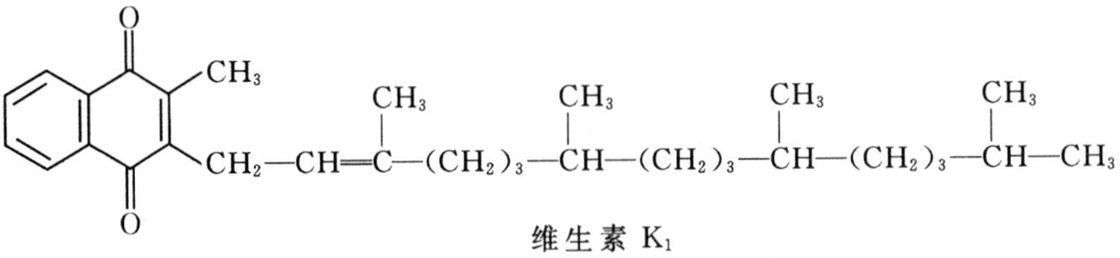

维生素 K_1

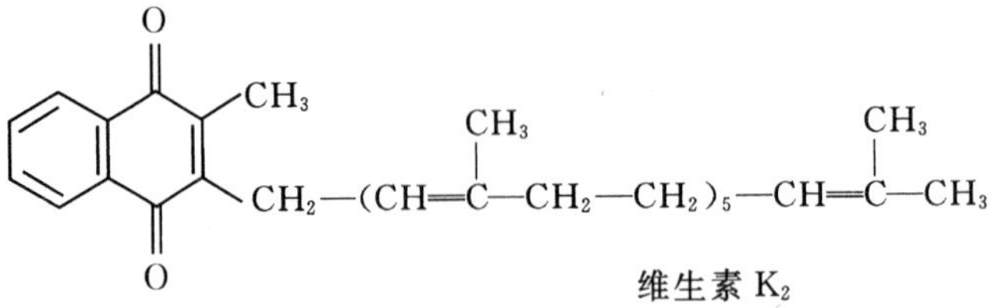

维生素 K_2

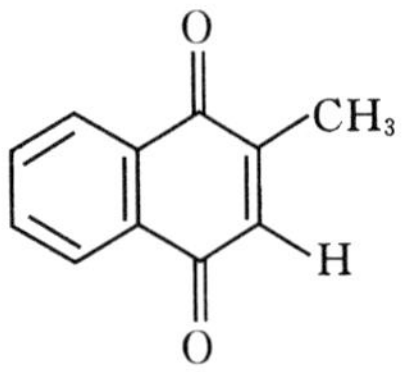

维生素 K_3

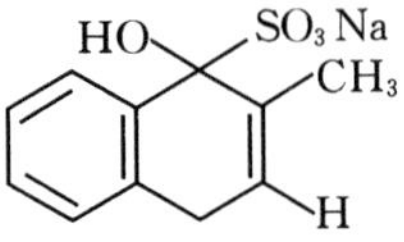

维生素 K_4

图 5-5　维生素 K 的结构

(二)功能及缺乏病

维生素 K 的主要生化作用是维持体内的第Ⅱ、Ⅶ、Ⅸ、Ⅹ凝血因子的正常水平,促进血液凝固。凝血因子由无活性型向活性型的转变需要 γ-谷氨酸羧化酶的催化,维生素 K 作为该酶的辅助因子,参与这种转化反应,故维生素 K 又称凝血维生素。因维生素 K 来源广泛且体内肠道中细菌也能合成,故一般不易缺乏。但胰腺疾病、胆管疾病和小肠黏膜萎缩等疾病,以及长期应用广谱抗生素,可引起维生素 K 缺乏。另外,维生素 K 不能通过胎盘,出生后肠道内又无细菌,所以新生儿有可能引起缺乏。维生素 K 缺乏可使凝血时间延长,严重时发生皮下、肌肉、胃肠道出血。

脂溶性维生素的生化功能及缺乏症见表 5-1。

表 5-1　脂溶性维生素的生化功能及缺乏症

名称	主要生化功用	缺乏症
维生素 A(抗干眼病维生素)	构成视觉细胞的感光物质	夜盲症
	参与糖蛋白的合成	眼干燥症
	防癌作用	
维生素 D(抗佝偻病维生素)	促进小肠对钙、磷的吸收,	佝偻病
	有利于骨的钙化	软骨病
维生素 E(生育酚)	抗氧化作用与动物的生育有关	
	有促进血红素合成的作用	
维生素 K(凝血维生素)	促进凝血因子Ⅱ、Ⅶ、Ⅸ、Ⅹ的合成	凝血障碍

第三节 水溶性维生素

水溶性维生素包括 B 族维生素和维生素 C。它们在体内基本不能储存，过剩时可随尿排除，一般不发生过多现象。正因为水溶性维生素在体内的储存很少，所以必须经常从膳食中摄取。B 族维生素往往作为酶的辅助因子而发挥其参与和调节物质代谢的作用。

一、维生素 B_1

(一)化学本质及来源

维生素 B_1 又称抗神经炎或抗脚气病维生素。其化学名称为硫胺素(thiamine)，它在酸性溶液中稳定，碱性条件下加热易破坏。维生素 B_1 在植物中广泛分布，种子外皮(如麦麸、米糠)、胚芽、酵母及瘦肉中含量丰富。因维生素 B_1 在碱性条件下易破坏，故烹调食物时不宜加碱。

(二)功能及缺乏病

在体内，维生素 B_1 并不具有生理活性，当体内的维生素 B_1 在肝脏及脑组织中经硫胺素焦磷酸激酶作用生成焦磷酸硫胺素(thiamine pyrophosphate，TPP)(图 5-6)时，才具有生理活性。

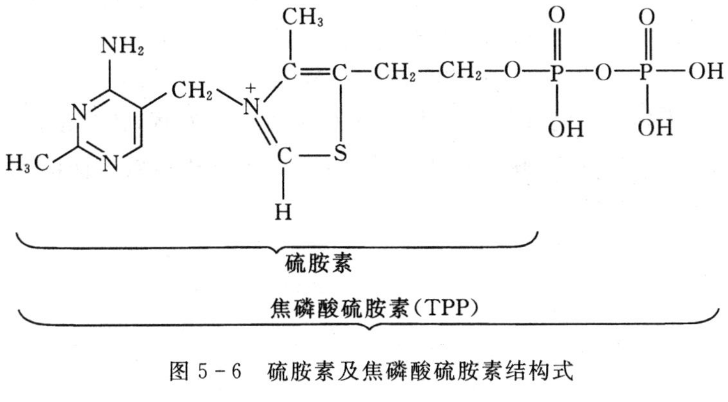

图 5-6 硫胺素及焦磷酸硫胺素结构式

1. TPP 是 α-酮酸氧化脱羧酶的辅酶

TPP 参与体内 α-酮酸氧化脱羧反应，维生素 B_1 缺乏时，代谢中间产物 α-酮酸氧化发生障碍，神经组织因供能不足影响神经细胞膜髓鞘磷脂合成，导致末梢神经炎及其他神经病变。

2. TPP 是转酮醇酶的辅酶

TPP 参与体内磷酸戊糖代谢。

3. 维生素 B_1 可抑制胆碱酯酶活性，减少乙酰胆碱水解

乙酰胆碱是神经传导递质，当其水解增加时，导致神经传导受到影响。其主要表现为消化液分泌减少、胃蠕动变慢、食欲不振、消化不良等。

二、维生素 B_2

(一)化学本质及来源

维生素 B_2 又名核黄素(riboflavin)(图 5－7)。其分子中有两个活泼的双键,在生物体内氧化还原过程中起传递氢的作用。维生素 B_2 广泛存在于动、植物组织中。米糠、酵母、蛋黄、肝脏中含量丰富。微生物核黄菌有合成核黄素的能力。

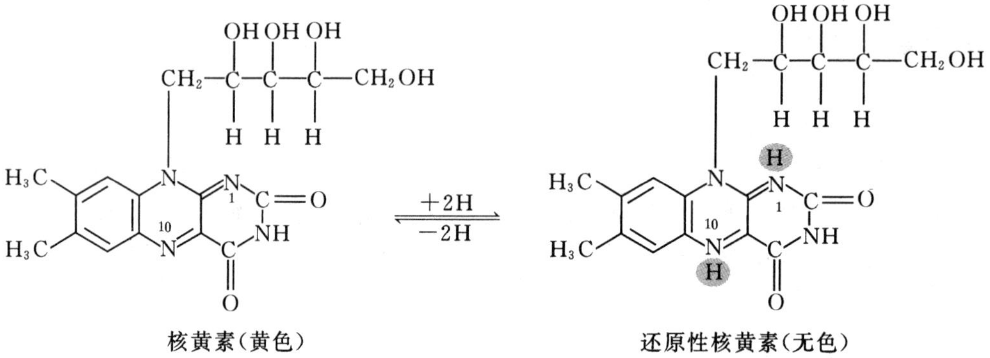

图 5－7　核黄素的结构与递氢过程

(二)功能及缺乏病

进入体内的维生素 B_2 在小肠黏膜中黄素激酶的作用下,转变成黄素单核苷酸(FMN),进一步在焦磷酸化酶的催化下生成黄素腺嘌呤二核苷酸(FAD)。FMN 及 FAD 是维生素 B_2 在体内的活性形式。它们作为体内许多氧化还原酶的辅基,是生物氧化呼吸链中重要的递氢体,参与糖、氨基酸和脂肪酸等氧化过程。维生素 B_2 可促进生长发育,特别是在维持皮肤和黏膜的完整性方面起重要作用。机体缺乏维生素 B_2 则出现能量和物质代谢的紊乱,可引起口角炎、唇炎、阴囊炎、脂溢性皮炎等。

三、维生素 PP

(一)化学本质及来源

维生素 PP 又名抗癞皮病因子,包括尼克酸(nicotinic acid)和尼克酰胺(nicotinamide)二者均属含氮杂环吡啶(图 5－8),在体内可相互转化。富含维生素 PP 的食物有动物肝脏、酵母、花生、豆类及肉类等。人体(肝)能利用色

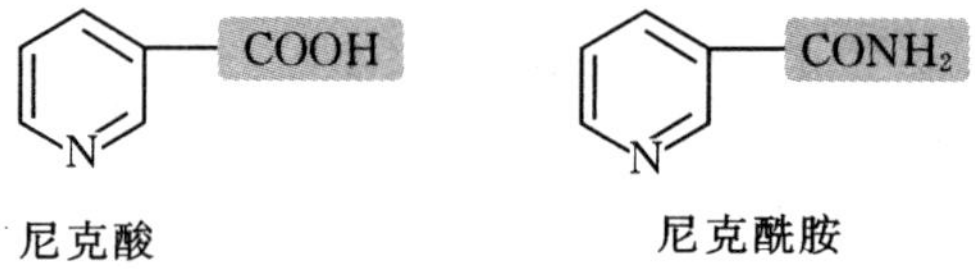

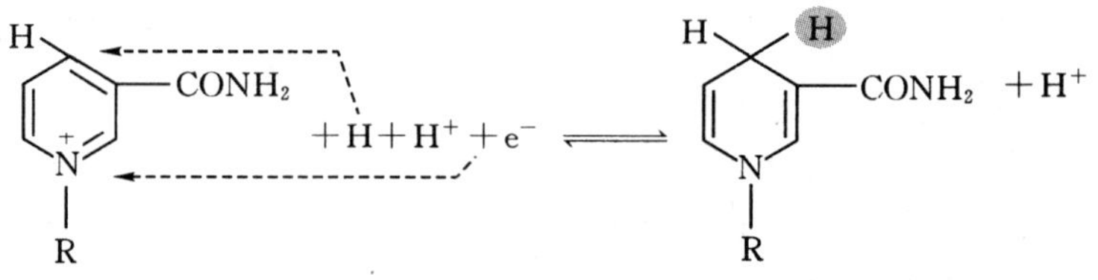

图 5－8　尼克酸和尼克酰胺的结构及其递氢过程

氨酸合成维生素 PP,但不能满足需要。

(二)功能及缺乏病

在体内,尼克酰胺与核糖、磷酸、腺嘌呤组成尼克酰胺腺嘌呤二核苷(NAD^+)和尼克酰胺腺嘌呤二核苷酸磷酸($NADP^+$),它们是维生素 PP 在体内的活性形式,作为多种不需氧脱氢酶的辅酶,是生物氧化中重要的递氢体。

人类维生素 PP 缺乏症称为癞皮症,其典型症状为皮炎、腹泻及痴呆。早期常有食欲不振、消化不良、腹泻、失眠、头痛、体重减轻等现象。皮炎常呈对称性,并出现于暴露部位,痴呆是神经组织变性的结果。此病多发生在以玉米为主食的地区,现已基本控制。另外,抗结核药异烟肼的结构与维生素 PP 十分相似,两者有拮抗作用,长期服用可能引起维生素 PP 缺乏。

临床上将尼克酸用来作降胆固醇药。尼克酸能抑制脂肪组织的脂肪分解,从而抑制游离脂肪酸的动员,可使肝中极低密度脂蛋白合成下降,起到降低胆固醇的作用。此外尼克酸还有扩张血管的作用。

四、维生素 B_6

(一)化学本质及来源

维生素 B_6 是吡啶的衍生物,包括吡哆醇(pyridoxine)、吡哆醛(pyridoxal)、吡哆胺(pyridoxamine)(图 5-9)。维生素 B_6 在动植物中分布很广,麦胚芽、米糠、大豆、酵母、肝、鱼、肉及绿叶蔬菜中含量丰富,某些微生物也可以少量合成。

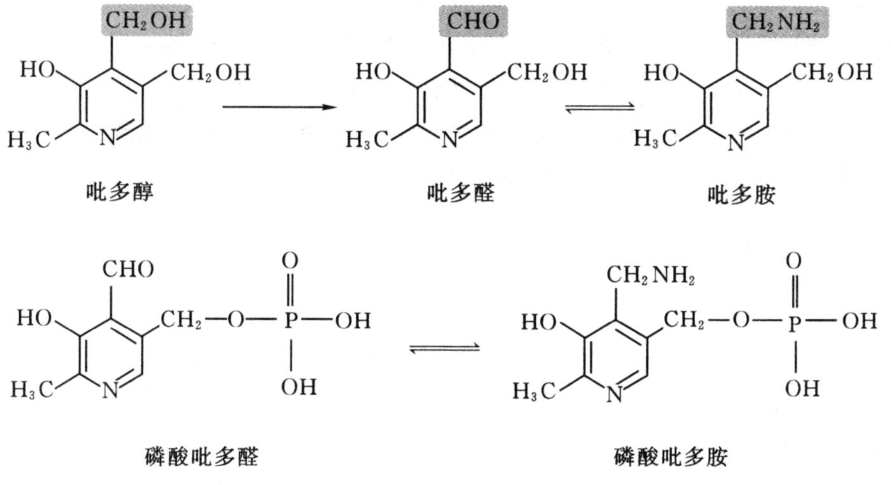

图 5-9 维生素 B_6 及其磷酸酯的结构与转变

(二)功能及缺乏病

维生素 B_6 在体内经磷酸化形成磷酸吡哆醛、磷酸吡哆胺,两者为其在体内的活性形式。

1. 磷酸吡哆醛是转氨酶的辅酶

磷酸吡哆醛具有传递氨基的作用,参与体内氨基酸的代谢。

2. 磷酸吡哆醛是许多氨基酸和氨基酸衍生物脱羧酶的辅酶

磷酸吡哆醛能促进谷氨酸脱羧，形成 γ-氨基丁酸，后者是一种抑制性神经递质。临床上常用维生素 B_6 治疗小儿惊厥及妊娠呕吐。

3. 磷酸吡哆醛是 δ-氨基 γ-酮戊酸（ALA）合成酶的辅酶

δ-氨基 γ-酮戊酸合成酶是血红素合成的限速酶，所以，缺乏维生素 B_6 有可能造成低血色素小细胞性贫血和血清铁增高。

4. 磷酸吡哆醛是糖原磷酸化酶的重要组成成分

磷酸吡哆醛参与糖原分解为 1-磷酸葡萄糖的过程。

近年来发现，高同型半胱氨酸血症是心血管疾病、血栓生成和高血压的危险因子。维生素 B_6 是催化同型半胱氨酸分解生成半胱氨酸代谢酶的辅酶。维生素 B_6 对治疗上述疾病有一定的效果。

人类未发现维生素 B_6 缺乏的典型病例。长期用异烟肼进行抗结核治疗时，因其能与磷酸吡哆醛结合，使其失去辅酶的作用，所以在服用异烟肼时，应补充维生素 B_6。

五、泛酸

（一）化学本质及来源

泛酸（pantothenic acid）又称遍多酸。由于在自然界分布广泛而得名，人肠道细菌也可以合成。

（二）功能及缺乏病

泛酸经磷酸化并获得巯基乙胺生成 4-磷酸泛酰巯基乙胺，4-磷酸泛酰巯基乙胺是辅酶 A（CoA）及酰基载体蛋白（ACP）的组成部分，所以 CoA 及 ACP 为泛酸在体内的活性形式。在体内 CoA 及 ACP 构成酰基转移酶的辅酶，具有转移酰基的作用。广泛参与糖、脂类、蛋白质代谢及肝脏的生物转化作用。泛酸缺乏症少见。

六、生物素

（一）化学本质及来源

生物素（biotin）是由噻吩环和尿素结合形成的一个双环化合物，侧链上有一戊酸。生物素来源极其广泛，人体肠道细菌也能合成。

生物素是天然的活性形式，它是体内多种羧化酶的辅酶。在组织内生物素通过分子侧链中戊酸的羧基与酶蛋白分子赖氨酸残基上的 ε-氨基以酰胺键牢固结合，形成羧基生物素-酶复合物（又称生物胞素），生物胞素可将活化的羧基转移给酶的相应底物。生物素与糖、脂肪、蛋白质和核酸的代谢有密切关系，因为在这些物质的代谢过程中均有 CO_2 参与的反应。

（二）功能及缺乏病

生物素对某些微生物如酵母菌、细菌等的生长有强烈的促进作用。生物素缺乏症罕见。新鲜鸡蛋清中有一种抗生物素蛋白，它能与生物素结合使其失去活性不能被吸收。若蛋清加热后这种蛋白便被破坏，也就不再妨碍生物素的吸收。另外，长期使用抗生素可抑制肠道细菌生长，也可能造成生物素的缺乏，主要症状是疲乏、恶心、呕吐、食欲不振、皮炎及脱屑性红皮病。

七、叶酸

（一）化学本质及来源

叶酸（folic acid）因在绿叶中含量十分丰富而得名，由 *L* -谷氨酸、对氨基苯甲酸（PABA）和 2 -氨基- 4 -羟基- 6 -甲基蝶呤啶组成，又称蝶酰谷氨酸（图 5 - 10）。在绿叶蔬菜、水果、动物肝、酵母等中含量丰富，肠道细菌也可合成。

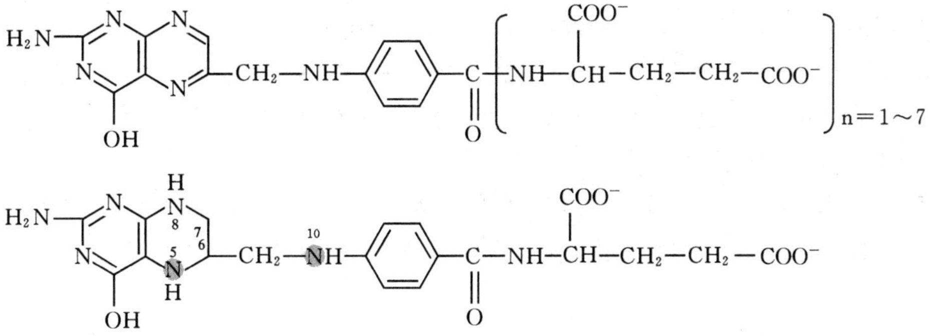

图 5 - 10　叶酸和四氢叶酸的结构

（二）功能及缺乏病

叶酸在肠壁、肝、骨髓等组织，在叶酸还原酶（辅酶为 NADPH）的催化下，可转变成叶酸的活性形式——四氢叶酸（FH_4）。FH_4是体内一碳单位转移酶的辅酶，具有运输一碳单位的作用。一碳单位在体内参与多种物质的合成，如嘌呤、胸腺嘧啶核苷酸等。当叶酸缺乏时，DNA 合成必然受到限制，骨髓幼红细胞 DNA 合成减少，细胞分裂速度降低，细胞体积变大，造成巨幼红细胞贫血。

抗癌药物甲氨蝶呤因结构与叶酸相似，能抑制二氢叶酸还原酶的活性，使四氢叶酸合成减少，进而抑制体内胸腺嘧啶核苷酸的合成，因此有抗癌作用。

叶酸含量丰富，一般不会发生缺乏症。孕妇及哺乳期妇女快速分裂细胞增加或因生乳而致代谢较旺盛，应适量补充叶酸。口服避孕药或抗惊厥药干扰叶酸的吸收与代谢，如长期服用此药应考虑补充叶酸。

八、维生素 B_{12}

（一）化学本质及来源

维生素 B_{12} 又称钴胺素（cobalamine），是唯一含金属元素的维生素。它广泛存在于动物性食品中，肝、肾、瘦肉、鱼、蛋中含量丰富，肠道细菌也可合成，植物性食物中不含维生素 B_{12}。

（二）功能及缺乏病

维生素 B_{12} 在体内因结合的基团不同，可有多种存在形式，其中甲钴胺素（$CH_3—B_{12}$）和 5′-脱氧腺苷钴胺素是维生素 B_{12} 的活性形式，也是存在于血液的主要形式。

(1)甲钴胺素是 N^5-甲基四氢叶酸甲基转移酶的辅酶,参与甲基的转移。甲钴胺素在体内参与同型半胱氨酸甲基化生成甲硫氨酸的反应,产生四氢叶酸和甲硫氨酸。当维生素 B_{12} 缺乏时,N^5-甲基四氢叶酸的甲基不能转移,结果,不利于甲硫氨酸的生成,同时也影响四氢叶酸的再生,使组织中游离的四氢叶酸含量减少,不能利用它来转运其他的一碳单位,影响嘌呤、嘧啶的合成,最终导致核酸合成障碍,影响细胞分裂,产生巨幼红细胞贫血。S-腺苷甲硫氨酸可作为甲基供体促进胆碱和磷脂等合成,防止脂肪肝的发生,有利于肝的物质代谢。所以临床上把叶酸和维生素 B_{12} 作为治疗肝病的辅助药物。

(2)5′-脱氧腺苷钴胺素是 *L*-甲基丙二酰 CoA 变位酶的辅酶,催化琥珀酰 4-磷酸泛酰巯基乙胺 CoA 的生成。当维生素 B_{12} 缺乏时,*L*-甲基丙二酰 CoA 大量堆积,因 *L*-甲基丙二酰 CoA 的结构与脂肪酸合成的中间产物丙二酰 CoA 相似,所以影响脂肪酸的正常合成。维生素 B_{12} 缺乏所致的神经疾患也是由于脂肪酸的合成异常而影响了髓鞘质的转换,结果髓鞘质变性退化,造成进行性脱髓鞘。

维生素 B_{12} 来源广泛,缺乏症少见,但它的吸收需要胃壁细胞分泌的内因子的参与,内因子产生不足或胃酸分泌减少可影响维生素 B_{12} 的吸收。偶见于有严重吸收障碍疾患的患者及长期素食者。

九、维生素 C

(一)化学本质及来源

维生素 C 又称 *L*-抗坏血酸(ascorbic acid)(图 5-11),主要来源于新鲜水果和蔬菜,如酸枣、山楂、柑橘、草莓、猕猴桃及辣椒等。干的豆类及种子不含维生素 C,但当豆或种子发芽后可以产生维生素 C,所以豆芽为北方冬季维生素 C 的重要来源。植物中含有的抗坏血酸氧化酶能将维生素 C 氧化为无活性的二酮古洛糖酸,所以储存久的水果、蔬菜中的维生素 C 的含量会大量减少。

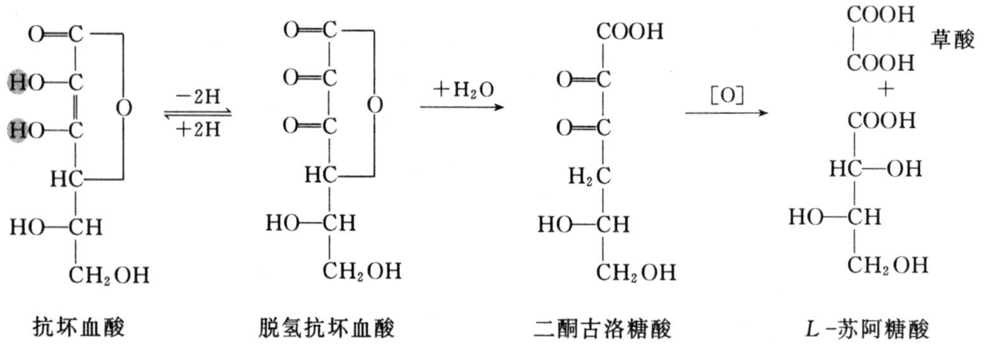

图 5-11 维生素 C 的结构与分解

(二)功能及缺乏病

1. 参与羟化反应

(1)促进胶原蛋白的合成:体内的结缔组织、骨及毛细血管的重要构成成分离不开胶原蛋白，维生素 C 是胶原脯氨酸羟化酶和胶原赖氨酸羟化酶维持活性所必需的辅助因子，可以促进胶原蛋白的合成。

(2)参与类固醇的转化：维生素 C 是催化胆固醇转变为 7α-羟胆固醇反应的 7α-羟化酶的辅酶，可以促进胆固醇在肝内转化为胆汁酸。此外，肾上腺皮质激素合成中，某些反应也需要维生素 C 的参与。生物转化是人体内一种很重要的代谢过程，可以促进体内的药物、毒物排出体外。羟化反应是生物转化中的一种类型，维生素 C 同样参与这个过程。

2. 参与氧化还原反应

(1)保护巯基的作用：氧化还原反应是机体中必不可少的一种反应过程，维生素 C 在其中起着很重要的作用，是人体主要的还原剂。通过还原作用，维生素 C 能起到，使巯基酶的—SH维持还原状态。维生素 C 可以在谷胱甘肽还原酶作用下，促使氧化型谷胱甘肽(G—S—S—G)转变为还原型谷胱甘肽(G—SH)。还原型谷胱甘肽能使细胞膜的脂质过氧化物还原，起到保护细胞膜的作用。

(2)其他作用：维生素 C 能使红细胞中的高铁血红蛋白(MHb)还原为血红蛋白(Hb)，使其恢复对氧的运输。也可使食物中的 Fe^{3+} 还原为 Fe^{2+}，提高铁的吸收率。维生素 C 能保护维生素 A、维生素 E 及维生素 B 免遭氧化，还能促使叶酸转变成有活性的四氢叶酸。

3. 抗病毒作用

维生素 C 能增加淋巴细胞的生成，提高吞噬细胞的吞噬能力，促进免疫球蛋白的合成，因此能提高机体免疫力。临床上用于心血管疾病、病毒性疾病等的支持性治疗。

维生素 C 缺乏时可患坏血病，主要为胶原蛋白合成障碍所致，表现为毛细血管脆性增加，牙龈肿胀与出血，牙齿松动、脱落、皮肤出现瘀点与瘀斑，关节出血可形成血肿、鼻出血、便血等症。还能影响骨骼正常钙化，出现伤口愈合不良、抵抗力低下、肿瘤扩散等。

此外还有一种类维生素物质——α-硫辛酸，它在体内可还原为二氢硫辛酸，为硫辛酸乙酰转移酶的辅酶。α-硫辛酸具有抗脂肪肝和降低胆固醇的作用。另外，它很容易进行氧化还原反应，可保护羟基酶免受重金属离子的毒害。

水溶性维生素生化功能及缺乏病总结见表 5-2。

表 5-2 水溶性维生素生化功能及缺乏病

名称	主要生化功能	缺乏病
维生素 B_1(硫胺素，抗脚气病维生素)	为 α-酮酸氧化脱羧酶的辅酶成分转酮醇酶的辅酶	脚气病
	抑制胆碱酯酶的活性	
维生素 B_2(核黄素)	构成黄素酶的辅基(FMN、FAD)在生物氧化中起递氢作用	舌炎、口角炎等
维生素 PP(抗癞皮病，维生素 B_5)	构成不需氧脱氢酶的辅酶成分(NAD^+、$NADP^+$)在生物氧化中起递氢作用	癞皮病
维生素 B_6	构成转氨酶和氨基酸脱羧酶的辅酶	
泛酸(遍多酸)	构成 CoA，是酰基转移酶的辅酶，可转移酰基	

续表

名称	主要生化功能	缺乏病
生物素	构成羧化酶的辅酶，参与物质代谢的羧化反应	
叶酸	构成一碳单位转移酶的辅酶，促进红细胞成熟	巨幼红细胞贫血
维生素 B_{12}（钴胺素）	以 CH_3—B_{12}形式作为转甲基酶的辅酶构成甲基丙二酰 CoA 变位酶的辅酶	巨幼红细胞贫血
维生素 C（抗坏血病维生素）	参与体内的羟化反应 参与体内的氧化还原反应 抗病毒作用	坏血病

目标检测

一、名词解释

1. 维生素
2. 维生素 A 原

二、简答题

1. 维生素如何分类，各包括哪些维生素？引起维生素缺乏病的原因有哪些？
2. 维生素 D 的生理功能有哪些？缺乏维生素 D 为什么可引起佝偻病？

（吕慧玲）

第六章　水和无机盐

学习目标

【掌握】体液的分布；体液电解质的组成及含量；水的动态平衡；血钙的分类；影响血钙浓度的因素；钙磷代谢的调节。

【熟悉】水的生理功能；水平衡紊乱；钠、氯以及钾的含量、排泄；影响钙吸收的因素；镁的代谢；各种微量元素的主要生理功能及代谢。

【了解】体液的含量及其影响因素；水与电解质平衡的调节；影响钾分布的因素；钙的生理功能；磷的吸收、排泄及生理功能；钙磷代谢紊乱。

人体每时每刻都在进行着各种代谢活动，以维持体内正常生命功能，这些代谢反应的进行均是在人体体液中。体液是体内的水及溶解于水中各种物质的总称，体液的组成有水及溶解于水中的无机盐、小分子有机物、蛋白质，约占体重总量的60%。为保证体内的正常代谢，体液中各成分的含量、分布、组成3方面都必须保持相对稳定，同时也需要体液酸碱度和渗透压保持相对恒定，保持水盐平衡。体液中的无机盐、小分子有机物和蛋白质常以离子状态存在，称之为电解质，与水的平衡就称之为水、电解质平衡。平衡在神经、激素的调解下，由肾、肺等器官的活动来实现。水和电解质的平衡对于维持人体内稳态起着非常重要的作用，是人体进行各种生命活动的必要条件。

第一节　体　液

一、体液的含量、分布及影响因素

体液分为细胞内液和细胞外液两部分，存在于细胞内的为细胞内液，约占体重总量的40%，是大部分物质代谢反应进行的场所，其含量或成分的改变都可影响细胞功能及细胞内的代谢反应。细胞外的体液称为细胞外液，约占体重总量的20%，分为血浆和组织间液。血浆建立了各组织、器官之间的联系，经过体循环运输各种物质，约占体重总量的5%。组织间液亦称组织间隙液、组织液或细胞间液，组织间液是存在于组织间隙中的体液。渗出液、淋巴液、漏出液、关节滑液、脑脊液和胸、腹腔液等分布于密闭的腔隙（如关节囊、颅腔、胸膜腔、腹膜腔等）中，称第三间隙液，也属于组织间液。组织间液是细胞摄入营养物质和排出代谢产物的渠道，作为机体的“内环境”，约占体重总量的15%。胃肠道的消化液、尿液和汗液来自细胞外液，大量丢失将引起细胞外液容量下降，故可认为，消化液、尿液和汗液是细胞外液的特殊组成成分。

体液的含量和分布随着年龄、性别及机体脂肪、肌肉所占比例的不同而不同。随着年龄的增长，体液含量呈逐渐下降趋势，新生儿时期最高，约占其体重的 80%，成年下降到占其体重的 55%～65%。

脂肪与肌肉组织含水量差异很大，脂肪组织含水量仅为 10%～30%，而肌肉组织含水量高达 75%～80%。所以体内脂肪较多，肌肉组织少者，体液含量较少；体内肌肉较多，脂肪较少者，体液含量较多。女性因脂肪组织较多于男性，体液含量少于男性。

二、体液电解质的组成、含量及其分布特点

体液电解质按含量可分为主要电解质和微量元素两类，主要电解质有 K^+、Na^+、Ca^{2+}、Cl^-、HCO_3^-、HPO_4^{2-}、有机酸和蛋白质负离子等（表 6－1），微量元素含量少种类多，有铁、铜、锌、钴、锰、铬、硒、碘、镍、氟、钼、钒、锡、硅、锶、硼、铷、砷。

表 6－1　体液中主要电解质的含量

电解质	血浆(mmol/L)	组织间液(mmol/L)	细胞内液(mmol/L)
Na^+	142	147	15
K^+	5	4.0	150
Ca^{2+}	5	2.5	2
Mg^{2+}	2	2.0	27
HCO_3^-	27	30.4	10
Cl^-	103	114.0	1
HPO_4^{2-}	2	2.0	100
SO_4^{2-}	1	1.0	20
有机酸	5	7.5	—
蛋白质	16	1.0	63

主要电解质在体液中的分布并不均匀。细胞外液含量最多的阳离子是 Na^+，含量最多的阴离子是 Cl^-，其次是 HCO_3^-。细胞内液含量最多的阳离子是 K^+，其次是 Mg^{2+}，含量最多的阴离子是无机磷酸根（HPO_4^{2-}）和蛋白质。这些电解质维持着细胞内、外的胶体渗透压；维护着体液的酸碱平衡；也影响着神经肌肉、心肌的兴奋性等。

$$\text{神经肌肉的应激性} \propto \frac{[K^+]+[Na^+]}{[Ca^{2+}]+[Mg^{2+}]+[H^+]}$$

$$\text{心肌的兴奋性} \propto \frac{[Ca^{2+}]+[Na^+]+[OH^-]}{[K^+]+[Mg^{2+}]+[H^+]}$$

临床低血钾患者可出现肌肉软弱无力、软瘫、麻痹性肠梗死等症状，与神经肌肉兴奋性降低有关。高血钾患者可出现心率缓慢，心律不齐，严重时心室颤动，心脏停搏于舒张状态，与心肌兴奋性降低有关。

微量元素在体内的含量很少，一般占人体总重量的万分之一以下，如锌只占人体总重量的

百万分之三十三，铁只占人体总重量的百万分之六十。虽然微量元素在体内含量少，但是人体所必需的，维持人体正常生命活动的重要物质。

三、水与电解质平衡的调节

水与电解质平衡由神经和激素共同调节来完成。神经垂体分泌的抗利尿激素（ADH）和肾上腺皮质的球状带分泌的醛固酮可调节肾小管的重吸收作用，维持水和电解质的平衡。

（一）神经系统的调节

神经系统对水摄取具有调节作用。当细胞外液减少时，其渗透压升高，可引起口渴的生理性反应；如果机体水增多，则渗透压下降，体液呈低渗性状态，口渴的感觉被抑制。口渴中枢位于下丘脑，与支配垂体后叶分泌抗利尿激素（ADH）的中枢紧密相邻，并且部分交叉重叠，其作用是调节细胞外液容量和渗透压。

（二）激素的调节

可直接调节的激素有两种：第一种是在下丘脑视上核合成的抗利尿激素，又称加压素；第二种是由肾上腺皮质的球状带所分泌的醛固酮。

1. 抗利尿激素

抗利尿激素由脑垂体后叶分泌后进入血浆，再进入肾。抗利尿激素可促进肾小管对水的重吸收作用，从而抑制肾小管排水，控制排尿量。抗利尿激素的分泌可受左心房的血容量感受器、下丘脑的渗透压感受器和颈动脉窦及主动脉弓的血压感受器的调节。当血容量减少，血浆渗透压增高或血压下降，三种感受器均能促使抗利尿激素的分泌增加。抗利尿激素能促进肾远曲小管与收集管中的 cAMP 生成。cAMP 作为第二信使活化蛋白激酶 A，经蛋白激酶系统使膜蛋白磷酸化，结果增强肾小管对水分的通透性，加速水的重吸收，使血容量恢复，血渗透压下降或血压上升，体液恢复平衡。

2. 醛固酮

醛固酮能促进肾远曲小管和集合管上皮细胞分泌 H^+ 与 K^+，回收 Na^+。所以，醛固酮的主要生理功能是促进肾排 K^+ 和 H^+，重吸收 Na^+，同时也增加 Cl^- 和水的重吸收，调节血容量。

当血浆 Na^+ 浓度减少时，血容量与血压受其影响相继下降，此时肾小球的滤过率必相应下降，可刺激肾小球旁器分泌肾素，肾素是一种蛋白水解酶，能作用于血浆内的紧张素原（一种 α_2-球蛋白），产生一个十肽的血管紧张素Ⅰ，接着又由一种特异性很高的血清转化酶水解生成八肽，称之为血管紧张素Ⅱ。血管紧张素Ⅱ具有强大活力，不仅能作用于肾上腺皮质球状带，促进醛固酮分泌以恢复血容量，而且能增加小动脉收缩以升高血压。以上结果导致血管中 Na^+ 和水重吸收增加，血容量与血压相继回升，此时，肾素与醛固酮的分泌逐渐减少，恢复正常后，已产生的血管紧张素Ⅱ可被血浆及肾等组织中的血浆肽酶水解而失活。

K^+ 浓度影响醛固酮的分泌极为明显，血中 Na^+/K^+ 高时，激素分泌减少，尿排 Na^+ 多，反之则激素分泌增加，尿 Na^+ 排出下降，以维持水和 Na^+、K^+ 等离子的代谢平衡。

第二节 水

水在体内有两种形式，一种是流动性强的自由水，如血浆中的水，占血浆总量的83%，另一种是吸附和结合在有机固体物质上的水，主要是依靠氢键与蛋白质的极性基(羧基和氨基)相结合形成的水胶体，称为结合水，如心肌，水分占心肌总重量79%。

一、水的生理功能

(一)调节体温

水可以帮助机体调节体温，水的比热大，蒸发热大，当体内产热高，水吸收热量后，与其他物质相比，温度升高相对较小，通过汗腺蒸发少量水分就能散发大量的热能，保持体温正常。并且由于自由水有很好的流动性，可通过血液将代谢中生成的热均匀分布于全身，是良好的体温调节剂。

(二)参与机体物质代谢

体内反应均在液体环境中进行，水作为良好溶剂，溶解各反应物质，帮助反应的发生。同时，水还可以作为反应物直接参与到一些加水反应中。在代谢过程中起着重要作用。

(三)运输作用

水分子小、黏度小、易流动，有利于运输营养物质和代谢产物。即使是某些难溶或不溶于水的物质，也能与亲水性的蛋白质分子结合而分散于水相中通过血液运输，如脂类结合载脂蛋白以血浆脂蛋白的形式通过血液进行运输。

(四)润滑作用

水可以帮助润滑，减少摩擦及损伤，如唾液有利于食物吞咽，泪液可以防止眼球干燥，关节滑液有助于关节活动，胸腔与腹腔浆液、呼吸道与胃肠道黏膜都有很好的润滑作用。

(五)维持组织的形态与功能

结合水参与构成细胞原生质的特殊形态，可保证各种肌肉组织具有独特的生理功能。例如，心肌因为主要含失去流动性的结合水，使得心肌具有一定的形状。

二、水的动态平衡

为维持体液容量，保证机体中水的正常功能，体内的水既要有足够的来源，也要有对应的去路，整体含量保持稳定，维持动态平衡。

(一)水的来源

正常成人每日需水量约为2500 ml，获取来源有：①饮水，各种饮品包括白开水、茶水、饮料、咖啡、汤等；饮水量随气候、运动情况、劳动和生活习惯而不同，每日饮水量约为1200 ml。②食物水，食物中含有水分，含水量随食物种类、数量和食物含盐量不同而不同，一般每日通过食物摄入水量约1000 ml。③代谢水，亦称内生水，营养物质在体内生物氧化生成，生物氧化发生越多生成水则越多，每日生成约为 300 ml。

（二）水的排出去路

维持水来源与去路的平衡，一般正常成人每日排出水量也约为 2500 ml。体内水的排出途径有以下几点。

1. 肾脏排水

体内代谢产生代谢废物，应及时排出体外，避免代谢废物在体内过多堆积造成中毒等不良影响，这些代谢废物一部分会进入肾脏，随着尿液排出，这也是代谢废物的主要排出方式。一般成人每日排尿量为 1000～2000 ml，平均约为 1500 ml。为保证排出代谢废物，每日排尿量最少为 500 ml。若少于 500 ml 称为少尿，少于 100 ml 称为无尿。若每日排尿量大于 2500 ml 称为多尿。肾脏排水是体内水排出的主要去路。

2. 皮肤排汗

皮肤通过排汗调节体温，两种排汗方式：一种为显性出汗，汗腺排出水分及 Na^+、Cl^- 等电解质，出汗的多少与环境的温度及活动强度（运动、劳动等）有关。剧烈运动者、高强度劳作者及代谢率高者（高热、甲亢）患者等汗多。大量出汗时，除大量失水外，也有钠和钾等电解质的丢失，因此在补充水分的同时，应注意补充钠盐和钾盐，维持水盐平衡。另一种为非显性出汗，亦称不自觉出汗，由于汗腺主要排出水分，排出电解质量很少，排出时多不自知，量较恒定，一般每日非显性蒸发排汗量约为 500 ml。

3. 肺呼吸排水

呼吸时，水蒸气会被呼出少量，失水量受到呼吸交换容量及呼吸深度的影响。通过肺呼吸排水蒸气量每日约 350 ml。

4. 粪便排出

正常情况下，粪便含水分较少，每日由粪便丢失的水量约 150 ml。

正常一般情况下，每日水的摄入量与排出量，均为 2500 ml，维持动态平衡。但人体在缺水或不能进水的情况下并非不丢失水，为维持水的正常生理功能，每日仍会有 1500 ml 水分的排出（尿量 500 ml、汗液 500 ml、肺呼出 350 ml、粪便排出 150 ml），所以每日最少需水量为 1500 ml。临床上对禁食昏迷等患者，每日的最低补液量也应为 1500 ml。儿童新陈代谢旺盛，需水量按千克体重计高于成人，并且由于其肾功能尚未发育健全，水盐代谢调节机制也未发育完善，故临床上应更加重视小儿水盐平衡紊乱。

三、水平衡紊乱

当水的来源、去路平衡被破坏，将造成水平衡紊乱，引发疾病。

（一）脱水

脱水是由于人体水分和 Na^+ 的丢失，引起体液（主要为细胞外液）减少的现象。水和电解质的丢失会引起渗透压的改变，根据水盐丢失比例的不同，可分为以下 3 种情况。

1. 低渗性脱水

低渗性脱水又称缺盐性脱水，是指 Na^+ 的丢失比例高于水的丢失，造成细胞外液中浓度降低，常由呕吐、腹泻引起消化液丢失所致。患者无口渴感，皮肤、黏膜脱水明显，主要表现为血容量不足和脑水肿的症状和体征。需补充适量氯化钠溶液。

2. 等渗性脱水

等渗性脱水又称混合性脱水，是指水与 Na^+ 等比例丢失，需及时补充等渗性盐水加以缓解。其主要表现为低血容量状态如倦怠，站起时头晕眼花，甚至晕厥。常见体征有皮肤弹性差，皮肤黏膜干燥，脉搏加快而弱，尿量减少等。

3. 高渗性脱水

高渗性脱水又称缺水性脱水，是指水的丢失比例高于 Na^+ 的丢失，造成细胞外液中 Na^+ 浓度升高，晶体渗透压增高。这种情况常发生在大量出汗失水过多之后。其主要表现为口渴、乏力、尿少、皮肤弹性差、眼窝凹陷、常有烦躁。严重者幻觉、谵语，甚至昏迷等脑功能障碍的症状。

(二)水肿

过多的体液在组织间隙或体腔中积聚称为水肿。水肿初起多从眼睑或下肢足胫开始，后及于全身。轻者肿处按之凹陷，其凹陷或快或慢皆可恢复。如肿势严重，可伴有胸腹水而见腹部膨胀，胸闷心悸，气喘不能平卧等症。

(三)水中毒

水中毒又称稀释性低钠血症，是指机体摄入水过多，水在体内潴留，引起血液渗透压下降和循环血量增多的现象。水中毒发生较少，仅在抗利尿激素分泌过多或肾功能不全的情况下，机体摄入水分过多或接受过多的静脉输液，造成水在体内蓄积，导致水中毒。

第三节　无机盐

钠、钾、氯、钙、磷、镁均为体液电解质成分，在体内的含量占到总体重万分之一以上，属于主要电解质。

一、钠、钾及氯代谢

(一)钠、氯代谢

正常成人体内钠总量为每千克体重 45～50 mmol(1 g 左右)。成人体内氯的总含量约为 100 g，血清氯为 98～106 mmol/L。钠和氯主要来自于食物中的氯化钠，每日需求量4.5～9.0 g。

体内的钠有 45%分布于细胞外液中，10%分布于细胞内液，45%结合于骨骼的基质，骨骼是人体内钠的储存仓库。细胞内液含钠量较少，且主要存在于肌细胞中，Na^+ 主要分布于细胞外液，对维持细胞外液的晶体渗透压和循环血容量有重要的作用。Cl^- 主要存在于细胞外液，是血浆、消化液中的主要阴离子。在细胞内液分布较少。

氯和钠的排出主要通过肾脏随尿液排出，肾脏可调节钠的量，基本原则是“多吃多排，少吃少排，不吃不排”，少量由皮肤(汗液)和肠道(粪便)排泄。

(二)钾代谢

正常成人体内钾的含量约为每千克体重 2 g(45 mmol/kg)。每日需钾 2～4 g,水果、蔬菜、肉类均含有丰富的 K^+,可以满足需求。食物中的钾约 90%在短时间内被消化道吸收。

K^+ 主要分布于细胞内液(约为 98%),细胞内液 K^+ 浓度约 150 mmol/L。

正常情况下,80%～90%的钾主要经肾随尿排出,基本原则是“多吃多排,少吃少排,不吃也排”,10%由粪便排出,仅有少量 K^+ 经汗液排出。肾排钾的量可随钾的摄入量多少而增减,其排出量与摄入量大致相等。由于 K^+ 不吃也排,若长期 K^+ 摄入不足,应特别注意 K^+ 的补充。

影响 K^+ 分布的因素包括以下几方面。

1. 胰岛素

K^+ 来自于食物,但主要存在于细胞内液,所以在饭后为了避免出现高血钾现象,胰岛素会激活“钠泵”,将 K^+ 摄入细胞。所以临床治疗高血钾患者时也经常静脉补充胰岛素,降低血钾浓度。若胰岛素分泌不足,K^+ 较难进入细胞,较易出现高血钾。

2. 蛋白质代谢

肌肉组织含有较多蛋白质,当蛋白质合成代谢增强时,血浆中的 K^+ 更多进入细胞;蛋白质分解代谢增强时,细胞内的一部分 K^+ 会释放入血浆,引起暂时性高血钾,如烧伤、手术后等情况。

3. 细胞外液 pH 值

细胞外液 pH 值降低时,细胞外液中的 H^+ 进入细胞内,为保持细胞内、外电荷平衡,部分 K^+ 从细胞移出。同时,在细胞外液 H^+ 的增加,肾小管调节,泌 H^+ 作用增强,泌 K^+ 作用减弱,可出现高血钾。反之,则会导致低血钾。

二、钙、磷代谢

(一)钙的代谢

正常成人体内平均含钙量为 1～1.25 kg,其中骨骼、牙齿占 99.3%,细胞内液占 0.6%,细胞外液占 0.1%。

1. 钙的吸收

正常成人每日需钙量 2～3 g,主要依靠食物供给,海带、虾皮、奶制品、豆制品等富含钙。进入体内,在小肠上段被主动吸收。钙的吸收率较低,受到多种因素的影响。

影响食物钙吸收的因素如下。

(1)年龄:食物中钙的吸收与年龄成反比,年龄越大,钙的吸收率越低。最高吸收率在婴幼儿时期,吸收率可达 50%,儿童下降为 40%,成年人仅为 20%。40 岁后,几乎每增长 10 岁,吸收率下降 5%～10%。

(2)$1,25-(OH)_2-D_3$:活性维生素 D_3 可促进钙的吸收。

(3)肠液 pH 值:肠液 pH 值越低,越有利于钙的吸收,凡能降低肠液 pH 值的物质均可促进钙的吸收,如乳酸、葡萄糖酸等。

(4)钙盐在肠道的溶解状态:溶解状态的钙容易被吸收,溶解度高的钙盐容易被吸收。例如，市面上售出的液体钙和固体钙，其中液体钙的吸收要好于固体钙。

(5)食物中钙磷比例：钙磷比例为 2∶1 时钙的吸收最佳。

(6)食物中的植酸、草酸等能与钙结合成为不溶性盐，影响钙的吸收。

2. 钙的排泄

钙的排出主要通过肠道和肾脏两条途径。

(1)肠道：约 80%由肠道随粪便排出(包括食物中未吸收的钙、肠道分泌的钙，每日可达 600 mg)。

(2)肾脏：20%通过肾脏随尿液排出。尿中钙的排泄量可随血液中钙浓度的变化而增减。可在调节体内钙平衡方面发挥作用，当血液中钙浓度降低时，尿中钙浓度几乎接近于零；而当血液中钙浓度升高时，尿中钙的排出量明显增多。

3. 钙的生理功能

(1)钙具有骨化作用。钙是构成骨骼和牙齿的重要原料，对骨骼和牙齿具有支持和保护的作用。骨盐也可以看作是钙的储存库。

(2)增强骨骼肌及心肌细胞的收缩，降低神经肌肉的兴奋性。

(3)在细胞内作为第二信使，起重要的代谢调节作用。多种激素及细胞因子不能直接进入细胞内，它们会与细胞质膜上的相应受体结合，通过跨膜信息传递，在细胞内产生第二信使，介导激活细胞内的许多生理反应。

(4)作为血浆凝血因子参与凝血过程。

(5)作用于质膜，影响膜的通透性及膜的转运。

(6)是许多酶的辅助因子。

(7)一些酶的激活剂或抑制剂。

4. 血钙

血钙有两种分类形式，从是否与物质相结合的角度分为离子钙与结合钙；又从分子是否可自由透过细胞膜角度分为可扩散钙和不可扩散钙。

$$
\text{血浆钙 }100\%\begin{cases}\text{离子钙(游离钙)}45\% \\ \text{结合钙}\begin{cases}\text{柠檬酸钙、碳酸氢钙等} \\ \text{蛋白结合钙 }50\%\rightarrow\text{不可扩散钙}\end{cases}\end{cases}\text{可扩散钙}
$$

不可扩散钙和离子钙之间可互相转变，呈动态平衡，当离子钙浓度降低时，不扩散钙可以逐渐释放成离子钙。

血浆中的钙浓度正常为 9～11 mg/dl。很多因素会影响血浆钙浓度。

影响血浆钙浓度的因素如下。

(1)生理 pH：血浆蛋白结合钙与离子钙之间可以互相转变，保持动态平衡。当 pH 下降时，血浆蛋白带负电荷减少，使 Ca^{2+} 浓度升高；当 pH 升高时，血浆 Ca^{2+} 与血浆蛋白结合增多，使 Ca^{2+} 浓度降低。因此，临床上碱中毒时，尽管测定的血浆总钙量不低，但患者出现低钙抽搐，这可能是由于离子钙浓度降低引起，$[Ca^{2+}]<3.5$ mg/dl 可出现。

$$
Ca^{2+} + \text{血浆蛋白质} \underset{H^{+}}{\overset{HCO_3^{-}}{\rightleftharpoons}} \text{血浆蛋白结合}
$$

pH 每改变 0.1 单位，血浆游离钙浓度将改变 0.05 mmol/L。

(2)血浆蛋白质浓度:当血浆蛋白质的浓度下降时,蛋白结合钙减少,血浆总钙量下降,但血浆[Ca^{2+}]正常,不会出现手足抽搐。

(3)血磷浓度:血磷浓度升高可导致血钙浓度降低。

(二)磷的代谢

正常成人体内磷的含量 400～800 g,其中骨骼、牙齿占 85.7%,细胞内液含 14.0%,细胞外液含 0.3%。

1.磷的吸收

正常成人每日需磷量 1.0～1.5 g,以有机磷酸酯和磷酸为主。富含磷的食物有蛋黄、肉类、豆类、坚果、小麦等。磷的吸收部位主要在小肠上端,在肠管内磷酸酶的作用下分解为无机磷酸盐。

与钙相比,磷的来源广,吸收率较高,因此,由于磷的吸收不良而引起缺磷现象较少见。但长期口服氢氧化铝凝胶及食物中有过多的钙、镁离子时,容易与磷酸结合,生成不溶性磷酸盐而影响磷的吸收。其余磷吸收的影响因素与钙相同。

2.磷的排泄

磷主要经肾脏和肠道排泄,经肾脏排出的磷约占总排出量的 70%,另 30%由肠道排出。

磷的排出量与血液中磷酸盐浓度成正比,当血液中磷酸盐浓度升高时,肾小管对磷的重吸收减少;若血液中磷酸盐浓度降低,则肾小管对磷的重吸收增加。肾小管的这种调节作用受甲状旁腺激素的控制,从而维持血磷浓度的相对恒定。

3.磷的生理功能

(1)构成骨盐,参与成骨。

(2)参与体内核酸、核苷酸、磷蛋白等重要生物分子的组成。

(3)在物质代谢中参与高能磷酸化合物的合成及多种磷酸化的中间产物的生成。

(4)血中磷酸盐是血液缓冲体系的重要组成成分。

(5)作为酶的辅酶。

(6)调节酶活性,某些重要酶的共价修饰调节作用是通过蛋白质的磷酸化方式进行的。

4.血磷

血磷通常是指血浆中无机磷酸盐所含的磷。存在形式有 $H_2PO_4^-$、HPO_4^{2-}。

影响血磷浓度的因素有年龄、摄糖、注射胰岛素及肾上腺素。

血磷浓度稳定性差于血钙,儿童时期骨骼生长旺盛,血磷与碱性磷酸酶(ALP)都较高,随着年龄的增长,逐渐降至成人水平。成人在进食、摄糖、注射胰岛素和肾上腺素等情况下,因细胞内利用增加,可引起血磷降低。

一般正常情况下,血钙与血磷的乘积是一个常数,乘积值为 35～40,即[Ca^{2+}]×[P]=35～40。若血清中[Ca^{2+}]×[P]>40,钙、磷以骨盐形式沉积在骨组织,有利于成骨;若[Ca^{2+}]×[P]<35,则影响骨组织钙化,甚至使骨盐再溶解,促进溶骨。

(三)钙、磷代谢的调节

钙、磷对机体各种组织的生理功能和物质代谢调节有着重要作用,要维持血中钙、磷浓度的恒定，体液中的钙、磷与骨骼中的钙、磷不断交换维持动态平衡。可以调节钙、磷浓度的有甲状旁腺素、1,25 -$(OH)_2$- D_3及降钙素，它们互相协同或拮抗，维持钙、磷浓度恒定。

1. 甲状旁腺素

甲状旁腺素(PTH)是维持血钙正常水平最重要的调节激素。甲状旁腺素是由甲状旁腺主细胞合成并分泌的一种含有 84 个氨基酸残基的多肽类激素，甲状旁腺素与血中 Ca^{2+} 浓度呈负相关，血 Ca^{2+} 浓度降低甲状旁腺素降解速度减慢，血中甲状旁腺素水平因而增高，反之亦然。

甲状旁腺素的靶器官是骨和肾。

甲状旁腺素的调节作用主要是：①甲状旁腺素可促使骨组织未分化的间叶细胞和骨组织转化成为破骨细胞，促进骨盐溶解；②甲状旁腺素对破骨细胞的作用是通过升高细胞内 Ca^{2+} 浓度，从而促使溶酶体释放各种水解酶，抑制异柠檬酸脱氢酶等酶的活性，使细胞内异柠檬酸、柠檬酸、乳酸、碳酸及透明质酸等酸性物质浓度增高，骨基质溶解，促进溶骨，释放出钙、磷入血；③甲状旁腺素作用于肾远曲小管的髓袢上升段以促进钙的重吸收，抑制近曲小管及远曲小管对磷的重吸收，从而降低血磷，增加尿磷，升高血钙；④甲状旁腺素在肾可刺激高活性的 1,25-$(OH)_2$- D_3的合成，间接促进小肠对钙、磷的吸收。

总之，甲状旁腺素对钙、磷代谢调节总的结果是升高细胞外液钙的含量，同时对细胞外液磷含量也有一定的调节作用。

2. 降钙素

降钙素(CT)(与甲状旁腺素相拮抗)是由甲状腺滤泡旁细胞合成、分泌的一种含 32 个氨基酸残基的单链多肽。降钙素的分泌与血中 Ca^{2+} 浓度呈正相关，血 Ca^{2+} 浓度升高降钙素分泌增加，血 Ca^{2+} 浓度降低抑制降钙素分泌。

降钙素的靶器官也是骨和肾，但作用与甲状旁腺素相反。

降钙素主要是抑制破骨细胞的生成、减少骨盐溶解及促进破骨细胞转化为成骨细胞，增强成骨作用，从而降低血钙和血磷的浓度。降钙素还可直接抑制肾近曲小管对钙、磷的重吸收，使尿钙及尿磷排出量增加；同时还可抑制 1,25 -$(OH)_2$- D_3的生成，降低肠道钙、磷的吸收。总的作用是使血钙和血磷浓度降低。

3. 1,25 -$(OH)_2$- D_3

1,25 -$(OH)_2$- D_3(与甲状旁腺素相互协同)是维生素 D 在体内的活性形式。它的靶细胞是小肠、骨和肾。

1,25 -$(OH)_2$- D_3的作用主要包括以下几方面：①促进肠黏膜对钙、磷的吸收。1,25 -$(OH)_2$- D_3进入肠黏膜上皮细胞后，可与细胞中的特异性受体结合，并直接作用于肠黏膜刷状缘，改变膜磷脂的结构与组成，以增加钙的通透性。另外，与受体结合的 1,25 -$(OH)_2$- D_3进入细胞核，刺激钙结合蛋白的生成，钙结合蛋白可促进肠道内钙通过肠黏膜细胞进入细胞外液，升高血钙浓度。②对骨的直接作用是促进溶骨，与甲状旁腺素协同作用，加速破骨细胞的形成，促进溶骨。1,25 -$(OH)_2$- D_3亦可通过促进小肠对钙、磷的吸收，使血钙、血磷浓度升高并利于骨的钙化。③可直接促进肾近曲小管对钙、磷的重吸收，使血钙、血磷浓度升高。

降钙素总的调节作用是升高血钙、血磷浓度。

（四）钙、磷代谢紊乱

1. 钙代谢紊乱

（1）低钙血症：指血清离子钙浓度异常降低（<2.2 mmol/L）。其主要原因一是由于甲状旁腺功能减退致甲状旁腺素的分泌减少、溶骨作用减弱、成骨作用增强造成；二是维生素 D 缺乏性佝偻病，食物中维生素 D 缺乏、紫外线照射不足、消化系统疾病等导致维生素 D 吸收障碍，均可引起维生素 D 缺乏性佝偻病。活性维生素 D 的缺乏，导致肠钙吸收减少、血钙降低。

肾功能不全患者由于肾功能低下，活性维生素 D 产生不足，导致甲状旁腺素对溶骨的促进作用降低，引起低钙血症。

急性胰腺炎时机体对甲状旁腺素的反应性降低，降钙素和胰高血糖素分泌亢进，引起低血钙。

低血钙症患者神经-肌肉兴奋性增高，常发生手足搐搦。也有表现为精神异常，如烦躁、易怒、焦虑、失眠、抑郁以至精神错乱。儿童长期低钙血症可出现精神萎靡、智力发育迟缓。

（2）高钙血症：指血清离子钙浓度异常增高，是由于过多的钙进入细胞外液，超过了细胞外液钙浓度调控系统的调节能力或钙浓度调控系统异常所致。根据血钙水平，高钙血症可分为轻度：血钙在 2.7～3.0 mmol/L；中度：血钙在 3.0～3.4 mmol/L；重度：血钙在3.4 mmol/L以上。按病因学分类，分为甲状旁腺素依赖性和非甲状旁腺素依赖性高钙血症。引起高钙血症的原因主要包括溶骨作用增强、小肠钙吸收增加及肾对钙的重吸收增加等，其中最多见的是溶骨作用。甲状旁腺素、前列腺素、破骨细胞激活因子、甲状腺素、$1,25-(OH)_2-D_3$等都可促进溶骨作用。

临床上，高钙血症较多见的疾病如恶性肿瘤、原发性甲状旁腺功能亢进症等。

高钙血症患者机体神经-肌肉兴奋性减弱，嗜睡，肌张力减弱等，严重时有精神障碍，出现幻觉，甚至昏迷。治疗时可建议低钙饮食，可给降钙素，普卡霉素可阻遏肠黏膜细胞中钙结合蛋白 mRNA 的合成，因此可抑制钙自肠道的吸收。

2. 磷代谢紊乱

磷代谢紊乱包括高磷血症与低磷血症。

（1）高磷血症：主要是由于肾排磷减少、磷摄入过多、甲状旁腺素功能减退、溶骨作用亢进、维生素 D 过量、磷向细胞外移出及组织细胞破坏等因素引起。临床上常伴有血钙降低的各种症状和软组织的钙化现象。

高磷血症是慢性肾脏病（CKD）的常见并发症，是引起继发性甲状旁腺功能亢进、钙磷沉积变化、维生素 D 代谢障碍、肾性骨病的重要因素，与冠状动脉、心瓣膜钙化等严重心血管并发症密切相关。

（2）低磷酸盐血症：因循环血液中磷酸盐浓度低于正常而引起的磷代谢紊乱，又称低磷血症。低磷酸盐血症是由小肠磷吸收减低、尿磷排泄增加及磷向细胞内转移等原因引起。在禁食、酗酒、甲状旁腺功能亢进症、碱中毒、维生素 D 缺乏、Fanconi 综合征等情况时，都可见低磷酸盐血症。

三、镁的代谢

镁离子是体内重要的阳离子之一，在细胞内主要存在于线粒体中，含量仅少于钾离子及无机磷。正常成人镁的含量为 20～28 g，含量最多的地方在骨骼，约 71%，其余分布于骨骼肌、心肌、肝、肾及脑等组织，主要存在于细胞内液，只有约 1%分布在细胞外液。成人每日镁的需求量为 200～400 mg，可从谷类、水果、蔬菜等植物性食物，以及肉类、蛋、乳、海产品等食物中摄入，小肠吸收。膳食中钙及磷酸盐含量高时，镁的吸收将减少。1，25 -$(OH)_2$- D_3可促进镁的吸收。镁排出时，在肾多被重吸收，30%～40%随尿排出，剩余 60%～70%随粪便排出，甲状旁腺素动员骨盐时，可使血镁浓度增加，尿镁浓度降低。

镁在体内有着很重要的生理功能，体现在以下几方面。①作为酶的辅助因子或激活剂，如以 ATP 为作用物的酶、羟化酶、烯醇化酶、胆碱酯酶等均需要镁离子作为其辅助因子或激活剂，参与多种物质代谢反应。②组成骨细胞的必须元素，与骨骼生长及维持关系密切。③可引起血管扩张，缺镁易发生动脉硬化。④良好的抗酸剂、利胆剂和导泻剂。

慢性腹泻和饥饿可引起镁的缺乏，表现为恶心、虚弱及心律失常等。

四、微量元素的代谢

微量元素在体内含量较少，每日需求量仅在 100 mg 以下，但有着多种多样的作用。微量元素的缺乏可导致各种疾病的产生，如缺硒导致克山病等。缺乏因素主要为：饮食及饮水中摄入微量元素的不足；膳食中微量元素吸收率降低；需求量相对增加；遗传缺陷病。

各微量元素含量、分布和作用等不尽相同，分别介绍。

（一）铁的代谢

铁是微量元素中含量最多的一种元素，正常成人含铁总量 3～5 g(约 50 mg/kg)。部分铁存在于血红蛋白、肌红蛋白和细胞色素中，称之为功能铁，部分铁以铁蛋白和含铁黄素蛋白的形式储存在肝、脾、骨髓、肌肉和肠黏膜中，称之为储存铁。

铁的吸收主要在十二指肠及空肠上段。维生素 C、半胱氨酸等可还原 Fe^{3+} 还原为 Fe^{2+}，Fe^{2+} 比 Fe^{3+} 更易吸收，所以维生素 C、半胱氨酸可促进铁的吸收。酸性环境有利于铁的吸收，但柠檬酸、胆汁酸等可与铁形成不溶性盐，影响铁的吸收。铁可随消化道脱落的上皮细胞由粪便排泄。

铁的最主要作用是合成血红素，进而合成血红蛋白、肌红蛋白、细胞色素体系、过氧化氢酶、过氧化物酶等，参与机体物质代谢。

（二）碘的代谢

正常成人体内碘的总量为 20～50 mg，每日需 0.1～0.3 mg。可从食物摄入，含碘盐、海带、海鱼与海产品中富含碘。食物中碘以无机碘化物形式主要在小肠被吸收，其特点是吸收迅速而且完全，膳食后 1 h 大部分被吸收。90%通过肾脏随尿排出，剩余可随粪便、汗液及呼出气等排出。

碘在体内主要分布在甲状腺，其余分布在血浆、肾上腺、卵巢、肌肉组织等处。碘是体内合成甲状腺激素的重要原料，可以调节机体能量的转化和利用，促进儿童生长发育。当食物中缺碘，甲状腺激素合成减少，成人缺碘患者甲状腺肿大，基础代谢率降低，儿童缺碘患者生长发育迟缓，智力下降。可通过摄入加碘食盐进行预防。

(三)锌的代谢

正常成人体内锌的总量为2～3 g,每日需锌约15 mg。牡蛎、瘦肉、猪肝、鱼类、蛋黄等动物食物中含锌丰富,豆类、花生、小米、萝卜、大白菜等植物食物中也含有锌,但动物性食物中的锌要比植物性食物中的锌容易被吸收。锌的吸收部位在十二指肠和空肠,分布于骨骼、骨骼肌、胰岛、视网膜及前列腺等组织中。可经过肠道随粪便排泄,少量随尿液、汗液、毛发排出。

锌在多个方面发挥作用,碳酸酐酶、乳酸脱氢酶、碱性磷酸酶、DNA聚合酶等20多种酶均含有锌,参与各种物质代谢过程;锌调节基因表达,促进机体生长发育;锌参与促进视黄醛的合成和变构,维持血浆维生素A正常浓度。缺少锌会造成生长发育不良、皮肤粗糙干燥、味觉敏感性减退、创伤组织难愈合、性器官发育不全或减退等,儿童缺锌还有可能患缺锌性侏儒症。

(四)铜的代谢

正常成人体内铜的总量为100～120 mg,每日需要量为1.5～3.0 mg,主要从食物摄入,含铜丰富的食物有动物肝、牡蛎、鱼类、虾、瘦肉、豆类等。铜在十二指肠和小肠上段被吸收,排泄时经胆道从肠道排泄,少量的铜入肾脏随尿排泄。铜分布于脑、肝、肾、头发和心脏组织。

肝脏中铜离子可与α_2-球蛋白结合,形成铜蓝蛋白发挥作用;铜也是细胞色素氧化酶、酪氨酸酶、单胺氧化酶等的辅助因子参与物质代谢;可催化亚铁氧化为高铁,有助于生成铁蛋白,在血浆中转化为运铁蛋白。

缺铜可表现为贫血、白细胞减少、动脉壁弹性减弱及神经组织脱髓鞘等,因为食物中铜的含量一般能满足生理需要,因此成人铜缺乏症很少见,而多见于早产儿及营养不良的婴幼儿。

铜过多也可造成中毒症,出现蓝绿粪及蓝绿唾液、急性溶血、肾功能异常等情况。

(五)锰的代谢

正常成人锰的总含量为12～20 mg。每日锰的需要量为4 mg左右,茶叶、干果仁、谷物种子、黑木耳、绿叶蔬菜等食物中富含锰,食物中的锰主要在小肠吸收,主要储存在肝及肾中。锰的主要排泄途径是经胆汁从肠道排出,少量随尿排出。

锰是体内精氨酸酶、丙酮酸羟化酶、超氧化物歧化酶和RNA聚合酶等酶的辅助因子或激活剂,参与体内糖、脂肪、蛋白质、核酸等多种物质代谢。一般不易出现锰的缺乏症,缺乏锰可影响生长发育。

(六)硒的代谢

正常成体内硒的总量为15～20 mg,每日需求量为50 μg左右,谷类、海产、肝、肉类食物中含量丰富,硒在十二指肠被吸收。硒分布在除脂肪以外的所有组织中,主要分布在肝、肾、胰腺等组织,进入血液后的硒可与α-球蛋白或β-球蛋白结合运输。大部分经肾随尿排出,也可随汗液、粪便、毛发排出。

硒是构成谷胱甘肽过氧化物酶的成分,谷胱甘肽过氧化物酶可催化还原性谷胱甘肽,消除在生物氧化过程中不断由超氧离子生成的过氧化氢,具有抗氧化作用,可以保护细胞膜结构的完整性。硒还参与了辅酶A和辅酶Q的合成。硒可与银、镉、汞、铅等有害元素形成不溶性盐,解除体内重金属的毒性作用。硒参与保护细胞膜的稳定性及正常通透性,消除自由基,抑制脂质的过氧化反应,保护心肌正常结构和功能等。

缺乏硒可引起肌肉营养不良、心肌病变，克山病和大骨节病与机体缺乏硒密切相关。

（七）铬的代谢

正常成人含铬总量约为 60 mg，经口、呼吸道及肠道吸收。排出方式主要为经肾随尿排出，也有少量随胆汁、粪便排出。

铬是葡萄糖耐量因子的成分，葡萄糖耐量因子可促进胰岛素与受体结合而加强胰岛素的作用，调节血糖。铬也可增加胆固醇的转化与排泄，缺少可引起高胆固醇血症。

（八）钼的代谢

正常成人含钼总量约为 9 mg，钼是黄嘌呤氧化酶、醛氧化酶及亚硫酸盐氧化酶的辅基，参与物质代谢。钼也是组成眼睛虹膜的重要成分，虹膜可调节瞳孔大小，保证视物清楚，钼缺乏时，造成眼球晶状体房水渗透压上升，屈光度增加而导致近视。

（九）钴的代谢

正常成人含钴总量约为 1.5 mg，肝、肾、海产和绿叶蔬菜中含量丰富，主要在消化道和呼吸道吸收。钴是维生素 B_{12} 的组成成分，钴的作用主要体现在维生素 B_{12} 的作用中，缺少也可造成巨幼红细胞性贫血。

（十）氟的代谢

正常成人体内含氟量为 2.6 g 左右，每日氟的需要量为 1.0～1.5 mg。饮水、茶叶、红枣、莴苣、海带、海虾等含量丰富，胃部吸收。吸收后在体内主要分布在骨骼和牙齿中，可加强骨骼和牙齿的结构稳定性，增强牙齿的耐磨及抗酸抗腐蚀能力，可预防龋齿。其余分布于内脏、体液、指甲、毛发及神经肌肉中。氟主要由肾脏排泄，其次随粪便排出。

成人缺乏氟可导致骨骼发育不全、龋齿等病理现象，但长期饮用每升含氟量在 2 mg 以上的水，可引起氟斑牙，牙被侵蚀形成牙洞或破碎。过量的氟对其他组织也有一定的毒性作用，如儿童氟中毒后会出现生长发育缓慢，甚至死亡。

目标检测

一、名词解释

1. 结合水
2. 低渗性脱水

二、简答题

1. 血浆钙如何分类，影响血钙浓度的因素有哪些？
2. 体内调节钙、磷浓度的物质有哪些？其作用具体是什么？
3. 简述铁、碘、锌、铜、锰、硒、铬、钼、钴及氟的主要功能。

（任捷）

第二篇

物质的代谢与调控

WUZHIDEDAIXIEYUTIAOKONG

第七章　糖代谢

学习目标

【掌握】糖酵解、有氧氧化（包括三羧酸循环）的主要过程、关键酶、ATP 的生成和生理意义；糖异生的概念、关键酶及生理意义；磷酸戊糖途径的生理意义；UDPG 的生成；血糖的概念、来源和去路。

【熟悉】糖原合成与分解的概念、限速酶及生理意义；糖代谢各种途径的器官及亚细胞定位；磷酸戊糖途径的限速酶；机体对血糖浓度的调节。

【了解】糖代谢的调节；磷酸戊糖途径的过程；糖的主要生理功能，血糖水平异常与糖代谢障碍。

第一节　物质代谢总论

物质代谢是指生物体或细胞与环境之间不断进行的物质交换。物质代谢包括合成代谢和分解代谢，二者处于动态平衡中。物质代谢途径是由许多酶促反应有组织、有次序、一个接一个地依次衔接起来的连续化学反应，也称代谢通路。在一个活细胞内同时进行着多条代谢途径，每条代谢途径由一组相关的酶促反应沿一定的方向并以适当的速度进行。不同的代谢途径既相对独立又相互联系、相互制约，多种代谢途径常常利用或共享同一代谢通路（如三羧酸循环）或分享部分代谢通路（如糖酵解）。这是因为机体对物质代谢具有一套精确的、高效自动的调节机制。这种调节机制是生物进化过程中逐渐形成的一种适应能力，对维持机体正常的生命活动是必不可少的。若某一代谢环节发生障碍，则会引起机体代谢紊乱而发生疾病，甚至导致死亡。物质代谢有以下共同特点。

(1)整体性：机体内的生物分子如糖、脂类、蛋白质、水、无机盐、维生素等的代谢不是彼此孤立、各自为政的，而是同时进行且彼此互相联系或相互转变或相互依存的构成一个统一的整体。

(2)方向性：由于体内的代谢反应几乎都是由酶进行催化，而代谢途径中总会有一步或几步反应不可逆，从而使整个代谢途径不可逆。催化这些不可逆反应的酶称关键酶。关键酶在调节物质代谢通路、代谢过程起着重要的作用。

(3)区域定位性：由于组织器官的特异性和亚细胞的区域特定性，使代谢反应在特定的场所反应。

(4)可调节性:生物体内存在一套精细的代谢调节机制,不断地调节各种物质代谢的方向和速度。

(5)ATP是机体储存能量及消耗能量的共同形式。物质代谢始终伴随着能量代谢,遵循能量守恒定律。糖、脂类及蛋白质在体内氧化分解释出的一部分能量储存在ATP的高能磷酸键中。生命活动如生长、发育、繁殖、运动等所涉及的蛋白质、核酸、多糖等生物大分子的合成,肌肉的收缩,神经冲动的传导,以及细胞渗透压及形态的维持等一切生命功能活动,一般利用ATP作为直接能源。

第二节　糖分解代谢

糖(carbohydrate)是由多羟基醛或多羟基酮及它们的衍生物或多聚物组成的一类有机化合物。绝大多数生物体内均含有糖,其中以植物体内含量最多,占其干重的85%~95%。糖约占人体干重的2%。在糖代谢中,糖的运输、贮存、分解供能与转变均以葡萄糖为中心。人体内的糖主要是葡萄糖和糖原。葡萄糖是糖在体内的运输和利用形式;糖原是葡萄糖的多聚体,是糖在体内的储存形式。

一、糖的生理功能

糖在体内有多种重要的生理功能。其主要功能是氧化供能,人体每日所需的能量50%~70%是由糖氧化分解供给的。糖也是机体重要的碳源,糖分解代谢的中间产物可在体内转变成多种其他非糖物质,如营养非必需氨基酸、脂肪和核苷等。同时糖也是构成人体组织结构的重要成分,如糖与蛋白质结合形成的糖蛋白或蛋白聚糖是构成结缔组织的成分;与脂类结合形成的糖脂是构成神经组织和细胞膜的成分;核糖、脱氧核糖则分别是RNA和DNA的组成成分。另外,糖还参与构成体内一些重要生理活性物质,如某些激素、酶、免疫球蛋白、血浆蛋白等中都含有糖。

二、糖在体内代谢概况

糖代谢主要是指葡萄糖在体内的一系列复杂的化学变化。在不同的生理条件下,葡萄糖在组织细胞内代谢的途径也不同。供氧充足时,葡萄糖能彻底氧化生成CO_2、H_2O并释放能量;缺氧时,葡萄糖分解生成乳酸;在一些代谢旺盛的组织,葡萄糖可通过磷酸戊糖途径代谢。体内血糖充足时,肝、肌肉等组织可以把葡萄糖合成糖原贮存;反之则进行糖原分解。同时,有些非糖物质如乳酸、丙酮酸、生糖氨基酸、甘油等能经糖异生作用转变成葡萄糖;葡萄糖也可转变成其他非糖物质。糖在体内代谢概况总结见图7-1。

糖的分解代谢是指生物体将糖主要是葡萄糖分解生成小分子物质的过程。体内糖的氧化分解代谢途径主要有无氧分解、有氧氧化和磷酸戊糖途径三种方式。

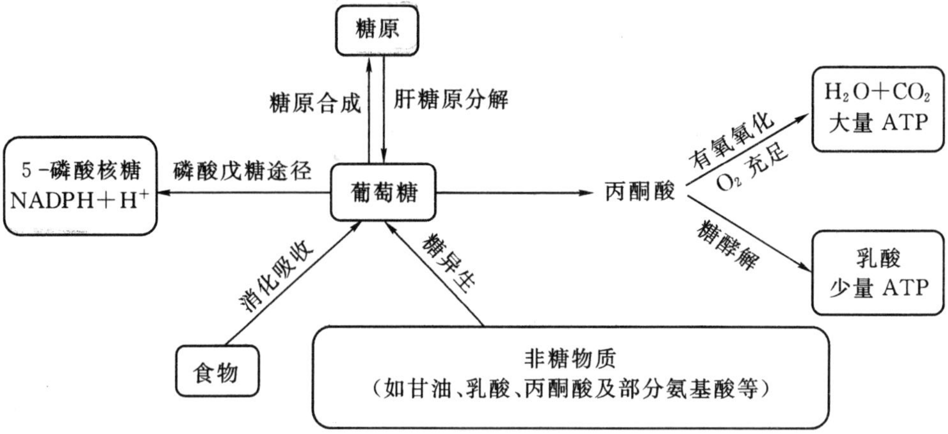

图 7-1　糖在体内代谢概况

三、糖的无氧分解

糖的无氧分解(anaerobic oxidation)是指葡萄糖或糖原在无氧或缺氧条件下,分解生成乳酸和少量 ATP 的过程。因这一过程与酵母菌使糖发酵相似,故又称为糖酵解(glycolysis)。糖酵解在全身各组织细胞的胞质中均可进行,尤以红细胞和肌肉组织中活跃。

(一)糖酵解的反应过程

糖酵解的反应过程可分为两个阶段:第一阶段是葡萄糖(或糖原)分解生成丙酮酸,称为糖酵解途径;第二阶段是丙酮酸还原生成乳酸。

1. 糖酵解途径

(1)葡萄糖磷酸化生成 6-磷酸葡萄糖。葡萄糖在己糖激酶(在肝细胞内是葡萄糖激酶)催化下,需 Mg^{2+} 作为激活剂,消耗 ATP,生成 6-磷酸葡萄糖,这是糖酵解途径中的第一次磷酸化反应,此反应不可逆。己糖激酶(肝细胞内为葡萄糖激酶)为糖酵解反应中的第一个关键酶,哺乳动物体内已发现四种己糖激酶同工酶,分别称为Ⅰ至Ⅳ型。肝细胞中存在的葡萄糖激酶是Ⅳ型。

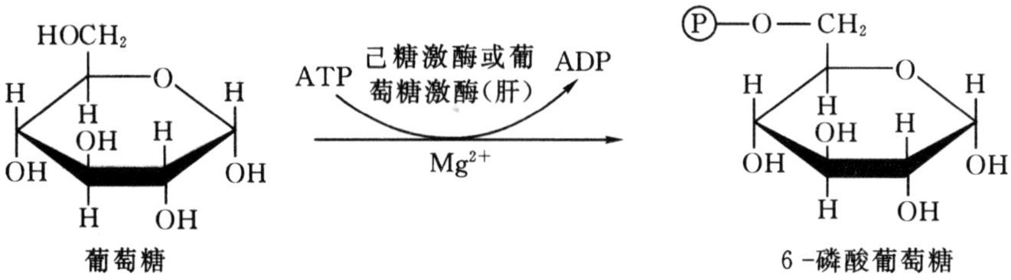

糖原进行糖酵解时,非还原端的葡萄糖单位先进行磷酸解生成 1-磷酸葡萄糖,再经磷酸葡萄糖变位酶催化生成 6-磷酸葡萄糖,不消耗 ATP。

(2)6-磷酸葡萄糖异构为 6-磷酸果糖。由磷酸己糖异构酶催化,需 Mg^{2+} 参与,反应可逆。

6-磷酸葡萄糖　　　　6-磷酸果糖

(3)6-磷酸果糖磷酸化生成1,6-二磷酸果糖。此反应不可逆,消耗ATP。6-磷酸果糖激酶-1为糖酵解反应中第二个关键酶,因其在糖酵解反应中催化效率最低,故为糖酵解代谢途径的限速酶。

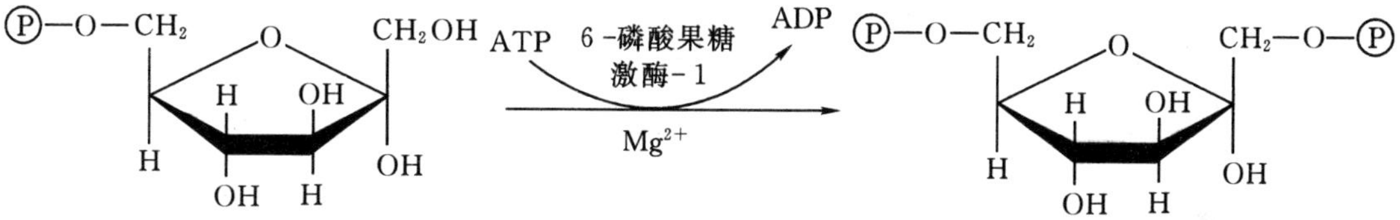

6-磷酸果糖　　　　1,6-二磷酸果糖

(4)1,6-二磷酸果糖裂解生成2分子的磷酸丙糖。含6个碳的1,6-二磷酸果糖经醛缩酶催化裂解生成2分子含3个碳的磷酸丙糖——磷酸二羟丙酮和3-磷酸甘油醛。二者为同分异构体,在异构酶的催化下可以互相转变。当3-磷酸甘油醛在下一步反应中被消耗时,磷酸二羟丙酮可迅速转变成3-磷酸甘油醛,继续在糖酵解途径中参与代谢,故1分子1,6-二磷酸果糖相当于裂解成为2分子的3-磷酸甘油醛。

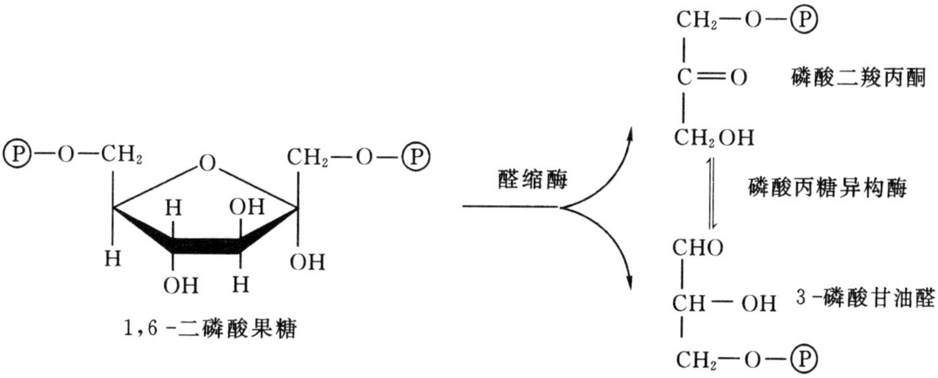

(5)3-磷酸甘油醛氧化脱氢生成1,3-二磷酸甘油酸。在3-磷酸甘油醛脱氢酶的催化下,3-磷酸甘油醛脱氢并磷酸化生成含有高能磷酸键的1,3-二磷酸甘油酸,反应脱下的氢传递辅酶NAD^+,生成$NADH+H^+$。此步反应可逆,是糖酵解反应过程中唯一的一次脱氢反应。

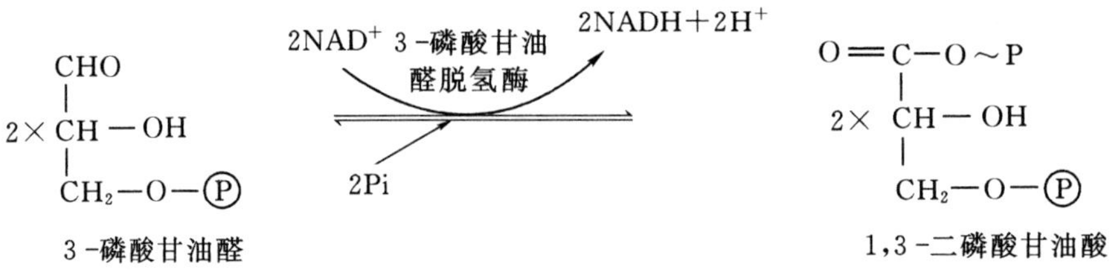

(6)1,3-二磷酸甘油酸转变为3-磷酸甘油酸。1,3-二磷酸甘油酸的高能磷酸键在磷酸甘油酸激酶催化下,转移给ADP生成ATP,自身转变为3-磷酸甘油酸。此种由底物分子中的高能磷酸键直接转移给ADP而生成ATP的方式,称为底物水平磷酸化。

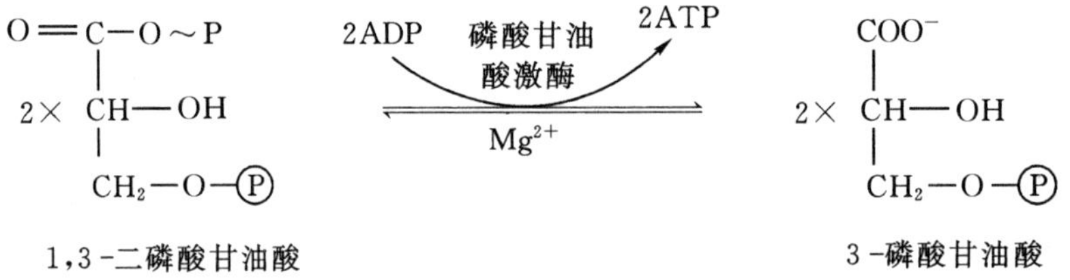

(7)3-磷酸甘油酸转变为2-磷酸甘油酸。这步反应由磷酸甘油酸变位酶催化磷酸根在甘油酸 C_2 和 C_3 上的可逆转移,Mg^{2+} 是必需的离子。

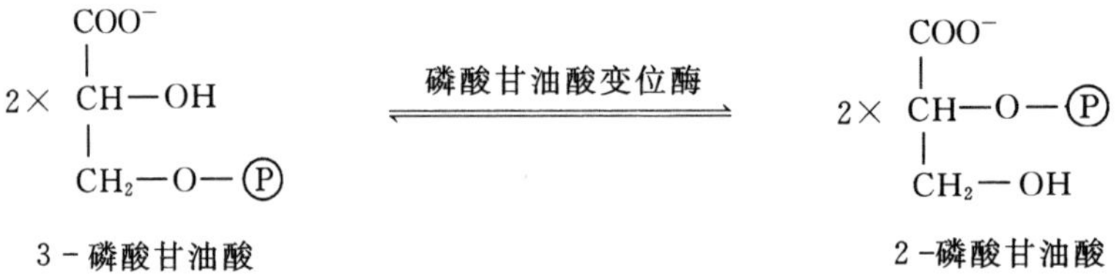

(8)2-磷酸甘油酸脱水生成磷酸烯醇式丙酮酸。2-磷酸甘油酸经烯醇化酶催化进行脱水的同时,分子内部的能量重新分配,生成含有高能磷酸键的磷酸烯醇式丙酮酸。

(9)丙酮酸的生成。在丙酮酸激酶催化下,磷酸烯醇式丙酮酸上的高能磷酸键传递给ADP生成ATP,自身则生成丙酮酸。这是糖酵解途径中的第二次底物水平磷酸化。此反应不可逆,丙酮酸激酶为糖酵解反应中的第三个关键酶。

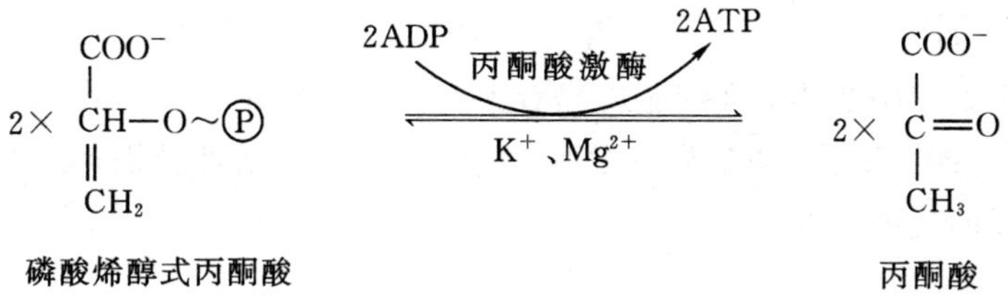

2. 丙酮酸还原生成乳酸

机体缺氧时，在乳酸脱氢酶(LDH)催化下，由 3-磷酸甘油醛脱氢反应生成的 $NADH+H^+$ 作为供氢体，将丙酮酸还原生成乳酸。$NADH+H^+$ 重新转变成 NAD^+，糖酵解才能继续进行。

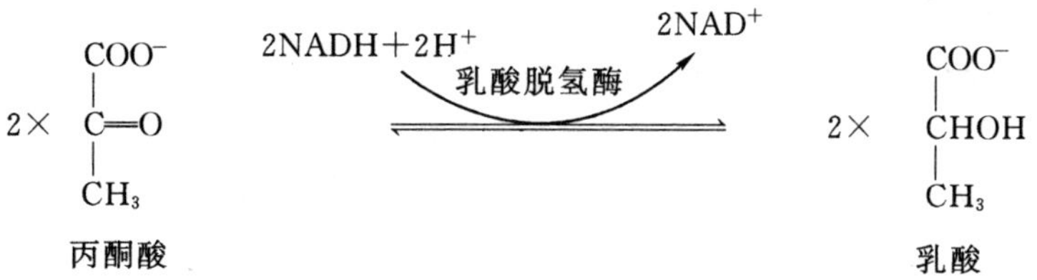

在整个糖酵解的 10 步酶促反应中，生理条件下有 3 步是不可逆的，催化这 3 步反应的酶——己糖激酶、6-磷酸果糖激酶-1、丙酮酸激酶是整个糖酵解过程的关键酶，调节这 3 个酶的活性可以影响糖酵解的速度。糖酵解的总反应见图 7-2。

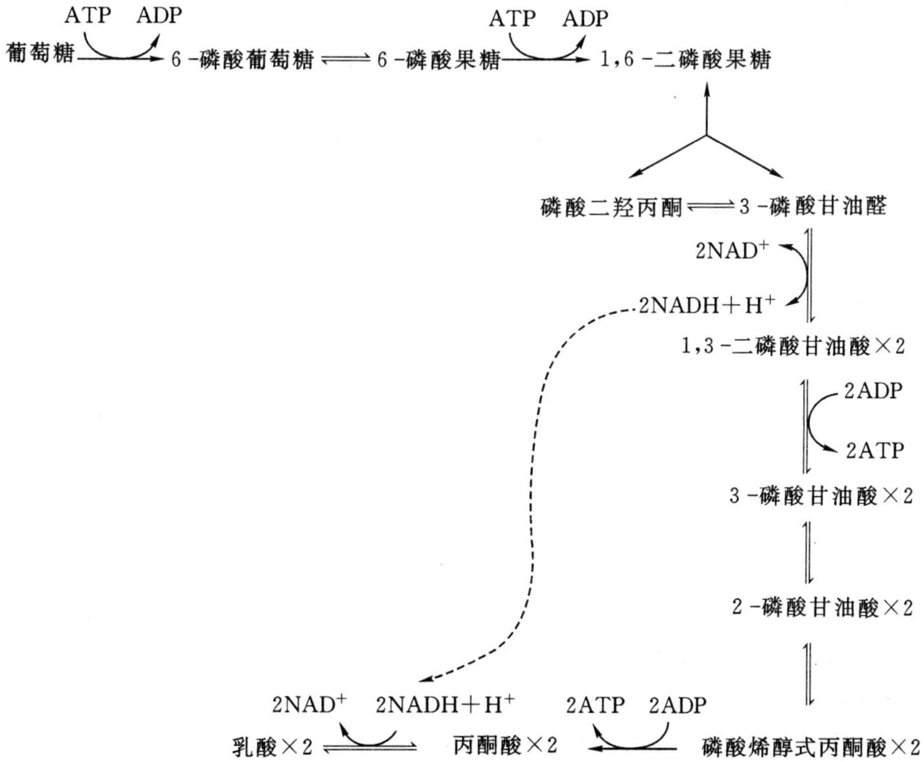

图 7-2 糖酵解的总反应

(二)糖酵解的调节

对代谢途径中关键酶的调节在细胞内起着控制代谢通路的阀门作用。糖酵解中催化3步不可逆反应的酶,己糖激酶、6-磷酸果糖激酶-1、丙酮酸激酶活性受别构剂和激素的调节,影响糖酵解代谢途径的速度与方向。

1. 己糖激酶

己糖激酶的活性受6-磷酸葡萄糖的负反馈调节。肝内为葡萄糖激酶因无结合6-磷酸葡萄糖的别构位点,故不受6-磷酸葡萄糖浓度的调节。当6-磷酸葡萄糖浓度很高时,肝细胞内的葡萄糖激酶未被抑制,从而保证葡萄糖在肝内将6-磷酸葡萄糖转变为糖原贮存或合成其他非糖物质,以降低血糖浓度,具有生理意义。胰岛素可诱导葡萄糖激酶基因的转录,促进酶的合成。

2. 6-磷酸果糖激酶-1

6-磷酸果糖激酶-1为糖酵解途径中最重要的调节酶,ATP和柠檬酸等是该酶的别构抑制剂,而AMP、ADP、1,6-二磷酸果糖和2,6-二磷酸果糖等则是别构激活剂。1,6-二磷酸果糖是该酶的反应产物,是少见的产物正反馈调节,有利于糖的分解。2,6-二磷酸果糖是磷酸果糖激酶-1最强的别构激活剂。

3. 丙酮酸激酶

1,6-二磷酸果糖是其别构激活剂,而ATP、丙氨酸、乙酰CoA和长链脂肪酸是其别构抑制剂。胰高血糖素可通过cAMP抑制此酶活性。

(三)糖酵解的生理意义

1分子葡萄糖经糖酵解净生成2分子ATP(表7-1);若从糖原开始,每个葡萄糖单位净生成3分子ATP。糖酵解虽然产生的能量不多,但生理意义特殊。

表7-1 糖酵解过程中ATP的生成

反应	生成ATP数
葡萄糖 → 6-磷酸葡萄糖	−1
6-磷酸果糖 → 1,6-二磷酸果糖	−1
2×1,3-二磷酸甘油酸 → 2×3-磷酸甘油酸	2×1
2×磷酸烯醇式丙酮酸 → 2×烯醇式丙酮酸	2×1
净生成	2

1. 糖酵解是缺氧时的主要供能方式

如在剧烈运动时,肌肉局部血流不足相对缺氧,必须通过糖酵解供能。在应急时即使不缺氧,葡萄糖进行有氧氧化的过程比糖酵解长得多,不能及时满足生理需要,肌肉通过糖酵解可迅速获得能量。某些病理情况,如严重贫血、大量失血、呼吸障碍、循环衰竭等,因长时间供氧不足依靠糖酵解供能,可导致乳酸堆积,引起酸中毒。

2. 糖酵解是红细胞供能的主要方式

成熟红细胞没有线粒体,完全依靠糖酵解供能。

3. 供氧充足时少数组织的能量来源

有些组织即便供氧充足，仍然依赖糖酵解供能，如视网膜、肾髓质、皮肤、睾丸、白细胞等代谢极为活跃的组织细胞常由糖酵解提供部分能量。

四、糖的有氧氧化

糖的有氧氧化(aerobic oxidation)是指葡萄糖或糖原在有氧条件下，彻底氧化分解生成 CO_2 和 H_2O 并产生大量 ATP 的过程。有氧氧化是糖氧化分解供能的主要方式，绝大多数细胞都通过这一途径获得能量。

(一)有氧氧化的反应过程

糖的有氧氧化分 3 个阶段：第一阶段是葡萄糖或糖原在胞质中循糖酵解途径分解生成丙酮酸；第二阶段是丙酮酸进入线粒体氧化脱羧生成乙酰 CoA；第三阶段是乙酰 CoA 经三羧酸循环彻底氧化生成 CO_2、H_2O 和 ATP。葡萄糖有氧氧化概况见图 7－3。

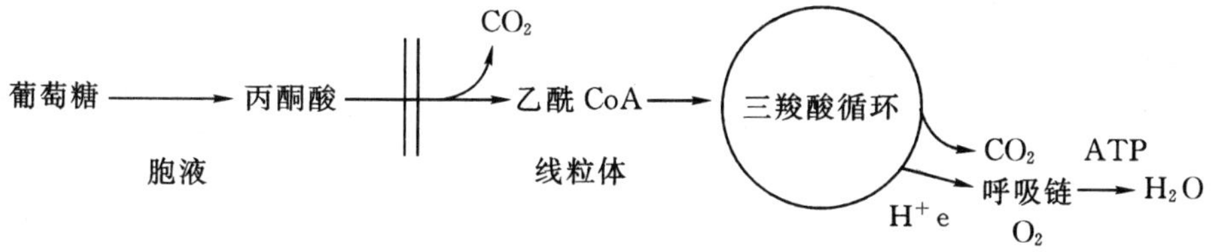

图 7－3 葡萄糖有氧氧化概况

1. 丙酮酸的生成

此过程与糖酵解途径相同。反应在胞质中进行，但反应中生成的 $NADH+H^+$ 不参与丙酮酸还原为乳酸的反应，而是被转运至线粒体经呼吸链氧化生成水并释放出能量。

2. 乙酰 CoA 的生成

丙酮酸由胞质进入线粒体，在丙酮酸脱氢酶复合体的催化下，进行脱氢和脱羧，并与辅酶 A 结合生成乙酰 CoA。整个反应是不可逆的。

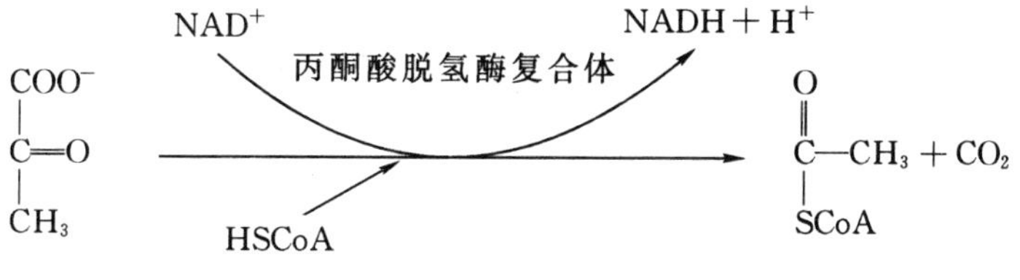

丙酮酸　　　　乙酰 CoA

丙酮酸脱氢酶复合体是关键酶，由丙酮酸脱氢酶、二氢硫辛酸乙酰转移酶、二氢硫辛酸脱氢酶 3 种酶组成；该酶复合体需要多种含 B 族维生素的辅助因子，如 TPP(含维生素 B_1)、二氢硫辛酸(含硫辛酸)、HSCoA (含泛酸)、FAD(含维生素 B_2)、NAD^+(含维生素 PP)等。

3. 三羧酸循环

反应在线粒体进行，以乙酰 CoA 与草酰乙酸缩合生成含有 3 个羧基的柠檬酸开始，经过一系列代谢反应，又生成草酰乙酸，故称三羧酸循环（tricarboxylic acid cycle，TAC 或称为 TCA 循环）或柠檬酸循环。由于最早由克雷布斯（H. A. Krebs）提出，也称 Krebs 循环。

（1）柠檬酸的生成。乙酰 CoA 与草酰乙酸在柠檬酸合酶催化下缩合生成柠檬酸。此反应不可逆，柠檬酸合酶为 TCA 循环的第一个关键酶。

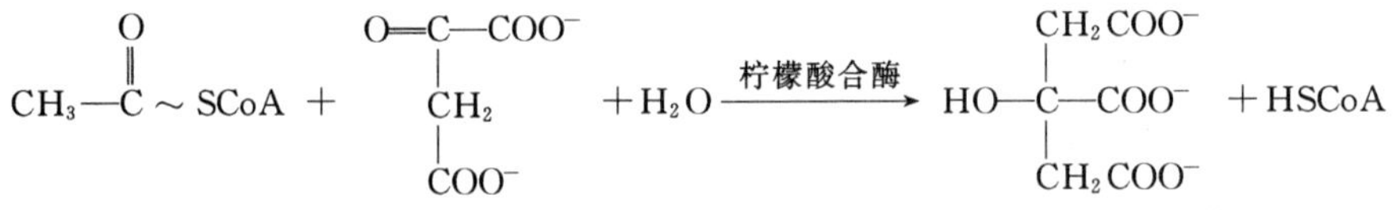

乙酰 CoA　草酰乙酸　柠檬酸

（2）柠檬酸异构生成异柠檬酸。在顺乌头酸酶的催化下，柠檬酸先脱水生成顺乌头酸，再加水异构成异柠檬酸，反应可逆。

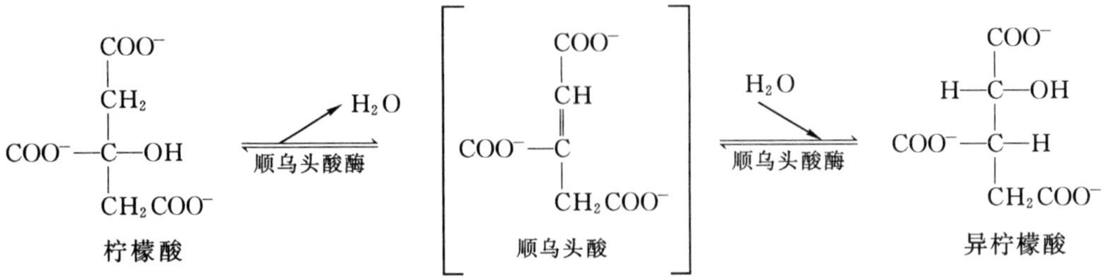

（3）异柠檬酸氧化脱羧生成 α-酮戊二酸。在异柠檬酸脱氢酶催化下，异柠檬酸先脱氢再脱羧生成 α-酮戊二酸，辅酶 NAD^+ 接受脱下的 2H 成为 $NADH+H^+$。此反应不可逆，异柠檬酸脱氢酶是 TCA 循环过程中的第二个关键酶，也是 TCA 循环过程中的限速酶。这是 TCA 循环反应中的第一次氧化脱羧。

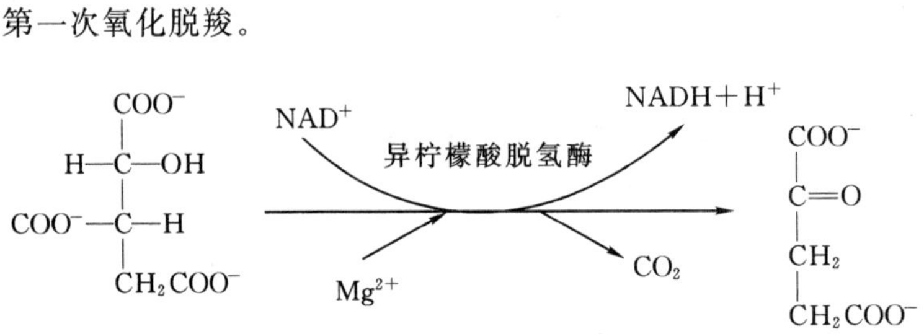

异柠檬酸　α-酮戊二酸

（4）α-酮戊二酸氧化脱羧生成琥珀酰 CoA。在 α-酮戊二酸脱氢酶复合体催化下，α-酮戊二酸氧化脱羧生成琥珀酰 CoA，脱下的 2H 由 NAD^+ 接受成为 $NADH+H^+$，氧化产生的能量一部分储存于琥珀酰 CoA 的高能硫酯键中，所以琥珀酰 CoA 为高能化合物。此反应不可逆，该酶复合体是 TCA 循环的第三个关键酶，催化的反应不可逆。这是 TCA 循环反应中的第二次氧化脱羧。

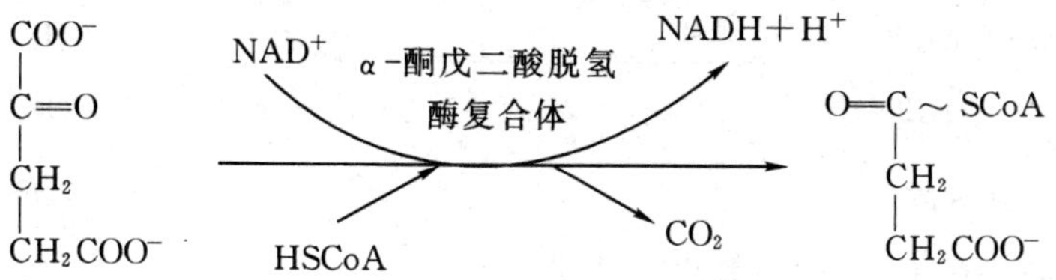

α-酮戊二酸　　　　琥珀酰 CoA

(5)琥珀酰 CoA 转变为琥珀酸。琥珀酰 CoA 受琥珀酰 CoA 合成酶(又称琥珀酸硫激酶)催化,将高能键转移给 GDP 生成 GTP,自身转变成琥珀酸,反应可逆。这是三羧酸循环中唯一的底物水平磷酸化步骤,GTP 又可将能量转移给 ADP 生成 ATP。

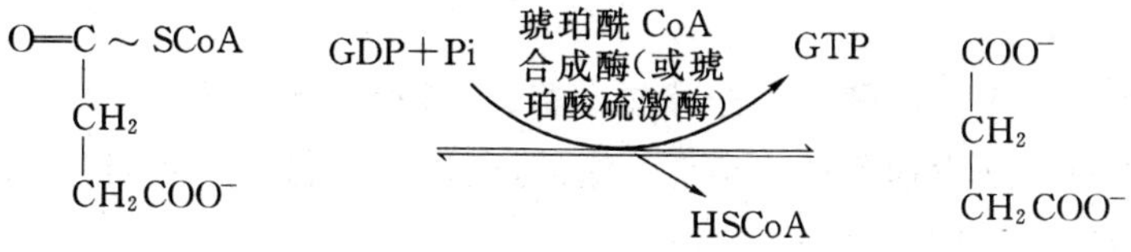

琥珀酰 CoA　　　　琥珀酸

$$GTP+ADP \xrightleftharpoons{\text{核苷二磷酸激酶}} ATP+GDP$$

(6)琥珀酸脱氢生成延胡索酸。在琥珀酸脱氢酶催化下,琥珀酸脱氢生成延胡索酸。FAD 是琥珀酸脱氢酶的辅酶,接受脱下的 2H 生成 $FADH_2$。

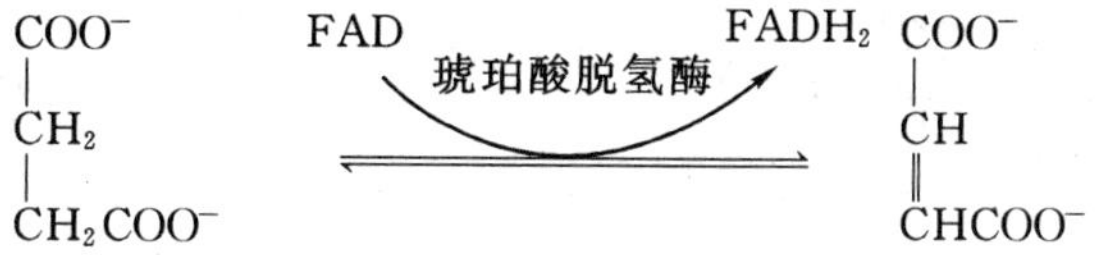

琥珀酸　　　　延胡索酸

(7)延胡索酸加水生成苹果酸。在延胡索酸酶催化下,延胡索酸加水生成苹果酸。

延胡索酸　　　　苹果酸

(8)苹果酸脱氢生成草酰乙酸。在苹果酸脱氢酶作用下,苹果酸脱氢生成草酰乙酸完成一次循环。NAD^+ 是苹果酸脱氢酶的辅酶,接受氢生成 $NADH+H^+$。

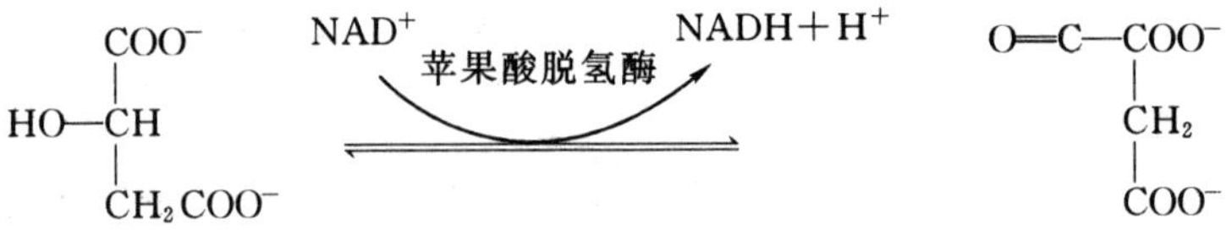

苹果酸　　草酰乙酸

三羧酸循环是乙酰 CoA 彻底氧化的过程。

循环中 1 分子乙酰 CoA 经过 2 次脱羧，生成 2 分子 CO_2，这是体内 CO_2 的主要来源；4 次脱氢，生成 3 分子 $NADH+H^+$、1 分子 $FADH_2$，每分子 $NADH+H^+$ 经氧化磷酸化可产生2.5 分子 ATP，每分子 $FADH_2$ 经氧化磷酸化可产生 1.5 分子 ATP；1 次底物水平磷酸化，生成 1 分子 ATP。

故 1 分子乙酰 CoA 经三羧酸循环彻底氧化共生成 10 分子 ATP（$3\times2.5+1\times1.5+1=10$）。

三羧酸循环中有 3 个关键酶——柠檬酸合酶、异柠檬酸脱氢酶、α-酮戊二酸脱氢酶复合体。它们所催化的反应在生理条件下是不可逆的，所以整个循环是不可逆的。三羧酸循环的中间物质可转变成其他物质，需要不断补充。

三羧酸循环反应过程见图 7-4。

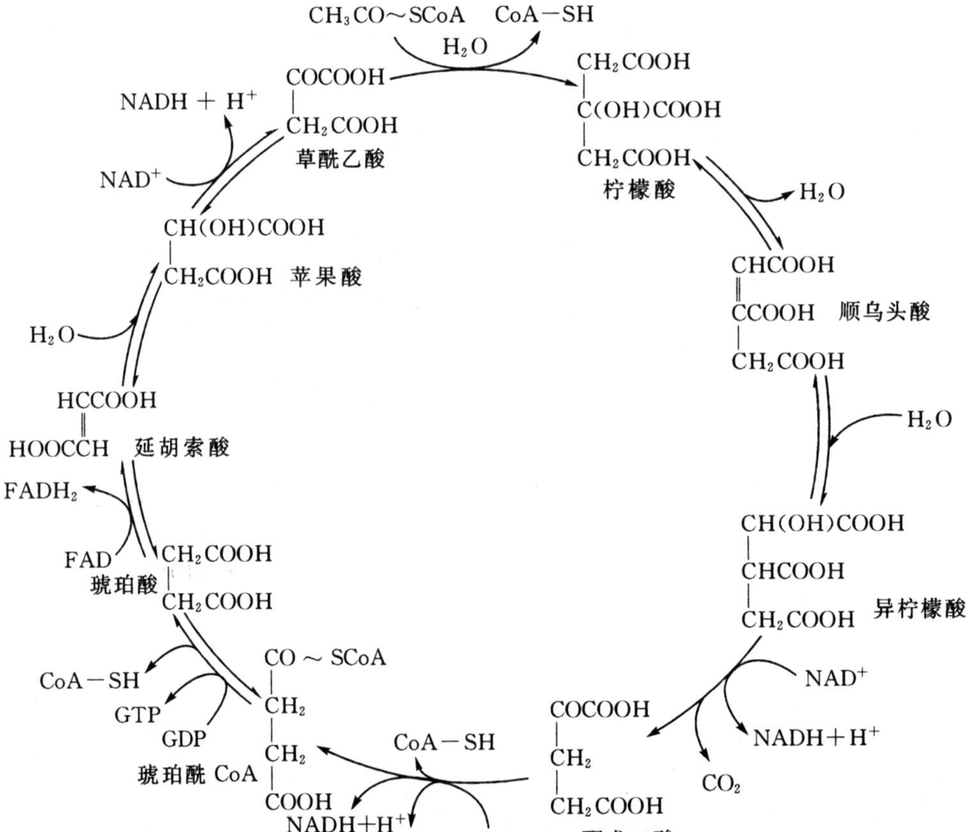

图 7-4　三羧酸循环

(二)糖有氧氧化的调节

糖有氧氧化是机体获得能量的主要方式，机体对能量的需求变动很大，因此有氧氧化的速度和方向必须受到严格的调控。有氧氧化的几个阶段中，糖酵解途径的调节已如前述，这里主要叙述丙酮酸脱氢酶复合体的调节和三羧酸循环的调节。

1. 丙酮酸脱氢酶复合体的调节

丙酮酸脱氢酶复合体的调节可通过别构调节和共价修饰两种方式进行快速调节。丙酮酸脱氢酶复合体的反应产物乙酰 CoA、NADH＋H^+、ATP 及长链脂肪酸是其别构抑制剂，而 HSCoA、NAD^+、ADP 是其别构激活剂。另外，胰岛素和 Ca^{2+} 可促进丙酮酸脱氢酶的去磷酸化加速丙酮酸氧化。

2. 三羧酸循环的调节

三羧酸循环的速率和流量受多种因素调控。关键酶催化的反应产物如柠檬酸、NADH＋H^+、ATP、琥珀酰 CoA 或脂肪分解产物长链脂肪酰 CoA 是其别构抑制剂，底物如 ADP 和 Ca^{2+} 是别构激活剂。另外，氧化磷酸化的速率对三羧酸循环的运转也起非常重要的作用。

3. 糖有氧氧化和糖酵解途径之间存在互相制约的调节

法国科学家巴斯德(L. Pasteur)发现酵母菌在无氧时可进行生醇发酵，将其转移至有氧环境，生醇发酵即被抑制，这种有氧氧化抑制生醇发酵的现象称为巴斯德效应。此效应也存在于人体组织中，即在供氧充足的条件下，组织细胞中糖有氧氧化对糖酵解的抑制作用称为巴斯德效应(Pasteur effect)。

(三)糖有氧氧化的生理意义

1. 有氧氧化是机体供能的主要方式

1 分子葡萄糖经有氧氧化生成 CO_2 和 H_2O，净生成 30 或 32 分子 ATP(表 7－2)。

表 7－2　有氧氧化过程中 ATP 的生成

反应阶段	反应	辅酶	生成 ATP 数
第一阶段			
	葡萄糖 → 6－磷酸葡萄糖		－1
	6－磷酸果糖 → 1,6－二磷酸果糖		－1
	2×3－磷酸甘油醛 → 2×1,3－二磷酸甘油酸	NAD^+	2×2.5(或 2×1.5)*
	2×1,3－二磷酸甘油酸 → 2×3－磷酸甘油酸		2×1
	2×磷酸烯醇式丙酮酸 → 2×烯醇式丙酮酸		2×1
第二阶段			
	2×丙酮酸 → 2×乙酰 CoA	NAD^+	2×2.5
第三阶段			
	2×异柠檬酸 → 2×α－酮戊二酸	NAD^+	2×2.5
	2×α－酮戊二酸 → 2×琥珀酰 CoA	NAD^+	2×2.5
	2×琥珀酰 CoA → 2×琥珀酸		2×1

续表

反应阶段	反应	辅酶	生成 ATP 数
	2×琥珀酸 → 2×延胡索酸	FAD	2×1.5
	2×苹果酸 → 2×草酰乙酸	NAD^+	2×2.5
			总计 32(30)

*:糖酵解产生的 $NADH+H^+$ 如果经苹果酸穿梭作用,1 分子 $NADH+H^+$ 产生 2.5 分子 ATP,若经磷酸甘油穿梭作用,则产生 1.5 分子 ATP。

2. 三羧酸循环是体内糖、脂肪、蛋白质彻底氧化的共同途径

糖、脂肪、蛋白质经代谢后都能生成乙酰 CoA,进入三羧酸循环彻底氧化,最终产物都是 CO_2、H_2O 和 ATP。

3. 三羧酸循环是糖、脂肪、蛋白质代谢联系的枢纽

糖分解代谢产生的丙酮酸、α-酮戊二酸、草酰乙酸等均可通过联合脱氨基作用逆行分别转变成丙氨酸、谷氨酸和天冬氨酸;同样这些生糖氨基酸也可脱氨基转变成相应的 α-酮酸进入三羧酸循环彻底氧化或经草酰乙酸转变为糖;脂肪分解产生甘油和脂肪酸,前者在甘油磷酸激酶催化下,生成 α-磷酸甘油,进而脱氢氧化为磷酸二羟丙酮,后者可降解为乙酰 CoA,进入三羧酸循环彻底氧化,故三羧酸循环是糖、脂肪、氨基酸代谢联系的枢纽。

五、磷酸戊糖途径

磷酸戊糖途径由 6-磷酸葡萄糖开始,因在代谢过程中有磷酸戊糖的产生,所以称磷酸戊糖途径(pentose phosphate pathway)。磷酸戊糖途径主要发生在肝脏、脂肪组织、哺乳期的乳腺、肾上腺皮质、性腺、骨髓和红细胞等部位。

(一)反应过程

磷酸戊糖途径在胞质中进行。全过程可分为两个阶段:第一阶段是氧化反应阶段,生成磷酸戊糖和 $NADPH+H^+$;第二阶段是一系列的基团转移反应。

1. 磷酸戊糖的生成

6-磷酸葡萄糖经 2 次脱氢,生成 2 分子 $NADPH+H^+$,一次脱羧反应生成 1 分子 CO_2,自身则转变成 5-磷酸核糖。6-磷酸葡萄糖脱氢酶是此途径的关键酶。如有些人先天缺乏 6-磷酸葡萄糖脱氢酶,在食用蚕豆或某些药物后易诱发急性溶血性贫血(蚕豆病)。

2. 基团转移反应

第一阶段生成的 5-磷酸核糖是合成核苷酸的原料,部分磷酸核糖通过一系列基团转移反应,产生含 3 碳、4 碳、5 碳、6 碳及 7 碳的多种糖的中间产物,最终都转变为 6-磷酸果糖和 3-磷酸甘油醛。它们可转变为 6-磷酸葡萄糖继续进行磷酸戊糖途径,也可以进入糖的有氧氧化或糖酵解继续氧化分解。基本反应过程见图 7-5。

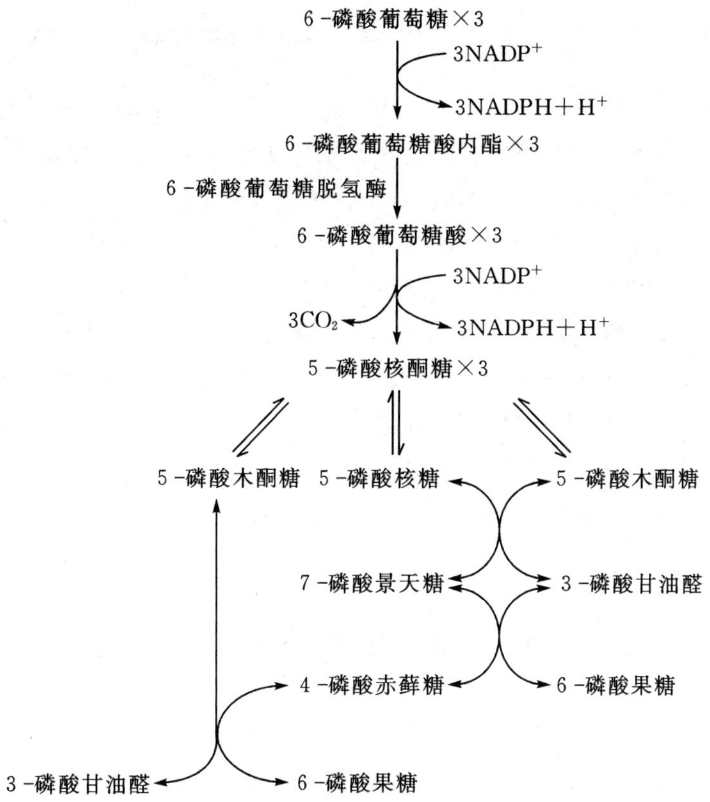

图 7-5　磷酸戊糖途径

(二)生理意义

1. 提供 5-磷酸核糖

此途径是葡萄糖在体内生成 5-磷酸核糖的唯一途径。5-磷酸核糖是合成核苷酸的原料,核苷酸是核酸的基本组成单位。

2. 提供 $NADPH+H^+$

$NADPH+H^+$ 与 $NADH+H^+$ 不同,它所携带的氢不进入呼吸链氧化磷酸化生成 ATP,而是参与许多代谢反应,发挥不同的作用。

(1)$NADPH+H^+$ 作为供氢体参与体内多种重要物质的生物合成,如脂肪酸、胆固醇和类固醇激素的生物合成。

(2)$NADPH+H^+$ 是谷胱甘肽还原酶的辅酶,对维持还原型谷胱甘肽(GSH)的正常含量有很重要的作用。还原型谷胱甘肽是体内重要的抗氧化剂,能保护一些含巯基(—SH)的蛋白质和酶类免受氧化剂的破坏。在红细胞中还原型谷胱甘肽可以保护红细胞膜蛋白的完整性,当还原型谷胱甘肽(GSH)转化为氧化型谷胱甘肽(GSSG)时,则失去抗氧化作用。

(3)$NADPH+H^+$ 参与肝脏生物转化反应,与激素、药物、毒物等的生物转化作用有关。

知识拓展

遗传性葡萄糖-6-磷酸脱氢酶(G-6-PD)缺乏症，俗称蚕豆病，常因食用蚕豆、服用或接触某些药物、感染等诱发血红蛋白尿、黄疸、贫血等急性溶血反应。原因是蚕豆、抗疟药、磺胺药等具有氧化作用，可使机体产生较多的 H_2O_2。正常人由于6-磷酸葡萄糖脱氢酶活性正常，服用蚕豆或药物时，可使磷酸戊糖途径增强，生成较多的 $NADPH+H^+$ 导致 GSH 增加，这样可及时清除对红细胞有破坏作用的 H_2O_2 不会出现溶血。

6-磷酸葡萄糖脱氢酶缺乏者，其磷酸戊糖途径不能正常进行，$NADPH+H^+$ 缺乏或不足，导致 GSH 生成减少。正常情况下，因为机体产生的 H_2O_2 等物质不多，所以不会发病，与正常人无异。但当服用蚕豆或某些药物时，机体产生的 H_2O_2 增多，不能及时清除，从而破坏红细胞膜，诱发溶血性贫血。

第三节 糖原的合成与分解

糖原(glycogen)是动物体内糖的储存形式，是以葡萄糖为基本单位聚合而成的带分支的大分子多糖。分子中葡萄糖主要以 α-1,4-糖苷键相连形成直链，其中分支处以 α-1,6-糖苷键形成支链，组成高度分支的大分子葡萄糖聚合物。糖原分支结构不仅增加了糖原的溶解度，也增加了非还原端数目，从而增加了糖原合成与分解时的作用点。糖原的结构见图 7-6。

体内肝脏和肌肉中糖原含量高，同时还有少量肾糖原。

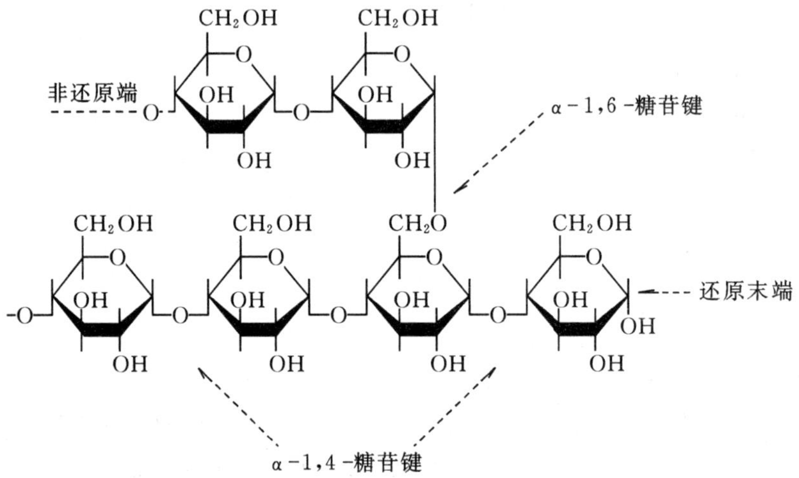

图 7-6 糖原的结构

一、糖原的合成及其调节

由单糖(主要是葡萄糖)合成糖原的过程称为糖原合成(glycogenesis)。反应主要在肝脏、肌肉组织等细胞的胞质中进行，糖原合酶为这一反应过程的限速酶，需要消耗 ATP 和 UTP。

(一)糖原合成的反应过程

1. 葡萄糖磷酸化生成 6-磷酸葡萄糖

葡萄糖磷酸化生成 6-磷酸葡萄糖与糖酵解的第一步反应相同。

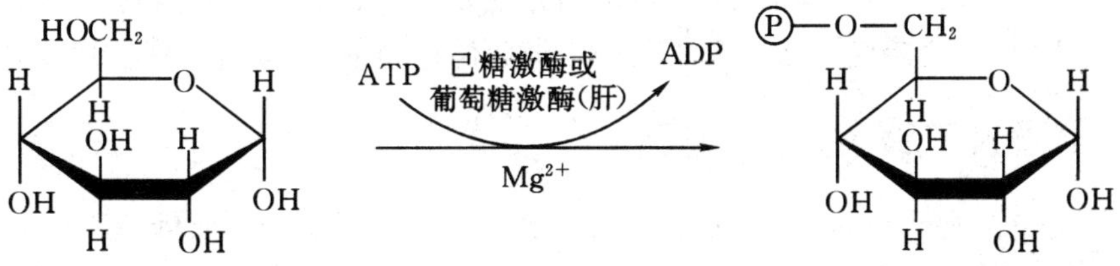

葡萄糖　　6-磷酸葡萄糖

2. 6-磷酸葡萄糖转变为 1-磷酸葡萄糖

6-磷酸葡萄糖　　1-磷酸葡萄糖

3. 1-磷酸葡萄糖生成二磷酸尿苷葡萄糖(UDPG)

在二磷酸尿苷葡萄糖焦磷酸化酶的催化下，1-磷酸葡萄糖与三磷酸尿苷(UTP)反应生成 UDPG 和焦磷酸(PPi)。UDPG 是葡萄糖的活性形式，可看成是“活性葡萄糖”，在体内作为葡萄糖供体。

1-磷酸葡萄糖　　二磷酸尿苷葡萄糖

4. 合成糖原

糖原合成时需要引物，糖原引物是指细胞内原有的较小的糖原分子。在糖原合酶催化下，UDPG 与糖原引物反应，将 UDPG 上的葡萄糖基转移到引物上，以 α-1,4-糖苷键相连。此反应不可逆，糖原合酶是关键酶。

$$\underset{(UDPG)}{\text{尿苷二磷酸葡萄糖}} + \underset{(G_n)}{\text{糖原“引物”}} \xrightarrow{\text{糖原合酶}} \underset{(UDP)}{\text{二磷酸尿苷}} + \underset{(G_{n+1})}{\text{糖原}}$$

上述反应可在糖原合酶作用下反复进行，使糖链不断地延长，但不能形成分支。当链长增至12～18个葡萄糖残基时，分支酶就将长6～7个葡萄糖残基的寡糖链转移至另一段糖链上，以α-1,6-糖苷键相连形成糖原分子的分支。

(二)糖原合成的生理意义

糖原合成是机体储存葡萄糖的方式，也是储存能量的一种方式。同时对维持血糖浓度的恒定有重要意义，如进食后机体将摄入的糖合成糖原储存起来，以免血糖浓度过度升高。

二、糖原的分解及其调节

由肝糖原分解为葡萄糖的过程，称为糖原分解(glycogenolysis)。肌糖原不能直接分解为葡萄糖，只能酵解生成乳酸，再经糖异生途径转变为葡萄糖。

(一)糖原的分解过程

1. 糖原分解为1-磷酸葡萄糖

磷酸化酶是糖原分解的关键酶，催化糖原非还原端的葡萄糖基磷酸化，生成1-磷酸葡萄糖。

$$\text{糖原}(G_{n+1}) + Pi \xrightarrow{\text{磷酸化酶}} \text{糖原}(G_n) + 1\text{-磷酸葡萄糖}$$

2. 1-磷酸葡萄糖转变为6-磷酸葡萄糖

1-磷酸葡萄糖在磷酸葡萄糖变位酶作用下可转变为6-磷酸葡萄糖。

$$1\text{-磷酸葡萄糖} \xrightleftharpoons{\text{磷酸葡萄糖变位酶}} 6\text{-磷酸葡萄糖}$$

3. 6-磷酸葡萄糖水解为葡萄糖

肝及肾中存在葡萄糖-6-磷酸酶，能水解6-磷酸葡萄糖生成葡萄糖。肌肉中缺乏此酶，因此只有肝(肾)糖原能直接分解为葡萄糖以补充血糖，肌糖原分解生成的6-磷酸葡萄糖只能进入糖酵解或有氧氧化。

$$6\text{-磷酸葡萄糖} + H_2O \xrightarrow{\text{葡萄糖-6-磷酸酶}} \text{葡萄糖} + Pi$$

(二)糖原分解的生理意义

肝糖原分解能提供葡萄糖，既可在不进食期间维持血糖浓度的恒定，又可持续满足对脑组织等的能量供应。肌糖原分解则为肌肉自身收缩提供能量。

(三)糖原合成与分解总结

糖原的合成与分解不是简单的可逆反应，而是分别通过两条不同的途径进行，以便于进行精细的调节，过程总结见图7-7。

糖原合成和分解代谢的关键酶分别是糖原合酶和糖原磷酸化酶。这两种酶都存在有活性和无活性两种形式。机体通过激素介导的蛋白激酶A使两种酶都磷酸化，但活性表现不同，即磷酸化的糖原合酶处于无活性状态，而磷酸化的糖原磷酸化酶处于活性状态，从而调节糖原合成和分解的速率,以适应机体的需要。糖原合酶和糖原磷酸化酶活性调节均有共价修饰和别构调节两种快速调节方式,但以共价修饰调节为主。

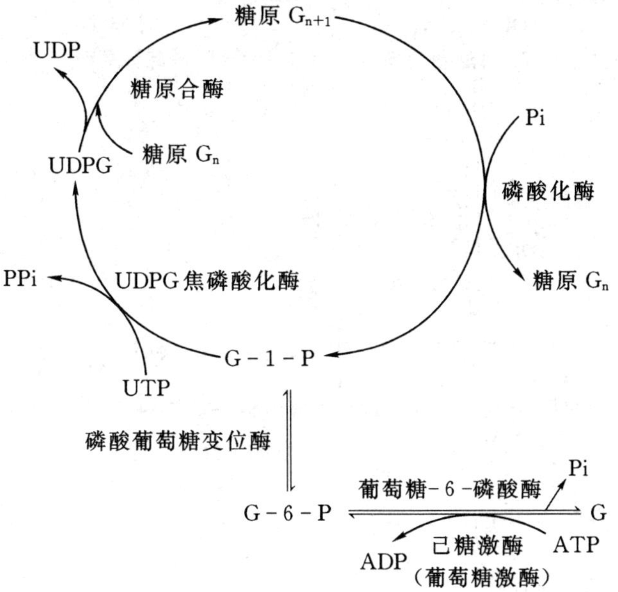

图 7-7 糖原的合成与分解

第四节 糖异生作用

乳酸、丙酮酸、生糖氨基酸和甘油等非糖物质在体内可以转变为葡萄糖或糖原,此为糖异生作用。糖异生进行的主要场所在肝细胞的胞质和线粒体中,长期饥饿时,肾脏糖异生作用加强。

一、糖异生途径及其调节

非糖物质在肝脏转变成葡萄糖的具体反应过程称为糖异生(gluconeogenesis)。糖异生途径基本上是糖酵解途径的逆过程,但是糖酵解途径中有 3 步反应是不可逆的(称为"能障"),所以糖异生途径必须通过另外的酶催化,才能绕过"能障"逆向生成葡萄糖或糖原。糖酵解途径与糖异生途径比较见图 7-8。

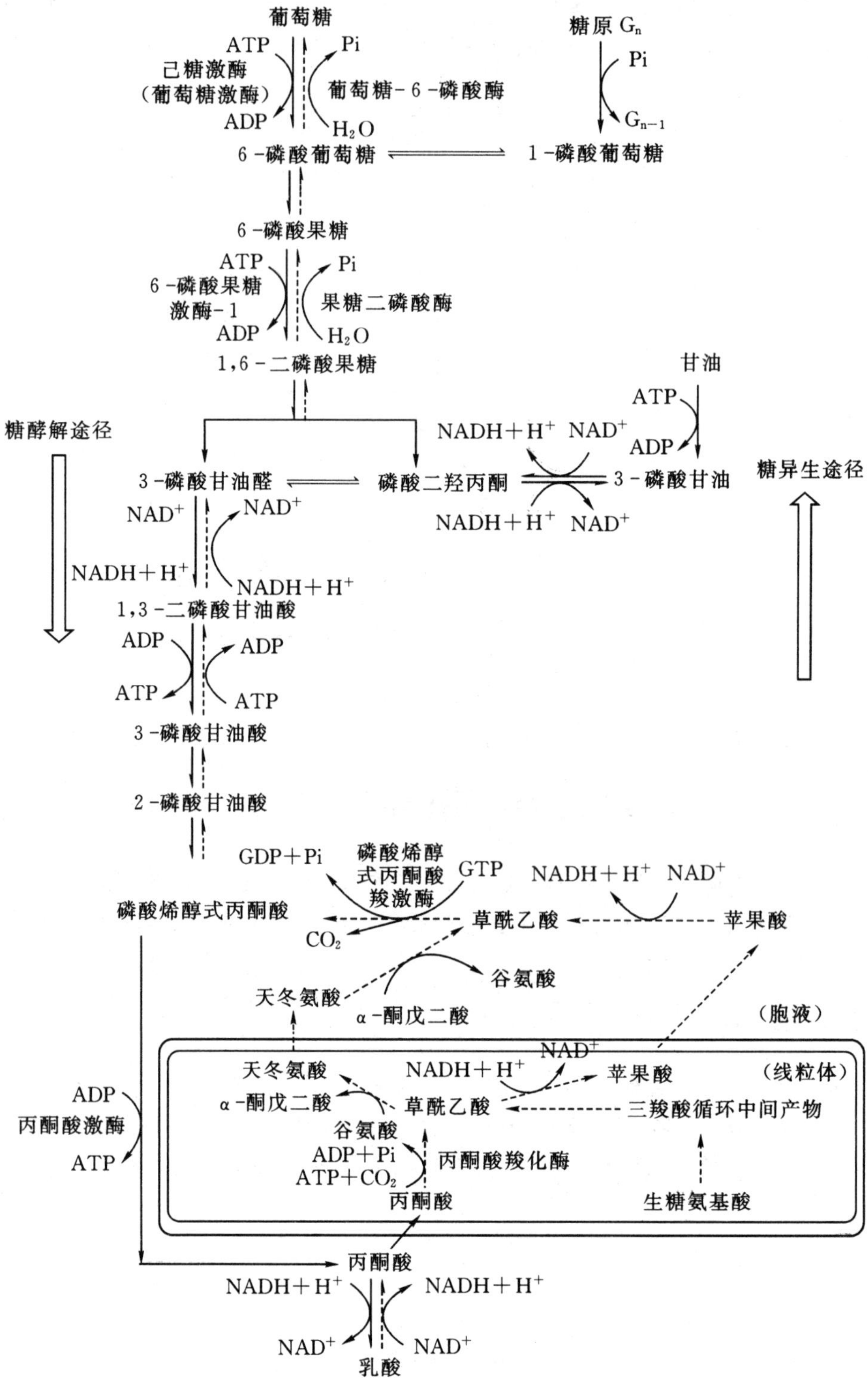

图 7-8 糖酵解途径与糖异生途径

(一)丙酮酸羧化支路

丙酮酸在丙酮酸羧化酶催化下生成草酰乙酸，草酰乙酸在磷酸烯醇式丙酮酸羧激酶催化下，生成磷酸烯醇式丙酮酸。此过程称为丙酮酸羧化支路。

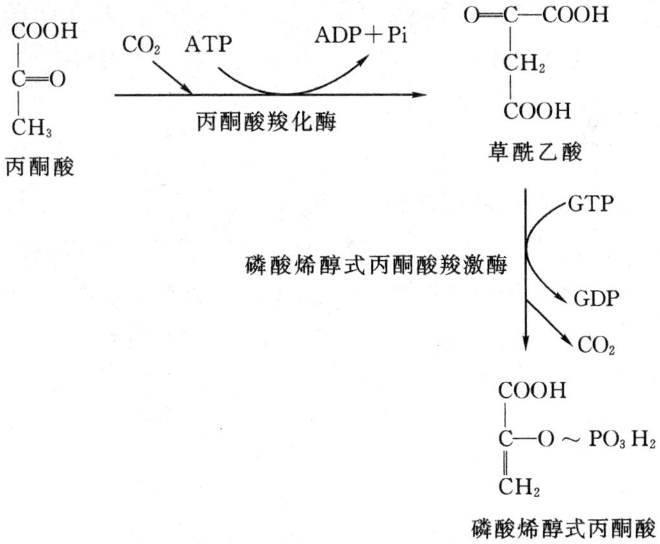

催化第一步反应的酶是丙酮酸羧化酶，其辅酶是生物素，在 CO_2 和 ATP 存在时，使丙酮酸羧化为草酰乙酸。由于丙酮酸羧化酶仅存在于线粒体内，故胞质中的丙酮酸必须进入线粒体，才能羧化成草酰乙酸。

参与第二步反应的酶是磷酸烯醇式丙酮酸羧激酶，由 GTP 供能催化草酰乙酸脱羧生成磷酸烯醇式丙酮酸。因此酶主要存在于胞质中，故生成的草酰乙酸还需经过一系列反应转运出线粒体。克服此“能障”消耗 2 分子 ATP，整个反应不可逆。

(二)1,6-二磷酸果糖转变为 6-磷酸果糖

反应由果糖二磷酸酶催化，将 1,6-二磷酸果糖水解为 6-磷酸果糖。

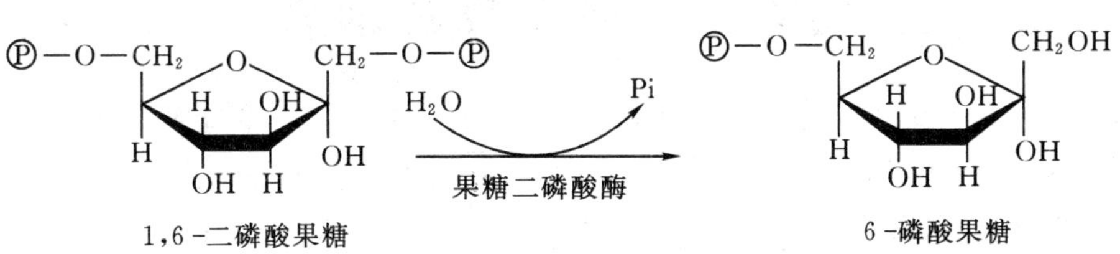

(三)6-磷酸葡萄糖水解生成葡萄糖

反应由葡萄糖-6-磷酸酶催化，与肝糖原分解的第三步反应相同。

上述过程中，丙酮酸羧化酶、磷酸烯醇式丙酮酸羧激酶、果糖二磷酸酶和葡萄糖-6-磷酸酶是糖异生途径的关键酶。其他非糖物质，如乳酸可脱氢生成丙酮酸，再循糖异生途径生糖；甘油先磷酸化为 α-磷酸甘油，再脱氢生成磷酸二羟丙酮，从而进入糖异生途径；生糖氨基酸能转变为三羧酸循环的中间产物，再循糖异生途径转变为糖。

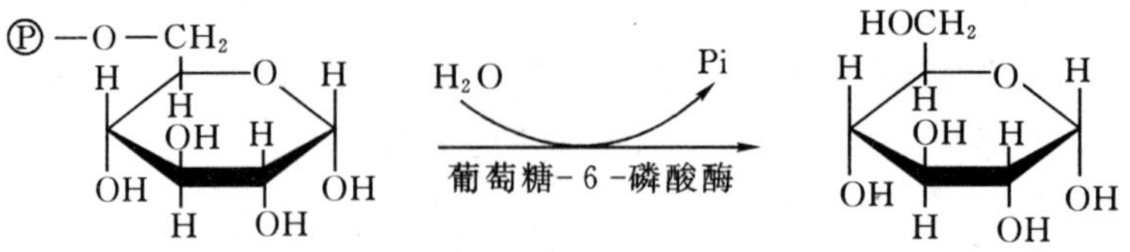

6-磷酸葡萄糖　　　　葡萄糖

二、糖异生的生理意义

(一)维持空腹和饥饿时血糖的相对恒定

人体储备糖原能力有限,在饥饿时,靠肝糖原分解葡萄糖仅能维持血糖浓度 8～12 h,此后,机体基本依靠糖异生作用来维持血糖浓度恒定,这是糖异生最主要的生理功能。饥饿时糖异生的原料主要为生糖氨基酸和甘油,经糖异生转变为葡萄糖,维持血糖水平恒定,保证脑等重要组织器官的能量供应。

(二)有利于乳酸的利用

在剧烈运动时,肌肉糖酵解生成大量乳酸,后者经血液运到肝脏,在肝脏内经糖异生作用合成葡萄糖;肝脏将葡萄糖释放入血,葡萄糖又可被肌肉摄取利用,这样就构成了乳酸循环。循环将不能直接分解为葡萄糖的肌糖原间接变为血糖,对于回收乳酸分子中的能量,更新肌糖原,防止乳酸引起的代谢性酸中毒均有重要作用。

(三)有利于维持酸碱平衡

在长期饥饿的情况下,肾脏的糖异生作用加强,可促进肾小管细胞的泌氨作用,NH_3 与原尿中 H^+ 结合成 NH_4^+,随尿排出体外,降低原尿中 H^+ 的浓度,加速排 H^+ 保 Na^+ 作用,有利于维持酸碱平衡,对防止酸中毒有重要意义。

第五节　血糖及其调节

血液中的葡萄糖,称为血糖(blood sugar)。血糖浓度随进食、活动等变化而有所波动。正常人空腹血糖浓度为 3.89～6.11 mmol/L。血糖浓度的相对稳定对保证组织器官,特别是脑组织的正常生理活动具有重要意义。

血糖浓度的相对恒定依赖于体内血糖来源和去路的动态平衡。

一、血糖的来源和去路

(一)血糖的来源

血糖的来源包括:①食物中的糖类物质在肠道消化吸收入血是血糖的主要来源;②肝糖原分解的葡萄糖,为空腹时血糖的来源;③非糖物质经糖异生作用转变的葡萄糖,是饥饿时血糖的来源。

(二)血糖的去路

血糖的去路包括:①在组织细胞中氧化分解供能,这是血糖的主要去路;②在肝、肌肉等组织合成糖原贮存;③转变成其他糖类及非糖物质,如核糖、脱氧核糖、脂肪、有机酸、非必需氨基酸等。血糖浓度若高于肾糖阈时,尿中可出现葡萄糖称为尿糖(为非正常去路)。现将血糖的来源与去路总结见图 7-9。

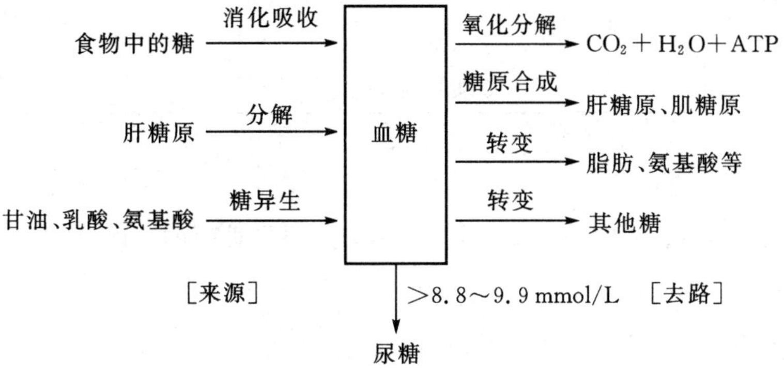

图 7-9 血糖的来源和去路

二、血糖浓度的调节

在正常情况下,血糖浓度的相对恒定依赖于血糖来源与去路的平衡,这种平衡需要体内多种因素的协同调节,主要有神经、激素、组织器官等层次的调节。

(一)激素的调节作用

调节血糖浓度的激素有两大类:一类是降低血糖浓度的激素——胰岛素;另一类是升高血糖浓度的激素——胰高血糖素、肾上腺素、糖皮质激素等。两类激素的作用相互对立、互相制约,它们通过调节糖原合成和分解、糖的氧化分解、糖异生等途径的关键酶或限速酶的活性或含量来调节血糖,保持血糖来源与去路的动态平衡。各激素的作用机制见表 7-3。

表 7-3 激素对血糖水平的调节

激素	作用机制
降低血糖的激素	
胰岛素	①促进组织细胞摄取葡萄糖
	②促进葡萄糖的氧化分解
	③促进糖原合成,抑制糖原分解
	④抑制糖异生
	⑤促进糖转变成脂肪
升高血糖的激素	
胰高血糖素	①促进肝糖原分解
	②抑制糖酵解,促进糖异生

续表

激素	作用机制
	③激活激素敏感脂肪酶，加速脂肪动员
糖皮质激素	①抑制组织细胞摄取葡萄糖
	②促进糖异生
肾上腺素	①促进肝糖原和肌糖原分解
	②促进肌糖原酵解
	③促进糖异生

（二）肝脏的调节作用

肝脏是体内调节血糖浓度的主要器官。它可以通过肝糖原的分解与合成、糖异生作用来升高或降低血糖。

三、糖代谢紊乱

（一）高血糖

空腹血糖浓度持续超过 7.22 mmol/L 时称之高血糖。如果血糖值超过肾糖阈 8.89～10.00 mmol/L，超过了肾小管重吸收葡萄糖的能力，尿中就可出现葡萄糖，称为糖尿或尿糖。

引起高血糖和糖尿的原因有生理性和病理性两种。如摄入过多或输入大量葡萄糖、精神紧张，使血糖升高超过肾糖阈，出现糖尿，为生理性糖尿；病理性高血糖和糖尿多见于糖尿病等疾病。有些肾小管重吸收能力降低的人，肾糖阈比正常人低，即使血糖在正常范围，也可出现糖尿，称肾性糖尿，但患者血糖及糖耐量均正常。

知识拓展

葡萄糖耐量，是指人体对摄入的葡萄糖具有很大耐受能力的现象。也就是说，在一次性食入大量葡萄糖之后，血糖水平不会出现大的波动和持续性升高。

临床上常用葡萄糖耐量试验(glucose tolerance test，GTT)检查人体对血糖的调节能力及作为诊断糖尿病的一项重要检查，临床上常用的方法分为口服或静脉注射两种糖耐量试验，是检查人体对血糖的调节功能及诊断糖尿病的一项重要检查。

（二）低血糖

空腹血糖浓度低于 3.30 mmol/L 时称为低血糖。当血糖低于 2.8 mmol/L 时可出现低血糖症。临床表现有交感神经过度兴奋症状，如出汗、颤抖、心悸（心率加快）、面色苍白、肢凉等虚脱症状。如果血糖持续下降至低于 2.53 mmol/L，可出现昏迷，称为低血糖休克，如不能及时给患者静脉点滴葡萄糖，可导致死亡。

出现低血糖的原因有：①糖摄入不足或吸收不良；②组织细胞对糖的消耗量太多；③严重

肝脏疾患；④临床治疗时使用降糖药物过量；⑤胰岛素分泌过多、升高血糖浓度的激素分泌不足等。

目标检测

一、名词解释

1. 糖酵解
2. 糖原
3. 糖异生
4. 糖的有氧氧化
5. 血糖

二、简答题

1. 三羧酸循环有何特点，有何生理意义？
2. 试从以下几方面列表比较糖酵解和有氧氧化的异同。

(1)代谢部位；

(2)反应条件；

(3)生成 ATP 的方式；

(4)产生 ATP 的数量；

(5)终产物；

(6)生理意义。

3. 简述糖异生的原料、反应部位、关键酶及生理意义。

（张丽娟）

第八章　生物氧化

学习目标

【掌握】生物氧化、呼吸链、氧化磷酸化、底物水平磷酸化的概念；ATP 的生成方式；NADH 氧化呼吸链和琥珀酸氧化呼吸链偶联部位；影响氧化磷酸化的因素。

【熟悉】生物氧化的特点；呼吸链的组成成分；能量的转移、储存和利用。

【了解】体内 CO_2 的生成；胞质中 NADH 进入线粒体的穿梭机制；非线粒体氧化体系。

第一节　概　述

生物都需要能量维持生命活动，如肌肉收缩、维持体温等都需要耗能，而所需要的能量主要来自糖、脂肪、蛋白质三大供能营养素的分解代谢。糖、脂肪、蛋白质在生物体内氧化分解释放能量，生成二氧化碳和水的过程称为生物氧化(biological oxidation)。生物氧化伴有氧的利用和 CO_2 的产生，因此又称组织呼吸或细胞呼吸。生物氧化的主要生理意义就是将释放的能量储存于 ATP 中，为机体生命活动提供可以利用的能量。

生物氧化也可以是生物体内非营养物质如代谢废物、药物和毒物的清除过程。

一、生物氧化的特点

三大供能物质的生物氧化与体外进行的氧化反应有共同之处。它们都需要耗氧，最终产物是 CO_2 和 H_2O，并且释放能量相等。但生物氧化又有其自身的以下特点。

(1)生物氧化是缓慢氧化，在温和条件下进行，如正常体温、接近中性的环境，而体外氧化是剧烈反应，需要高温，如燃烧。

(2)生物氧化的方式主要是脱氢、失电子，而体外氧化是与氧化合。

(3)生物氧化时能量是逐步释放，并以生成 ATP 的方式储存，而体外氧化时能量是骤然释放，不能被机体利用。

(4)生物氧化时脱下的氢经线粒体呼吸链传递给氧气生成水，而体外氧化是代谢物的氢直接与氧结合生成水。

(5)生物氧化时二氧化碳是有机酸脱羧基生成，而体外氧化时二氧化碳是代谢物的碳直接与氧结合生成。

二、生物氧化的场所

三大供能物质的生物氧化场所是线粒体。代谢物脱氢反应脱下的氢和电子传递、能量的释放、ATP的生成都是在线粒体进行。线粒体能将生物氧化时释放的大部分能量捕获到ATP中，故线粒体是细胞的“能量转换器”。另外，一些非营养物质的生物氧化场所是微粒体或过氧化物酶体或细胞的其他部位，主要是对非营养物质进行生物转化，以便清除、排泄。

三、参与生物氧化的酶类

参与线粒体生物氧化的酶类可分为氧化酶类、需氧脱氢酶类、不需氧脱氢酶类等。

(一)氧化酶类

氧化酶能直接以氧分子为受氢体，催化代谢物脱氢生成 H_2O。细胞色素氧化酶、抗坏血酸氧化酶等属于此类酶。该类酶的辅基中常含有铜或铁等金属离子，其作用方式见图 8-1（SH_2：底物，S：产物）。

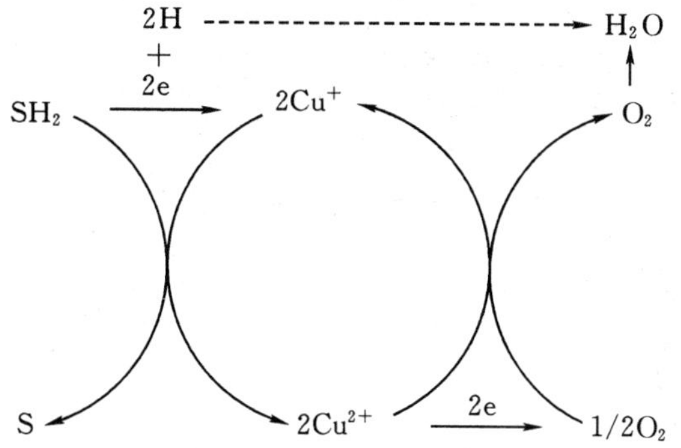

图 8-1　氧化酶类的作用方式

(二)需氧脱氢酶类

需氧脱氢酶也能以氧为直接受氢体，催化代谢物脱氢生成 H_2O_2。该酶属于黄素酶，其辅基是FMN和FAD，其作用方式见图 8-2。*L*-氨基酸氧化酶、黄嘌呤氧化酶等属于此类酶。

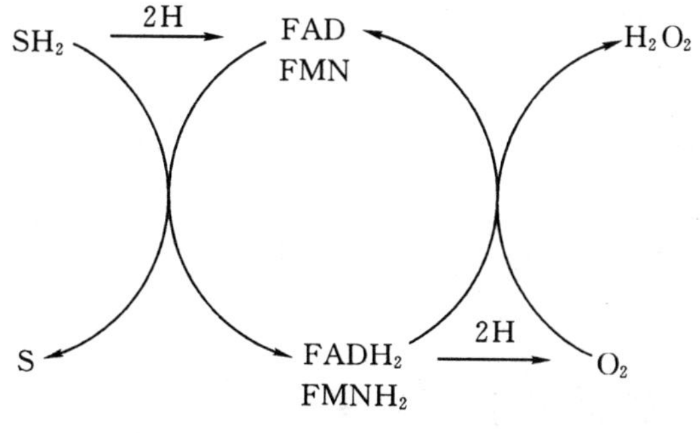

图 8-2　需氧脱氢酶类的作用方式

(三)不需氧脱氢酶类

不需氧脱氢酶是体内参与生物氧化最重要的酶。不需氧脱氢酶催化代谢物脱氢，不能以氧为直接受氢体，而是经过一系列传递体的传递最终将氢交给氧生成 H_2O，其作用方式见图 8-3。依据辅助因子不同可分为两类：一类是以 NAD^+ 或 $NADP^+$ 为辅酶的不需氧脱氢酶，如乳酸脱氢酶、苹果酸脱氢酶等；另一类是以 FMN 或 FAD 为辅基的不需氧脱氢酶，如琥珀酸脱氢酶、脂酰辅酶 A 脱氢酶等。

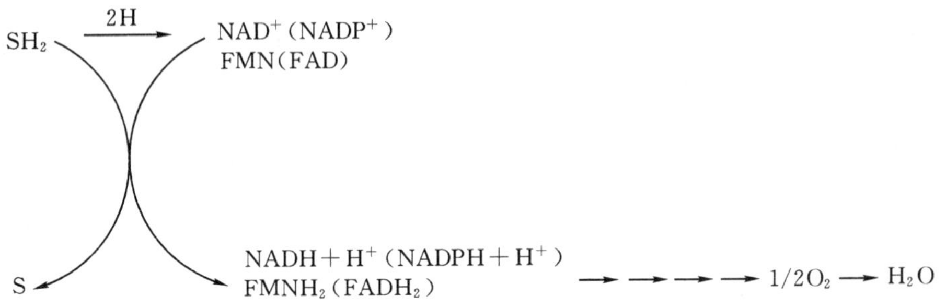

图 8-3 不需氧脱氢酶类的作用方式

除上述酶外，体内还有一些参与非线粒体生物氧化反应的酶类，如多酚氧化酶、抗坏血酸氧化酶、黄素蛋白酶、过氧化氢酶和过氧化物酶等参与氧化还原反应。

第二节 呼吸链

生物氧化的场所是线粒体。生物氧化过程中参与氢和电子传递的各组分，即一系列酶和辅酶按照一定的顺序排列在线粒体内膜上，形成了一个连续酶促反应体系，实际上起到递氢体或递电子体的作用。线粒体内膜上由一系列酶和辅酶(递氢体或递电子体)构成的传递体系称为呼吸链 (respiratory chain)，又称为电子传递链(electron transfer chain)。

呼吸链的作用，一是将生物氧化中底物脱下的氢和电子传递给氧生成水；二是将生物氧化中释放的能量储存于 ATP 中。

一、呼吸链的组成成分

参与生物氧化反应的酶类很多，但分布在线粒体内膜上参与氢和电子传递的酶及其辅助因子，主要有以下 5 类。

(一)以 NAD^+ 或 $NADP^+$ 为辅酶的脱氢酶类

此类酶的辅酶含烟酸(维生素 PP)。尼克酰胺腺嘌呤二核苷酸(NAD^+)和尼克酰胺腺嘌呤二核苷酸磷酸($NADP^+$)是维生素 PP 的活性形式，为不需氧脱氢酶的辅酶。NAD^+ 和 $NADP^+$ 分子中的尼克酰胺部分(维生素 PP)能可逆地加氢和脱氢发挥递氢的作用(图 8-4)，故在呼吸链中属于递氢体。反应时，其辅酶 NAD^+ 或 $NADP^+$ 还原为 $NADH+H^+$ 或 $NADPH+H^+$。

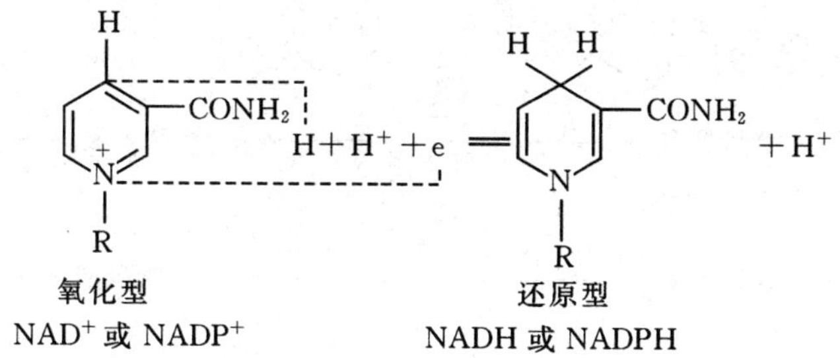

图 8-4 NAD^+ 和 $NADP^+$ 的递氢机制

在呼吸链中，NAD^+ 的功能是接受从代谢物上脱下的 $2H(2H^+ +2e)$，然后传递给呼吸链的黄素酶，是连接生物氧化的代谢物与呼吸链的重要成分。$NADP^+$ 的功能是接受氢而被还原生成 $NADPH+H^+$，经吡啶核苷酸转氢酶作用将氢转移给 NAD^+，然后再经呼吸链传递，但 $NADPH+H^+$ 主要是为合成代谢或羟化反应提供氢。

(二)以 FMN 或 FAD 为辅基的黄素酶

黄素酶(flavin enzymes)因辅基含核黄素(维生素 B_2)呈黄色而得名。黄素单核苷酸(FMN)和黄素腺嘌呤二核苷酸(FAD)是维生素 B_2 的活性形式，为黄素酶的辅基。FAD、FMN 中异咯嗪环的 N_{10} 和 N_1 能可逆地进行加氢和脱氢反应，故在呼吸链中属于递氢体(图 8-5)。反应时，其辅基 FMN 或 FAD 可接受 2 个氢被还原为 $FMNH_2$ 或 $FADH_2$。

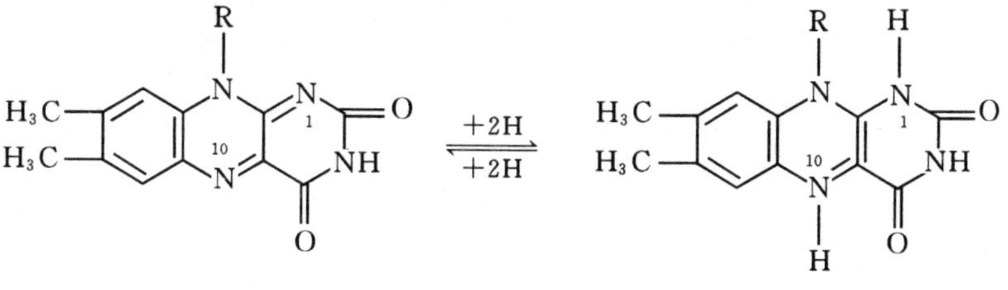

图 8-5 FMN 和 FAD 的递氢机制

在呼吸链中，FMN 和 FAD 的功能是分别接受 NADH 和生物氧化的少数代谢物脱下的 $2H(2H^+ +2e)$ 分别生成 $FMNH_2$ 和 $FADH_2$，再将电子传递给铁硫蛋白并交给泛醌。

(三)铁硫蛋白

铁硫蛋白(iron sulfur proteins，Fe-S)含非血红素铁和无机硫，铁硫中心(Fe-S)含等量的铁原子和硫原子，是铁硫蛋白的辅基。铁硫中心的铁原子可以通过二价和三价形式的相互转变传递电子(图 8-6)，故为递电子体。在呼吸链中，铁硫蛋白的功能是与黄素酶类或细胞色素 b、c_1 结合成复合体的形式参与电子传递，将 $FMNH_2$ 或 $FADH_2$ 脱下的电子传递给泛醌。

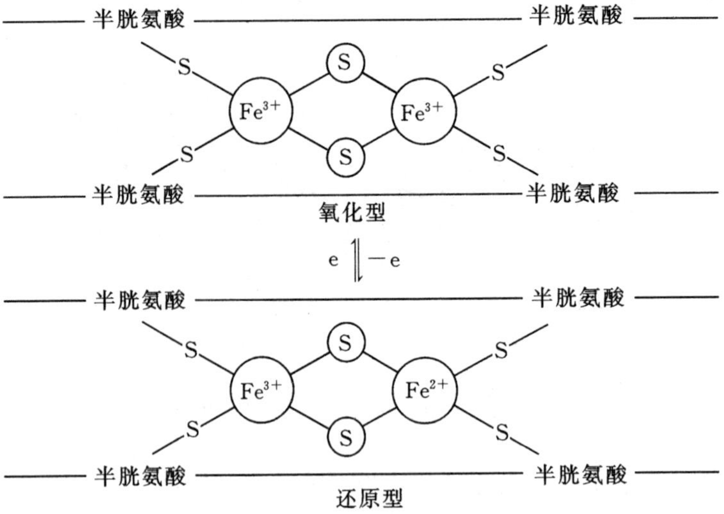

图 8-6 铁硫蛋白电子传递机制

(四)泛醌

泛醌(ubiquinone,UQ 或 Q)亦称辅酶 Q(coenzyme Q,CoQ),是广泛分布于生物界的脂溶性醌类化合物,故称为泛醌。人体内 CoQ 极易从线粒体内膜分离出来,侧链含有 10 个异戊二烯单位,其分子中的苯醌结构能可逆地加氢和脱氢(图 8-7),故是呼吸链中唯一不与蛋白质结合的游离递氢体。反应时,泛醌(氧化型)接受 1 个电子和 1 个质子还原成半醌,再接受 1 个电子和质子则还原成二氢泛醌(还原型),后者又可脱去电子和质子而被氧化为泛醌。

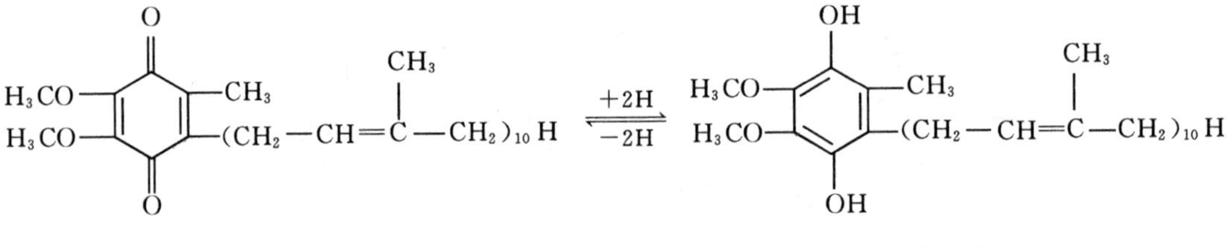

图 8-7 泛醌的递氢机制

在呼吸链中,CoQ 的功能是接受黄素酶的辅基(FAD 或 FMN)脱下的 2H($2H^+ + 2e$)后,将质子释放到线粒体内膜外侧,将电子传递给细胞色素 b,是连接呼吸链黄素酶类与细胞色素酶 b 的重要成分。

(五)细胞色素

细胞色素(cytochrome,Cyt)因有特殊的吸收光谱呈现颜色而得名,是一类催化电子传递的结合酶类,其辅助因子是铁卟啉。反应时,铁卟啉中铁原子通过电子得失而传递电子,故细胞色素是递电子体。

$$Cyt—Fe^{3+} \underset{-e}{\overset{+e}{\rightleftharpoons}} Cyt—Fe^{2+}$$

根据吸收光谱不同，细胞色素可以分为Cyta、Cytb、Cytc3类，其中Cyta、Cytc又因为其最大吸收峰微小差异可分为亚类，如Cyta、$Cyta_3$、Cytc、$Cytc_1$，故呼吸链中的细胞色素包括了Cyta、$Cyta_3$、Cytb、Cytc、$Cytc_1$。由于Cyta和$Cyta_3$在同一条多肽链上结合紧密，不易分开，称之为$Cytaa_3$。$Cytaa_3$可直接将电子传递给O_2，使氧激活成O^{2-}，故称之为细胞色素氧化酶。Cytc分子量较小，与线粒体内膜结合疏松，是除CoQ外另外一个可在线粒体内膜外侧移动的递电子体。细胞色素在呼吸链中传递电子的顺序是Cytb→Cytc→$Cytc_1$→$Cytaa_3$，最后由$Cytaa_3$将电子传递给O_2。

实际上，呼吸链的组成中除泛醌(CoQ)和细胞色素c以游离形式存在于线粒体内膜，其余成分均以复合体的形式镶嵌在线粒体内膜(图8-8)。用去垢剂温和处理线粒体内膜，可分离出4类在呼吸链中仍具有传递功能的复合体(表8-1)。

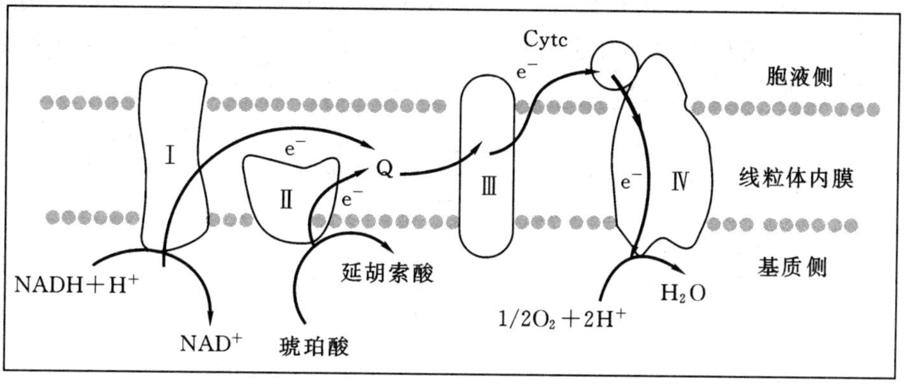

图8-8 呼吸链各复合体的位置示意图

表8-1 人线粒体呼吸链复合体

复合体	酶名称	多肽链数目	辅酶或辅基
复合体Ⅰ	NADH-泛醌还原酶	39	FMN，Fe-S
复合体Ⅱ	琥珀酸-泛醌还原酶	4	FAD，Fe-S
复合体Ⅲ	泛醌-细胞色素c还原酶	10	Cytb，c_1，Fe-S
复合体Ⅳ	细胞色素c氧化酶	13	$Cytaa_3$，Cu

复合体Ⅰ(NADH-泛醌还原酶)含有以FMN为辅基的黄素蛋白和Fe-S，其作用是将电子从NADH传递给辅酶Q(泛醌)。复合体Ⅱ(琥珀酸-泛醌还原酶)含有以FAD为辅基的黄素蛋白和Fe-S，其作用是将电子从琥珀酸传递给辅酶Q。复合体Ⅲ(泛醌-细胞色素c还原酶)含Fe-S、细胞色素b和细胞色素c_1，其作用是将电子从辅酶Q传递给细胞色素c。复合体Ⅳ(细胞色素c氧化酶)由细胞色素a和细胞色素a_3组成，其作用是将电子从细胞色素c传递给氧。辅酶Q和细胞色素c极易从线粒体内膜上分离出来，不含在上述复合体中，是可移动的电子传递体。这些镶嵌在线粒体内膜上的四种复合体和泛醌、细胞色素c共同组成了呼吸链。

二、线粒体中重要的呼吸链

线粒体内膜上存在两条重要的呼吸链，即 NADH 氧化呼吸链和 $FADH_2$ 氧化呼吸链（琥珀酸氧化呼吸链）。在线粒体生物氧化体系中，脱氢酶辅助因子多为 NAD^+，少数为 FAD，故代谢物脱氢主要生成 $NADH+H^+$，通过 NADH 氧化呼吸链传递；代谢物脱氢少量生成 $FADH_2$，通过 $FADH_2$ 氧化呼吸链传递。

（一）NADH 氧化呼吸链

NADH 氧化呼吸链由 NAD^+、复合体Ⅰ、CoQ、复合体Ⅲ、Cytc 和复合体Ⅳ组成，是体内最主要的一条呼吸链。生物氧化过程中，代谢物在以 NAD^+ 为辅助因子的脱氢酶催化下，将底物（SH_2）脱下的氢（$2H^+ + 2e$）交给 NAD^+ 生成 $NADH+H^+$。在 NADH 脱氢酶作用下，$NADH+H^+$ 将两个氢原子传递给 FMN 生成 $FMNH_2$，再将氢传递至 CoQ 生成 $CoQH_2$，此时两个氢原子解离成 $2H^+ + 2e$，$2H^+$ 游离于介质中，2e 经 Cytb、$Cytc_1$、Cytc、$Cytaa_3$ 传递，最后将 2e 传递给 $1/2O_2$，生成 O^{2-}，并与介质中游离的 $2H^+$ 结合生成水（图 8－9）。体内多数代谢物如苹果酸、异柠檬酸、α－酮戊二酸等脱下的氢，均通过 NADH 氧化呼吸链氧化而被传递。

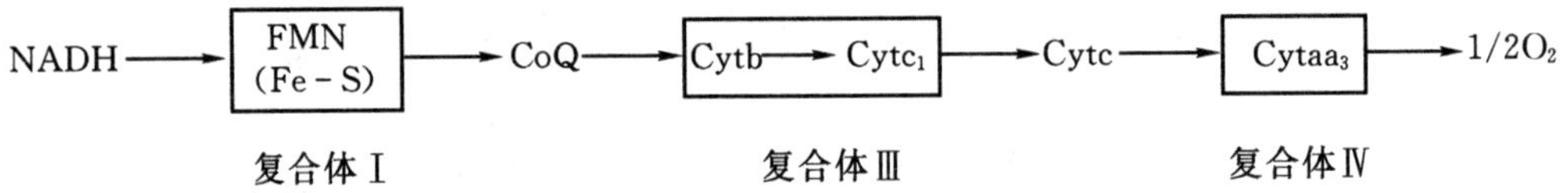

图 8－9　NADH 氧化呼吸链传递过程

（二）琥珀酸氧化呼吸链

琥珀酸氧化呼吸链由复合体Ⅱ、CoQ、复合体Ⅲ、Cytc 和复合体Ⅳ组成。生物氧化过程中，代谢物在以 FAD 为辅助因子的脱氢酶催化下将底物（SH_2）脱下的氢（$2H^+ + 2e$）交给 FAD 生成 $FADH_2$，然后再将氢传递给 CoQ，生成 $CoQH_2$，此后的传递和 NADH 氧化呼吸链相同（图 8－10）。琥珀酸氧化呼吸链第一个递氢体是 FAD，故又称为 $FADH_2$ 氧化呼吸链此呼吸链。体内少数代谢物如琥珀酸、α－磷酸甘油、脂酰 CoA 等脱下的氢，均通过琥珀酸氧化呼吸链氧化而被传递。

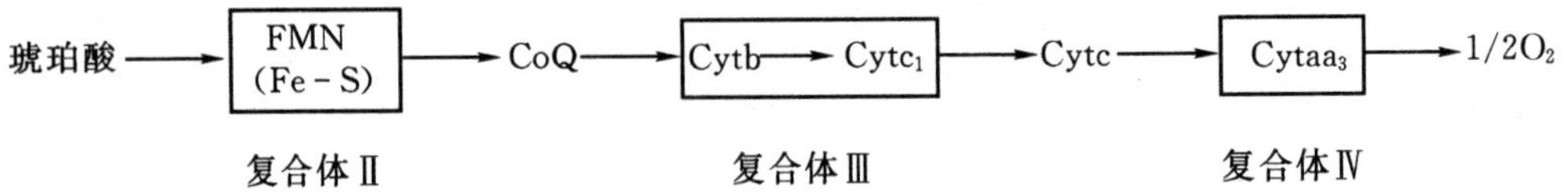

图 8－10　琥珀酸氧化呼吸链传递过程

第三节　ATP 的生成与利用

ATP 是生命活动的直接供能物质。生命活动所需能量主要来自于 ATP。糖、脂肪、蛋白质在氧化分解过程中，通过 ADP 磷酸化生成 ATP 的储能反应，将能量储存在 ATP 分子高能磷酸键(～P)中。当机体需要能量时,通常是 ATP 水解成 ADP,高能键释放能量满足各种需能活动,如肌肉收缩、维持体温、耗能反应、物质主动运输等。

一、ATP 的生成方式

机体 ADP 磷酸化生成 ATP 方式有两种:底物水平磷酸化(substrate level phosphorylation)和氧化磷酸化(oxidative phosphorylation)。

(一)底物水平磷酸化

代谢物在氧化分解过程中,某些底物分子脱氢或脱水引起分子内能量重新分布,从而能量聚集形成高能磷酸键。含有高能磷酸键的底物在酶的催化下,直接将底物分子的高能磷酸键转移给 ADP 磷酸化生成 ATP 的过程,称为底物水平磷酸化。其通式如下。

$$底物\sim P + ADP \rightarrow 产物 + ATP$$

(二)氧化磷酸化

代谢物在氧化分解过程中,某些底物脱氢经呼吸链传递给氧生成水的同时伴随能量释放,并偶联 ADP 磷酸化生成 ATP 的过程,称为氧化磷酸化(图 8-11)。氧化磷酸化的实质是将呼吸链传递氢放能过程与 ADP 磷酸化生成 ATP 储能过程偶联发生。这种方式生成的 ATP 占体内生成 ATP 总量的 95%以上,是体内 ATP 生成的主要方式。

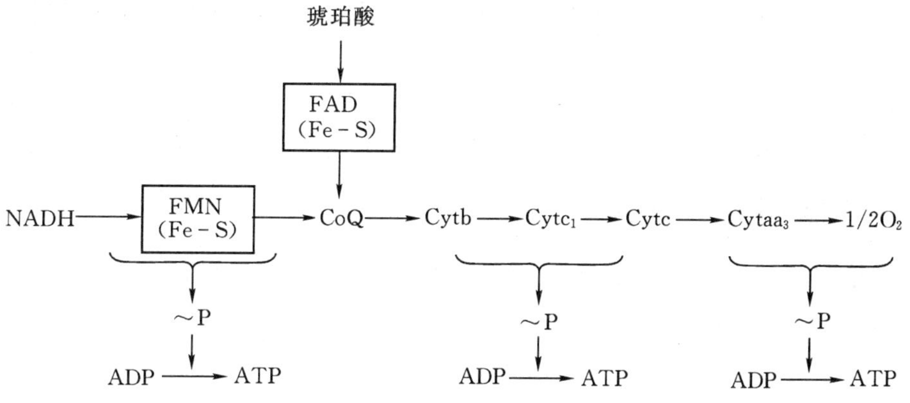

图 8-11 氧化磷酸化偶联部位示意图

实验证明,NADH 氧化呼吸链存在 3 个偶联部位,分别在 NADH 到 CoQ 之间,CoQ 到 Cytc 之间,$Cytaa_3$ 到 O_2 之间;琥珀酸氧化呼吸链存在 2 个偶联部位,分别在 CoQ 到 Cytc 之间,$Cytaa_3$ 到 O_2 之间。底物脱氢经 NADH 氧化呼吸链传递释放的能量可生成 2.5 分子 ATP;底物脱氢经琥珀酸氧化呼吸链传递释放的能量可生成 1.5 分子 ATP。

氧化磷酸化偶联部位及 ATP 生成数的确定依据是 P/O 比值和电子传递自由能的变化。

1. P/O 比值推测氧化磷酸化偶联部位

P/O 比值指在氧化磷酸化过程中每消耗 1 mol 氧原子所消耗无机磷的摩尔数,即生成 ATP 的摩尔数。实验证明,底物脱氢通过 NADH 氧化呼吸链传递,测得 P/O 比值接近 3,说明 NADH 氧化呼吸链存在 3 个偶联部位,即 3 个 ATP 生成部位,并且测定出了具体的偶联部位是 NADH 与 CoQ 之间、CoQ 与 Cytc 之间、$Cytaa_3$与氧之间。底物脱氢通过琥珀酸氧化呼吸链传递，测得 P/O 比值接近 2，说明琥珀酸氧化呼吸链存在 2 个偶联部位，即 2 个 ATP 生成部位，并且测定出了具体的偶联部位是 CoQ 与 Cytc 之间、$Cytaa_3$与氧之间。也就是两条呼吸链有两个相同的偶联部位(表 8-2)。

表 8-2　线粒体离体实验测得的 P/O 比值

底物	呼吸链的组成	P/O 比值	生成 ATP 数
β-羟丁酸	$NAD^+ \rightarrow FMN \rightarrow CoQ \rightarrow Cytc \rightarrow O_2$	2.4～2.8	2.5
琥珀酸	$FAD \rightarrow CoQ \rightarrow Cytc \rightarrow O_2$	1.7	1.5
维生素 C	$Cytc \rightarrow Cytaa_3 \rightarrow O_2$	0.88	0.5

2. 自由能的变化推测氧化磷酸化偶联部位

根据呼吸链氧化还原反应过程的电位差变化可计算释放的能量，从而确定氧化磷酸化具体的偶联部位。经实验仪器测定，呼吸链的 NADH 到 CoQ 段电位差为 0.36 V；CoQ 到 Cytc 段电位差为 0.19 V；$Cytaa_3$到分子氧段电位差为 0.58 V，而根据还原电位变化($\Delta E^{0\prime}$)与自由能变化($\Delta G^{0\prime}$)之间的换算关系($\Delta G^{0\prime} = -nF\Delta E^{0\prime}$)，计算出呼吸链相应段释放的能量分别为 69.5 kJ、36.7 kJ、102.29 kJ。生成 1 mol ATP 需要能量 30.5 kJ，而呼吸链相应段释放的能量均超过生成 ATP 所需。故可确定氧化磷酸化 3 个偶联部位为：$NADH \rightarrow CoQ$，$CoQ \rightarrow Cytc$，$Cytaa_3 \rightarrow O_2$。

近年来通过实验进一步证实，NADH 氧化呼吸链 P/O 比值为 2.5，即生成 2.5 分子 ATP，而琥珀酸氧化呼吸链 P/O 比值为 1.5，即生成 1.5 分子 ATP。

二、影响氧化磷酸化的因素

影响氧化磷酸化作用的主要因素是 ADP/ATP 比值，此外还受甲状腺激素的调节和某些抑制剂的抑制。

(一)ADP/ATP 比值的调节作用

正常机体氧化磷酸化的速度主要受机体对能量需求的影响。机体利用 ATP 增加时，ADP 浓度升高，ADP/ATP 比值增大，氧化磷酸化速度加快；反之，细胞内能量供应充足时，ADP 浓度降低，ATP 浓度升高，ADP/ATP 比值减少，则氧化磷酸化速度减慢。这种调节有利于机体合理地利用体内能源物质，避免浪费。

(二)甲状腺激素的调节

甲状腺素可诱导细胞膜上 Na^+-K^+-ATP 酶合成和解偶联蛋白基因表达均增加。Na^+-K^+-ATP酶催化 ATP 加速分解，释放的能量将细胞内的 Na^+ 泵到细胞外，而 K^+ 进入细胞，Na^+-K^+-ATP 酶的转换率为每秒 100 分子 ATP，酶分子数增多，单位时间内分解的 ATP 增多，生成的 ADP 又可促进磷酸化过程。因为 ATP 的合成和分解均增加，使机体耗氧和产热均增加，所以甲状腺功能亢进患者临床表现为多食、无力、喜冷怕热，基础代谢率增高。

(三)氧化磷酸化的抑制剂

这类抑制剂主要是一些药物和毒物,根据其影响机制不同主要分为两类。

1. 呼吸链抑制剂

呼吸链抑制剂能阻断呼吸链某一部位的电子传递,故又称为电子传递抑制剂。例如,麻醉药鱼藤酮能阻断 NADH→CoQ 的电子传递;霉菌含有的抗霉素 A 能阻断 CoQ→Cytc 的电子传递;CN^-、CO 和 H_2S 能阻断 $Cytaa_3$→O_2 的电子传递(图 8-12)。呼吸链抑制剂由于阻断了呼吸链上氢和电子的传递,不能释放能量,不能生成 ATP,使机体能源不足,导致相关的生命活动停止,机体迅速死亡。

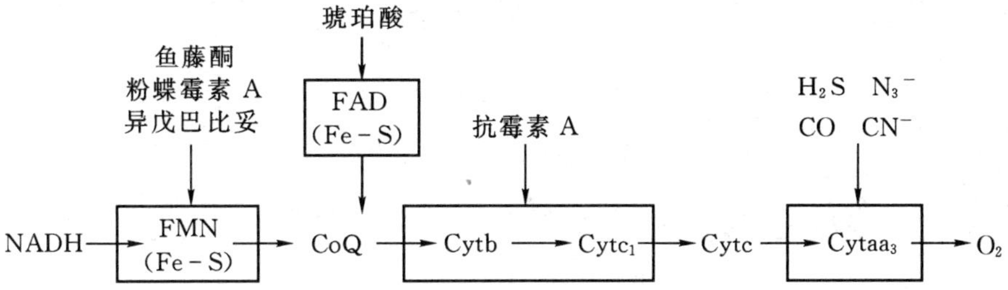

图 8-12　呼吸链抑制剂的作用机制

2. 解偶联剂

解偶联剂(uncouplers)不阻断呼吸链氢和电子的传递,而是抑制 ADP 磷酸化生成 ATP 的过程,即解除氧化与磷酸化之间的偶联作用,故称为解偶联剂。如 2,4-二硝基苯酚就是最早发现的解偶联剂。在解偶联剂的作用下,虽然呼吸链能传递氢和电子,但不能进行储能反应,释放的能量不能储存到 ATP 分子中,而以热能的形式散失。例如,患感冒或某些感染性疾病时体温升高,是由于细菌或病毒产生的解偶联剂所致。动物棕色脂肪组织线粒体中有独特的解偶联蛋白,使氧化磷酸化处于解偶联状态,这对于维持动物的体温十分重要。

三、能量的转移、储存和利用

ATP 是机体生命活动所需能量的主要直接供给者。但有些代谢过程需要其他的三磷酸核苷供能。例如,糖原合成需要 UTP 供能;磷脂合成需要 CTP 供能;蛋白质合成需要 GTP 供能。这些高能化合物中的高能磷酸键都是由 ATP 转移的。

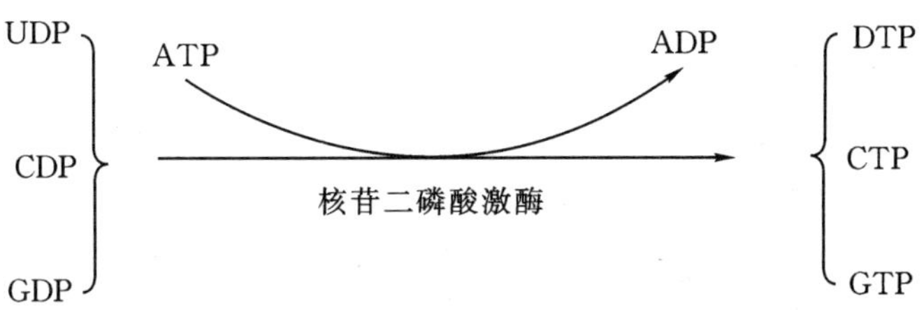

机体处于安静状态下,ATP 充足时,ATP 可将分子末端的～P 通过肌酸激酶催化,转移给肌酸(creatine,C)生成磷酸肌酸(creatine phosphate,C～P),作为机体特别是肌肉和脑组织中能量的一种储存形式。当机体消耗 ATP 过多时而致 ADP 增多时,磷酸肌酸将～P 转移给

ADP，生成 ATP 供生命活动之用。

$$肌酸 + ATP \xrightleftharpoons{肌酸激酶} 磷酸肌酸 + ADP$$

由此可见，生物体内能量的释放、储存、转移和利用都是以 ATP 为中心，通过 ATP 与 ADP 的相互转变来完成的(图 8－13)。

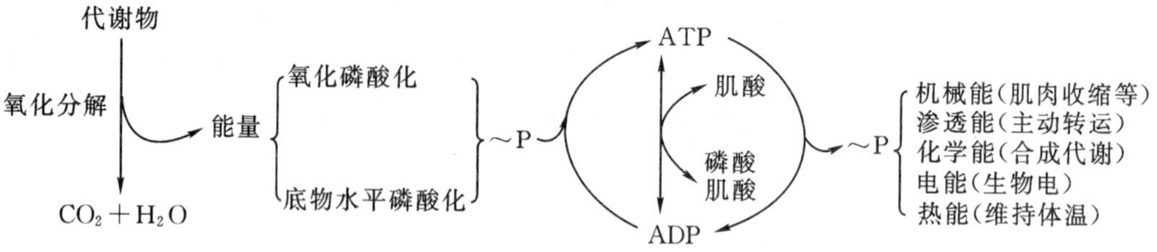

图 8－13　ATP 的生成、储存和利用总结示意图

第四节　胞质中 NADH 的氧化

呼吸链存在于线粒体内膜上，线粒体内生成的 NADH 可直接进入呼吸链进行氧化磷酸化生成 ATP，而线粒体外生成的 NAD 必须经过穿梭作用才能进入线粒体，再经呼吸链进行氧化磷酸化生成 ATP。这种转运机制主要有 α－磷酸甘油穿梭和苹果酸－天冬氨酸穿梭两种。

一、α－磷酸甘油穿梭

α－磷酸甘油穿梭作用是指通过 α－磷酸甘油将胞液中 NADH 上的 H 带入线粒体的过程。这种穿梭作用主要存在于脑和骨骼肌中。

如图 8－14 所示，胞液中的 $NADH + H^+$ 在 α－磷酸甘油脱氢酶(辅酶为 NAD^+)催化下，

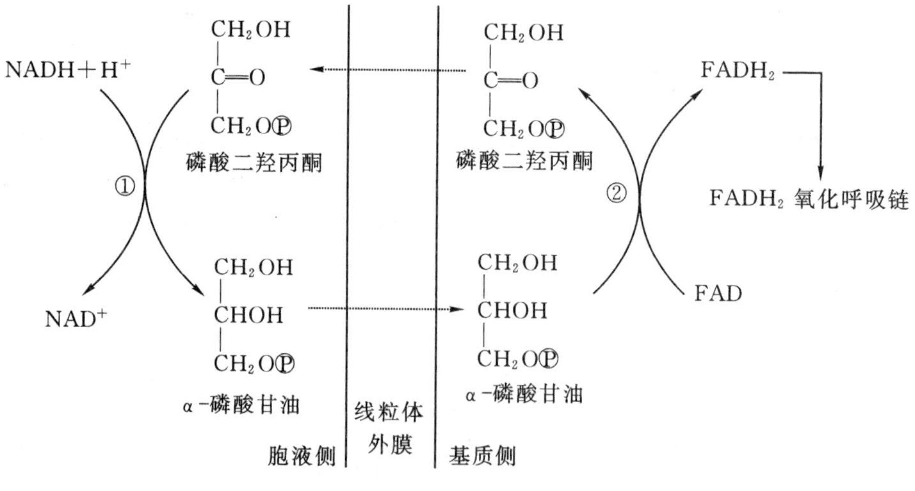

图 8－14　α－磷酸甘油穿梭作用

使磷酸二羟丙酮还原生成α-磷酸甘油，后者通过线粒体外膜，再由位于线粒体内膜的α-磷酸甘油脱氢酶（辅基为FAD）催化，脱氢氧化生成磷酸二羟丙酮和$FADH_2$。磷酸二羟丙酮可进入胞液继续利用，而$FADH_2$则进入琥珀酸氧化呼吸链，生成1.5分子ATP。

二、苹果酸-天冬氨酸穿梭

苹果酸-天冬氨酸穿梭作用是指通过苹果酸-天冬氨酸进出线粒体，将胞液中NADH上的H带入线粒体的过程。这种穿梭作用主要存在于肝和心肌中。

如图8-15所示，胞液中的NADH在苹果酸脱氢酶（辅酶为NAD^+）催化下，使草酰乙酸还原生成苹果酸，后者通过线粒体内膜上的α-酮戊二酸载体转运进入线粒体，又由线粒体内的苹果酸脱氢酶催化脱氢重新生成草酰乙酸和NADH。在线粒体内生成的草酰乙酸在谷草转氨酶催化下生成天冬氨酸，后者经线粒体内膜上酸性氨基酸载体转运出线粒体再转变成草酰乙酸继续参与穿梭，而NADH进入NADH氧化呼吸链，生成2.5分子ATP。

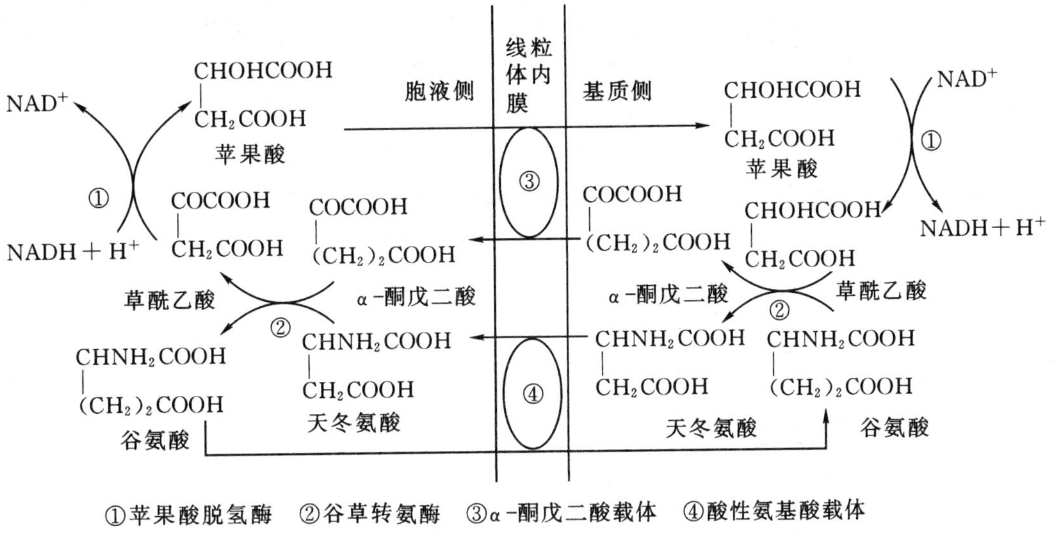

图8-15 苹果酸-天冬氨酸穿梭作用

第五节 其他生物氧化体系

除线粒体氧化体系外，细胞的微粒体和过氧化物酶体及胞质还存在其他氧化体系，其特点是在氧化过程中不伴有ADP磷酸化，即不生成ATP，主要参与体内非营养物质如代谢废物、药物和毒物的清除过程。

一、微粒体中的氧化酶类

体内存在一些水溶性差的非营养物质，如来自于代谢产生的胆红素、氨等，来自于外界药物、毒物等。这些非营养物质在排出之前需要经过生物转化，增强其水溶性。生物转化最多见的反应类型就是氧化反应，这些氧化反应的重要场所就是微粒体。微粒体中的氧化酶类主要是加单氧酶(monooxygenase)。该酶可催化氧分子中的一个氧原子加到底物分子上，使底物被羟化；另外一个氧原子被还原生成水，故加单氧酶又称为羟化酶或混合功能酶。

$$RH+O_2+NADPH+H^+ \xrightarrow{\text{加单氧酶}} ROH+NADP^+ +H_2O$$

加单氧酶是多酶体系，主要由细胞色素 P450、黄素酶(NADPH -细胞色素 P450 还原酶)和铁硫蛋白组成，参与反应的辅助因子有 $NADP^+$、FAD 和铁。加单氧酶主要分布在肝、肾、肠等组织中，以肝中作用最强。加单氧酶催化反应的重要生理意义是将脂溶性药物或毒物经羟化后水溶性增强而利于排泄，也可以将维生素 D_3经羟化转变为活性维生素 D_3等。

二、过氧化物酶体中的氧化酶类

代谢物经需氧脱氢酶类催化可生成 H_2O_2。适量的 H_2O_2有一定生理作用，如粒细胞和吞噬细胞中的 H_2O_2可氧化杀死入侵的细菌；甲状腺细胞中的 H_2O_2可氧化 $2I^-$ 生成 I_2进而使酪氨酸碘化生成甲状腺素。但 H_2O_2具有强氧化性，过量可氧化生物膜中的不饱和脂肪酸，从而损伤生物膜；还可氧化含巯基的蛋白质或酶，从而使其丧失活性，故需要将多余的 H_2O_2及时清除。清除 H_2O_2的场所是过氧化物酶体。过氧化物酶体中含有分解 H_2O_2的过氧化氢酶(catalase)和过氧化物酶(peroxidase)。

1. 过氧化氢酶

过氧化氢酶又称触酶，是一种含血红素辅基的结合酶，可催化 2 分子 H_2O_2氧化还原生成 H_2O 和 O_2，从而清除了 H_2O_2。

$$2H_2O_2 \xrightarrow{\text{过氧化氢酶}} 2H_2O+O_2$$

2. 过氧化物酶

过氧化物酶也是一种含血红素辅基的结合酶，可催化 H_2O_2氧化酚类及胺类等有害代谢物，H_2O_2被还原为 H_2O。这样，既清除了 H_2O_2，又清除了有害物质酚类及胺类。

$$R+H_2O_2 \xrightarrow{\text{过氧化物酶}} RO+H_2O$$

$$RH_2+H_2O_2 \xrightarrow{\text{过氧化物酶}} R+2H_2O$$

三、超氧化物歧化酶

电子经呼吸链传递最后交给 O_2生成 H_2O。若未获得足够电子可产生超氧阴离子($O_2^{\,-}$)，进一步可生成羟自由基(·OH)和 H_2O_2，统称为活性氧族(ROS)。ROS 化学性质活泼，氧化性强，可破坏生物膜、损伤蛋白质、酶及核酸结构，与心血管疾病及肿瘤等的发生密切相关。

超氧化物歧化酶(SOD)可以清除超氧阴离子，且广泛存在于各组织细胞中。超氧化物歧化酶是一种以 Cu^{2+}、Zn^{2+} 为辅基的金属酶，也是人体防御内、外环境中超氧阴离子损伤的重要酶。SOD 催化超氧阴离子歧化生成 O_2和 H_2O_2。产物 H_2O_2可继续被过氧化氢酶分解清除。

$$2O_2^{\,-}+2H^+ \xrightarrow{SOD} H_2O_2+O_2$$

此外，体内某些组织还存在谷胱甘肽过氧化物酶，可催化还原型谷胱甘肽(GSH)与 H_2O_2(过氧化物)反应，生成氧化型谷胱甘肽(GSSG)和 H_2O。GSSG 可再由谷胱甘肽还原酶催化还原为 GSH。此类酶可保护红细胞膜和血红蛋白免遭 H_2O_2或过氧化物的破坏。

$$H_2O_2 + 2GSH \xrightarrow{\text{谷胱甘肽过氧化物酶}} GSSG + 2H_2O$$

$$ROOH + 2GSH \xrightarrow{\text{谷胱甘肽过氧化物酶}} ROH + GSSG + H_2O$$

$$GSSG + NADPH + H^+ \xrightarrow{\text{谷胱甘肽还原酶}} NADP^+ + 2GSH$$

目标检测

一、名词解释

1. 生物氧化
2. 呼吸链
3. 氧化磷酸化
4. 底物水平磷酸化

二、简答题

1. 简述三大供能营养素的生物氧化特点。
2. 简述 NADH 氧化呼吸链和琥珀酸氧化呼吸链的组成成分、排列顺序及其氧化磷酸化的偶联部位。
3. 简述煤气中毒的生化机制。
4. 简述 ATP 的生成、利用和储存。

（刘伟）

第九章　脂类代谢

学习目标

【掌握】甘油三酯的分解代谢；酮体的生成与代谢特点；胆固醇的转化及血浆脂蛋白的分类及生理功能。

【熟悉】磷脂的代谢、血浆脂蛋白代谢及其临床联系。

【了解】脂类的分布与功能。

脂类(lipids)包括脂肪(fat)和类脂(lipoid)。脂肪是由1分子甘油和3分子脂肪酸通过酯键结合生成，故又称甘油三酯(triglyceride，TG)或三酰甘油(triacylglycerol)。类脂是某些物理性质与脂肪类似的物质，包括磷脂(phospholipid，PL)、糖脂(glycolipid，GL)、胆固醇(cholesterol，Ch)及胆固醇酯(cholesterolester，CE)等。脂类是一类不溶于水而易溶于乙醚、氯仿、苯等有机溶剂的有机化合物。

第一节　概　述

一、脂类的功能

(一)脂肪的功能

1. 供能和储能

供能和储能是脂肪在体内的主要生理功能。1 g 脂肪在体内完全氧化可释放出 38.9 kJ (9.3 kcal)能量，1 g 糖或蛋白质分解产生的能量为 16.2 kJ(4.1 kcal)。脂肪是疏水性物质，在体内储存时几乎不结合水，储存 1 g 脂肪所占体积仅为同等糖原所占体积的1/4，因而在单位体积内可储存较多的能量。正常情况下，机体每日所需能量的20%～30%由脂肪提供，但在空腹时，所需能量的50%以上由脂肪供给，若禁食1～3 d，则85%的能量来自脂肪，因此脂肪是空腹或饥饿时机体能量的主要来源。

2. 提供必需脂肪酸

多数不饱和脂肪酸在体内能够合成，但是有些脂肪酸，如亚油酸($18:2,\Delta^{9,12}$)、亚麻酸($18:3,\Delta^{9,12,15}$)和花生四烯酸($20:4,\Delta^{5,8,11,14}$)不能机体在体内合成，必须从食物中摄取，将此类脂肪酸称为必需脂肪酸(essential fatty acid，EFA)。

3. 维持体温

脂肪不易导热，人体皮下脂肪组织可防止过多的热量散失而维持体温。

4. 协助脂溶性维生素的吸收

脂肪是一个良好的溶剂，可溶解脂溶性维生素，以利吸收。

5. 保护内脏

分布于脏器周围的脂肪组织具有软垫作用，可缓冲外界的机械冲击，保护内脏器官免受损伤。

(二)类脂的功能

1. 参与生物膜的构成

类脂是生物膜的重要组分，它所具有的亲水头部和疏水尾部构成脂质双分子层结构的基本骨架，在维持细胞的正常结构与功能方面起到了非常重要的作用。

2. 参与脂类的运输

磷脂和胆固醇是构成血浆脂蛋白的重要组成成分，在脂类的运输中起重要作用。

3. 转变成多种重要的生理活性物质

胆固醇在体内可转变成胆汁酸、类固醇激素(如肾上腺皮质激素、性激素)、维生素 D_3 等具有重要生理功能的物质。肺组织中磷脂可合成二软脂酰磷脂酰胆碱(二软脂酰卵磷脂)，能降低肺泡液-气界面的表面张力，有利于肺泡的伸张。

4. 作为第二信使参与代谢调节

生物膜上的磷脂酰肌醇-4,5-二磷酸(PIP_2)被磷脂酶水解可生成三磷酸肌醇(IP_3)及甘油二酯(DG)，它们均可作为激素作用的第二信使参与细胞内信息传递。

二、脂类的分布

(一)脂肪的分布

脂肪组织含脂肪细胞，多分布于皮下、肠系膜、腹腔大网膜、肾周围等，这部分脂肪称为储存脂，脂肪组织称为脂库。脂肪含量因人而异，成年男性的脂肪含量一般占体重的10%～20%，女性稍高，易受膳食、运动、营养状况、疾病等多种因素的影响而发生变动，故又称可变脂。

(二)类脂的分布

类脂是生物膜的基本组成成分，占生物膜总重量的一半以上，在各器官和组织中含量恒定，基本上不受膳食、营养状况和机体活动的影响，故又称固定脂或基本脂。

三、脂类的消化与吸收

(一)脂类的消化

膳食中的脂类主要为脂肪，即甘油三酯，此外还有少量磷脂、胆固醇等。脂类的消化部位主要在小肠上段。脂类不溶于水，必须经胆汁中胆汁酸盐的作用，乳化成细小的微团，才能被消化酶消化。胰液中含有消化脂类的多种酶，如胰脂酶、磷脂酶 A_2、胆固醇酯酶等。胰脂酶特异催化甘油三酯的1、3位酯键水解，生成2-甘油一酯(MG)和2分子脂肪酸；磷脂酶 A_2 催化磷脂2位酯键水解生成溶血卵磷脂和脂肪酸；胆固醇酯酶则将胆固醇酯水解生成游离胆固醇和脂肪酸。脂类的消化产物甘油一酯、脂肪酸、胆固醇及溶血卵磷脂等在胆汁酸盐的作用下乳化成更小、极性更大的混合微团，易于穿过肠黏膜细胞表面的水屏障而被吸收。

(二)脂类的吸收

脂类的消化产物主要在十二指肠下段和空肠上段吸收。短链(2～4C)及中链(6～10C)脂肪酸构成的甘油三酯经胆汁酸盐乳化后即可被吸收进入肠黏膜细胞，然后在脂肪酶的作用下水解生成脂肪酸和甘油，经门静脉进入血循环。长链脂酸(12～26C)、2-甘油一酯、胆固醇及溶血卵磷脂在肠黏膜细胞内重新酯化成甘油三酯、胆固醇酯、磷脂等，并与少量载脂蛋白组成乳糜微粒(CM)，经淋巴进入血循环进一步代谢。

第二节　甘油三酯的代谢

一、甘油三酯的分解代谢

(一)脂肪动员

储存在脂肪组织中的甘油三酯在脂肪酶的催化下逐步水解为游离脂肪酸(free fatty acid, FFA)和甘油并释放入血，以供其他组织氧化利用，此过程称为脂肪动员，也叫脂肪水解。

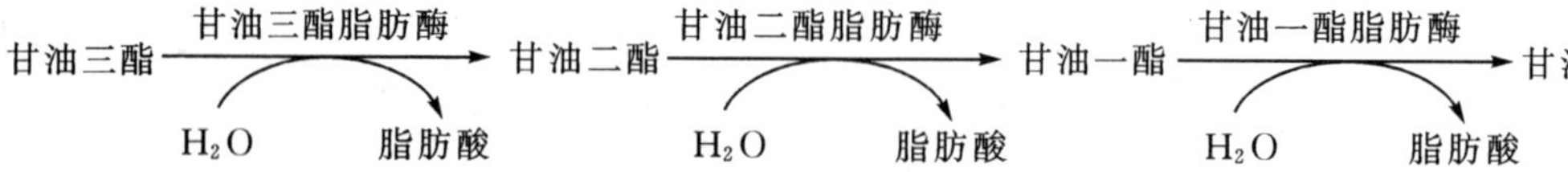

催化脂肪水解的酶有甘油三酯脂肪酶、甘油二酯脂肪酶和甘油一酯脂肪酶。其中甘油三酯脂肪酶的活性最低，是脂肪动员的限速酶。此酶的活性易受多种激素的调控，故又称为激素敏感性甘油三酯脂肪酶(hormone-sensitive-triglyceride lipase, HSL)。体内某些激素，如肾上腺素、去甲肾上腺素、胰高血糖素等能使甘油三酯脂肪酶的活性增高而促进脂肪的动员，故称为脂解激素，而胰岛素、前列腺素 E_2、烟酸等则使甘油三酯脂肪酶的活性降低而抑制脂肪的动员，称为抗脂解激素。在这两类激素的协同作用下，有效的调节体内甘油三酯的水解速度，适应人体代谢的需要。

(二)甘油的代谢

脂肪动员产生的甘油扩散入血，经血液运输到肝、肾等组织被摄取利用。甘油主要在甘油激酶催化下生成 α-磷酸甘油，然后在 α-磷酸甘油脱氢酶催化下脱氢生成磷酸二羟丙酮，磷酸二羟丙酮是糖酵解途径的中间产物，可循糖分解代谢途径继续氧化分解，释放能量；在肝细胞中也可经糖异生途径生成葡萄糖或糖原。

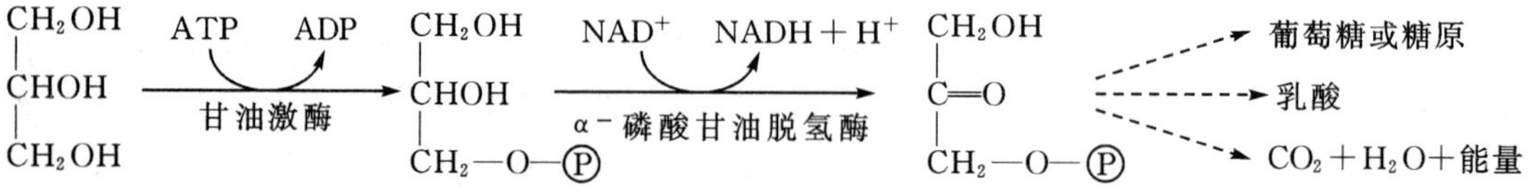

甘油　　α-磷酸甘油　　磷酸二羟丙酮

(三)脂肪酸的β-氧化

脂肪酸是机体重要的能源物质，在氧供充足的条件下，脂肪酸在体内可彻底氧化为CO_2及H_2O并释放大量能量。除成熟红细胞和脑组织外，大多数组织都能氧化利用脂肪酸，但以肝和肌肉组织最为活跃。脂肪酸的氧化过程大致分为以下四个阶段。

1. 脂肪酸的活化

脂肪酸经脂酰 CoA 合成酶催化生成脂酰 CoA 的过程称为脂肪酸的活化。此反应在胞质中进行，需 ATP、HSCoA、Mg^{2+}的参与。

$$\underset{\text{脂肪酸}}{RCOOH} + ATP + \underset{\text{辅酶 A}}{HSCoA} \xrightarrow[Mg^{2+}]{\text{脂酰辅酶 A 合成酶}} \underset{\text{脂酰辅酶 A}}{RCO\sim SCoA} + AMP + \underset{\text{焦磷酸}}{PPi}$$

活化后生成的脂酰 CoA 分子中含有高能硫酯键，极性增强，从而提高了脂肪酸的代谢活性。该反应为脂肪酸分解过程中唯一耗能的反应。反应后生成的焦磷酸(PPi)很快被细胞内的焦磷酸酶水解生成 2 分子无机磷酸，阻止了逆向反应的进行。因此 1 分子脂肪酸活化，实际上消耗了 2 个高能磷酸键的能量(相当于消耗了 2 分子 ATP)。

2. 脂酰 CoA 进入线粒体

脂酰 CoA 在胞液中生成，而催化脂肪酸氧化的酶系存在于线粒体的基质内，因此活化的脂酰 CoA 必须进入线粒体基质才能进一步代谢。但脂酰 CoA 不能直接通过线粒体内膜，需要借助线粒体内膜上的特异转运载体——肉碱(carnitine)才能进入线粒体基质。

线粒体膜的两侧分别存在着肉碱脂酰转移酶Ⅰ(carnitine acyl transferase Ⅰ，CATⅠ)和肉碱脂酰转移酶Ⅱ(CATⅡ)。胞液内的脂酰 CoA 在位于线粒体内膜外侧面的肉碱脂酰转移酶Ⅰ的催化下将脂酰基转移给肉碱，生成脂酰肉碱，后者通过线粒体内膜的肉碱-脂酰肉碱转位酶的作用进入线粒体基质。进入线粒体内的脂酰肉碱，在位于线粒体内膜内侧面的肉碱脂酰转移酶Ⅱ的作用下，与 HSCoA 结合，重新转变为脂酰 CoA 并释放出肉碱，脂酰 CoA 即可在线粒体基质内氧化酶体系的作用下，进行β-氧化。肉碱则在肉碱-脂酰肉碱转位酶的作用下转运至线粒体内、外膜间腔，继续发挥转运脂酰基的作用(图 9-1)。

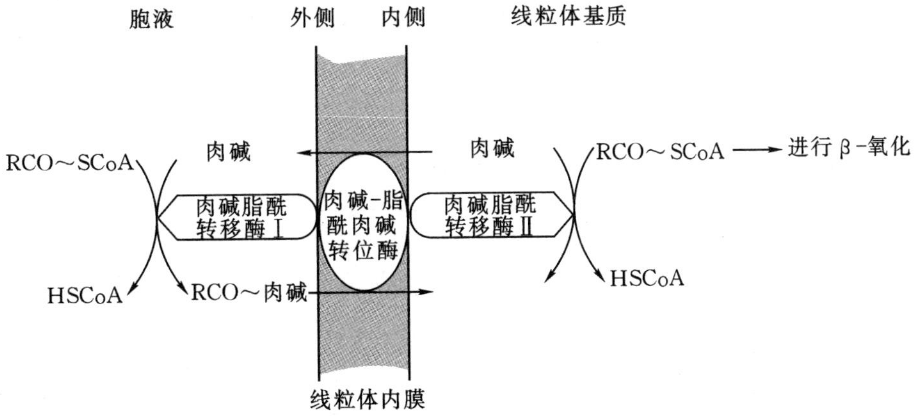

图 9-1 脂酰 CoA 进入线粒体基质示意图

脂酰 CoA 进入线粒体是脂肪酸氧化的主要限速步骤，CAT Ⅰ是脂肪酸氧化的限速酶。在饥饿、高脂低糖膳食及糖尿病等情况时，CAT Ⅰ活性增高，脂肪酸氧化速度加快。反之，饱食后丙二酰 CoA 及脂肪合成增多，抑制 CAT Ⅰ活性导致脂肪酸的氧化减少。

3. 脂酰 CoA 的 β-氧化

脂酰 CoA 进入线粒体后，在脂肪酸 β-氧化多酶复合体的催化下，从脂酰基的 β-碳原子上开始，经过脱氢、加水、再脱氢和硫解四步连续反应，脂酰基断裂生成 1 分子乙酰 CoA 和 1 分子比原来少两个碳原子的脂酰 CoA。因其氧化过程发生在脂酰基的 β-碳原子上，故称为 β-氧化。

脂酰 CoA 的 β-氧化过程如下。

(1)脱氢：脂酰 CoA 在脂酰 CoA 脱氢酶(辅基是 FAD)的催化下，α 和 β 碳原子上各脱去 1 个氢原子，生成 α，β-烯脂酰 CoA，脱下的 2H 由 FAD 接受生成 $FADH_2$。

(2)加水：α，β-烯脂酰 CoA 在 α，β-烯脂酰 CoA 水化酶的催化下，加上 1 分子 H_2O，生成 *L*-β-羟脂酰 CoA。

(3)再脱氢：*L*-β-羟脂酰 CoA 在 *L*-β-羟脂酰 CoA 脱氢酶(辅酶为 NAD^+)的催化下，在 β-碳原子上脱去 2 个氢原子，生成 β-酮脂酰 CoA，脱下的 2H 由 NAD^+ 接受生成 $NADH+H^+$。

(4)硫解：β-酮脂酰 CoA 在 β-酮脂酰 CoA 硫解酶的催化下，与 1 分子 HSCoA 反应，使 α 与 β 位碳原子之间化学键断裂，生成 1 分子乙酰 CoA 和 1 分子比原来少 2 个碳原子的脂酰 CoA。生成的脂酰 CoA 继续进行脱氢、加水、再脱氢和硫解 4 步连续反应，直至脂酰 CoA 全部生成乙酰 CoA(图 9-2)。

通过以上过程得知：1 次 β-氧化可产生 1 分子 $FADH_2$ 和 1 分子 $NADH+H^+$，进入呼吸链分别生成 1.5 分子 ATP 和 2.5 分子 ATP，所以 1 次 β-氧化产生 4 分子 ATP。

4. 乙酰 CoA 的彻底氧化

脂肪酸 β-氧化生成的乙酰 CoA，除在肝细胞线粒体中缩合生成酮体，通过血液循环运送至肝外组织氧化利用外，主要是进入三羧酸循环彻底氧化生成 CO_2 和 H_2O 并释放能量。

脂肪酸氧化的主要意义是供给能量，现以 1 分子软脂酸(16C 的饱和脂肪酸)为例，计算其彻底氧化产生的 ATP 数。

活化	−2ATP
脂酰 CoA 进入线粒体	0ATP
7 次 β-氧化	4×7=28ATP
8 次三羧酸循环	8×10=80ATP
	106ATP

1 mol ATP 水解释放的自由能为—30.54 kJ，那么 106 mol ATP 水解释放的自由能为—3237 kJ，因此脂肪酸是机体重要的能源物质。

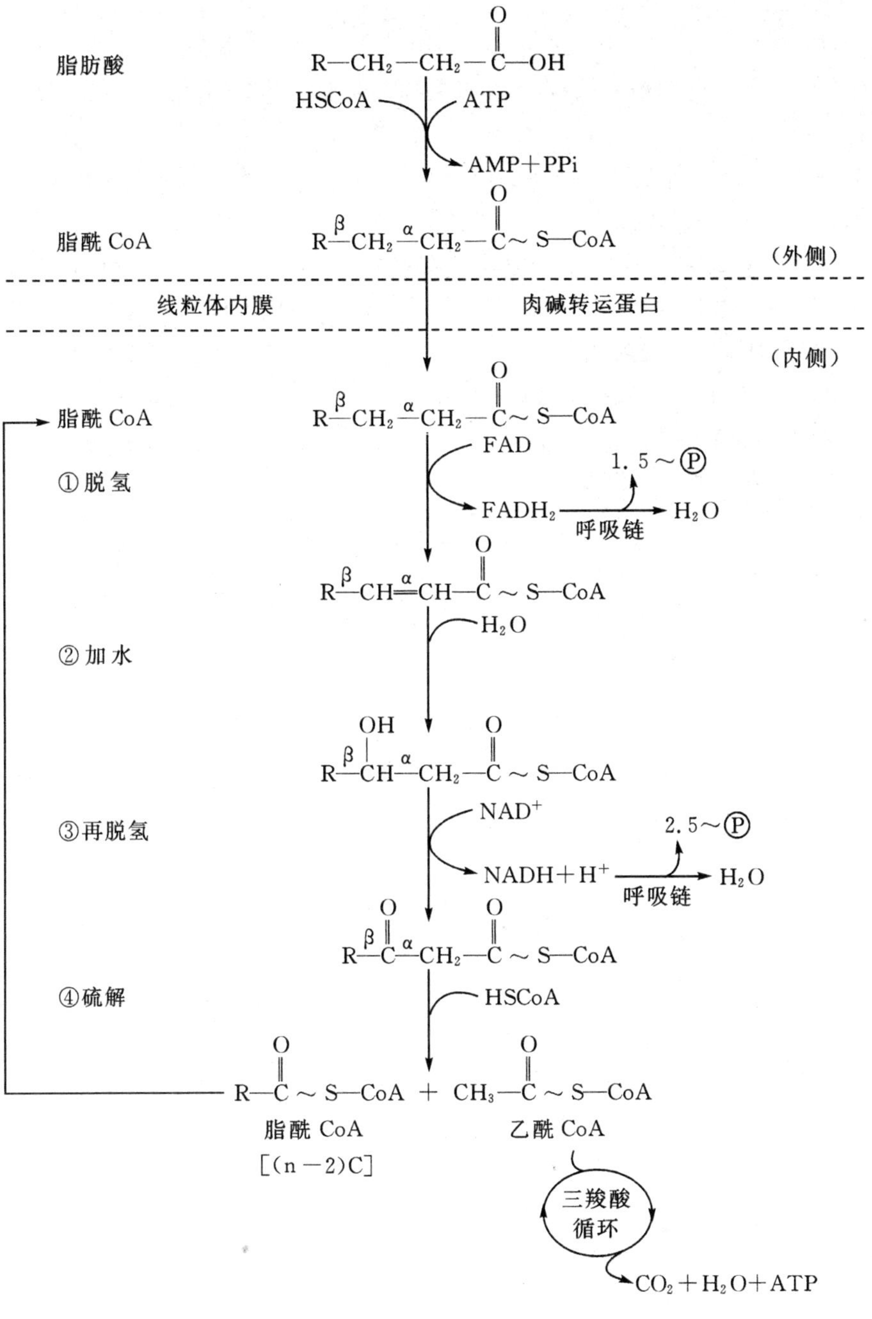

图 9-2　脂酰 CoA 的 β-氧化过程

(四)酮体的生成和利用

脂肪酸在肝外组织(如骨骼肌、心肌等)经 β-氧化生成的乙酰 CoA 能够彻底氧化生成 CO_2 和 H_2O,但肝细胞的线粒体中含有活性很强的酮体合成酶系,因此在肝中经 β-氧化生成的乙酰 CoA 大部分缩合生成乙酰乙酸、β-羟丁酸及丙酮,这 3 种物质统称为酮体(ketone bodies)。酮体是脂肪酸在肝中氧化分解时特有的正常中间代谢物,其中 β-羟丁酸含量最多,占总量的 70%，乙酰乙酸约占 30%，丙酮含量极微。

1. 酮体的生成

酮体合成的部位是肝细胞的线粒体，合成的原料是脂肪酸β-氧化生成的乙酰 CoA。其合成过程如下。

(1)2 分子乙酰 CoA 在乙酰乙酰 CoA 硫解酶的催化下，缩合生成乙酰乙酰 CoA，并释出 1 分子 HSCoA。

(2)乙酰乙酰 CoA 在羟甲基戊二酸单酰 CoA(β - hydroxy - β - methyl glutaryl CoA, HMGCoA)合酶的催化下，再与 1 分子乙酰 CoA 缩合生成 HMGCoA，并释出 1 分子 HSCoA。HMGCoA 合酶是酮体合成的限速酶。

(3) HMGCoA 在 HMGCoA 裂解酶的催化下，裂解生成乙酰乙酸和乙酰 CoA。大部分乙酰乙酸在β-羟丁酸脱氢酶的催化下，由 NADH+H^+ 供氢还原生成β-羟丁酸，少量乙酰乙酸由脱羧酶催化或自发脱羧生成丙酮(图 9-3)。

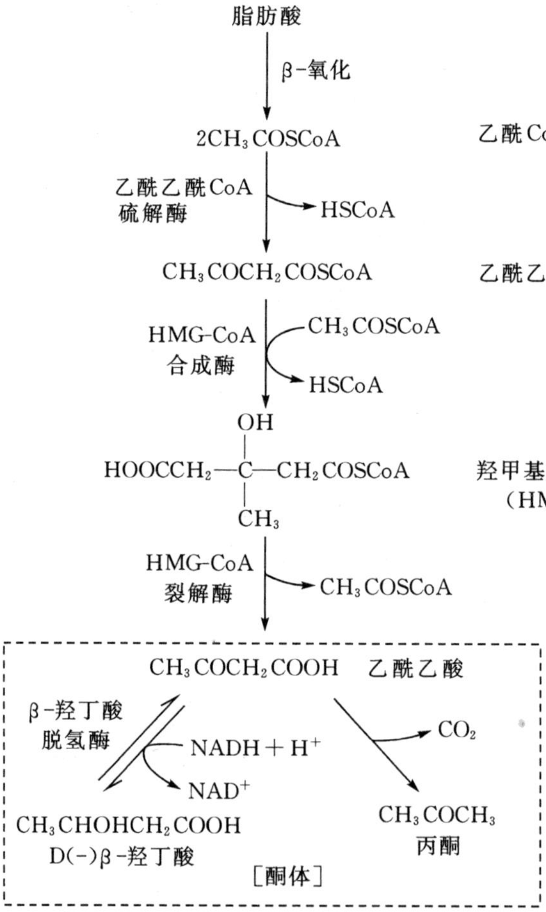

图 9-3 酮体生成的过程

2. 酮体的利用

由于肝细胞缺乏氧化利用酮体的酶，肝内生成的酮体必须通过细胞膜进入血液循环，运输到肝外组织被氧化利用。

肝外组织具有活性很强的利用酮体的酶，比如，在心、脑、肾及骨骼肌的线粒体中，存在活性较高的琥珀酰 CoA 转硫酶或乙酰乙酸硫激酶，两者均可使乙酰乙酸活化为乙酰乙酰 CoA，乙酰乙酰 CoA 再在硫解酶的催化下生成 2 分子乙酰 CoA，后者进入三羧酸循环被彻底氧化。β-羟丁酸可在 β-羟丁酸脱氢酶的催化下脱氢生成乙酰乙酸，然后沿上述途径氧化分解。正常情况下，丙酮生成量很少，在代谢上主要随尿排出，当血中酮体显著升高时，丙酮也可从肺直接呼出，使呼出的气体有烂苹果味(图 9-4)。

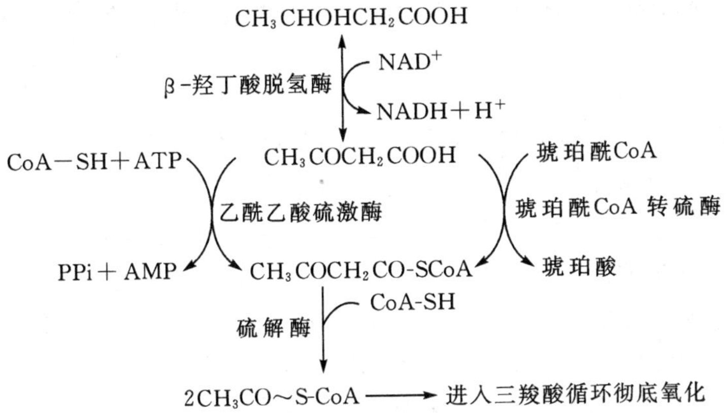

图 9-4　酮体的利用

3. 酮体生成的生理意义

酮体是脂肪酸在肝内代谢的正常中间代谢，是肝向肝外组织输出能源的一种形式。酮体分子小，易溶于水，能够通过血-脑屏障及肌肉的毛细血管壁，成为脑和肌肉组织的重要能源。因此，在长期饥饿、糖供应不足时酮体可代替葡萄糖成为脑组织和肌肉的主要能源。

正常成人血中酮体含量很少，仅 0.03～0.5 mmol/L。但在长期饥饿、高脂低糖膳食及严重糖尿病时，脂肪动员加强，酮体生成增多，若超过了肝外组织的利用能力，可引起血中酮体含量升高，称为酮血症，如果尿中出现酮体称为酮尿症。由于乙酰乙酸、β-羟丁酸都是较强的有机酸，在血中浓度过高时，可出现酮症酸中毒。

二、甘油三酯的合成代谢

人体许多组织都能合成甘油三酯，但以肝和脂肪组织最为活跃。甘油三酯的合成部位主要在胞液，合成的原料是 α-磷酸甘油和脂酰 CoA。

(一)α-磷酸甘油的来源

体内 α-磷酸甘油的来源有两条途径：一是糖分解代谢的中间产物磷酸二羟丙酮在 α-磷酸甘油脱氢酶的催化下加氢还原生成，这是 α-磷酸甘油的主要来源。另一条途径是甘油在甘油激酶的催化下生成。

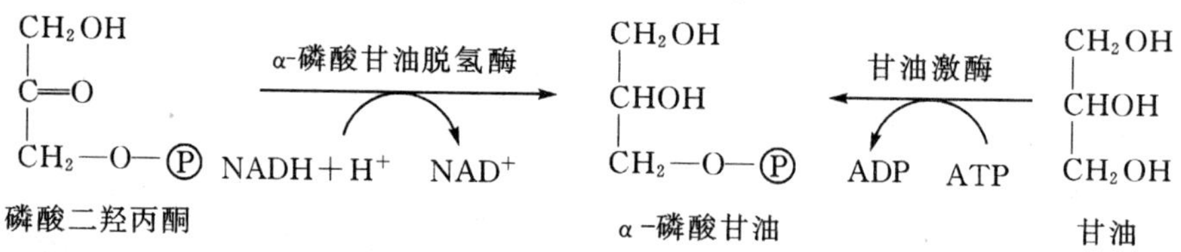

（二）脂酰 CoA 的合成

脂酰 CoA 由脂肪酸活化生成。人体内的脂肪酸除来自小肠吸收外，主要由体内合成。脂肪酸的合成如下。

1. 合成部位

在肝、肾、脑、肺、乳腺及脂肪等组织的胞液中都含有脂肪酸合成酶系，均能合成脂肪酸，但肝是合成脂肪酸的主要场所。

2. 合成原料

脂肪酸合成的原料是乙酰 CoA，合成过程中的供氢体是 NADPH＋H^+，此外，还需要 ATP、HCO_3^-、Mn^{2+}、生物素等。

乙酰 CoA 主要来自葡萄糖的有氧氧化，某些氨基酸分解也可提供部分乙酰 CoA。乙酰 CoA 是在线粒体内生成的，而合成脂肪酸的酶系存在于胞液中，因此线粒体内的乙酰 CoA 必须进入胞液才能用于脂肪酸的合成。研究证明，乙酰 CoA 不能自由透过线粒体内膜，需要通过柠檬酸-丙酮酸循环运至胞液（图 9－5）。此循环过程为：乙酰 CoA 首先在线粒体内与草酰乙酸缩合生成柠檬酸，然后柠檬酸通过线粒体内膜上的载体转运进入胞液。在胞液中，柠檬酸

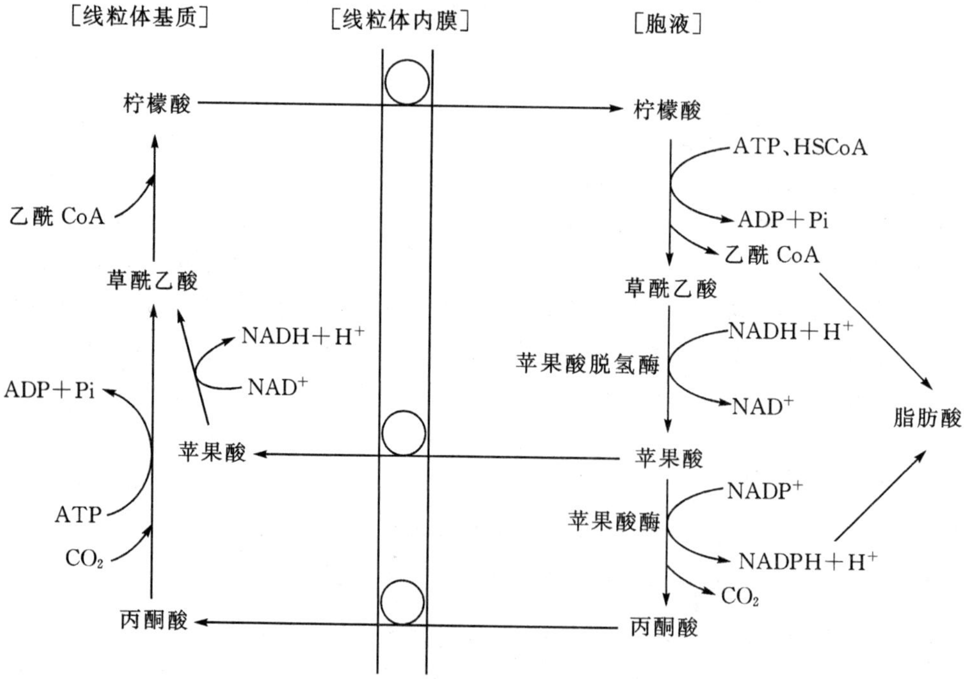

图 9－5　柠檬酸-丙酮酸循环

在柠檬酸裂解酶的催化下裂解生成乙酰 CoA 及草酰乙酸，乙酰 CoA 即可用以合成脂肪酸，而草酰乙酸则在苹果酸脱氢酶的作用下还原成苹果酸。苹果酸既可直接经线粒体内膜上的载体转运进入线粒体内，也可在苹果酸酶的作用下氧化脱羧生成丙酮酸，脱下的氢被 $NADP^+$ 接受生成 $NADPH+H^+$，丙酮酸再通过线粒体内膜上的载体转运进入胞液，进入线粒体的苹果酸和丙酮酸最终均可转变成草酰乙酸，继续参与乙酰 CoA 的转运。

3. 合成过程

(1)丙二酸单酰 CoA 的合成。乙酰 CoA 进入胞液后，首先羧化生成丙二酸单酰 CoA。此反应由乙酰 CoA 羧化酶催化，碳酸氢盐提供 CO_2，ATP 提供能量。其反应式如下。

$$\underset{\text{乙酰 CoA}}{CH_3CO{\sim}SCoA} + HCO_3^- + ATP \xrightarrow[\text{生物素、}Mn^{2+}]{\text{乙酰 CoA 羧化酶}} \underset{\text{丙二酸单酰 CoA}}{HOOCCH_2CO{\sim}SCoA} + ADP + Pi$$

乙酰 CoA 羧化酶是脂肪酸合成的限速酶，辅基为生物素，Mn^{2+} 为激活剂。它属于一种变构酶，可以受到变构调节，柠檬酸和异柠檬酸是此酶的变构激活剂，而软脂酰 CoA 和其他长链脂酰 CoA 是它的变构抑制剂。

(2)软脂酸的合成。7 分子丙二酸单酰 CoA 和 1 分子乙酰 CoA 在脂肪酸合成酶系的催化下，由 $NADPH+H^+$ 供氢合成软脂酸。其总反应式如下。

$$\underset{\text{乙酰 CoA}}{CH_3CO{\sim}SCoA} + \underset{\text{丙二酸单酰 CoA}}{7HOOCCH_2CO{\sim}SCoA} + 14NADPH + 14H^+$$

$$\downarrow \text{脂肪酸合成酶系}$$

$$\underset{\text{软脂酸}}{CH_3(CH_2)_{14}COOH} + 6H_2O + 7CO_2 + 8HSCoA + 14NADP^+$$

在大肠杆菌，脂肪酸合成酶系是一种多酶复合体，由 7 种酶和 1 个酰基载体蛋白(acyl carrier protein，ACP)组成，而在高等动物，这 7 种酶活性都在一条多肽链上，属多功能酶。脂肪酸合成的各步反应均在 ACP 辅基上进行。该过程是以 1 分子乙酰 CoA 为基础，在脂肪酸合成酶系的催化下不断与丙二酸单酰 CoA 发生“缩合-加氢-脱水-再加氢”四步连续反应，丙二酸单酰 CoA 作为二碳供体，由 $NADPH+H^+$ 供氢，每次增加 2 个碳原子，经过 7 次循环，最终生成 16C 的饱和脂肪酸(软脂酸)。

4. 软脂酸的改造

脂肪酸合成酶系催化的产物是软脂酸，机体可根据需要对软脂酸加以改造，使碳链延长、缩短或去饱和，从而合成机体所需要的各种非必需脂肪酸。

(三)甘油三酯的合成

甘油三酯是以 α-磷酸甘油和脂酰 CoA 为原料，在细胞的内质网中经酶催化合成，其合成过程为：1 分子的 α-磷酸甘油和 2 分子的脂酰 CoA 在 α-磷酸甘油脂酰转移酶的催化下先合成磷脂酸，磷脂酸在磷脂酸磷酸酶的作用下，水解脱去磷酸生成甘油二酯，然后甘油二酯又与 1 分子脂酰 CoA 反应生成甘油三酯，反应由甘油二酯脂酰转移酶催化(图 9-6)。在整个反应中，α-磷酸甘油脂酰转移酶是甘油三酯合成的限速酶。

甘油三酯中的 3 个脂酰基可来自同一脂肪酸，也可来自不同脂肪酸。C1 位上多为饱和脂酰基，C2 位上多为不饱和脂酰基，C3 位上多为饱和或不饱和脂酰基。

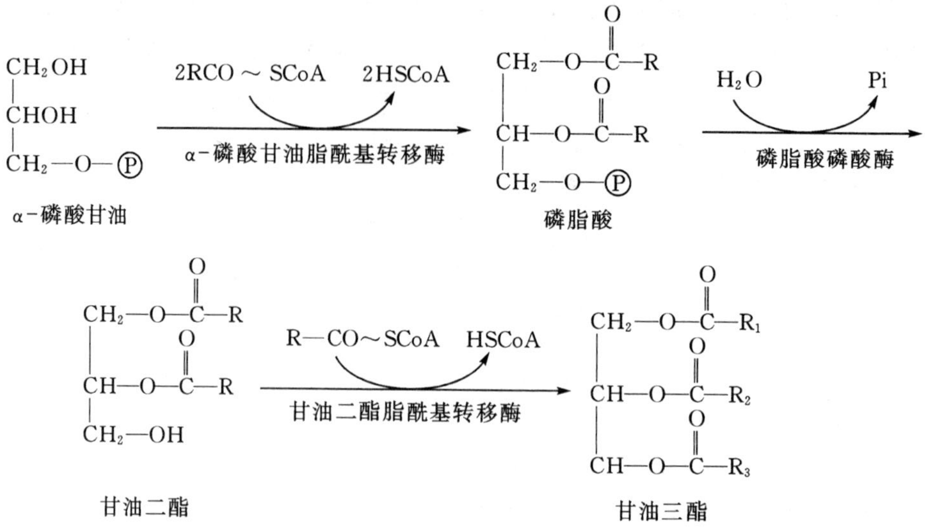

图 9-6　甘油三酯的合成过程

一般情况下，脂肪组织合成的脂肪就储存在脂肪组织中，而肝及小肠黏膜细胞合成的脂肪，不能在原组织细胞内大量储存，它们分别以 VLDL（极低密度脂蛋白）或 CM（乳糜微粒）的形式进入血液，运送到脂肪组织内储存或被其他组织氧化利用。

三、多不饱和脂肪酸的重要衍生物

前列腺素（prostaglandin，PG）、血栓素（thromboxane，TX）和白三烯（leukotriene，LT）是体内重要的一类生物活性物质，均由花生四烯酸衍生而来。研究发现，PG、TX 及 LT 几乎参与了所有细胞的代谢活动，并且与炎症、免疫、过敏、心血管病等重要病理过程有关。

（一）前列腺素、血栓素及白三烯的合成

1. 前列腺素及血栓素的合成

除红细胞外，全身各组织均有合成前列腺素的酶系，血小板内还有血栓素合成酶。细胞膜中的磷脂含有丰富的花生四烯酸。当细胞受外界刺激，如血管紧张素Ⅱ、缓激肽、肾上腺素、凝血酶及某些抗原抗体复合物或一些病理因子（许多激活因素尚未清楚），细胞膜中磷脂酶 A_2 被激活，使磷脂水解释出花生四烯酸。花生四烯酸在环加氧酶作用下，导入两分子氧，生成 PGG_2，然后 PGG_2 在过氧化物酶的作用下转变为 PGH_2，PGH_2 在不同酶的作用下转变为 PGD_2、PGE_2、PGF_2、PGI_2、TXA_2、TXB_2（图 9-7）。

2. 白三烯的合成

同样以花生四烯酸为原料，在 5-脂加氧酶作用下，导入 1 分子氧生成 5-氢过氧化二十碳四烯酸（5-hydroperoxy eicotetraenoic acid，5-HPETE），后者经脱水酶催化脱去 1 分子水生成 LTA_4。LTA_4 在酶作用下转变成具有重要生物活性的化合物，如 LTB_4、LTC_4、LTD_4 及 LTE_4 等（图 9-8）。

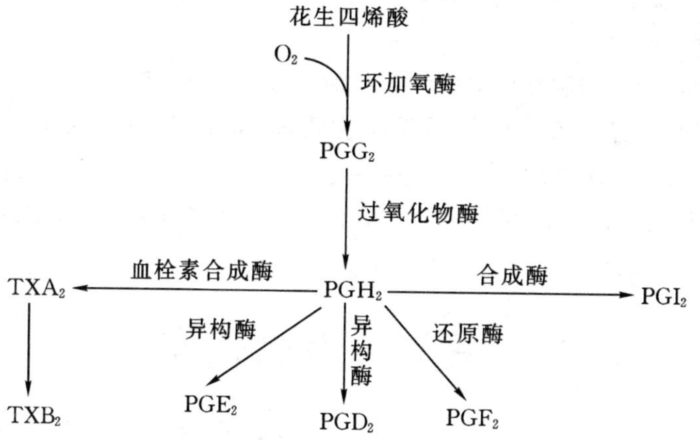

图 9-7 前列腺素和血栓素的生物合成过程

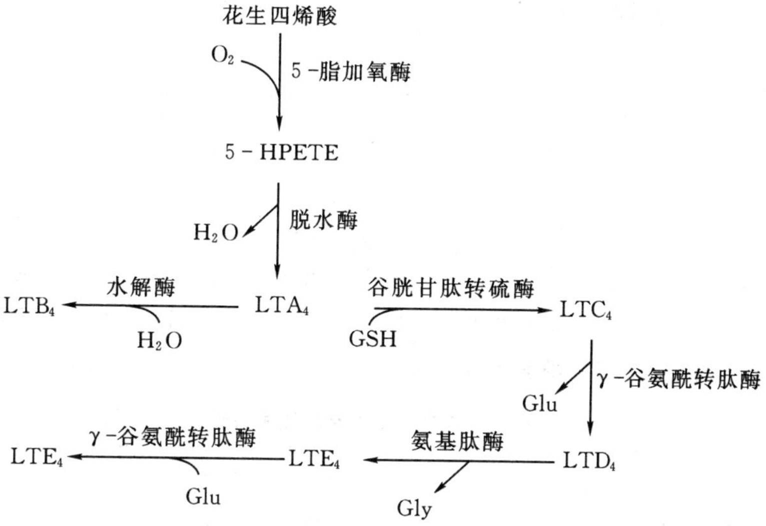

图 9-8 白三烯的生物合成过程

(二)前列腺素、血栓素和白三烯的生理功能

前列腺素、血栓素和白三烯在体内的特点是:①含量低,仅 10^{-11} mol/L;②半衰期短,仅1～2 min;③具有多方面生理功能。

1. 前列腺素的生理功能

PGE_2是诱发炎症的主要因素之一,能促进局部血管扩张,毛细血管通透性增加,引起红、肿、热、痛等症状。PGE_2和PGA_2能使动脉平滑肌舒张,从而使血压下降。PGE_2和PGI_2具有抑制胃酸分泌,促进胃肠平滑肌蠕动的作用,PGI_2还具有扩张血管平滑肌和抑制血小板聚集的作用。PGF_2可使卵巢平滑肌收缩引起排卵,还能增强子宫收缩,促进分娩。

2. 血栓素的生理功能

TXA_2主要由血小板产生,可引起血小板聚集和血管收缩,是促进凝血和血栓形成的重要因素，也可引起支气管平滑肌收缩及增加中性粒细胞的化学趋向性。

3. 白三烯的生理功能

白细胞、血小板、肥大细胞和巨噬细胞等都能合成白三烯，但主要在白细胞合成。研究已证实，白三烯是一类引起过敏反应的慢反应物质（slow reacting substance of anaphylaxis，SRS-A），可使支气管平滑肌收缩且作用慢而持久。此外，白三烯还能调节白细胞的功能，促进其游走及趋化作用，刺激腺苷酸环化酶，诱发多形核白细胞脱颗粒，使溶酶体释放水解酶类，促进炎症及过敏反应的发展。

第三节　磷脂代谢

磷脂是一类含磷酸的脂类，按其化学组成不同分为甘油磷脂与鞘磷脂两大类，前者以甘油为基本骨架，后者以含鞘氨醇为基本骨架。甘油磷脂是体内含量最多的磷脂，且分布广，鞘磷脂主要分布于大脑和神经髓鞘中。

甘油磷脂由甘油、脂肪酸、磷酸及含氮化合物等组成，其基本结构如下。

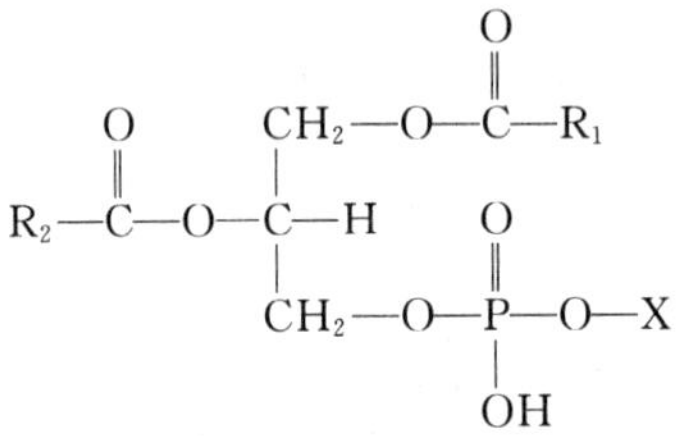

上述结构中，R_1多为饱和脂肪酸，R_2多为不饱和脂肪酸，通常为花生四烯酸。根据与磷酸羟基相连的取代基团（X）的不同，甘油磷脂又分为 5 大类（表 9－1）。体内含量最多的是磷脂酰胆碱和磷脂酰乙醇胺，约占总磷脂的 75%。

表 9－1　体内几种重要的甘油磷脂

X 取代基	磷脂名称
$—CH_2CH_2N^+(CH_3)_3$	磷脂酰胆碱（卵磷脂）
$—CH_2CH_2NH_2$	磷脂酰乙醇胺（脑磷脂）
$—CH_2CHNH_2COOH$	磷脂酰丝氨酸
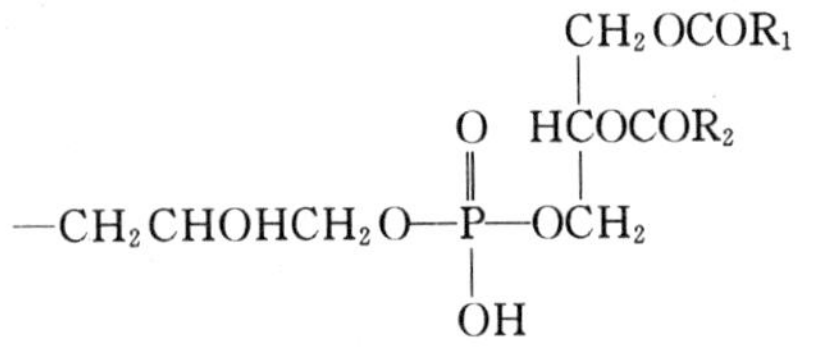	二磷脂酰甘油（心磷脂）
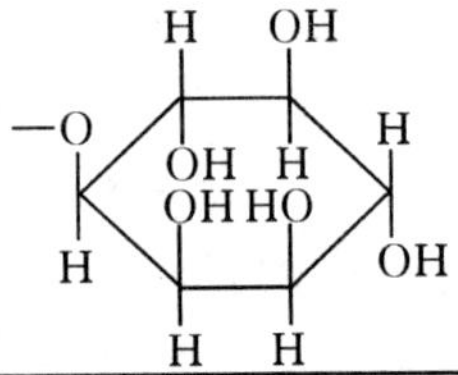	磷脂酰肌醇

鞘磷脂是含鞘氨醇的磷脂，分子中不含甘油，分子中的脂肪酸以酰胺键与鞘氨醇的氨基相连。按其含磷酸或糖基的不同分为鞘磷脂及鞘糖脂。

不同的磷脂具有不同的功能，如磷脂酰肌醇及其衍生物（IP_3及DAG）参与细胞信号的转导；二软脂酰磷脂酰胆碱是肺泡表面活性物质的主要组成成分，对维持肺泡膨胀起重要作用，早产儿这种磷脂合成和分泌缺陷，产生肺泡表面活性物质减少，诱发新生儿呼吸困难综合征；鞘糖脂除作为生物膜的重要组分外，还参与细胞的识别及信息传递，作为ABO血型物质等；神经鞘磷脂则是神经髓鞘的组成成分，神经髓鞘能防止神经冲动从一条神经纤维向周围神经纤维扩散，保证神经冲动定向传导。

一、甘油磷脂的代谢

（一）甘油磷脂的合成

1. 合成部位

全身各组织细胞的内质网均含有合成甘油磷脂的酶，但以肝、肾及小肠等组织最活跃。

2. 合成原料及辅助因子

合成甘油磷脂的原料主要包括甘油、脂肪酸、磷酸盐、胆碱、乙醇胺、丝氨酸和肌醇等，还需要ATP、CTP供能。另外，叶酸和维生素B_{12}作为辅助因子也参与磷脂的合成。胆碱和乙醇胺可由食物提供，也可由丝氨酸在体内转变而来。丝氨酸和肌醇主要来自食物。

3. 合成过程

以磷脂酰胆碱（卵磷脂）和磷脂酰乙醇胺（脑磷脂）为例，介绍甘油磷脂的合成过程。

(1) CDP-胆碱和CDP-乙醇胺的生成。首先，丝氨酸脱羧生成乙醇胺，乙醇胺可接受S-腺苷甲硫氨酸的3个甲基转变为胆碱，然后胆碱和乙醇胺分别在相应激酶的作用下，由ATP供能生成磷酸胆碱和磷酸乙醇胺，再被CTP活化，生成CDP-胆碱和CDP-乙醇胺。

(2)磷脂酰胆碱和磷脂酰乙醇胺的生成。在位于内质网膜上的磷酸胆碱脂酰甘油转移酶或磷酸乙醇胺脂酰甘油转移酶的催化下，CDP-胆碱和CDP-乙醇胺再分别与二酰甘油反应，生成磷脂酰胆碱和磷脂酰乙醇胺（图9-9）。此外，磷脂酰胆碱也可由磷脂酰乙醇胺甲基化直接生成。

（二）甘油磷脂的分解

甘油磷脂的分解在多种磷脂酶的催化下完成。根据磷脂酶所作用的酯键不同，可将磷脂酶分为磷脂酶A_1、磷脂酶A_2、磷脂酶B、磷脂酶C和磷脂酶D 5种。甘油磷脂在它们的作用下逐步水解生成甘油、脂肪酸、磷酸及各种含氮化合物如胆碱、乙醇胺和丝氨酸等。磷脂酶A_1和磷脂酶A_2分别作用于甘油磷脂的1位和2位酯键，磷脂酶B作用于溶血磷脂的1位酯键，磷脂酶C作用于甘油磷脂的3位磷酸酯键，而磷脂酶D则作用于磷酸取代基间的酯键。

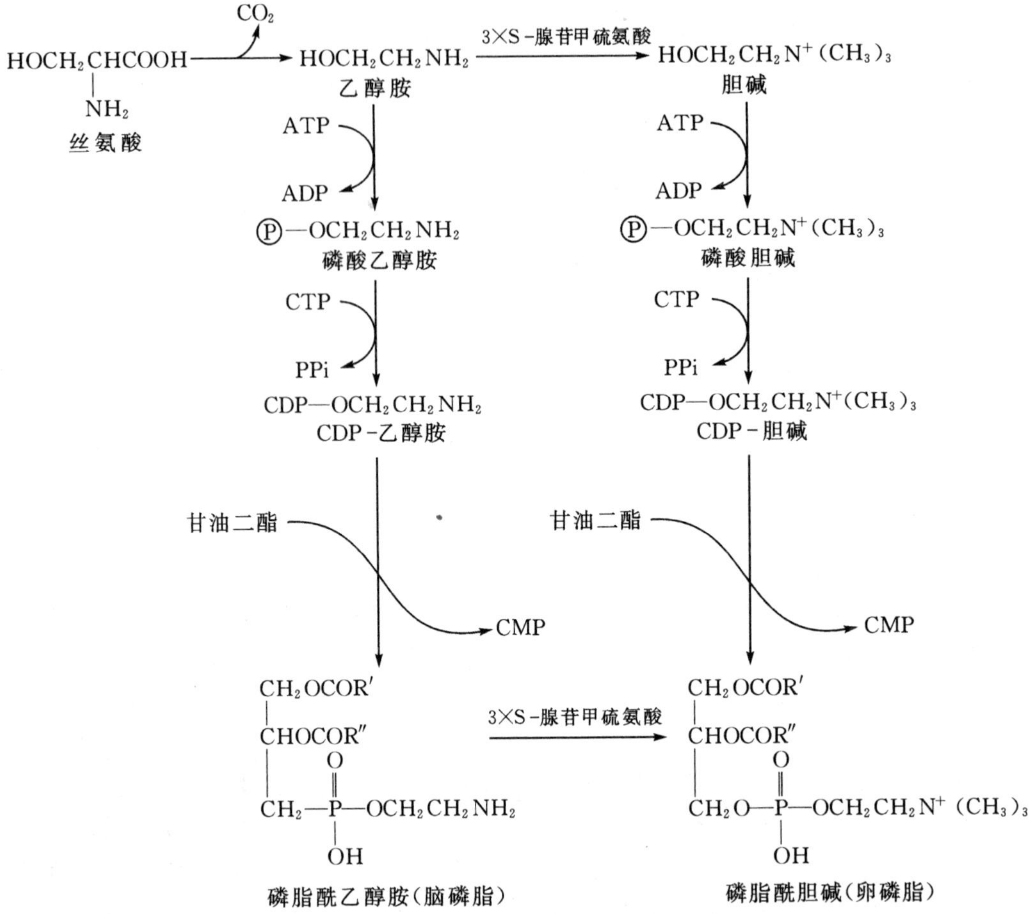

图 9-9 磷脂酰胆碱和磷脂酰乙醇胺的合成

磷脂酶 A_2 存在于各组织的细胞膜和线粒体膜上，能特异的催化甘油磷脂中 2 位酯键水解，生成溶血磷脂和多不饱和脂肪酸。溶血磷脂是一种较强的表面活性物质，能使红细胞膜或其他细胞膜破坏引起溶血或细胞坏死。临床上急性胰腺炎的发病，就是由于某种原因使磷脂酶 A_2 被激活，导致胰腺细胞膜受损，胰腺组织坏死。某些毒蛇的唾液中含有磷脂酶 A_2，因此，被毒蛇咬伤后可出现溶血症状。

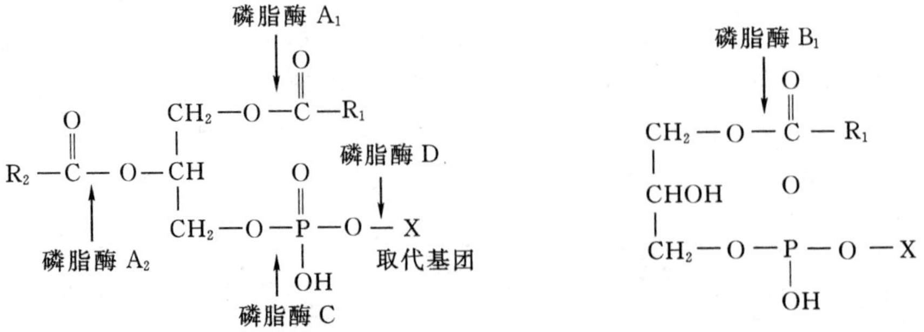

(三)甘油磷脂与脂肪肝

正常成人肝中脂类含量约占肝重的 5%,其中以磷脂含量最多,约占 3%,甘油三酯占 2%。如果肝中脂类含量超过 10%,且主要是甘油三酯堆积,组织学上证实肝实质细胞脂肪化超过 30%即为脂肪肝。

形成脂肪肝的常见原因有:①肝内脂肪来源过多,如长期高脂低糖或高糖高热量饮食;②肝功能障碍,合成、释放极低密度脂蛋白的能力下降,而极低密度脂蛋白是肝将脂肪运出肝脏的重要形式,肝内的脂肪运出受阻,导致肝细胞内脂肪堆积形成脂肪肝;③合成甘油磷脂的原料(如胆碱、乙醇胺、甲硫氨酸)缺乏,可使肝中甘油磷脂减少,而甘油磷脂是构成极低密度脂蛋白的重要成分,导致肝细胞内甘油三酯不能顺利运出而堆积,形成脂肪肝。因此,临床上常用甘油磷脂及其合成原料(丝氨酸、甲硫氨酸、胆碱、乙醇胺等)及有关的辅助因子(叶酸、维生素 B_{12} 等)来防治脂肪肝。

二、鞘磷脂代谢

含鞘氨醇的脂类称为鞘磷脂。体内含量最多的鞘磷脂是神经鞘磷脂,由鞘胺醇、脂肪酸及磷酸胆碱组成。鞘胺醇的氨基通过酰胺键与脂肪酸相连,生成 *N*-脂酰鞘氨醇(又称神经酰胺),其末端的羟基再与磷酸胆碱通过磷酸酯键相连即为神经鞘磷脂。神经鞘磷脂是神经髓鞘的主要成分,也是构成生物膜的重要磷脂。其结构式如下。

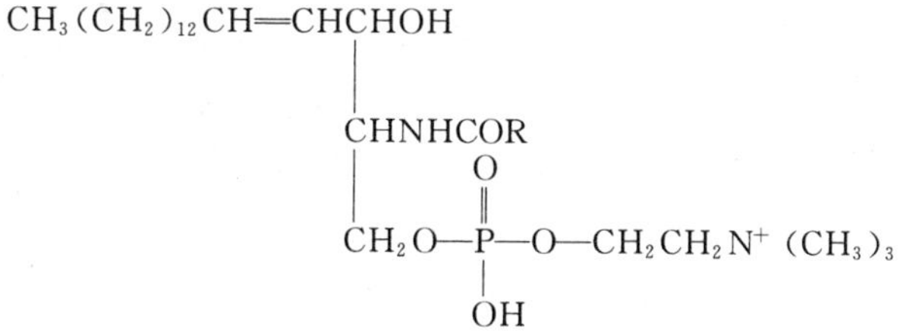

(一)神经鞘磷脂的合成

1. 合成部位

全身各组织细胞均可合成,以脑组织最为活跃。

2. 合成原料

软脂酰 CoA、丝氨酸、磷酸和胆碱是合成神经鞘磷脂的基本原料。

3. 合成过程

合成过程可分为 3 个阶段。

(1)鞘氨醇的合成:以软脂酰 CoA 和丝氨酸为原料,在磷酸吡哆醛、NADPH+H^+ 及 FAD 的参与下,由鞘氨醇合成酶系催化,合成鞘氨醇。

(2)*N*-脂酰鞘氨醇的合成:鞘氨醇由脂酰基转移酶催化,其氨基与脂酰 CoA 进行酰胺缩合,生成 *N*-脂酰鞘氨醇。

(3)神经鞘氨醇的合成:*N*-脂酰鞘氨醇在转移酶的催化下,由 CDP-胆碱供给磷酸胆碱生成神经鞘磷脂。

(二)神经鞘磷脂的分解

脑、肝、脾、肾等细胞的溶酶体中均有神经鞘磷脂酶,此酶能使神经鞘磷脂水解为磷酸胆碱和 N-脂酰鞘氨醇。若先天性缺乏神经鞘磷脂酶,则神经鞘磷脂不能降解而在细胞内积存,可引起肝、脾大及痴呆等鞘磷脂沉积症状。

第四节 胆固醇代谢

最早从动物胆石中分离出来的具有羟基的固体醇类化合物,故称为胆固醇(cholesterol)。所有的固醇(包括胆固醇)具有环戊烷多氢菲的基本结构,区别是碳原子数及取代基不同,其生理功能亦不同。胆固醇由 27 个碳原子组成,其 3 位碳原子含有自由羟基,能与脂肪酸结合生成胆固醇酯。人体内的胆固醇主要以游离胆固醇(free cholesterol, FC)和胆固醇酯(cholesterol ester, CE)的形式存在,它们的结构如下。

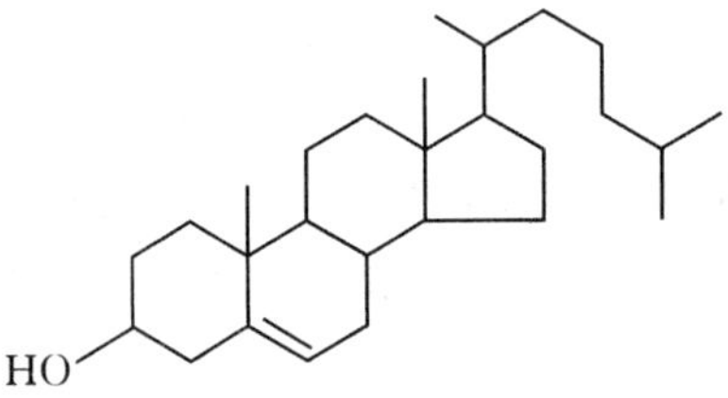

胆固醇

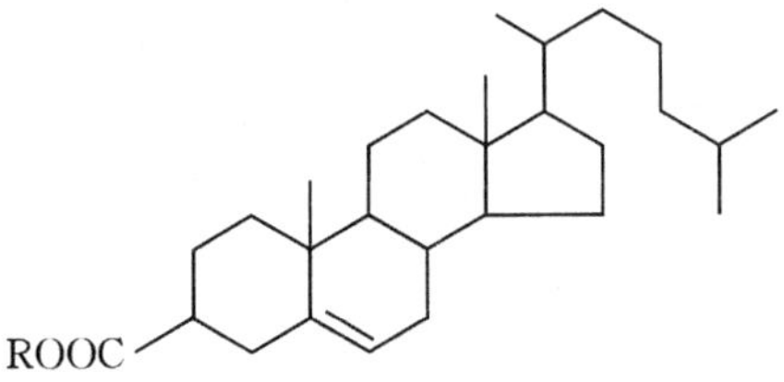

胆固醇酯

正常成人体内胆固醇总量约为 140 g,广泛分布于全身各组织中,但分布极不均匀,其中约 1/4 分布于脑及神经组织,约占脑组织的 2%,肾上腺皮质、卵巢等组织胆固醇含量较高,其次是肝、肾、肠等组织,肌组织含量较低。

人体内胆固醇的来源有两条途径,一是由食物摄入,称外源性胆固醇。正常人每日膳食中含胆固醇 0.3~0.5 g,主要来自动物性食物,如动物的内脏、大脑、蛋黄、奶油等。二是由机体自身合成,称内源性胆固醇。正常成人 50%以上的胆固醇来自机体自身合成。

一、胆固醇的生物合成

(一)合成部位

成人除脑组织和成熟红细胞外,几乎全身各组织均可合成胆固醇,每日合成 1~1.5 g,其中肝是合成胆固醇的主要场所,其合成量占全身合成总量的 70%~80%,其次是小肠,合成量约占总量的 10%。胆固醇的合成主要在胞液和内质网中进行。

(二)合成原料

乙酰 CoA 是合成胆固醇的原料,此外还需要 ATP 供能和 $NADPH+H^+$ 供氢。每合成 1 分子胆固醇需要 18 分子乙酰 CoA、36 分子 ATP 及 16 分子 $NADPH+H^+$。乙酰 CoA 及 ATP 主要来自糖的有氧氧化,而 $NADPH+H^+$ 则主要来自糖的磷酸戊糖途径。因此,糖是胆固醇合成原料的主要来源。乙酰 CoA 是在线粒体中生成的,而胆固醇合成酶系存在于胞液和滑面内质网上,乙酰 CoA 又不能直接通过线粒体内膜,因此需要经柠檬酸-丙酮酸循环转移到胞液，参与胆固醇的合成。

(三)合成过程

胆固醇的合成过程比较复杂，有近 30 步酶促反应，可概括为以下 3 个阶段。

1. 甲羟戊酸(MVA)的生成

在胞液中，首先 2 分子乙酰 CoA 在硫解酶的催化下缩合生成乙酰乙酰 CoA，然后再与 1 分子乙酰 CoA 在 HMGCoA 合酶的催化下缩合生成 HMGCoA。此过程与酮体的生成类似，都生成了重要的中间产物 HMGCoA，但细胞内定位不同。在线粒体中，MGCoA 裂解后生成酮体，在胞液中生成的 HMGCoA 则在 HMGCoA 还原酶的催化下，由 NADPH＋H^+ 供氢，还原生成甲羟戊酸(mevalonic acid, MVA)。HMGCoA 还原酶是胆固醇合成的限速酶，此步反应是胆固醇合成的限速步骤。

2. 鲨烯的合成

MVA(6C)由 ATP 提供能量，在胞液内一系列酶的催化下，经磷酸化、脱羧基、脱羟基生成活泼的 5C 焦磷酸化合物，然后 3 分子 5C 焦磷酸化合物缩合生成 15C 的焦磷酸法尼酯，2 分子 15C 的焦磷酸法尼酯再缩合、还原生成 30C 的多烯烃——鲨烯。

3. 胆固醇的合成

鲨烯与胞液中的固醇载体蛋白结合进入内质网，经加单氧酶、环化酶等催化，环化生成羊毛固醇，后者再经氧化、脱羧、还原等反应，脱去 3 个甲基生成 27C 的胆固醇(图 9－10)。

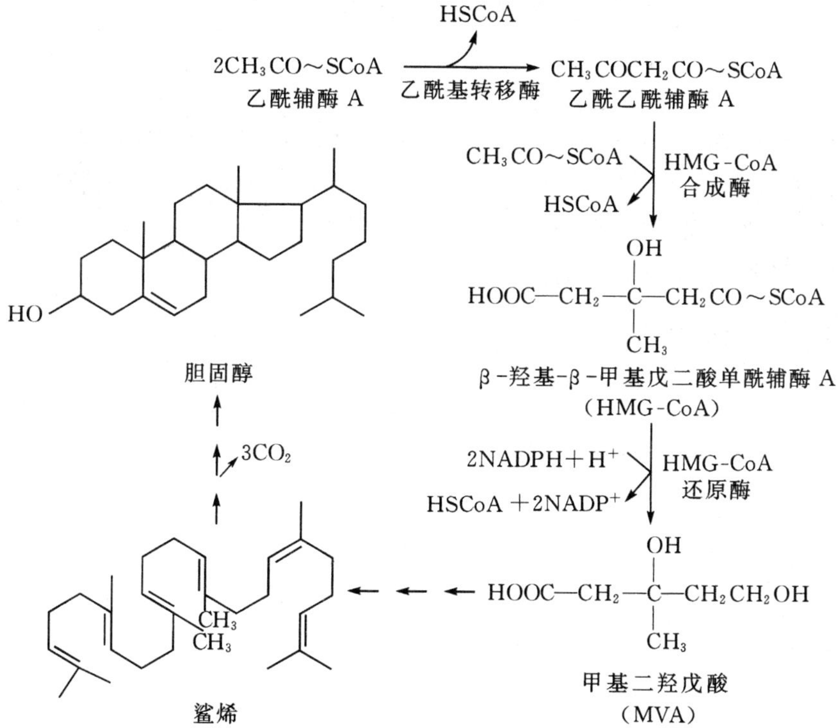

图 9－10 胆固醇的合成过程

(四)胆固醇合成的调节

HMGCoA 还原酶是胆固醇生物合成的限速酶，各种因素对胆固醇生物合成的调节主要是通过对 HMGCoA 还原酶活性的影响来实现的。

1. 饥饿与饱食

饥饿与禁食不仅可使 HMGCoA 还原酶的合成减少、活性降低，而且还可使乙酰 CoA、ATP、NADPH＋H^+ 等胆固醇合成所需的原料减少，因此饥饿与禁食可抑制胆固醇的合成。相反，摄取高糖、高饱和脂肪膳食后，HMGCoA 还原酶活性增加，胆固醇合成所需的原料也增多，因此饱食可加强胆固醇的合成。

2. 胆固醇

胆固醇可反馈抑制 HMGCoA 还原酶的合成，使胆固醇的合成减少，但是，这种抑制仅限于对肝胆固醇合成的抑制，小肠黏膜细胞的胆固醇合成不受影响，因此大量进食胆固醇仍可使血浆胆固醇浓度升高。另外，食物中胆固醇含量越高则吸收得越多，因此为了防止血胆固醇增加应减少胆固醇的摄入。

3. 激素

调节胆固醇合成的激素有胰高血糖素、糖皮质激素、胰岛素及甲状腺激素。胰高血糖素和糖皮质激素能抑制 HMGCoA 还原酶的活性，使胆固醇的合成减少。胰岛素和甲状腺激素则能诱导 HMGCoA 还原酶的合成，使胆固醇的合成增加。此外，甲状腺激素还可促进胆固醇在肝内转化为胆汁酸，而且转化作用更强，因此，甲状腺功能亢进的患者其血清胆固醇的含量反而下降。

4. 药物

洛伐他汀、普伐他汀、辛伐他汀等药物的结构与 HMGCoA 相似，能竞争性地抑制 HMGCoA 还原酶的活性，使体内胆固醇的合成减少，故能有效地降低血浆胆固醇。另外，有些药物如阴离子交换树脂(考来烯胺)可干扰肠道胆汁酸盐的重吸收，促进体内胆固醇转变为胆汁酸盐，因而有降低血浆胆固醇的作用。

二、胆固醇在体内的转化

胆固醇的母核——环戊烷多氢菲在体内不能被降解，但它的侧链可被氧化、还原或降解转变为其他具有环戊烷多氢菲的母核的生理活性化合物，参与调节代谢或排出体外。

(一) 转变为胆汁酸

胆固醇在肝中转化为胆汁酸是胆固醇在体内的主要代谢去路。正常人每日合成 1～1.5 g 胆固醇，其中 2/5(0.4～0.6 g)在肝中转变为胆汁酸，随胆汁排入肠道。胆汁酸的分子结构中既含有亲水基团，又含有疏水基团，能降低油水两相间的表面张力，在肠道中与脂类的消化产物形成混合微团，促进脂类的消化、吸收。

(二)转化为类固醇激素

胆固醇可转化为类固醇激素，参与机体的代谢调节。例如，在肾上腺皮质可转变成醛固酮、皮质醇及少量性激素；在睾丸间质细胞可转变成雄激素，主要是睾酮；在卵巢的卵泡内膜细胞和黄体内可转变成雌二醇及黄体酮。

(三)转化为 7-脱氢胆固醇

在肝、小肠黏膜等处，胆固醇可脱氢氧化生成 7-脱氢胆固醇，然后经血液运至皮肤，储存在皮下的 7-脱氢胆固醇经日光(紫外线)照射转变为维生素 D_3。维生素 D_3 可促进小肠对钙磷的吸收。

第五节　血浆脂蛋白代谢

一、血脂

(一)血脂的组成与含量

血脂是血浆中脂类物质的总称，包括甘油三酯、磷脂、胆固醇、胆固醇酯及游离脂肪酸(free fatty acid，FFA)等。血脂含量易受年龄、性别、膳食、运动及代谢等多种因素的影响，波动范围较大，如进食高脂膳食后，血脂含量大幅度升高，故血脂测定时要在空腹 12～14 h 后采血。血脂含量的测定可及时反映体内脂类代谢状况，因此在临床上测定血脂常作为高脂血症、动脉粥样硬化(atherosclerosis，AS)和冠心病的辅助诊断。正常成人空腹血脂的组成及含量见表 9-2。

表 9-2　正常成人空腹血脂的组成及含量

血脂组成	含量		空腹时主要来源
	mmol/L	mg/dl	
甘油三酯	0.11～1.69	10～160	肝
总胆固醇	2.59～6.47	100～250	肝
胆固醇酯	1.81～5.17	70～200	肝
游离胆固醇	1.03～1.81	40～70	肝
磷脂	1.94～3.23	150～250	肝
游离脂肪酸	0.50～0.78	5～20	脂肪组织

(二)血脂的来源与去路

血脂含量的相对稳定取决于血脂来源及去路的动态平衡。血脂的来源有：外源性，脂类食物经消化道吸收进入血液；内源性，由体内自身合成或脂库中脂肪动员释放入血。血脂的去路有：经血液进入各组织氧化供能；进入脂库储存；构成生物膜等；转变成其他物质。

二、血浆脂蛋白的结构、分类及组成

血浆中脂类不溶于水或微溶于水，除游离脂肪酸与清蛋白结合外，其余都与载脂蛋白结合形成脂蛋白(lipoprotein，LP)。血浆脂蛋白呈球状颗粒，具有亲水性是血浆脂类的主要存在形式与运输及代谢形式。

(一)血浆脂蛋白的结构

血浆脂蛋白具有微团结构。非极性的甘油三酯及胆固醇酯等位于脂蛋白颗粒的内核，而具有极性及非极性基团的载脂蛋白、磷脂及游离胆固醇等，以单分子层借其非极性的疏水基团与颗粒内部的疏水基团相连，覆盖于脂蛋白表面，而亲水基团分布在颗粒表面并突入周围水相，呈球状，使脂蛋白具有较强的水溶性，能稳定的分散在血浆中。因此，血脂是以溶解度较大的脂蛋白复合物形式在血液中运输并转运到各组织进行代谢(图 9-11)。

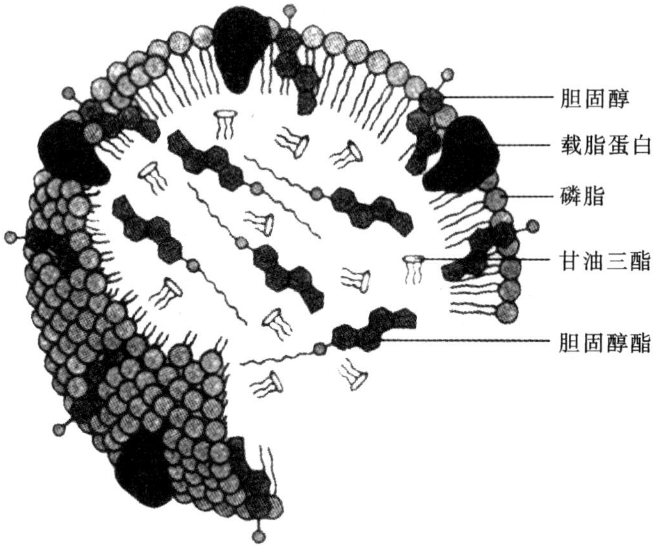

图 9-11　血浆脂蛋白结构示意图

(二)血浆脂蛋白的分类

各种脂蛋白所含的脂类和蛋白质不同，导致其密度、颗粒大小、表面电荷、电泳行为及免疫性也不同，根据这些不同可采用适当的方法将它们分开，常用于血浆脂蛋白分类的方法有两种，电泳法分离法和超速离心法。

1. 电泳分离法

电泳法是分离血浆脂蛋白最常用的一种方法。由于各种脂蛋白所含载脂蛋白的种类和数量不同，因而其颗粒大小及表面所带的电荷量也不同，在同一电场中具有不同的迁移率。分离血浆脂蛋白常用的电泳方法包括醋酸纤维薄膜和琼脂糖凝胶电泳，它们都可将血浆脂蛋白分为四条区带，从正极→负极依次为：α-脂蛋白(α-LP)、前β-脂蛋白(pre β-LP)、β-脂蛋白(β-LP)和乳糜微粒(CM)(图 9-12)。

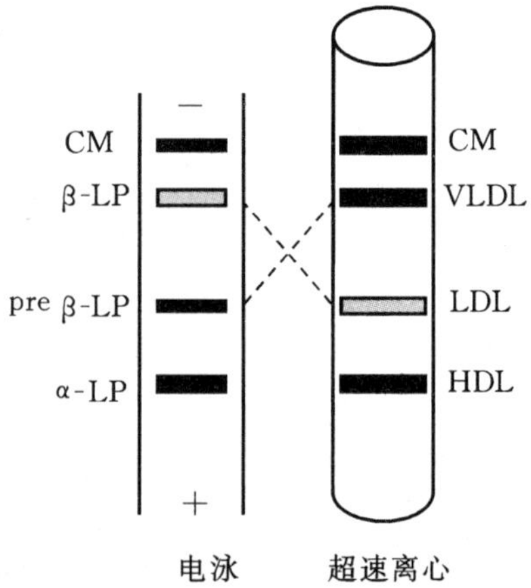

图 9-12　血浆蛋白分类图谱

2. 超速离心法(密度分离法)

因各种脂蛋白所含脂类和蛋白质的比例不同，

故其密度亦各不相同，含甘油三酯越多密度越低，含蛋白质越多密度则越高。将血浆置于一定密度的盐溶液中进行超速离心（约 50 000 r/min），其所含的脂蛋白因密度不同而漂浮或沉降，比溶液密度小的脂蛋白上浮，比溶液密度大的则下沉，据此可将血浆脂蛋白按密度由小到大分为 4 类：乳糜微粒（chylomicron，CM）、极低密度脂蛋白（very low density lipoprotein，VLDL）、低密度脂蛋白（low density lipoprotein，LDL）和高密度脂蛋白（high density lipoprotein，HDL）。除上述 4 类脂蛋白外，还有一种其组成及密度介于 VLDL 及 LDL 之间的脂蛋白即中间密度脂蛋白（intermediate density lipoprotein，IDL），它是 VLDL 在血浆中的代谢物。

（三）血浆脂蛋白的组成

各种血浆脂蛋白都是由蛋白质、甘油三酯、磷脂、胆固醇及其酯组成的，但不同的血浆脂蛋白所含的脂类和蛋白质的比例和含量不同，见表 9－3。其特点如下：乳糜微粒含甘油三酯最多，占其组成 90％左右，蛋白质最少，因此颗粒最大，密度最小。VLDL 含甘油三酯多达 60％，含蛋白质较 CM 稍多；LDL 含胆固醇及其酯最多，几乎占其含量的 50％；HDL 的蛋白质含量高达 50％。

表 9－3　血浆脂蛋白的性质、组成及功能

分类	密度法	CM	VLDL	LDL	HDL
	电泳法	CM	pre β－LP	β－LP	α－LP
性质	密度（g/ml）	＜0.59	0.59～1.006	1.006～1.063	1.063～1.210
	颗粒直径（nm）	80～500	25～80	20～25	7.5～10
组成（％）	蛋白质	0.5～2	5～10	20～25	50
	脂类	98～99	90～95	75～80	50
	甘油三酯	80～95	50～70	10	5
	磷脂	5～7	15	20	25
	胆固醇	1～4	15～19	45～50	20
	游离胆固醇	1～2	5～7	8	5
	胆固醇酯	3	10～12	40～42	15～17
合成部位		小肠黏膜细胞	肝细胞	血浆	肝、小肠、血浆
功能		转运外源性甘油三酯	转运内源性甘油三酯	转运内源性胆固醇	转运肝外胆固醇入肝内

三、载脂蛋白

血浆脂蛋白中的蛋白质部分称为载脂蛋白（apolipoprotein，apo），现已从人血浆中分离出的载脂蛋白有 20 多种，主要有 A、B、C、D、E 5 大类。某些载脂蛋白又可分为若干亚类，如 apoA可分为 AⅠ、AⅡ、AⅣ及 AⅤ；apoB 分为 B100 和 B48；apoC 分为 CⅠ、CⅡ、CⅢ及 CⅣ。不同的脂蛋白含不同的载脂蛋白，如 CM 主要含 apoCⅡ和 apoB48；VLDL 则主要含 apoB100 和 apoCⅡ；LDL 几乎只含 apoB100；而 HDL 主要含 apoAⅠ及 apoAⅡ。载脂蛋白在脂蛋白代谢上发挥重要的作用，其主要功能有：结合和转运脂质，稳定脂蛋白的结构；调节脂蛋白代谢关键酶的活性；参与脂蛋白受体的识别、结合及其代谢过程。

四、血浆脂蛋白的代谢

1. 乳糜微粒

乳糜微粒（CM）由小肠黏膜细胞合成。小肠黏膜细胞将吸收的脂肪酸和甘油一酯等重新合成甘油三酯及磷脂，连同吸收及合成的胆固醇再与 apoB48 和 apoAⅠ等结合形成新生的CM，经淋巴入血，接受 HDL 转移来的 apoC 及 apoE，同时将部分 apoA 转移给 HDL，形成成熟的 CM。进入血中的 CM，其中的 apoCⅡ能激活骨骼肌、心肌及脂肪等组织毛细血管内皮细胞表面的脂蛋白脂肪酶（LPL），LPL 催化 CM 中的甘油三酯水解，释出甘油和脂肪酸并被组织细胞摄取利用。在 LPL 的反复作用下，CM 中的甘油三酯逐步水解，颗粒逐渐变小，其表面的磷脂、胆固醇及 apoA、apoC 转移到 HDL 上，最后转变成富含胆固醇酯及 apoB48、apoE 的 CM 残粒。CM 残粒表面含有 apoE，能识别肝细胞膜表面的 apoE 受体并与之结合，最终被肝细胞摄取、利用。因此，CM 的主要功能是转运外源性甘油三酯（将食物甘油三酯运到体内）。

由于乳糜微粒颗粒大，能使光线散射而呈乳浊样外观，这是饭后血浆混浊的原因。正常人 CM 在血浆中的代谢很快，半衰期仅为 5～15 min，因此正常人空腹 12～14 h 后血浆中不含CM，这种现象称为脂肪廓清。

2. 极低密度脂蛋白

极低密度脂蛋白（VLDL）主要由肝细胞合成和分泌，小肠黏膜细胞也有少量合成。肝细胞可利用糖分解的原料合成甘油三酯，也可利用食物及脂肪动员的脂肪酸合成甘油三酯（内源性甘油三酯），然后与磷脂、胆固醇、apoB100 及 apoC 等结合形成 VLDL。VLDL 的代谢与 CM 基本一致，分泌入血后，从 HDL 处获得 apoC 及 apoE，其中的 apoCⅡ激活肝外组织毛细血管内皮细胞表面的 LPL。在 LPL 的作用下，VLDL 中的甘油三酯被逐步水解，颗粒逐渐变小，同时其表面的磷脂、游离胆固醇及 apoC 向 HDL 转移，而 HDL 的胆固醇酯又转移到 VLDL，随着密度的增高以及 apoB100、apoE 含量相对增加，VLDL 转变为 IDL。IDL 中的甘油三酯和胆固醇含量大致相等，载脂蛋白主要是 apoB100、apoE。一部分 IDL 与肝细胞膜的 apoE 受体结合后被肝细胞摄取利用；未被肝细胞摄取的 IDL 中的甘油三酯被 LPL 及肝脂酶（HL）进一步水解，同时其表面的 apoE 转移至 HDL 上，仅剩下 apoB100，IDL 即转变成富含胆固醇的 LDL。因此，VLDL 的主要功能是转运内源性甘油三酯。VLDL 在血浆中的半衰期为6～12 h。

3. 低密度脂蛋白

低密度脂蛋白（LDL）是由 VLDL 在血浆中转变而来。LDL 是含胆固醇最多的脂蛋白，也是正常成人空腹血浆中的主要脂蛋白，约占血浆脂蛋白总量的 2/3。它是转运内源性胆固醇的主要形式。

LDL 代谢的主要途径为 LDL 受体途径。LDL 受体广泛分布于肝、动脉壁细胞等全身各组织的细胞膜表面，当血液流经全身各组织时，LDL 受体识别 LDL，将其吞入细胞并与溶酶体融合。在溶酶体中蛋白水解酶的作用下，LDL 中的 apoB100 被水解为氨基酸，而胆固醇酯则被胆固醇酯酶水解为游离胆固醇及脂肪酸。游离胆固醇为细胞膜摄取，既可参与细胞膜的组成，又可作为类固醇激素合成的原料。可见，LDL 的主要功能是转运内源性胆固醇（将肝合成的胆固醇运到肝外）。正常人空腹血浆中的胆固醇主要存在于 LDL 中，因此，当血浆 LDL 增高时，可使过多的胆固醇沉积于动脉血管内皮细胞，成为诱发动脉粥样硬化（atherosclerosis，AS）的重要因素。LDL 在血浆中的半衰期为 2～4 d。

4. 高密度脂蛋白

高密度脂蛋白（HDL）主要在肝细胞合成，小肠黏膜细胞也可合成少量。初合成 HDL 称为新生 HDL，呈圆盘状，进入血液循环后，在血浆卵磷脂胆固醇脂酰转移酶（LCAT）的作用下，血浆中游离胆固醇与 HDL 表面的卵磷脂作用生成胆固醇酯，进入 HDL 的内核，此过程消耗的卵磷脂、游离胆固醇可从 CM、VLDL、衰老的细胞膜等处不断地得到补充，随着内核中胆固醇酯的不断增加及 apoC 及 apoE 向 CM 或 VLDL 上的转移，新生的 HDL 转变为成熟 HDL。

成熟 HDL 主要在肝降解。HDL 与肝细胞膜上 HDL 受体结合被肝细胞摄取，释出的胆固醇可用于合成胆汁酸或直接通过胆汁排出体外。因此，HDL 的主要功能是逆向转运胆固醇，从而促进外周组织胆固醇的清除，具有抗动脉粥样硬化的作用。

五、血浆脂蛋白代谢异常

（一）高脂蛋白血症

空腹血脂水平高于正常范围上限称为高脂血症（hyperlipidemia）。因为血脂在血浆中以脂蛋白的形式存在和运输，所以，高脂血症实际上就是高脂蛋白血（hyperlipoproteinemia，HLP）。一般以成人空腹 12～14 h 血甘油三酯>2.26 mmol/L，胆固醇>6.21 mmol/L，儿童胆固醇>4.14 mmol/L 作为高脂血症的诊断标准。1970 年世界卫生组织（WHO）建议将高脂蛋白血症分为五型 6 类（表 9－4）。

表 9－4　高脂蛋白血症的分型及特征

类型	血脂变化		血浆脂蛋白变化	
Ⅰ	TG↑↑↑	TC↑	CM↑	
Ⅱa	TC↑↑		LDL↑	
Ⅱb	TG↑↑	TC↑↑	VLDL↑	LDL↑
Ⅲ	TG↑↑	TC↑↑	IDL↑（电泳出现宽β带）	
Ⅳ	TG↑↑		VLDL↑	
Ⅴ	TG↑↑↑	TC↑	VLDL↑	CM↑

此法分型的缺点是过于繁杂。目前临床上可将高脂血症简单分为 4 类：①高甘油三酯血症（血清 TG 水平增高）；②高胆固醇血症（血清 TC 水平增高）；③混合型高脂血症（血清 TC 与 TG 水平均增高）；④低高密度脂蛋白血症。

高脂血症按病因可分为原发性与继发性两大类。原发性高脂血症是指原因不明的高脂血症，有些与脂蛋白代谢的遗传缺陷有关，如 LDL 受体的遗传性缺陷是引起原发性高胆固醇血症的主要原因。继发性高脂蛋白血症是继发于某些疾病，如糖尿病、肾病、肝病及甲状腺功能减退等，其发病机制与原发病有关，原发病一旦得到控制，高脂蛋白血症也可缓解。

(二)高脂蛋白血症与动脉粥样硬化

高脂蛋白血症是动脉粥样硬化(atherosclerosis，AS)的危险因素。动脉粥样硬化是指血浆中的脂质沉积在动脉特别是大、中动脉内膜上形成粥样斑块，导致动脉壁增厚、变硬、管腔狭窄，从而影响器官血液供应的一种病理改变。其确切病因至今仍不清楚，大量研究证实，在 AS 形成的诸多病因中，脂类代谢紊乱是其重要原因之一，尤其是脂蛋白代谢异常所致脂蛋白质和量改变在 AS 斑块形成中起有极其重要的作用。凡能增加动脉壁胆固醇内流和沉积的脂蛋白如 LDL、VLDL 等是导致 AS 发生的因素。凡能促进胆固醇从血管壁外运的脂蛋白如 HDL，则具有抗 AS 作用，称之为抗 AS 的因素。

目标检测

一、名词解释

1. 必需脂肪酸
2. 脂肪动员
3. 脂肪酸 β-氧化
4. 酮体

二、简答题

1. 血浆脂蛋白如何分类，各有何生理功能？
2. 试述胆固醇在体内的代谢去路。
3. 计算 1 mol 硬脂酸(18C)β-氧化时能产生多少摩尔 $FADH_2$ 和 $NADH+H^+$？需进行几次 β-氧化？如彻底氧化生成 CO_2 和 H_2O 时共产生多少摩尔 ATP？

(吕慧玲)

第十章　氨基酸代谢

学习目标

【掌握】氨基酸的一般代谢及尿素的生成。

【熟悉】蛋白质的营养作用；氨的来源和去路。

【了解】氨的转运；含硫氨基酸和芳香族氨基酸代谢。

蛋白质是生命的物质基础，没有蛋白质就没有生命，蛋白质的代谢在生命活动过程中具有非常重要的作用。

在人体内，大多数蛋白质不断地进行分解与合成代谢。关于蛋白质的合成代谢将在第十三章介绍，本章只介绍蛋白质的分解代谢。氨基酸是蛋白质的基本组成单位。蛋白质在体内进行分解代谢要首先分解成为氨基酸，然后再进一步的代谢，因此，氨基酸的分解代谢是蛋白质分解代谢的主要内容。本章重点讨论氨基酸的分解代谢。

生物体内的氨基酸主要来源于食物蛋白的消化吸收。食物蛋白进入消化道后，经胃蛋白酶和胰蛋白酶等酶的连续水解作用，最终生成氨基酸；氨基酸经肠黏膜细胞吸收进入血液，随血液循环到达各组织细胞。这个过程首先需要通过体外摄入或体内合成方式，在质与量上保证各种氨基酸的供应，也就涉及食物的营养问题。因此，在讨论氨基酸分解代谢之前，先介绍蛋白质的营养作用。

第一节　蛋白质的营养作用

一、蛋白质的功能及需要量

（一）蛋白质的生理功能

1. 构成和修复组织

蛋白质是机体细胞和细胞外间质的基本构成成分，人体各组织、器官无一不含蛋白质，它是生命现象的物质基础。食物蛋白分解的氨基酸参与体内蛋白质合成，这一作用是糖、脂类营养物不能代替的，因此构成机体组织、器官的成分是蛋白质的主要生理功能，而氨基酸的主要功能是合成蛋白质。因此正常人体，尤其对于生长发育的儿童和康复期患者，应获得足量、优质的蛋白质供应，以维持机体的生长、更新、修复。

2.参与物质代谢及生理功能的调控

机体生命活动之所以能够有条不紊的持续进行，依赖于体内多种生理活性物质的参与调节。蛋白质参与体内多种重要生理活性物质的构成，参与调节机体的多项生理功能。例如，核蛋白影响细胞的增殖、分裂等功能；免疫球蛋白具有维持机体免疫功能的作用；酶蛋白参与体内的物质代谢过程；白蛋白具有调节渗透压、维持体液平衡的功能；由蛋白质或蛋白质衍生物构成的某些激素，如甲状腺素、胰岛素等都是机体的重要调节物质。可以说，机体的一切生理活动都离不开蛋白质。

3.氧化供能

蛋白质也是能源物质，每克蛋白质在体内氧化分解可释放约 17 kJ(4 kcal)能量。一般来说，成人每日平均约 18%的能量来自蛋白质的分解代谢，但这一作用可以由糖和脂肪代替。因此，供能是蛋白质的次要生理功能。

显然，食物蛋白质在维持组织生长发育、更新、修补和合成重要含氮化合物中是必不可少的，而且，这些功能是糖、脂类营养物质不能替代的。那么，人体每日需要摄入多少蛋白质才能满足需要呢？

（二）生理需要量

人体对蛋白质的需要量与年龄、性别、体重、生理和劳动强度等有关。联合国粮农组织(FAO)和世界卫生组织(WHO)分别推荐了蛋白质的摄取量，中国营养学会根据我国实际提出每日蛋白质供给量，现简介如下(表 10－1)。

表 10－1 蛋白质的需要量

年龄	性别	蛋白质供给量(g/kg)
婴儿		2.0～4.0
1～10 岁		40～70
13～16 岁		80～90
18～40 岁	男性	70～105
	女性	65～85
妊娠和哺乳期		增加 15～25

根据氮平衡实验计算，成年人在不摄入蛋白质大约 8 d 后，每日排出的氮量逐渐趋于恒定，每千克体重每日排出的氮量约为 53 mg，所以，一位体重 60 kg 的成人每日最少分解蛋白质约 20 g。因食物蛋白质与人体蛋白质组成的差异，不可能全部被吸收利用，故成人每日最低需要 30～50 g 蛋白质。为了长期保证蛋白质的供给量，仍须增加需要量才能满足要求，故我国营养学会推荐成人每日蛋白质需要量为 80 g。但要注意的是，如果摄入蛋白质的量远远超过维持氮平衡需要时，不仅机体利用不了，过多的蛋白质反而会增加消化器官、肝脏与肾脏的负担，不利于机体健康。因此，蛋白质的摄入量并不是越多越好，应根据机体的实际状况合理摄取。

二、蛋白质的营养价值

(一)氮平衡

为了研究组织生长活动动态，测定蛋白质在体内的动态变化是非常必需的。根据蛋白质元素组成中氮含量比较恒定(约16%)，且食物和排泄物中含氮物质大部分来源于蛋白质，通过测定摄入食物的含氮量(摄入氮)和尿与粪便中的氮含量(排出氮)的方法，来了解蛋白质的摄入量与分解量的对比关系，可间接了解蛋白质代谢的平衡关系，称为氮平衡(nitrogen balance)。氮平衡是反映体内蛋白质代谢概况的一种指标。氮平衡实验是研究蛋白质的营养价值和需要量及判断组织蛋白质消长情况的重要方法之一，氮平衡有以下3种情况。

1. 氮总平衡

每日摄入氮量与排出氮量大致相等，表示体内蛋白质的合成量与分解量大致相等，称为氮总平衡。此种情况见于正常成人。

2. 氮的正平衡

每日摄入氮量大于排出氮量，表明体内蛋白质的合成量大于分解量，称为氮正平衡。儿童、孕妇、病后恢复期患者等在食物蛋白质的需要量适宜时应为氮的正平衡。

3. 氮的负平衡

每日摄入氮量小于排出氮量，表示组织蛋白质的分解量多于合成量，组织蛋白的消耗相对较多，称为氮负平衡。见于蛋白质摄入量不足，如饥饿、食物蛋白质含量少或营养价值低及蛋白质消耗性疾病患者等均可出现氮的负平衡。

(二)蛋白质营养的评价

一般认为，蛋白质的营养价值(nutrition value)是指外源性蛋白质被人体吸收利用的程度。它取决于食物蛋白质所含氨基酸的种类、数量及其比例。构成人体蛋白质的氨基酸有20种，其中有些氨基酸是机体可以合成的，有些氨基酸机体无法合成。体内不能合成或合成量少，不能满足需要，必须由食物提供的氨基酸，称为必需氨基酸(essential amino acid)。人体必需氨基酸有下列8种：异亮氨酸、亮氨酸、赖氨酸、甲硫氨酸、苯丙氨酸、苏氨酸、色氨酸和缬氨酸。其余12种氨基酸可以在体内合成，不一定需要由食物供给，称为非必需氨基酸(nonessential amino acid)。通常来说，含有必需氨基酸种类较多并且数量充足的蛋白质，其营养价值高，反之营养价值低。所以，在营养方面，不仅要注重摄入蛋白质的量，还要注重蛋白质的质。

人们发现将几种营养价值较低的蛋白质混合食用，则可以互相补充必需氨基酸的种类和数量，从而提高食物蛋白质营养价值，称为蛋白质的互补作用(complementary action)。认识到蛋白质的互补作用具有重要的意义，例如，谷类蛋白质含赖氨酸较少而含色氨酸较多，豆类蛋白质含赖氨酸较多而含色氨酸较少，两者混合食用即可提高营养价值。动植物蛋白混用，蛋白质的互补作用更显著，在谷类和豆类中加入10%的奶粉或是牛肉，可使蛋白质的价值超过单用牛奶或牛肉本身。

蛋白质营养对于疾病的防治具有重要意义。目前，临床上在某些疾病情况下，为维持患者体内氮平衡，保证体内氨基酸的需要，给患者使用一定比例的必需氨基酸，使许多危重患者转危为安。

第二节　氨基酸的一般代谢

一、氨基酸代谢概况

人体内蛋白质处于不断合成与降解的动态平衡中，蛋白质的更新过程具有重要的生理意义：一方面，某些起调节作用的蛋白质的更新速度可以直接影响代谢过程与生理功能；另一方面，某些异常或损伤的蛋白质必须通过更新过程而被清除。食物蛋白质经消化而被吸收的氨基酸与体内组织蛋白质降解产生的氨基酸以及体内其他各种来源的氨基酸混为一体，分布于各种体液中，总称为氨基酸代谢库(metabolic pool)。氨基酸代谢库通常以游离氨基酸总量计算，机体没有专一的组织器官储存氨基酸，氨基酸代谢库实际上包括细胞内液、细胞间液和血液中的氨基酸。但是，由于不同组织细胞生理活动的需要不同，其蛋白质的更新率也不同。正常情况下，体内氨基酸的来源和去路是处于动态平衡的。

体内氨基酸的来源：食物蛋白质经过消化吸收进入体内的氨基酸；体内组织蛋白质分解产生的氨基酸；体内代谢合成的氨基酸。

体内氨基酸的去路：合成机体的组织蛋白质；转变为重要的含氮化合物，如嘌呤、嘧啶、肾上腺素及其他蛋白质或多肽激素等；氧化分解产生能量；转变为糖或脂肪。

体内氨基酸的主要功能是合成蛋白质和多肽，也合成其他含氮的生理活性物质。从氨基酸的结构上看，除了侧链 R 基团不同外，均有 α-氨基和 α-羧基。氨基酸在体内的分解代谢实际上就是氨基、羧基和 R 基团的代谢。不同的氨基酸结构不同，因此它们的代谢也有各自的特点。体内氨基酸代谢的概况见图 10-1。本节首先介绍氨基酸的一般代谢途径：脱氨基作用及脱羧基作用。

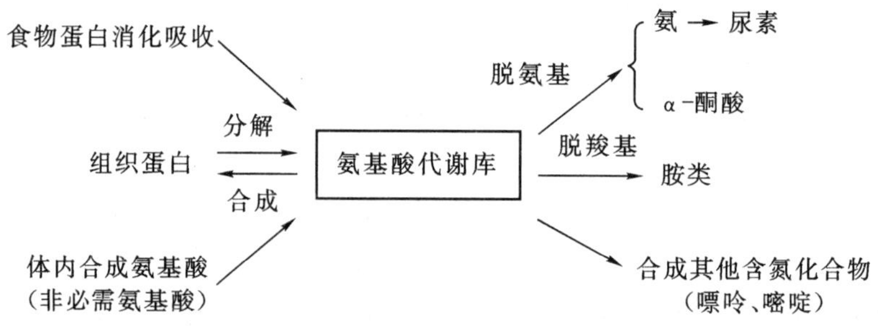

图 10-1　氨基酸代谢概况

二、氨基酸脱氨基作用

氨基酸的脱氨基作用是氨基酸在体内进行分解代谢的主要方式。氨基酸的脱氨基作用在体内大多数组织中均可进行。

(一)氨基酸脱氨基方式

氨基酸脱氨基的方式主要有氧化脱氨基、转氨基、联合脱氨基及嘌呤核苷酸循环脱氨基等，其中以联合脱氨基最为重要。

1. 氧化脱氨基作用

氨基酸在氨基酸氧化酶的催化下，先脱氢生成亚氨基酸，后者再水解生成 α-酮酸和 NH_3 的过程，因此过程伴有氧化反应，故称为氧化脱氨基作用。在体内催化氧化脱氨基反应酶有 *L*-谷氨酸脱氢酶和氨基酸氧化酶类，其中以 *L*-谷氨酸脱氢酶为主，*L*-谷氨酸脱氢酶的辅酶是 NAD^+ 或 $NADP^+$，其催化反应如下。

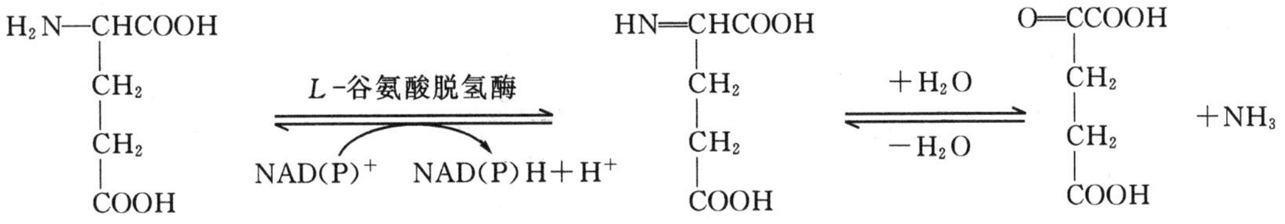

L-谷氨酸　　α-亚氨基戊二酸　　α-酮戊二酸

以上反应是可逆的。一般情况下，反应偏向于谷氨酸的合成，但当谷氨酸浓度升高，NH_3 浓度下降时，反应则偏向于 α-酮戊二酸的合成。

L-谷氨酸脱氢酶广泛存在于肝、肾、脑组织中，活性也较强，但它只能催化谷氨酸进行氧化脱氨基，对其他氨基酸不起作用，因此，氧化脱氨基作用不是氨基酸脱氨基的最主要方式。

2. 转氨基作用

转氨基作用又称为氨基移换作用，是在氨基移换酶(或转氨酶)的催化下，把氨基酸的 α-氨基转移到 α-酮酸的酮基上，生成相应的 α-酮酸和氨基酸的过程。反应方程式如下。

转氨基过程是可逆反应，它是体内合成非必需氨基酸的主要途径。氨基移换酶的辅酶是磷酸吡多醛和磷酸吡多胺，含维生素 B_6。因此，生物体若缺乏维生素 B_6，将影响氨基酸的转氨基作用。

体内大多数氨基酸(除甘氨酸、赖氨酸、苏氨酸、脯氨酸及羟脯氨酸外)都可参加转氨基作用。氨基移换酶的种类很多，专一性强，即不同氨基酸与 α-酮酸之间的转氨基作用只能由专一的氨基移换酶催化。在各种氨基移换酶中，其中以丙氨酸氨基移换酶(ALT，又称谷丙转氨酶，GPT)和天冬氨酸氨基移换酶(AST，又称谷草转氨酶，GPT)最为重要，它们主要催化 *L*-谷氨酸与 α-酮戊二酸之间的氨基转移反应。其催化的反应式如下。

$$\text{谷氨酸}+\text{丙酮酸}\xrightleftharpoons{\text{ALT}}\alpha\text{-酮戊二酸}+\text{丙氨酸}$$

$$\text{谷氨酸}+\text{草酰乙酸}\xrightleftharpoons{\text{ALT}}\alpha\text{-酮戊二酸}+\text{天冬氨酸}$$

ALT 和 AST 在体内各组织中广泛存在，但含量差异比较大。例如，肝细胞含量最高的是 ALT，而心肌细胞中则是 AST。正常生理状况下，氨基移换酶主要分布于细胞内，血清中活性很低。当因某种原因使组织坏死、细胞破裂时，大量氨基移换酶就释放入血液，造成血清中氨基移换酶活性升高。例如，在心肌梗死时患者血清 AST 活力明显上升；急性肝炎时患者血清 ALT 活力明显升高。因此，临床上可通过测定血清中 AST 或 ALT 作为诊断疾病的重要的生化指标。

3. 联合脱氨基作用

联合脱氨基是氨基酸脱氨基的主要方式，其过程是：氨基酸首先与 α-酮戊二酸在转氨酶的催化下生成 α-酮酸和谷氨酸，然后再经 *L*-谷氨酸脱氢酶作用生成 α-酮戊二酸和氨气的过程，即由转氨酶体系与 *L*-谷氨酸脱氢酶联合作用所产生的氨基酸脱氨基过程称为联合脱氨基作用，主要发生在肝、肾等组织。联合脱氨基的反应过程见图 10-2。

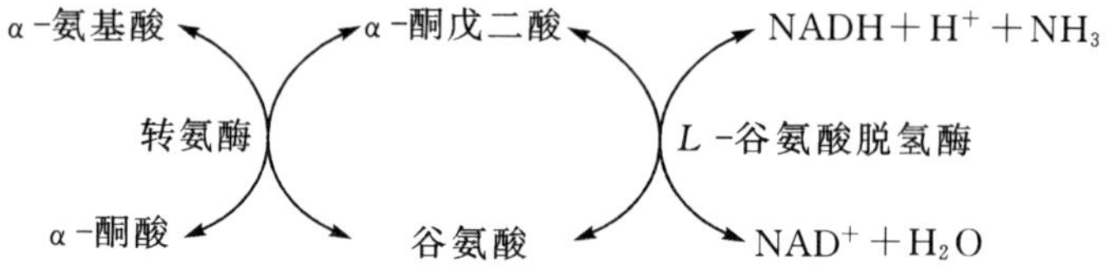

图 10-2 联合脱氨基作用

联合脱氨基作用的全过程是可逆的，因此联合脱氨基过程也是体内合成非必需氨基酸的主要途径。

4. 嘌呤核苷酸循环脱氨基作用

在肌肉组织(骨骼肌核心肌)中由于 *L*-谷氨酸脱氢酶活性不高，难以进行上述的联合脱氨过程。因此在肌肉中存在着另外一种氨基酸脱氨基作用，即嘌呤核苷酸循环脱氨基。在此过程中，氨基酸首先通过连续的转氨基作用，将氨基转移给草酰乙酸生成天冬氨酸；天冬氨酸与次黄嘌呤核苷酸(IMP)反应生成腺苷酸代琥珀酸，后者经过裂解，释放出延胡索酸并生成腺嘌呤核苷酸(AMP)。AMP 在活性较强的腺苷酸脱氨酶催化下脱去氨基生成 IMP，最终完成了氨基酸的脱氨基作用，IMP 可以继续循环，延胡索酸则可经三羧酸循环转变成草酰乙酸，再次参加转氨反应(图 10-3)。

嘌呤核苷酸循环也可看作是一种联合脱氨基作用。

(二)氨的代谢

氨是一种对机体有毒的物质，体内氨主要是在肝中合成尿素而解毒，肝合成尿素的能力很强，因此，正常人血浆中氨的浓度很低，一般不超过 60 μmol/L。

1. 体内氨的来源

体内氨的来源主要有以下 3 条途径。

(1)氨基酸脱氨基作用。这是体内氨的主要来源。此外，胺类的分解也可产生氨。

(2)肠道氨被吸收入血。肠道氨的主要来源有：①未经消化、吸收的蛋白质、氨基酸在大肠杆菌的作用下产生氨；细菌的这种作用称为腐败作用。②血中尿素扩散入肠道后在肠菌尿素酶作用下水解产生氨。肠道产氨的量较多，每日约 4 g。在肠道中，氨(NH_3)比铵(NH_4^+)更容易穿透细胞膜而被吸收入血，肠液 pH 升高时，NH_4^+有偏向于生成 NH_3，有利于氨的吸收；

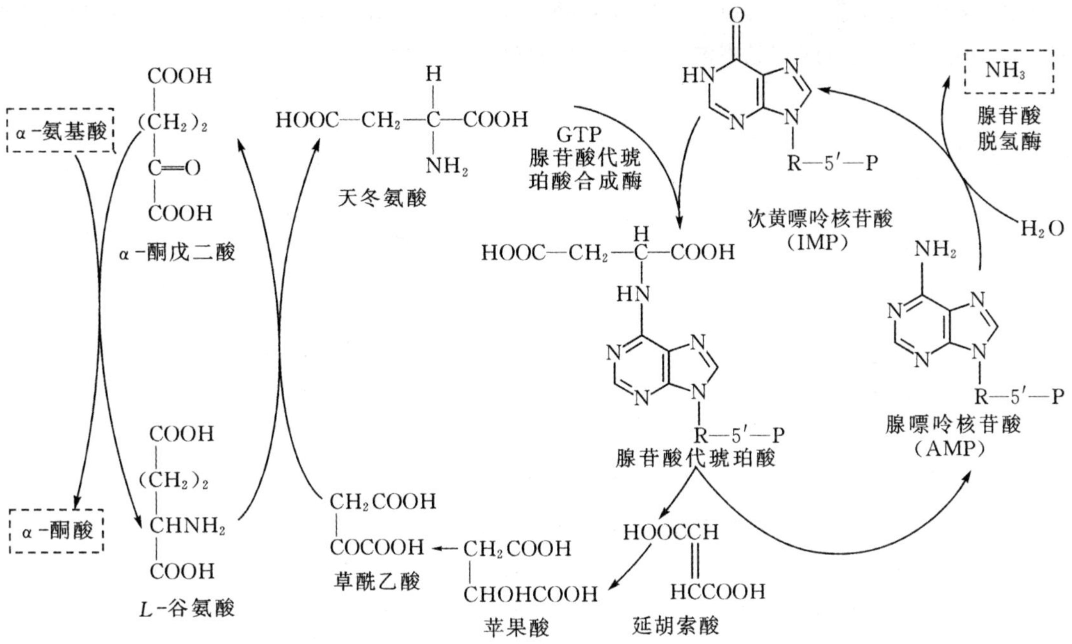

图 10-3　嘌呤核苷酸循环脱氨基作用

若肠液 pH 降低时，NH_3 与 H^+ 结合生成 NH_4^+ 不易被吸收，因此临床上对高血氨患者采用弱酸性透析液做结肠透析，而禁止用碱性肥皂水灌肠，就是为了减少氨的吸收。

(3)肾产生的氨。肾产生的氨主要来自谷氨酰胺的水解。肾小管上皮细胞内的谷氨酰胺在谷氨酰胺酶的催化下，水解成谷氨酸和 NH_3，正常情况下这部分氨主要被分泌到肾小管管腔中，与 H^+ 结合生成 NH_4^+，以铵盐的形式由尿排出，这对调节机体的酸碱平衡起着重要的作用。酸性尿可促 NH_4^+ 的生成，有利于肾对氨的排泄；相反，碱性尿则不利于氨的排出，氨可被吸收入血，引起高血氨。因此，临床上对因肝硬化产生腹水的患者，不宜使用碱性利尿药，以免血氨升高。

2. 氨的去路

体内各组织中产生的氨是一种剧毒代谢产物，它在体内代谢的主要去路是合成尿素而解毒，其次，氨还可以与谷氨酸结合生成谷氨酰胺，另外，尚有少部分氨可作为原料合成非必需氨基酸等含氮化合物。

(1)尿素的合成。实验已证明，肝是合成尿素的最主要器官，肾及脑等组织亦可合成尿素，但合成量甚微。尿素的合成是体内解除氨毒性的主要方式，其过程如下。

第一，合成氨基甲酰磷酸。在 Mg^{2+}、ATP 及 *N*-乙酰谷氨酸存在时，氨与 CO_2 在氨基甲酰磷酸合成酶Ⅰ(carbamoylphosphatesynthetase Ⅰ，CPS-Ⅰ)催化下，合成氨基甲酰磷酸。此反应是不可逆的，需消耗 2 分子的 ATP，发生在肝细胞的线粒体中。

$$CO_2 + NH_3 + H_2O + 2ATP \xrightarrow[N\text{-乙酰谷氨酸},\,Mg^{2+}]{\text{氨基甲酰磷酸合成酶Ⅰ}} H_2N\text{—}\overset{\overset{\displaystyle O}{\|}}{C}\text{—}O\sim PO_3H_2 + 2ADP + Pi$$

反应中，*N*-乙酰谷氨酸是氨基甲酰磷酸合成酶Ⅰ的变构激活剂。

第二，生成瓜氨酸。在鸟氨酸氨甲酰基转移酶（ornithine carbamoyl transferase，OCT）的催化下，将氨基甲酰磷酸的氨甲酰基转移至鸟氨酸生成瓜氨酸。

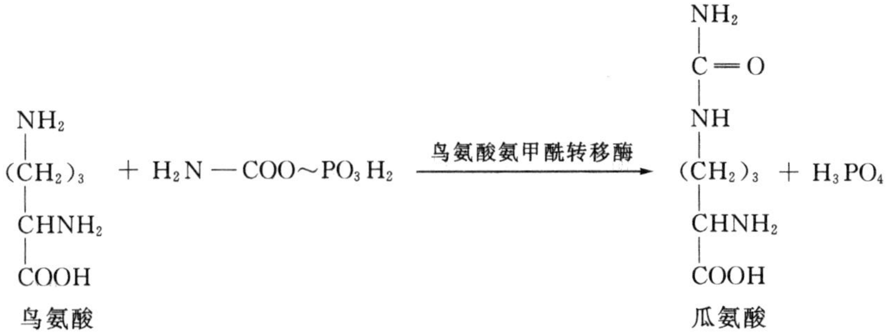

此反应不可逆。仍在肝细胞的线粒体中进行的。

第三，合成精氨酸。精氨酸合成过程分两步进行。第一步，瓜氨酸与天冬氨酸在精氨酸代琥珀酸合成酶催化下，合成精氨酸代琥珀酸，此反应由 ATP 提供能量；第二步，精氨酸代琥珀酸在精氨酸代琥珀酸裂解酶催化下，裂解成为精氨酸和延胡索酸。这两步反应发生在胞液中。

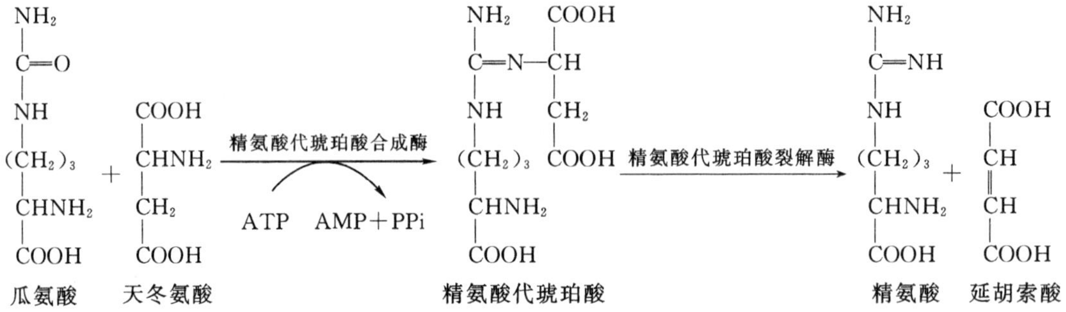

第四，精氨酸水解生成尿素。精氨酸在胞液中精氨酸酶的作用下，水解生成尿素和鸟氨酸，鸟氨酸再进入线粒体参与瓜氨酸的合成，如此反复循环，尿素不断合成。鸟氨酸可被反复利用，因此尿素的合成过程又称为鸟氨酸循环。

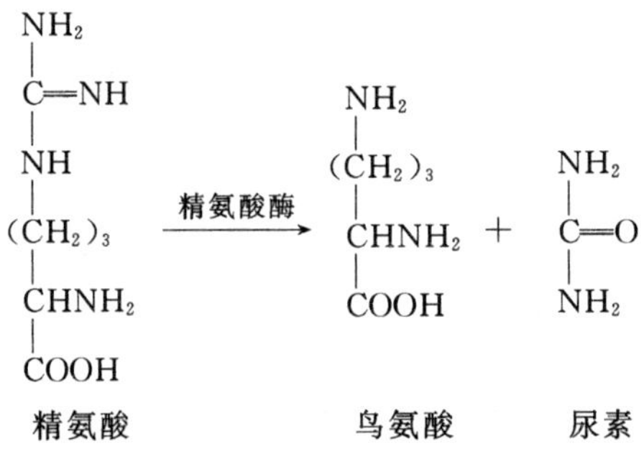

尿素合成的详细过程见图 10－4。

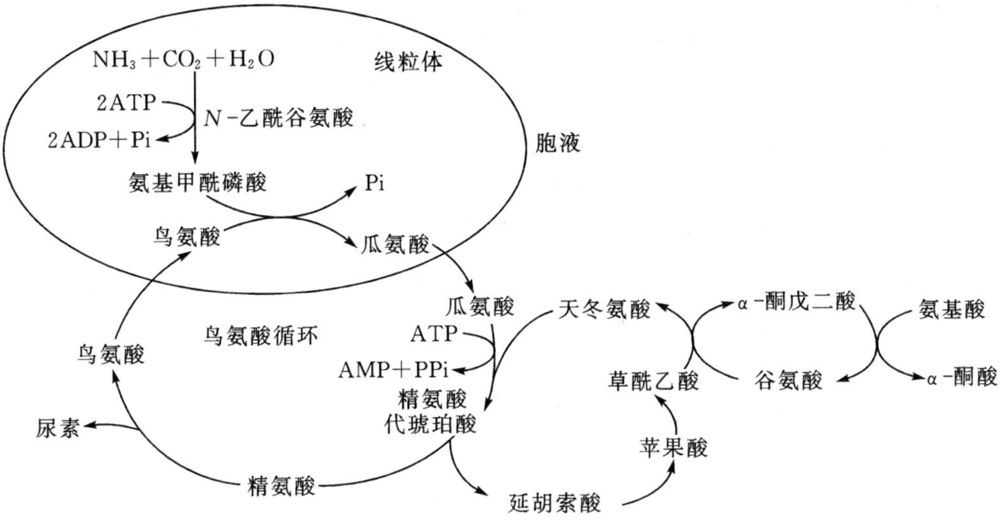

图 10-4　尿素合成的过程

由上述反应图可知，反应生成的延胡索酸可转变为草酰乙酸，后者可接受转氨基反应而来的氨基生成天冬氨酸，然后再参加精氨酸代琥珀酸的生成。由此可见，多种氨基酸的氨基均可通过天冬氨酸的形式参与尿素的合成。尿素分子中的两个氮原子，一个来自氨，另一个则来自天冬氨酸。

在尿素合成过程中，除氨基甲酰磷酸和瓜氨酸的合成是在线粒体中进行外，其余反应均在细胞液中进行。在催化尿素合成的诸多酶中，以精氨酸代琥珀酸合成酶的活性最低，此酶是尿素合成过程中的限速酶，可调节尿素合成的速度。

(2)谷氨酰胺的生成。氨与谷氨酸在谷氨酰胺合成酶的作用下合成谷氨酰胺，此过程需ATP提供能量。

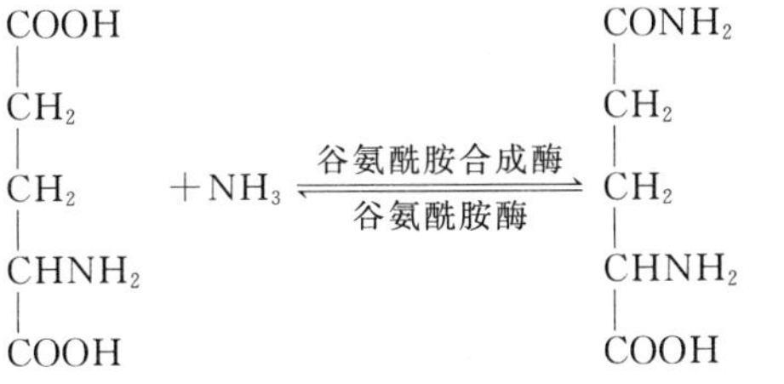

谷氨酸　　　　谷氨酰胺

生成的谷氨酰胺经血液输送到肝或肾，再经谷氨酰胺酶水解为谷氨酸及氨气，在肝中氨气可合成尿素，在肾中氨气则以铵盐的形式随尿液排泄。所以，谷氨酰胺的生成不但能起到解除氨毒性的作用，而且还是氨在血液中的运输和储存形式。

(3)合成某些含氮化合物。α-酮酸氨基化可生成非必需氨基酸；此外，氨还可以作为原料合成嘌呤、嘧啶等含氮化合物。

3. 高血氨及氨中毒

正常生理状况下，血氨的来源和去路保持动态平衡，血氨浓度维持在较低水平。但当肝功能严重损害时，尿素合成受阻，导致血氨浓度升高，称为高血氨。随着血液循环，氨进入脑组织，可与脑组织中的α-酮戊二酸结合生成谷氨酸，再进一步与谷氨酸结合生成谷氨酰胺。这样，氨可使脑细胞中的α-酮戊二酸减少，导致三羧酸循环减弱，使ATP生成减少，从而引起脑功能障碍，严重时可出现昏迷，这种现象称为肝昏迷或肝性脑病。

（三）α-酮酸的代谢

氨基酸脱氨基后产生的α-酮酸在体内可进一步的代谢，其代谢去路主要有下列三方面。

1. 氨基化生成非必需氨基酸

α-酮酸可通过联合脱氨基反应的逆过程合成非必需氨基酸。例如，α-酮戊二酸氨基化可生成谷氨酸；丙酮酸氨基化可生成丙氨酸等。

2. 转变成糖或脂肪

实验发现，分别用不同氨基酸饲养人工糖尿病犬时，大多数氨基酸可使尿中排出的葡萄糖增加；少数氨基酸则可使尿中葡萄糖及酮体排出同时增加；喂养亮氨酸和赖氨酸只能使尿中酮体增加。由此可认为，氨基酸脱氨基后生成的α-酮酸在体内可转变为糖及脂类。将在体内可以转变成糖的氨基酸称为生糖氨基酸，能转变为酮体者称为生酮氨基酸，二者兼有者称为生糖兼生酮氨基酸，见表10-2。

表10-2　氨基酸生糖及生酮性质的分类

类别	氨基酸
生糖氨基酸	丙氨酸、精氨酸、天冬氨酸、谷氨酸、脯氨酸、半胱氨酸、甘氨酸、组氨酸、丝氨酸、缬氨酸、甲硫氨酸、谷氨酰胺、天冬酰胺
生糖兼生酮氨基酸	酪氨酸、异亮氨酸、苯丙氨酸、苏氨酸、色氨酸
生酮氨基酸	赖氨酸、亮氨酸

3. 氧化供能

氨基酸脱氨基产生的α-酮酸在体内可以通过三羧酸循环及氧化磷酸化彻底氧化，生成CO_2和H_2O并释放出能量供生理活动的利用。

综上所述，氨基酸的代谢与糖和脂肪的代谢密切相关。氨基酸可转变为糖和脂肪；糖也可转变成脂肪和非必需氨基酸，三羧酸循环是糖、脂肪及氨基酸相互转变的代谢枢纽。

三、氨基酸脱羧基作用

在体内部分氨基酸可进行脱羧基作用，催化这一过程的酶是氨基酸脱羧酶，磷酸吡哆醛（含维生素B_6）是此类酶的辅酶。氨基酸脱羧基后，可生成相应的胺类化合物，胺类化合物可继续在胺氧化酶催化下氧化生成醛类，进而再氧化为羧酸，这样就可避免因胺类化合物在体内蓄积而引起神经及心血管系统的功能紊乱。在正常生理情况下，胺类化合物的含量很低，但其生物活性很高，并具有重要的生理功能和临床意义。下面介绍几种重要的胺类化合物。

（一）γ-氨基丁酸

谷氨酸脱羧基生成γ-氨基丁酸（γ-aminobutyric acid，GABA），催化此反应的酶是谷氨酸脱羧酶，此酶在脑、肾组织中活性很高，所以GABA在脑中含量较多。GABA是抑制性神经递质，对中枢神经有抑制作用。临床上常用维生素 B_6 治疗妊娠呕吐和小儿惊厥，就是因为维生素 B_6 是磷酸吡哆醛的主要组成成分，磷酸吡哆醛又是谷氨酸脱羧酶的辅酶，可促进谷氨酸脱羧生成 γ-氨基丁酸，从而抑制神经的兴奋性。

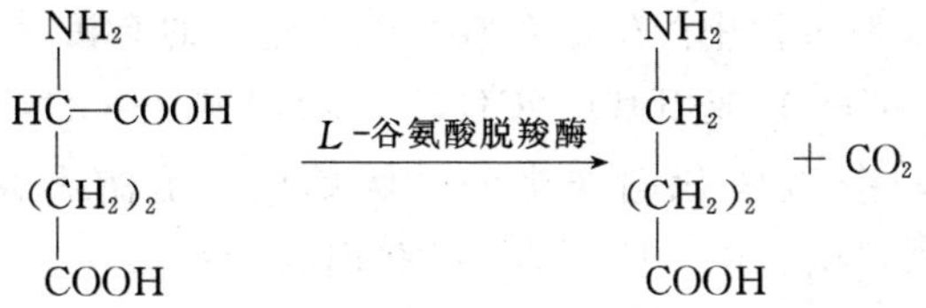

L-谷氨酸　　γ-氨基丁酸

（二）组胺

组胺（histamine）是组氨酸在组氨酸脱羧酶催化下脱羧基生成的。组胺在体内广泛分布于乳腺、肝、肺、肌肉及胃黏膜等的肥大细胞中。组胺是一种强烈的血管舒张剂，并能增加毛细血管通透性。创伤性休克及炎症病变部位均有组胺的释放。组胺还可刺激胃黏膜细胞分泌胃蛋白酶和胃酸，所以临床上作胃液分析时，常给患者注射组胺，促使胃液分泌，以便抽取胃液标本。

（三）5-羟色胺

色氨酸首先在脑组织中经色氨酸羟化酶作用，生成 5-羟色氨酸，然后再脱羧生成 5-羟色胺（5-HT）。

5-羟色胺广泛分布于体内各组织，除神经组织外，还存在于胃肠、血小板及乳腺细胞中。脑内的 5-羟色胺可作为神经递质，具有抑制性作用；在外周组织，5-羟色胺有收缩血管的作用。

（四）牛磺酸

生物体内的牛磺酸（taurine）是由半胱氨酸代谢产生，即半胱氨酸先氧化生成磺酸丙氨酸，再脱羧基生成牛磺酸。牛磺酸是结合胆汁酸的组成成分，现已发现脑组织中含有较多的牛磺酸，表明它可能对脑功能也有作用。

（五）多胺

某些氨基酸脱羧可生成多胺（polyamines），包括精脒和精胺。例如，鸟氨酸脱羧基生成腐胺，S-腺苷甲硫氨酸脱羧基生成 S-腺苷甲硫基丙胺，然后腐胺从 S-腺苷甲硫基丙胺转入丙胺基而转变为精脒和精胺。

精脒和精胺有调节细胞生长的重要作用。凡生长旺盛的组织如胚胎、再生肝、癌瘤组织等，作为多胺合成限速酶的鸟氨酸脱羧酶活性较强，多胺含量也较高。目前临床上利用测定癌瘤患者血、尿中多胺的含量作为观察病情和辅助诊断的指标之一。

第三节　个别氨基酸的代谢

氨基酸除一般代谢途径外，个别氨基酸还有其独特的代谢途径，并且具有重要的生理意义。

一、一碳单位代谢

某些氨基酸在分解代谢过程中产生的含有一个碳原子的有机基团，称为一碳单位或一碳基团。其种类有：甲基（$—CH_3$）、亚甲基（$—CH_2—$）、次甲基（$=CH—$）、甲酰基（—CHO）及亚氨甲基（—CH=NH）等。氨基酸代谢产生的一碳单位不能游离存在，常与辅酶四氢叶酸（FH_4）结合被转运并参与代谢。FH_4是一碳单位代谢的辅酶。

（一）一碳单位载体

四氢叶酸是一碳单位的载体。哺乳动物体内四氢叶酸可由叶酸经二氢叶酸还原酶催化，通过两步还原反应而生成。

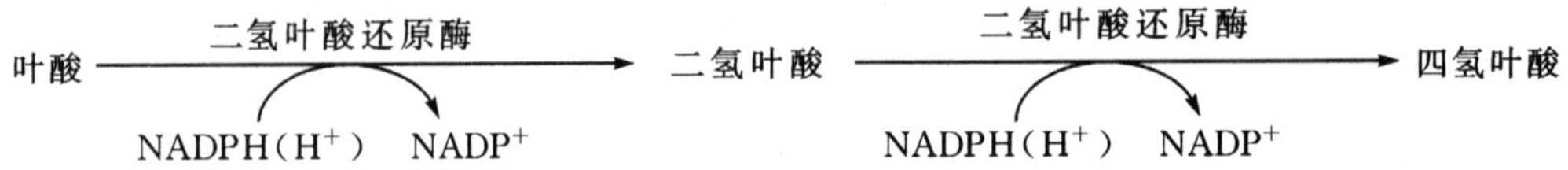

一碳单位通常结合在 FH_4 分子的 N^5、N^{10} 位上，形成 $N^5—CH_3—FH_4$（N^5-甲基四氢叶酸）、$N^5,N^{10}—CH_2—FH_4$（N^5,N^{10}-亚甲四氢叶酸）、$N^5,N^{10}=CH—FH_4$（N^5,N^{10}-次甲四氢叶酸）、$N^{10}—CHO—FH_4$（N^{10}-甲酰四氢叶酸）及 $N^5—CH=NH—FH_4$（N^5-亚氨甲基四氢叶酸）等。

各种不同形式的一碳单位在适当条件可通过氧化还原反应而彼此相互转变（图 10－5）。

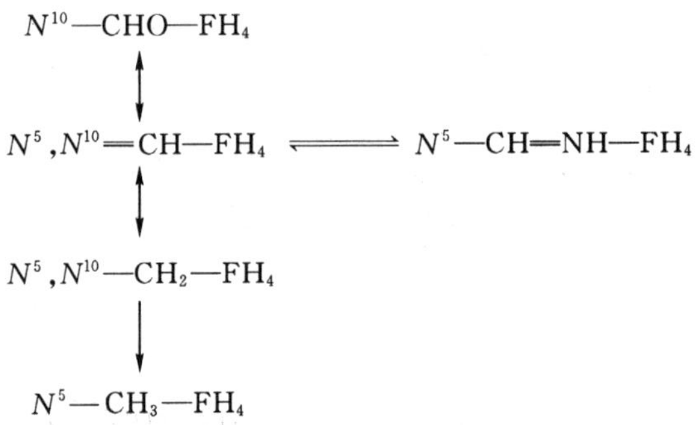

图 10－5　一碳单位的相互转变

（二）一碳单位与氨基酸代谢

一碳单位主要来源于丝氨酸、甘氨酸、组氨酸及色氨酸的代谢。丝氨酸在丝氨酸羟甲基转移酶作用下，可产生 $N^5,N^{10}—CH_2—FH_4$；甘氨酸裂解也可生成 $N^5,N^{10}—CH_2—FH_4$；组氨酸经多步反应后能分解产生 $N^5—CH=NH—FH_4$；色氨酸代谢可产生 $N^{10}—CHO—FH_4$。

（三）一碳单位的生理作用

一碳单位是合成嘌呤及嘧啶的重要原料，与核酸的生物合成密切相关。例如，$N^{10}—$

CHO—FH_4与N^5,N^{10}═CH—FH_4分别提供嘌呤环合成时C^2与C^8的来源;N^5,N^{10}—CH_2—FH_4提供胸苷酸(dTMP)合成时甲基的来源(见核苷酸代谢)。由此可见,一碳单位代谢在细胞增殖、组织生长和机体发育等过程中起着重要的作用。一碳单位代谢的障碍可造成某些病理情况,例如,巨幼红细胞性贫血等。磺胺药及某些抗恶性肿瘤药(甲氨蝶呤等)正是通过干扰细菌及恶性肿瘤细胞的叶酸、四氢叶酸合成,进一步影响一碳单位代谢与核酸合成而发挥其药理作用。此外,一碳单位还参与S-腺苷甲硫氨酸的合成,为体内的甲基化反应提供甲基。

二、含硫氨基酸代谢

体内的含硫氨基酸包括甲硫氨酸、半胱氨酸和胱氨酸3种。这3种氨基酸在体内的代谢是相互联系的,甲硫氨酸可以转变为半胱氨酸和胱氨酸,在半胱氨酸供应充足时,可节省甲硫氨酸;半胱氨酸和胱氨酸也可以互变,但后二者均不能生成甲硫氨酸,所以甲硫氨酸是必需氨基酸,半胱氨酸可称为半必需氨基酸。

(一)甲硫氨酸的代谢

1. 甲硫氨酸与转甲基作用

甲硫氨酸分子中含有S-甲基,可以通过转甲基作用生成许多含甲基的重要生理活性物质,如胆碱、肌酸、肾上腺素及肉毒碱等。但是甲硫氨酸必须首先与ATP在腺苷转移酶作用下生成S-腺苷甲硫氨酸(SAM)。SAM中的甲基是活性甲基,可参与体内的甲基化反应,因此,SAM又称为活性甲硫氨酸。

2. 甲硫氨酸循环

甲硫氨酸与ATP反应生成S-腺苷甲硫氨酸,再经转甲基作用生成S-腺苷同型半胱氨酸,继续水解,以及在转甲酶的催化下,由一碳单位(N^5—CH_3—FH_4)提供甲基,又重新生成甲硫氨酸。这一循环过程称为甲硫氨酸循环(图10-6)。

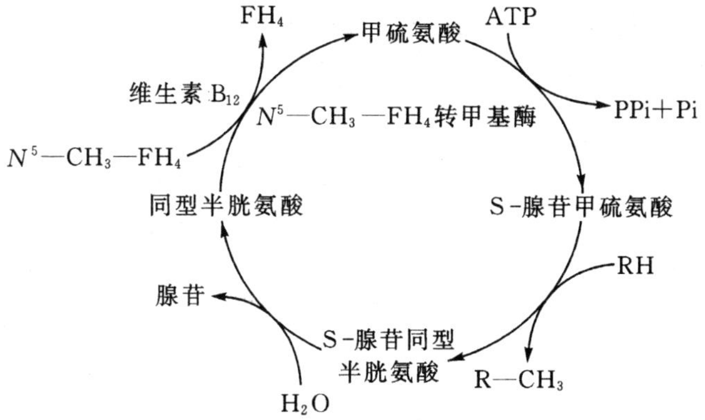

图10-6　甲硫氨酸循环

甲基化反应是体内重要的代谢反应,具有广泛的生理意义。通过甲基化反应可合成体内数十种具有重要生理活性的物质,在此过程中,S-腺苷甲硫氨酸则是体内最重要的甲基直接供体。

(二)半胱氨酸和胱氨酸的代谢

半胱氨酸含有巯基(—SH),两个半胱氨酸结合可生成胱氨酸,胱氨酸分子中含有二硫键(—S—S—)。半胱氨酸在体内进行代谢时,可直接脱去巯基和氨基,生成丙酮酸、NH_3和H_2S;丙酮酸可继续氧化成为CO_2和H_2O;NH_3可合成尿素排出体外;H_2S则可经氧化生成H_2SO_4。体内产生的硫酸一部分随尿液排泄,另一部分可与ATP反应被活化为3′-磷酸腺苷-5′-磷酰硫酸(PAPS)。PAPS的化学性质比较活泼,可提供活性硫酸参加体内的硫酸化反应,因此,PAPS又可称为活性硫酸。PAPS可参与肝内的生物转化反应:与类固醇激素结合形成硫酸酯,使激素灭活;与外源性酚类化合物结合形成硫酸酯而排出体外等。这些反应均由硫酸转移酶催化。

三、芳香族氨基酸代谢

芳香族氨基酸有3种,即苯丙氨酸、酪氨酸和色氨酸。在体内苯丙氨酸代谢可生成酪氨酸,而酪氨酸不能生成苯丙氨酸。

(一)苯丙氨酸的代谢

在正常生理状况下,苯丙氨酸可在苯丙氨酸羟化酶的作用下,进行羟化作用而生成酪氨酸。苯丙氨酸羟化酶是一种单加氧酶,主要存在于肝脏等组织中,它的辅酶是四氢生物蝶呤。此反应是不可逆的,因此酪氨酸不能转变为苯丙氨酸。

当苯丙氨酸羟化酶先天性缺陷时,苯丙氨酸不能正常地转变生成酪氨酸,苯丙氨酸在体内蓄积,并可经转氨基作用生成苯丙酮酸,大量的苯丙酮酸随尿液排出体外,这种病症称为苯丙酮酸尿症(phenyl ketonuria,PKU)。苯丙酮酸的堆积对中枢神经有毒害作用,因此,苯丙酮酸尿症的患儿有智力发育障碍的临床表现。在临床上,对此种患儿的治疗原则是早期发现,并适当控制其饮食中的苯丙氨酸含量。

苯丙氨酸除以上代谢外,还可进入酪氨酸的代谢途径。

(二)酪氨酸的代谢

酪氨酸的代谢途径主要有以下几种。

1. 合成儿茶酚胺

酪氨酸在酪氨酸羟化酶催化下,先生成多巴(3,4-二羟苯丙氨酸)。酪氨酸羟化酶的辅酶也是四氢生物蝶呤。生成的多巴继续在多巴脱羧酶作用下脱羧生成多巴胺(dopamine,DA)。多巴胺是脑组织中的一种神经递质,若多巴生成减少,含量不足会引起帕金森病

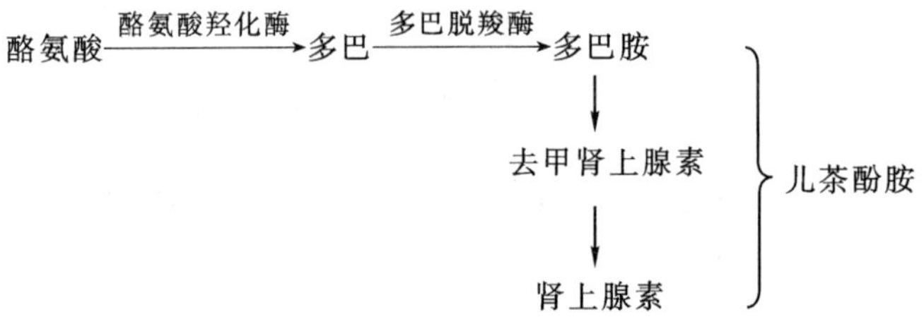

(Parkinson disease)。在肾上腺髓质中，多巴胺侧连的β碳原子被羟化，生成去甲肾上腺素，后者受 *N*-甲基转移酶作用，由 S-腺苷甲硫氨酸提供甲基转变为肾上腺素。多巴胺、去甲肾上腺素、肾上腺素都是有儿茶酚结构的胺类物质，故统称为儿茶酚胺。

2. 合成黑色素

酪氨酸在黑色素细胞中经酪氨酸酶催化，羟化成为多巴，多巴经氧化生成多巴醌，后者经一系列反应转变为吲哚-5,6-醌。黑色素即是吲哚醌的聚合物。因此，人体若先天性缺陷酪氨酸酶，可导致黑色素合成障碍，皮肤、毛发等变白，称为白化病(albinism)。可见，白化病属于遗传性缺陷病。

$$\text{酪氨酸}\xrightarrow{\text{酪氨酸酶}}\text{多巴}\longrightarrow\text{多巴醌}\longrightarrow\text{黑色素}$$

3. 酪氨酸的分解代谢

酪氨酸的另外一条代谢途径是生成乙酰乙酸及延胡索酸，这是酪氨酸分解代谢的主要方式。酪氨酸先在转氨酶作用下，生成对羟苯丙酮酸，然后再经对羟苯丙酮酸氧化酶催化生成尿黑酸，尿黑酸在尿黑酸氧化酶作用下进一步氧化最终生成乙酰乙酸和延胡索酸。乙酰乙酸和延胡索酸均能参与糖和脂肪酸的代谢，因此苯丙氨酸和酪氨酸都是生糖兼生酮氨基酸。

若对羟苯丙酮酸氧化酶先天性缺乏，患者血液中酪氨酸含量升高，称为酪氨酸血症；若尿黑酸氧化酶缺乏，引起大量尿黑酸从尿中排出，此为罕见的先天性尿黑酸症。尿黑酸在碱性条件下易被氧化成醌类化合物，进一步生成黑色化合物，故此类患者尿液加碱放置时迅速变黑，患者的骨及组织亦有广泛的黑色物沉积。

(三)色氨酸的代谢

色氨酸在肝中可进行一碳单位代谢，催化的酶是色氨酸加氧酶；色氨酸还可分解产生丙酮酸和乙酰乙酰辅酶 A。此外，在体内色氨酸代谢可生成尼可酸(维生素 PP)，是辅酶Ⅰ(NAD^+)或辅酶Ⅱ($NADP^+$)的主要组成成分。色氨酸转变成尼可酸的量很少，因此，人体还必须不断从食物中获取维生素 PP 才能满足生理需要。

四、支链氨基酸的代谢

支链氨基酸是指缬氨酸、亮氨酸和异亮氨酸，它们都属于必需氨基酸。支链氨基酸的分解代谢主要发生在骨骼肌中。它们代谢的起始阶段基本相同，均在转氨酶作用下，转移氨基生成相应的α-酮酸，然后各自经过一系列代谢过程生成不同的产物：缬氨酸可分解生成琥珀酰辅酶 A；亮氨酸生成乙酰辅酶 A 和乙酰乙酰辅酶 A；异亮氨酸生成琥珀酰辅酶 A 和乙酰辅酶 A。

目标检测

一、名词解释

1. 联合脱氨基作用
2. 鸟氨酸循环
3. 一碳单位

二、简答题

1. 简述血氨的来源与去路。

2. 简述苯丙氨酸和酪氨酸在体内的分解代谢过程及常见的代谢疾病。

（许莹）

第十一章　核苷酸代谢

学习目标

【掌握】核苷酸的来源及生理功能；核苷酸从头合成途径及补救合成途径的合成特点及调节；脱氧核糖核苷酸合成的特点；核苷酸抗代谢物的种类及其作用机制；核苷酸分解代谢的终产物形式。

【了解】核苷酸从头合成途径及补救合成途径的合成过程；核苷酸的分解过程及相关疾病。

核苷酸是组成核酸的基本结构单位，此外还具有储存能量、参与代谢和生理调节、组成辅酶及活化中间代谢物等生物学功能。体内核苷酸的来源有自身合成和食物降解两种途径，其中自身合成途径为主要来源，人和动物均可利用体内一些简单原料从头合成。食物中的核蛋白经胃酸降解生成蛋白质和核酸，核酸经肠道酶系降解成各种核苷酸，再在相关酶的作用下，分解生成嘌呤、嘧啶、核糖、脱氧核糖和磷酸，这些产物均可被生物体吸收。本章主要介绍了核苷酸的合成代谢和分解代谢。

第一节　核苷酸合成代谢

一、嘌呤核苷酸的合成

早在 1948 年，布坎南(J. M. Buchanan)等采用同位素标记不同化合物喂养鸽子，并测定排出的尿酸中标记原子的位置的同位素示踪技术，证实合成嘌呤碱的前身物为：氨基酸(甘氨酸、天冬氨酸、和谷氨酰胺)、CO_2和一碳单位(N^{10}-甲酰四氢叶酸，N^5，N^{10}-甲炔四氢叶酸)。嘌呤碱合成的元素来源见图 11-1。

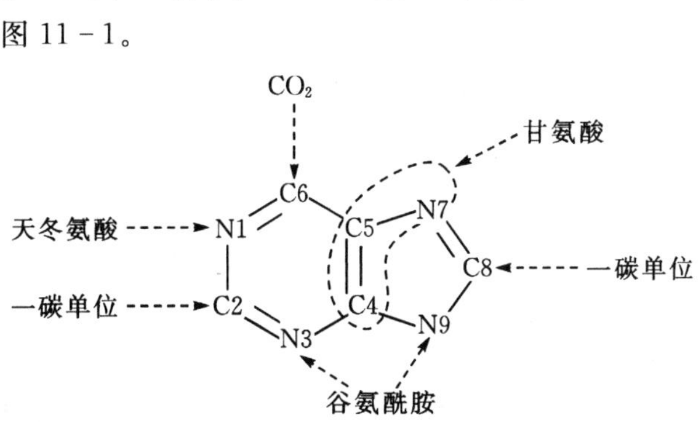

图 11-1　嘌呤碱合成的元素来源

体内嘌呤核苷酸的合成有两条途径。第一条合成途径是指利用磷酸戊糖、氨基酸、一碳单位及CO_2等简单物质为原料合成嘌呤核苷酸的过程，为从头合成途径，是体内的主要合成途径。肝细胞及多数细胞均以从头合成途径为主。

第二条合成途径是指利用体内游离嘌呤或嘌呤核苷，经简单反应过程生成嘌呤核苷酸的过程，为补救合成或重新利用途径。体内某些组织器官如脑、骨髓中只能通过此途径合成核苷酸。

(一)嘌呤核苷酸的从头合成

嘌呤核苷酸的从头合成主要在胞液中进行，可分为两个阶段：首先合成次黄嘌呤核苷酸(IMP)；然后通过不同途径分别生成AMP和GMP。

1. IMP的合成

IMP的合成包括11步反应，见图11-2。

(1)5-磷酸核糖的活化。嘌呤核苷酸合成的起始物为5-磷酸核糖，是磷酸戊糖途径的代谢产物。第一步是由磷酸戊糖焦磷酸激酶催化，5-磷酸核糖与ATP反应生成5-磷酸核糖焦磷酸(PRPP)。此反应中ATP的焦磷酸根直接转移到5-磷酸核糖C1位上。磷酸戊糖焦磷酸激酶是多种生物合成过程的重要酶，此酶为变构酶，受多种代谢产物的变构调节。此反应是合成核苷酸的关键性反应。

(2)获得嘌呤的N9原子。由磷酸核糖酰胺转移酶催化，谷氨酰胺提供酰胺基取代PRPP的C1的焦磷酸基团，形成5-磷酸核糖胺(PRA)。此步反应由焦磷酸的水解供能，是嘌呤合成的限速步骤，酰胺转移酶为限速酶，受嘌呤核苷酸的反馈抑制。

(3)获得嘌呤C4、C5和N7原子。由甘氨酰胺核苷酸合成酶催化甘氨酸与PRA缩合，生成甘氨酰胺核苷酸(GAR)。由ATP水解供能。此步反应为可逆反应，是合成过程中唯一可同时获得多个原子的反应。

(4)获得嘌呤C8原子。GAR的氨基甲酰化生成甲酰甘氨酰胺核苷酸(FGAR)。由N^5，N^{10}-甲酰四氢叶酸提供甲酰基。催化此反应的酶为GAR甲酰转移酶。

(5)获得嘌呤的N3原子。第二个谷氨酰胺的酰胺基转移到正在生成的嘌呤环上，生成甲酰甘氨脒核苷酸(FGAM)。由ATP水解供能。

(6)嘌呤咪唑环的形成。FGAM经过耗能的分子内重排，环化生成5-氨基咪唑核苷酸(AIR)。

(7)获得嘌呤C6原子。C6原子由CO_2提供，由AIR羧化酶催化生成羧基氨基咪唑核苷酸(CAIR)。

(8)获得N1原子。由天冬氨酸与AIR缩合反应，生成5-氨基咪唑-4-(*N*-琥珀酰胺)核苷酸(SACAIR)。此反应与(3)步相似，由ATP水解供能。

(9)去除延胡索酸。SACAIR在SACAIR甲酰转移酶催化下脱去延胡索酸生成5-氨基咪唑-4-甲酰胺核苷酸(AICAR)。

(10)获得C2。嘌呤环的最后一个C原子由N^{10}-甲酰四氢叶酸提供，由AICAR甲酰转移酶催化AICAR甲酰化生成5-甲酰胺基咪唑-4-甲酰胺核苷酸(FAICAR)。

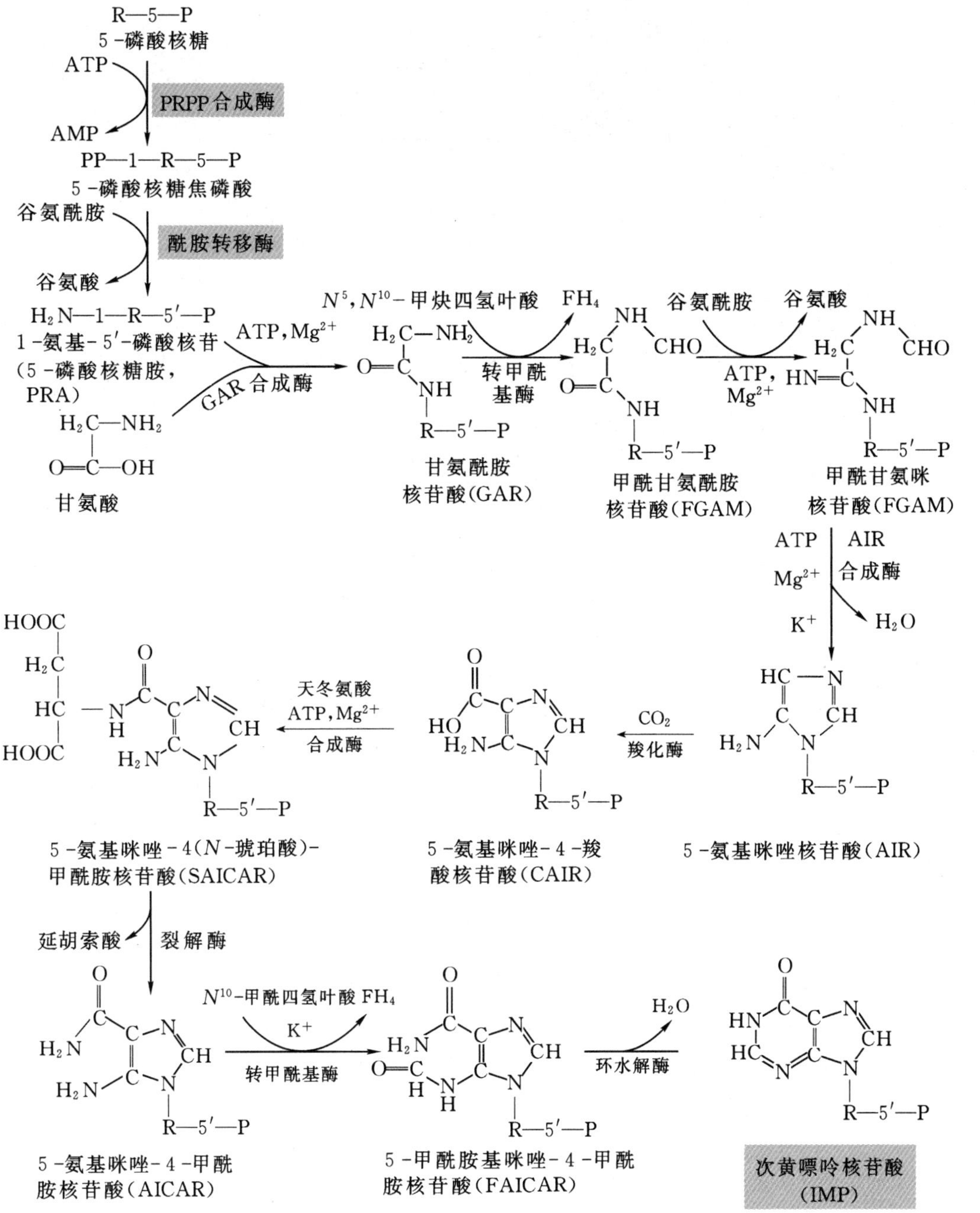

图 11-2　IMP 的合成

(11)环化生成 IMP。FAICAR 脱水环化生成 IMP。与反应(6)相反，此环化反应不需要 ATP 供能。

上述 11 步反应都由相应的酶催化，并且有 4 个步骤需要消耗 ATP。

2. AMP 和 GMP 的合成

上述反应生成的 IMP 并不堆积在细胞内，而是迅速转变为 AMP 和 GMP，见图 11-3。

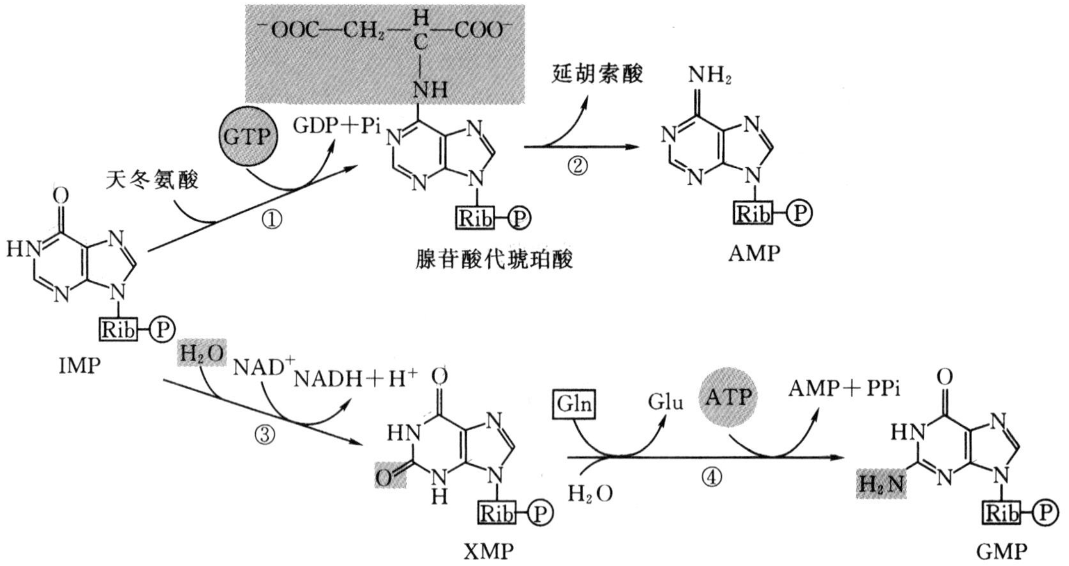

图 11-3　AMP 和 GMP 的合成

①腺苷酸代琥珀酸合成酶　③IMP 脱氢酶

②腺苷酸代琥珀酸裂解酶　④GMP 合成酶

(1)AMP 的合成。天冬氨酸的氨基与 IMP 生成腺苷酸代琥珀酸，由腺苷酸代琥珀酸合成酶催化，GTP 水解供能。在腺苷酸代琥珀酸裂解酶作用下脱去延胡索酸生成 AMP。

(2)GMP 的合成。IMP 由 IMP 脱氢酶催化，以 NAD^+ 为受氢体，氧化生成黄嘌呤核苷酸(XMP)。谷氨酰胺提供酰胺基取代 XMP 中 C2 上的氧生成 GMP，由 GMP 合成酶催化，ATP 水解供能。

3. ATP 和 GTP 的合成

ATP 和 GTP 要参与核酸的合成。一磷酸核苷必须先转变为二磷酸核苷再进一步转变为三磷酸核苷。二磷酸核苷由碱基特异的核苷一磷酸激酶催化，由相应一磷酸核苷生成。例如，腺苷激酶催化 AMP 磷酸化生成 ADP，鸟苷激酶催化 GMP 生成 GDP。二磷酸核苷转变为相应的三磷酸核苷，由核苷二磷酸激酶催化，二磷酸核苷激酶对底物的碱基及戊糖(核糖或脱氧核糖)均无特异性。

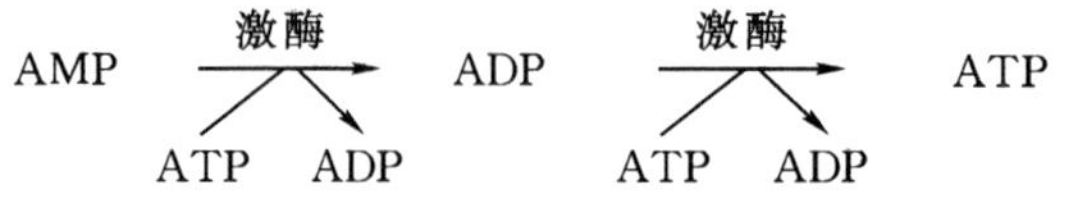

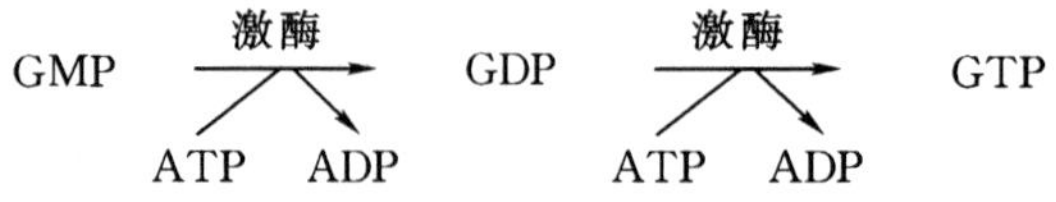

(二)嘌呤核苷酸的补救合成

大多数细胞更新其核酸(尤其是 RNA)过程中，要分解核酸产生核苷和游离碱基。细胞利用体内游离的嘌呤或嘌呤核苷，经过简单的反应，合成嘌呤核苷酸的过程，称为补救合成或重新利用途径。体内某些组织器官，例如，脑、骨髓、脾等由于缺乏从头合成嘌呤核苷酸的酶体系，而只能进行嘌呤核苷酸的补救合成。

补救合成是一种次要途径。与从头合成不同，补救合成过程较简单，消耗 ATP 较少，亦可节省一些氨基酸的消耗。由两种特异性不同的酶参与补救合成，即腺嘌呤磷酸核糖转移酶和次黄嘌呤-鸟嘌呤磷酸核糖转移酶。腺嘌呤磷酸核糖转移酶（APRT）催化 PRPP 与腺嘌呤合成 AMP。次黄嘌呤-鸟嘌呤磷酸核糖转移酶（HGPRT）催化相似反应生成 IMP 和 GMP。人体由嘌呤核苷的补救合成只能通过腺苷激酶催化，使腺嘌呤核苷生成腺嘌呤核苷酸。

$$\text{腺嘌呤}+\text{PRPP}\xrightarrow{\text{APRT}}\text{AMP}+\text{PPi}$$

$$\text{次黄嘌呤}+\text{PRPP}\xrightarrow{\text{HGPRTT}}\text{IMP}+\text{PPi}$$

$$\text{鸟嘌呤}+\text{PRPP}\xrightarrow{\text{HGPRT}}\text{GMP}+\text{PPi}$$

$$\text{腺嘌呤核苷}\xrightarrow[\text{ATP}\ \ \text{ADP}]{\text{腺苷激酶}}\text{AMP}$$

合成途径中某些酶的缺失会导致疾病，例如，Lesch-Nyhan 综合征也称为自毁容貌症，是由于次黄嘌呤-鸟嘌呤磷酸核糖转移酶（HGPRT）的遗传缺陷所致。此种疾病是一种性染色体连锁遗传缺陷，见于男性。患者表现为尿酸增高及神经异常，如脑发育不全、智力低下、攻击和破坏性行为、常咬伤自己的嘴唇、手和足趾。由于 HGPRT 缺乏，使得分解产生的 PRPP 不能被利用而堆积，PRPP 促进嘌呤的从头合成，从而使嘌呤分解产物尿酸增高。神经系统症状的机制尚不清楚。

（三）嘌呤核苷酸合成的抗代谢物

抗代谢物是指有些人工合成的或天然存在的化合物，其化学结构与正常代谢物相似，能竞争性拮抗正常代谢的物质。多属竞争性抑制剂。

核苷酸的抗代谢物是一些碱基、氨基酸或叶酸等的类似物，通过竞争性抑制或“以假乱真”等方式干扰或阻断核苷酸的正常合成代谢，从而进一步抑制核酸以及蛋白质的生物合成。这类物质称为核苷酸的抗代谢物，在临床上常用来作为抗肿瘤药和免疫抑制剂。

1. 嘌呤类似物

嘌呤类似物有 6-巯基嘌呤（6-MP）、6-巯基鸟嘌呤、8-氮杂鸟嘌呤等。6-MP 应用较多，其属于次黄嘌呤结构类似物，可在体内经磷酸核糖化而生成 6-MP 核苷酸，并以这种形式抑制 IMP 转变为 AMP 及 GMP 的反应。

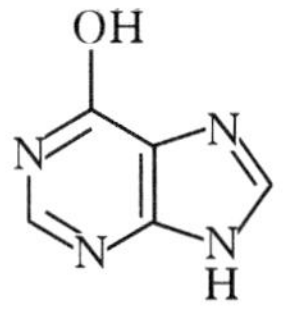

次黄嘌呤

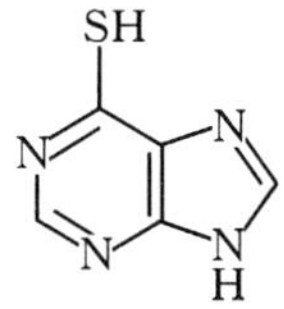

6-巯基嘌呤

2. 氨基酸类似物

氨基酸类似物有氮杂丝氨酸和 6-重氮-5-氧正亮氨酸等，氮杂丝氨酸属于谷氨酰胺结构类似物，从而抑制嘌呤核苷酸的合成。

3. 叶酸类似物

叶酸类似物有氨蝶呤及甲氨蝶呤(MTX)，能竞争性抑制二氢叶酸还原酶，抑制二氢叶酸及四氢叶酸的生成，干扰一碳单位代谢，从而抑制嘌呤核苷酸的合成。临床上常用甲氨蝶呤治疗白血病等恶性肿瘤。

二、嘧啶核苷酸的合成

嘧啶核苷酸合成也有两条途径：从头合成和补救合成。

(一)嘧啶核苷酸的从头合成

与嘌呤合成相比，嘧啶核苷酸的从头合成较简单，同位素示踪证明，构成嘧啶环的 N1、C4、C5 及 C6 均由天冬氨酸提供，C3 来源于 CO_2，N3 来源于谷氨酰胺，见图 11-4。主要合成部位是肝细胞胞液。

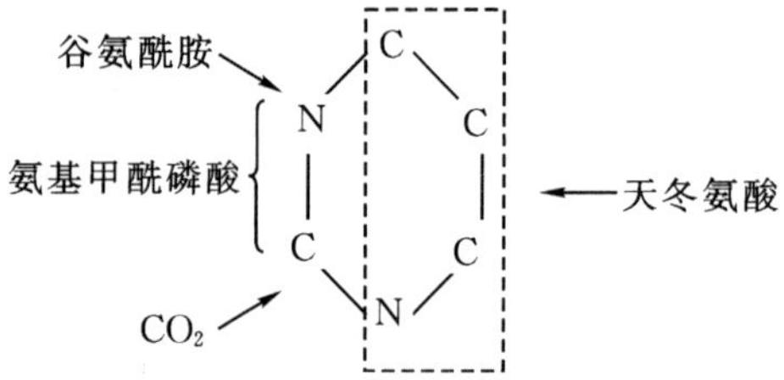

图 11-4 嘧啶碱合成的元素来源

嘧啶核苷酸的合成是先合成嘧啶环，然后再与磷酸核糖相连而成的。

1. 尿嘧啶核苷酸的合成

尿嘧啶核苷酸(UMP)的合成由 6 步反应完成，见图 11-5。

(1)合成氨基甲酰磷酸。嘧啶合成的第一步是生成氨基甲酰磷酸，由氨基甲酰磷酸合成酶Ⅱ(CPS-Ⅱ)催化 CO_2与谷氨酰胺的缩合生成。在氨基酸代谢中，氨基甲酰磷酸也是尿素合成的起始原料。但尿素合成中所需氨基甲酰磷酸是在肝线粒体中由 CPS-Ⅰ催化合成，以 NH_3为氮源；而嘧啶合成中的氨基甲酰磷酸在胞液中由 CPS-Ⅱ催化生成，利用谷氨酰胺提供氮源。CPS-Ⅰ和 CPS-Ⅱ的比较见表 11-1。

表 11-1 两种氨基甲酰磷酸合成酶的比较

酶	氨基甲酰磷酸合成酶Ⅰ	氨基甲酰磷酸合成酶Ⅱ
分布	肝细胞线粒体	胞液(所有细胞)
氮源	氨	谷氨酰胺
变构激活剂	*N*-乙酰谷氨酸	无
反馈抑制剂	无	UMP(哺乳类动物)
功能	尿素合成	嘧啶合成

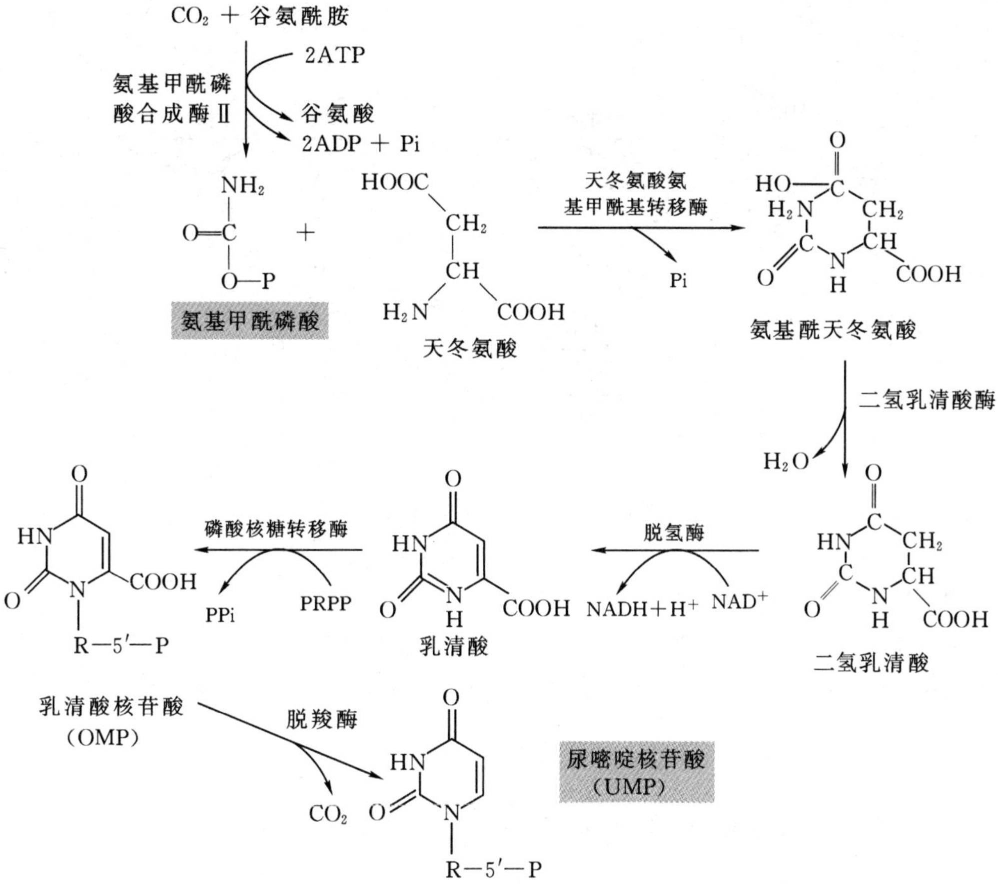

图 11-5 UMP 的生物合成

(2)合成氨基甲酰天冬氨酸。由天冬氨酸氨基甲酰转移酶(ATCase)催化天冬氨酸与氨基甲酰磷酸缩合,生成氨基甲酰天冬氨酸。此反应为嘧啶合成的限速步骤。ATCase 是限速酶,受产物的反馈抑制。不消耗 ATP,由氨基甲酰磷酸水解供能。

(3)闭环生成二氢乳清酸。由二氢乳清酸酶催化氨基甲酰天冬氨酸脱水、分子内重排形成具有嘧啶环的二氢乳清酸。

(4)二氢乳清酸的氧化。由二氢乳清酸还原酶催化,二氢乳清酸氧化生成乳清酸。

(5)获得磷酸核糖。由乳清酸磷酸核糖转移酶催化乳清酸与 PRPP 反应,生成乳清酸核苷酸(OMP),由 PRPP 水解供能。

(6)脱羧生成 UMP。由 OMP 脱羧酶催化 OMP 脱羧生成 UMP。

2. UTP 和 CTP 的合成

三磷酸尿苷(UTP)的合成与三磷酸嘌呤核苷的合成相似,三磷酸胞苷(CTP)由 CTP 合成酶催化 UTP 加氨生成,见图 11-6。

嘧啶核苷酸从头合成途径中一些关键酶的缺失会造成某些遗传性疾病的发生,如乳清酸尿症,其主要表现为尿中排出大量乳清酸、生长迟缓和重度贫血。原因是催化嘧啶核苷酸从头合成反应(5)和(6)的双功能酶的缺陷所致。临床用尿嘧啶或胞嘧啶治疗。

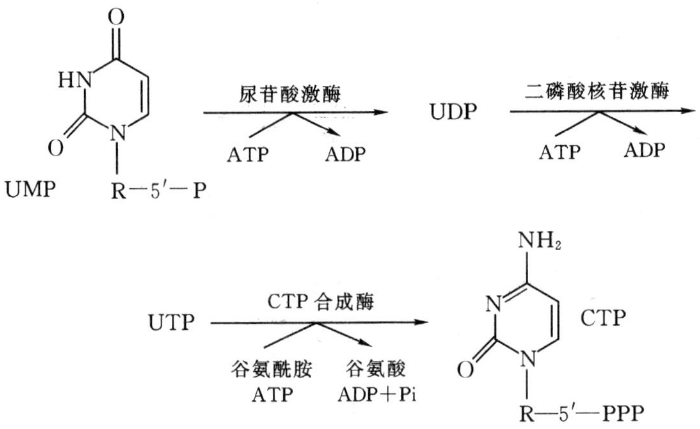

图 11-6 UTP 和 CTP 的合成

(二)嘧啶核苷酸的补救合成

由嘧啶磷酸核糖转移酶催化尿嘧啶、胸腺嘧啶等，与 PRPP 合成一磷酸尿嘧啶核苷酸，不能利用胞嘧啶为底物。另外，嘧啶核苷激酶可使相应的嘧啶核苷磷酸化成核苷酸。

尿嘧啶＋PRPP —UMP 磷酸核糖转移酶→ UMP＋PPi

尿嘧啶＋1-磷酸核糖 —尿苷磷酸化酶→ 尿嘧啶核苷＋Pi

尿嘧啶核苷 —ATP，尿苷激酶→ UMP

三、脱氧核苷酸的合成

(一)二磷酸脱氧核糖核苷的生成

脱氧核苷酸是由二磷酸核苷还原而成。现知脱氧核苷酸中的脱氧核糖并非先形成后再合成为脱氧核苷酸，而是在二磷酸核苷(NDP，N 代表 A、G、U、C 等碱基)水平上直接还原，即以氢取代核糖分子中的 C2 的羟基，催化此反应的酶是核糖核苷酸还原酶(图 11-7)。

该酶是一种变构酶，由 B1 和 B2 两个亚基组成，在 B1 亚基上有两个结合部位，一为底物特异性部位，另一为总活性调节部位。此外，B1 还含有巯基(—SH)，供直接还原核糖只用。现知核糖核苷酸还原酶从 NADPH 获得电子时，还需要一种硫氧化还原蛋白作为电子载体，以及硫氧化还原酶及其辅基 FAD 催化反应。

再在激酶的催化下，由二磷酸脱氧核糖核苷生成三磷酸脱氧核糖核苷，见图 11-8。

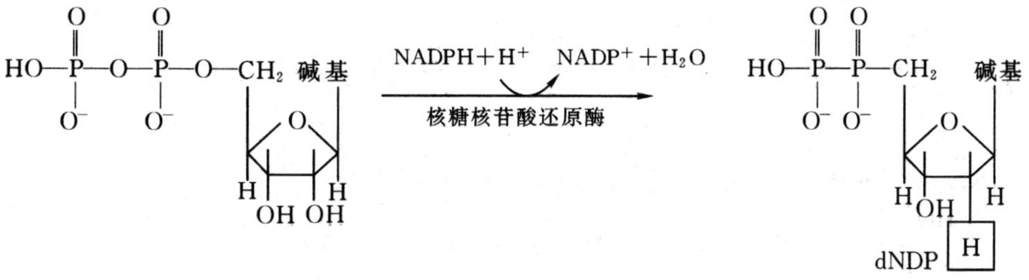

图 11-7 二磷酸脱氧核糖核苷的生成

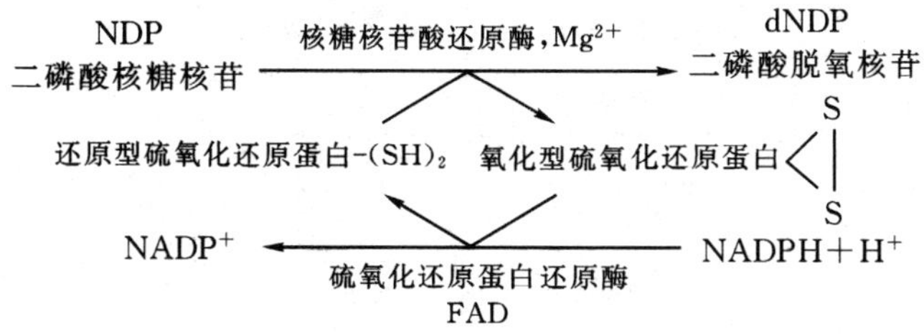

$$dNDP + ATP \xrightleftharpoons{\text{激酶}} dNTP + ADP$$

图 11-8 三磷酸脱氧核糖核苷的生成

(二)脱氧胸腺嘧啶核苷酸的合成

脱氧胸腺嘧啶核苷酸(dTMP)是由脱氧尿嘧啶核苷酸(dUMP)甲基化生成。催化此反应的是胸腺嘧啶合成酶催化，N^5，N^{10}—CH_2—甲烯 FH_4 提供甲基。N^5，N^{10}—CH_2—FH_4 提供甲基后生成的 FH_2 又可以再经二氢叶酸还原酶还原重新生成 FH_4，重新携带甲基(图 11-9)。

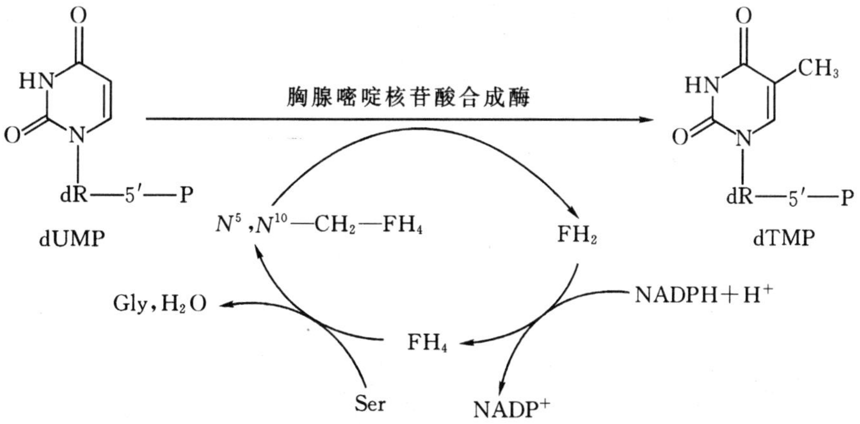

图 11-9 脱氧胸腺嘧啶核苷酸的合成

3 种嘧啶核苷酸和脱氧核苷酸的互变关系如下。

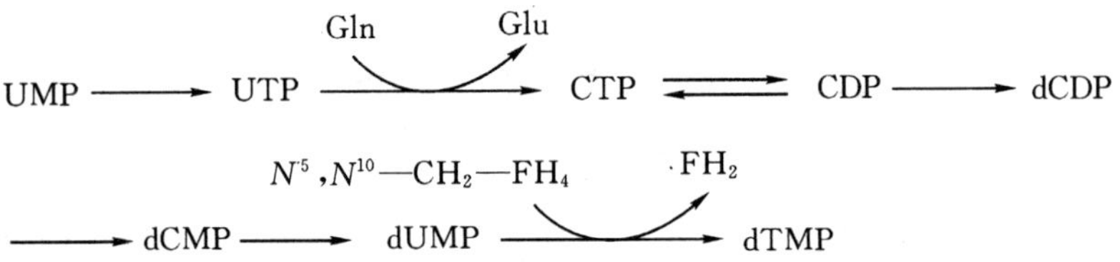

DNA 合成的底物为四种 dNTP,一磷酸或二磷酸脱氧核苷可由激酶的催化和 ATP 供能生成三磷酸脱氧核苷。

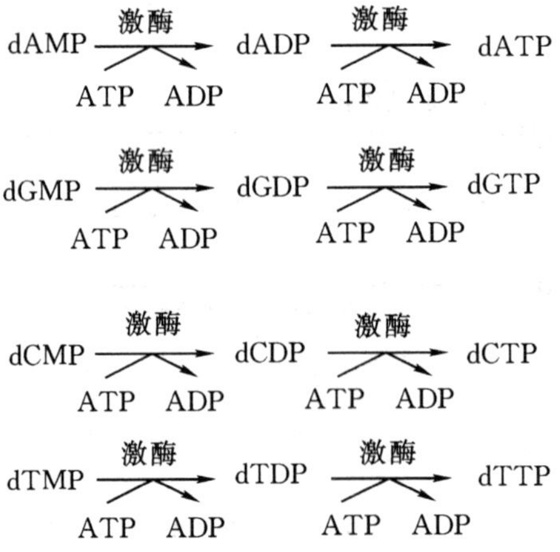

(三)嘧啶核苷酸的抗代谢物

与嘌呤核苷酸一样,嘧啶核苷酸的抗代谢物是一些嘧啶、氨基酸及叶酸等的结构类似物,它们对代谢的影响及抗肿瘤作用与嘌呤抗代谢物相似。

1. 5 -氟尿嘧啶

5 -氟尿嘧啶(5 - FU)属于胸腺嘧啶结构类似物(以氟代替了甲基),在体内可转变成 5 -氟尿嘧啶核苷酸,后者可抑制胸苷酸合成酶,从而使 dTMP 合成受阻。

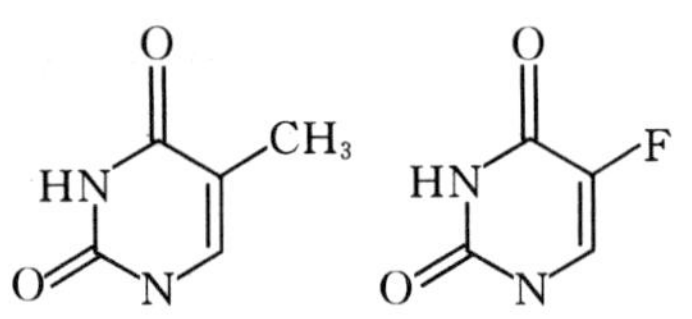

胸腺嘧啶　　5 -氟尿嘧啶

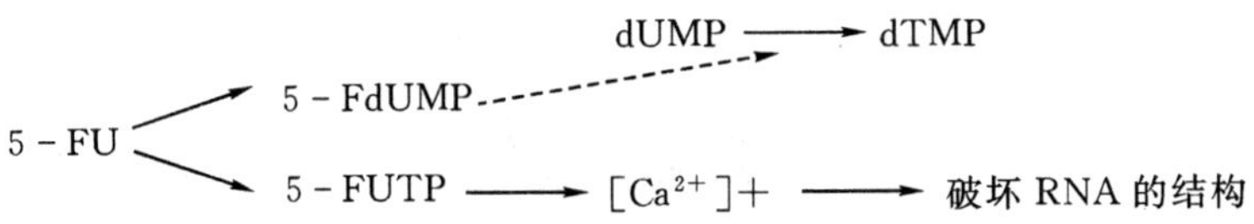

2. 氮杂丝氨酸

它是谷氨酰胺结构类似物,可抑制 UTP 转变成 CTP,使 CTP 生成受阻。

3. 阿糖胞苷

它是改变了核糖结构的核苷类似物，能抑制 CDP 还原成 dCDP，影响肿瘤细胞 DNA 生物合成。

4. 氨蝶呤和甲氨蝶呤

它们为叶酸结构类似物，能抑制二氢叶酸还原酶，使叶酸不能还原成二氢叶酸及四氢叶酸，进而干扰一碳单位的代谢，使 dUMP 不能利用一碳单位甲基化生成 dTMP，进而影响 DNA 的合成。

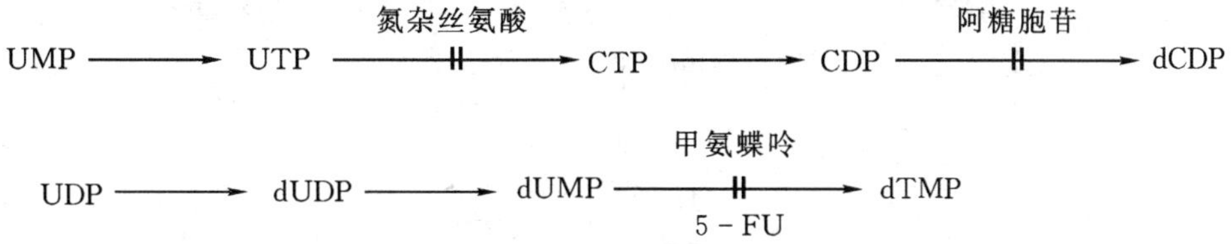

第二节 核苷酸分解代谢

食物中的核酸大多以核蛋白的形式存在。核蛋白在胃中受胃酸的作用，分解成核酸与蛋白质。核酸在小肠中由胰核酸酶和小肠磷酸二酯酶降解为单核苷酸。核苷酸由不同的碱基特异性核苷酸酶和非特异性磷酸酶催化，水解为核苷和磷酸。核苷可直接被小肠黏膜吸收，或在核苷酶和核苷磷酸化酶作用下，水解为碱基、戊糖或 1 -磷酸戊糖。产生的戊糖被吸收参加体内的戊糖代谢；嘌呤和嘧啶碱主要被分解排出体外。食物来源的嘌呤和嘧啶很少被机体利用。

一、嘌呤核苷酸的分解

嘌呤核苷酸可以在核苷酸酶的催化下，脱去磷酸成为嘌呤核苷，嘌呤核苷在嘌呤核苷磷酸化酶(PNP)的催化下转变为嘌呤。嘌呤核苷及嘌呤又可经水解，脱氨及氧化作用生成尿酸，见图 11 - 10。

哺乳动物中，腺苷和脱氧腺苷不能由 PNP 分解，而是在核苷和核苷酸水平上分别由腺苷脱氨酶(ADA)和腺苷酸脱氨酶(AMP deaminase)催化脱氨生成次黄嘌呤核苷或次黄嘌呤核苷酸。它们再水解成次黄嘌呤，并在黄嘌呤氧化酶的催化下逐步氧化为黄嘌呤和尿酸(uric acid)。ADA 的遗传性缺乏，可选择性清除淋巴细胞，导致严重联合免疫缺陷病(SCID)，其特点是先天性和遗传性 B 细胞性 T 细胞系统异常。

体内嘌呤核苷酸的分解代谢主要在肝脏、小肠及肾脏中进行。正常生理情况下，嘌呤合成与分解处于相对平衡状态，所以尿酸的生成与排泄也较恒定。正常人血浆中尿酸含量为 0.12～0.36 mmol/L(2～6 mg/dl)，男性平均为 0.27 mmol/L(4.5 mg/dl)，女性平均为 0.21 mmol/L(3.5 mg/dl)。当体内核酸大量分解(白血病、恶性肿瘤等)或食入高嘌呤食物时，血中尿酸水平升高，当超过 0.48 mmol/L(8 mg/dl)时，尿酸盐将过饱合而形成结晶，沉积于关节、软组织、软骨及肾等处，而导致关节炎、尿路结石及肾疾病，称为痛风。痛风多见于成年男性，其发病机制尚未阐明。临床上常用别嘌呤醇治疗痛风。别嘌呤醇与次黄嘌呤结构类

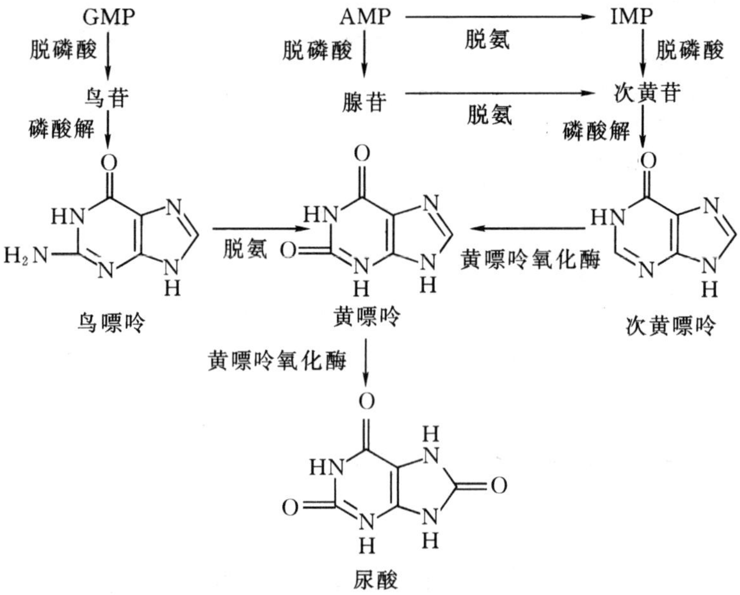

图 11-10 嘌呤核苷酸的分解代谢

似，只是分子中 N8 与 C2 互换了位置，故可抑制黄嘌呤氧化酶，从而抑制尿酸的生成。同时，别嘌呤在体内经代谢转变，与 PRPP 生成别嘌呤核苷酸，不仅消耗了 PRPP，使其含量下降，而且还能反馈抑制 PRPP 酰胺转移酶，阻断嘌呤核苷酸的从头合成。痛风的治疗机制见图11-11。

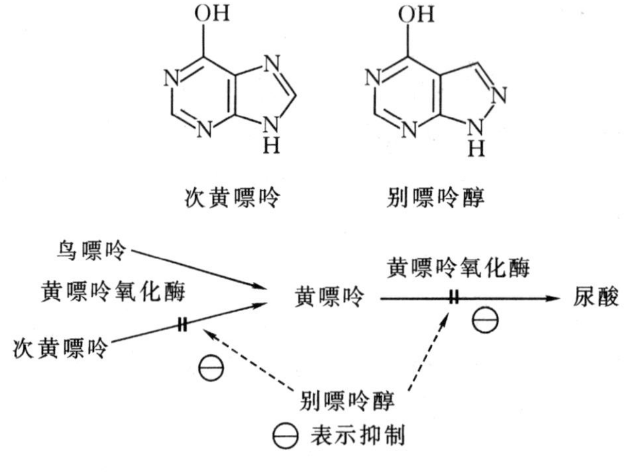

图 11-11 痛风的治疗机制

二、嘧啶核苷酸的分解

嘧啶核苷酸的分解代谢途径与嘌呤核苷酸相似，先通过核苷酸酶及核苷磷酸化酶的作用，分别除去磷酸和核糖，产生的嘧啶碱再进一步分解。

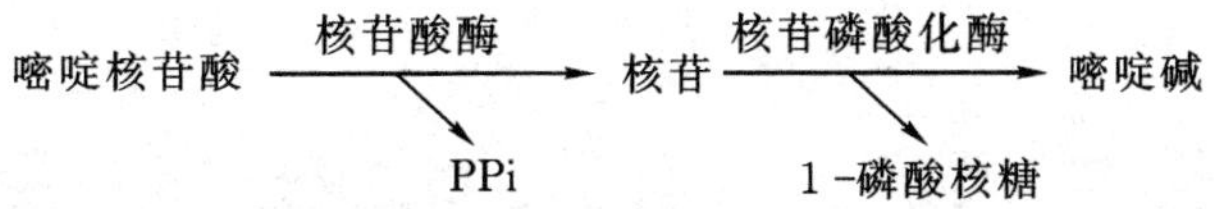

嘧啶的分解代谢主要在肝脏中进行。分解代谢过程中有脱氨基、氧化、还原及脱羧基等反应。胞嘧啶脱氨基转变为尿嘧啶。尿嘧啶和胸腺嘧啶先在二氢嘧啶脱氢酶的催化下，由$NADPH+H^+$供氢，分别还原为二氢尿嘧啶和二氢胸腺嘧啶。二氢嘧啶酶催化嘧啶环水解，分别生成β-丙氨酸和β-氨基异丁酸。β-丙氨酸和β-氨基异丁酸可继续分解代谢。β-氨基异丁酸亦可随尿排出体外。食入含DNA丰富的食物、经放射线治疗或化学治疗的患者，以及白血病患者，尿中β-氨基异丁酸排出量增多。嘧啶核苷酸的分解代谢见图11-12。

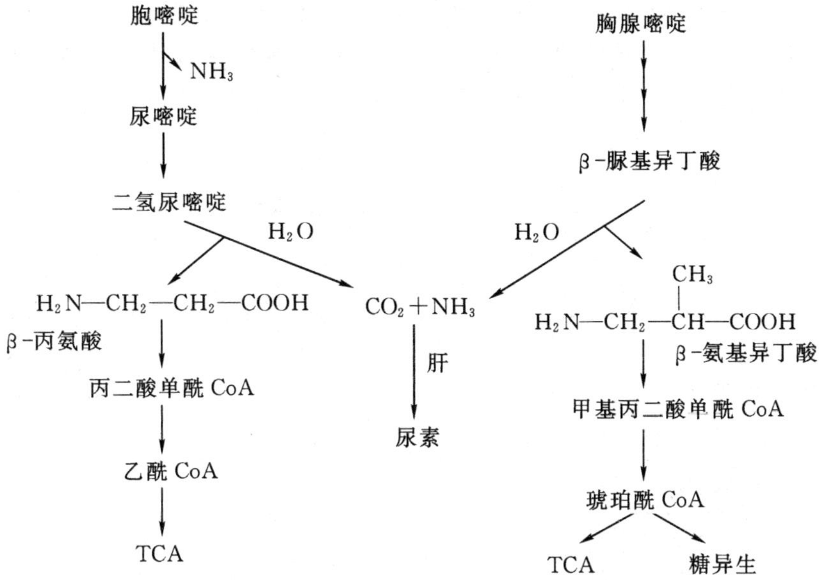

图11-12　嘧啶核苷酸的分解代谢

目标检测

一、名词解释

1. 从头合成
2. 补救合成
3. 抗代谢物

二、简答题

1. 在核苷酸代谢中，PRPP(磷酸核糖焦磷酸)参与的反应有哪些？
2. 核苷酸的抗代谢物有哪些？作用原理是什么？
3. 讨论嘌呤核苷酸和嘧啶核苷酸从头合成过程中在原料、反应过程上的异同点。

（李思敏）

第十二章 核酸的生物合成

学习目标

【掌握】DNA 复制的概念、特点和参与复制的酶与蛋白质；反转录的概念、反转录酶；转录的概念和转录体系的组成。

【熟悉】原核生物转录的基本过程；RNA 转录后加工的方式。

【了解】原核细胞和真核细胞 DNA 复制的不同；DNA 损伤的概念、影响因素和修复方式；原核细胞和真核细胞转录的不同；RNA 复制的概念。

第一节 DNA 的生物合成

生物遗传的物质基础主要是 DNA，DNA 的生物合成包括 3 种方式：①DNA 复制，最主要的合成方式，以双链 DNA 作为模板，指导子代 DNA 新链合成；②DNA 修复合成，当 DNA 序列出现局部损伤或错误时去除异常序列后进行 DNA 局部合成弥补缺损；③反转录，某些 RNA 病毒侵入宿主细胞后以自身 RNA 为模板指导 DNA 合成。

一、DNA 的半保留复制

(一)复制的方式

复制时，亲代 DNA 双螺旋链的氢键断裂，双链彼此分开成两条单链，各自作为复制的模板，以三磷酸脱氧核苷酸为原料，根据碱基互补规律，合成与母链完全互补的子链。在新合成的子代 DNA 分子中，碱基序列与亲代 DNA 分子完全一样，有一条链是由亲代完整保留下来的，另一条链则是完全重新合成的，故将这种复制方式称为半保留复制(semi-conservative replication)(图 12-1)。

(二)参与 DNA 复制的酶和物质

复制是在酶的催化下，多种物质共同参与的核苷酸聚合过程。参与 DNA 复制的酶和物质包括以下几种。

1. 底物

底物包括 dATP、dGTP、dCTP、dTTP，总称 dN'I'P。

2. 模板

模板是亲代 DNA 分子解旋形成的单链。

3. 引物

由引物酶催化生成的一小段 RNA 链，提供 3'-OH 末端使 dN'I'P 依次聚合。

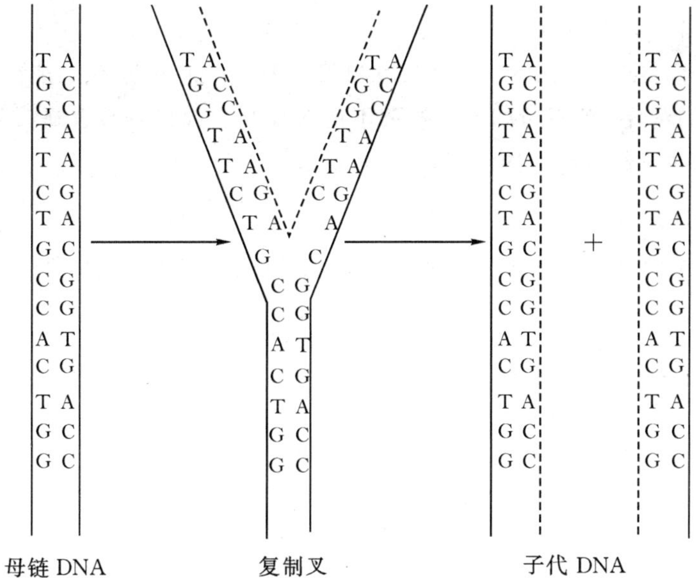

图 12-1　DNA 半保留复制

4.酶类和蛋白质因子

(1)DNA 拓扑异构酶(DNA topoisomerase):主要有Ⅰ型和Ⅱ型(TopoⅠ、TopoⅡ)两种,作用是既能水解 DNA,又能连接磷酸二酯键,从而使 DNA 超螺旋松弛。TopoⅠ切段 DNA 双链中的一股,使 DNA 链末端沿螺旋轴松解的方向转动,适时又把切口封闭,使 DNA 变为松弛状态。TopoⅡ在无 ATP 时,切开 DNA 双链中某一部位,使 DNA 断端通过切口同样沿螺旋轴松解的方向转动而变为松弛状态;在利用 ATP 供能情况下,松弛状态的 DNA 又进入负超螺旋状态,断端在同一酶催化下再连接恢复。这些作用使复制中的 DNA 能解结、连环或解连环,达到适度盘绕,利于复制正常进行。

(2)解螺旋酶(helicase):使 DNA 双螺旋的两条互补链解开成单链。

(3)引物酶(primase):催化 RNA 引物合成的一种 RNA 聚合酶。它在模板的复制起始部位,由模板指导催化互补碱基聚合,形成 RNA 引物。

(4)单链 DNA 结合蛋白(single stranded DNA binding protein SSB):与单链 DNA 紧密结合,防止它们重新形成碱基对,并具有保护单链免被核酸酶水解的作用。

(5)DNA 聚合酶:又称为依赖 DNA 的 DNA 聚合酶(DNA-dependent DNA polymerase,DNA pol)。原核生物中已发现 DNA 聚合酶Ⅰ、Ⅱ、Ⅲ(简称 polⅠ、polⅡ和 polⅢ)。其中 DNA 聚合酶Ⅲ是复制中的主要酶,具有 $5'\rightarrow3'$ 和 $3'\rightarrow5'$ 核酸外切酶活性。DNA 聚合酶Ⅰ具有两种催化活性:$5'\rightarrow3'$ 聚合功能和 $3'\rightarrow5'$ 核酸外切酶活性,能按模板碱基序列正确合成 DNA,同时对复制过程中的错误进行校读,对复制及修复过程中出现的空隙进行填补。DNA 聚合酶Ⅱ具有聚合酶的活性和 $3'\rightarrow5'$ 核酸外切酶活性,在 DNA 聚合酶Ⅰ和 DNA 聚合酶Ⅲ缺失的情况下,参与 DNA 损伤的应急状态修复。真核生物 DNA 聚合酶常见的有 α、β、γ、δ、ε 五种。DNA 聚合酶 α 参与 DNA 链合成的引发,DNA 聚合酶 δ 催化 DNA 链的延长,同时兼有外切酶的即时校读作用，DNA 聚合酶 β 和 ε 在 DNA 修复过程中起作用，DNA 聚合酶 γ 是线粒体 DNA 合成的聚合酶。

(6)DNA 连接酶(DNA ligase)：催化两段相邻的 DNA 链，以磷酸二酯键相连，使之连成完整的链，该过程需消耗 ATP。DNA 连接酶不但在复制中起最后接合缺口的作用，在 DNA 修复、重组、剪接中也起缝合缺口的作用。

(三)复制的过程

原核生物 DNA 的复制是连续的过程，包括起始、延长和终止 3 个阶段(图 12-2)。

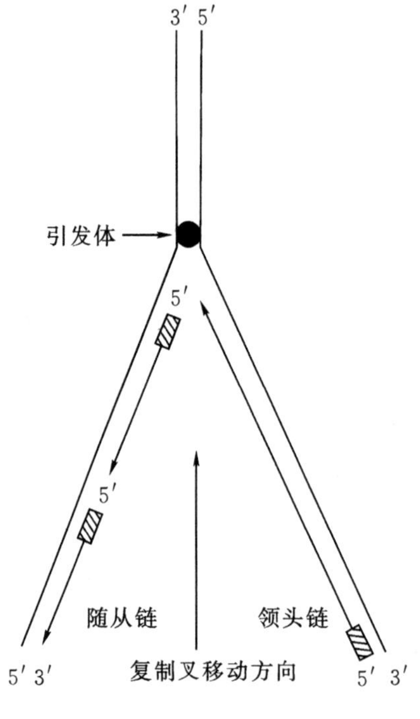

图 12-2　原核生物 DNA 复制示意图

1. 复制的起始

复制的起始需要进行 DNA 解链成复制叉、形成引发体及合成引物。生物细胞 DNA 复制从分子中特定位置开始，此位置成为复制起始点(ori)。DNA 分子的复制从起点开始双向进行直至终止，一个这样的 DNA 单位成为复制子或者复制单元。原核生物的每个 DNA 分子只有一个复制起始点，而真核生物由多复制子共同完成 DNA 复制。

先由相关蛋白对复制起始点进行辨认，结合，解链酶将 DNA 双链局部打开，拓扑异构酶 Ⅰ 或 Ⅱ 松解形成超螺旋，进一步解链。同时单链结合蛋白与打开的 DNA 单链结合，稳定 DNA 单链，充分展现模板碱基序列，初步形成复制叉。此后，引物酶催化 dNTP 聚合，形成与模板 DNA 链 3′-末端互补的 RNA 短片段，称为 RNA 引物，其 3′-OH 末端为复制提供聚合反应的起点。在 DNA 聚合酶Ⅲ的催化下，第一个新链的 dNTP 与引物 3′-OH 末端生成磷酸二酯键。在解链的基础上，形成 DnaB、DnaC 蛋白与起始点相结合的复合体，称为引发体

(primosome)。引发体的蛋白质组分在 DNA 链上移动，由 ATP 供能，引物酶根据模板的碱基序列从 5′→3′方向催化 NTP 聚合，生成短链 RNA 引物。

2. 复制的延长

复制的延长是指在 DNA 聚合酶催化下，由 dNTP 作原料以 dNMP 的方式按与母链的碱基配对关系逐个加入引物或延长中的子链上。每加入一个核苷酸即形成一个 3′,5′-磷酸二酯键，复制从 5′→3′方向不断延长。由于 DNA 分子的两条链是反向平行的，而 DNA 子链合成都是按 5′→3′方向进行。其中一条子链的延伸方向与复制叉打开方向一致，此链称为前导链(或称领头链)，前导链的合成是连续进行的；另一条子链的延长方向与复制叉打开方向相反，称为随后链(或称随从链)，该链的合成是断续进行的。合成的一段的 DNA 片段，称为冈崎片段，原核生物冈崎片段长 1000～2000 个碱基对。所以 DNA 的复制是半不连续复制。

3. 复制的终止

复制进行到一定程度时，DNA 聚合酶Ⅰ切除 RNA 引物，留下的空隙由 DNA 聚合酶Ⅰ催化填补，相邻的 3′- OH 和 5′- OP 的缺口再由 DNA 连接酶催化将相邻的两个 DNA 片段连接成完整的 DNA 子链，完成基因组 DNA 复制过程。

真核生物和原核生物 DNA 复制相似，但真核生物 DNA 比原核生物 DNA 大很多，因此存在很多区别。

1. 真核生物复制的起始

真核生物 DNA 复制的起点很多，复制子以分组方式激活，转录活性高的 DNA 在 S 期早期进行复制，高度重复序列在 S 期晚期进行复制。复制起始需要 DNA 聚合酶 α 和 δ 参与，前者有引物酶活性，后者有解旋酶活性。

2. 真核生物复制的延长

引物合成后，真核生物 DNA 聚合酶 δ 催化连续复制，聚合酶 α 催化不连续复制。虽然真核生物 DNA 复制延长速度较慢，但多复制子同时复制，速度加快。

3. 组装核小体

真核生物染色体以核小体为结构单位组成，原有组蛋白及新合成的组蛋白结合到复制叉后的 DNA 链上。

真核生物的 DNA 复制特点主要有：①复制起始点多；②引物 RNA 短；③冈崎片段短；④DNA聚合酶不同(α、β、γ、δ、ε)；⑤连接酶作用时需 ATP 供能。

4. 端粒和端粒酶

端粒是真核生物染色体线性 DNA 分子末端的结构，在维持染色体的稳定性和 DNA 复制的完整性上有重要作用。线性 DNA 复制终止时，新链最早出现的 5′-末端引物被降解后，留下的空缺没法填补，导致 DNA 末端有可能变短。端粒酶可催化端粒的复制，兼有提供 RNA 模板和催化反转录的功能，依其 RNA 模板，以端粒单链 3′- OH 为基础，不断反向转录，催化其延长，形成非标准的 G-G 配对的发夹结构。DNA 末端复制变短和端粒酶增加长度两个过程处于平衡状态，保持染色体长度大致相同。细胞水平的老化与端粒酶的活性下降有关。恶性肿瘤细胞的端粒缩短到某种程度，端粒酶活性可重现，对端粒进行补偿，使之永不衰亡，形成恶性增殖。

二、DNA 的损伤与修复

DNA 复制的保真性维持物种相对稳定，复制错误产生突变，突变是生物进化和细胞分化的分子基础。

（一）DNA 损伤——突变

突变（mutation）是指 DNA 分子中个别 dNMP 残基甚至片段 DNA 在构成、复制或表型功能的异常改变，亦称为 DNA 损伤。突变通过复制传递给子代 DNA，躲过细胞修复系统从而造成永久性改变。

突变在生物界普遍存在，在复制过程中，自然发生的突变称为自发突变或自然突变（spontaneous mutation）。其出现频率极低，约为 10^{-9}。外界因素导致的 DNA 突变，称为诱变。引起诱变的因素可以分为物理因素和化学因素。物理因素主要是紫外线照射和各种辐射，紫外线可引起 DNA 分子结构中出现嘧啶二聚体或称环丁基环。化学诱变剂大多是致癌物，已检出的有 6 万多种，常见的有烷化剂、苯并芘、黄曲霉素、亚硝酸盐、色素添加剂等。诱变形式有点突变、缺失、插入和倒位。点突变是指 DNA 分子上一个碱基改变；缺失是指一个碱基或一段核苷酸序列消失；插入是指原来没有的一个或一段核苷酸序列插入到 DNA 分子中间；倒位是指 DNA 链内较大片段重组。

突变是生物进化的分子基础，没有突变就没有今天丰富多样的生物世界，尤其是自然突变。只有基因型改变而没有可察觉的表型改变的突变引起同一物种个体基因型的多态性。利用核酸杂交技术对多态性加以检测，可用于疾病预防与诊断。例如，亲子鉴定、个体识别、器官移植的配型、个体对某些疾病的易感性分析等。对生命至关重要的基因发生突变，可导致组织细胞乃至个体死亡。这是突变的致死性，人类常利用这些特性杀灭病原体，如临床上常利用紫外线消毒灭菌等。突变也是某些疾病发病的基础。现今记载的 4000 余种内科疾病中，有 1/3 以上属遗传性疾病或有遗传倾向的病。少数已知其遗传缺陷确与基因突变有关，如血友病是凝血因子基因的突变，地中海贫血是血红蛋白基因的突变等。有遗传倾向的疾病，如高血压病、糖尿病、溃疡病、肿瘤等，这些疾病和生活环境密切相关，且有证据表明是生活环境与多基因共同作用的后果。

（二）DNA 损伤的修复

DNA 的损伤和修复是复制中并存的过程。修复是针对已发生的 DNA 损伤进行补救，可视为小范围内的 DNA 合成。生物在进化中建立和发展了多种 DNA 修复系统。DNA 损伤的修复主要有错配修复、切除修复、直接修复、重组修复、SOS 修复。

错配修复是在复制过程中进行的及时校读，主要由 DNA 聚合酶Ⅰ催化完成；切除修复是细胞内最重要和最有效的修复方式，是由核酸内切酶水解损伤部位的磷酸二酯键，造成缺口，DNA 聚合酶Ⅰ填补空隙，再由 DNA 连接酶完成修复；直接修复机制之一是光修复系统，是通过光修复酶催化完成，此酶在可见光作用下激活，能使紫外线照射形成的嘧啶二聚体分解为原来的非聚合状态，DNA 恢复正常；重组修复是针对损伤面较大来不及修复的 DNA，通过分子间重组，从健康的母链上将相应片段移至子链缺口处填补完成；SOS 修复是 DNA 损伤广泛而诱发的复杂反应，包括了切除、重组修复系统等组成的一个称为调节子的网络式调控系统，一般情况下不表达，只有在紧急状态下才整体动员，这种修复特异性低，错误较多，会引起突变，但细胞尚可存活。

三、反转录

以 RNA 为模板合成 DNA 的过程称为反转录或逆转录(reverse transcription)。其信息流动方向(RNA→DNA)与转录过程(DNA→RNA)相反。催化此过程的酶是 RNA 指导的 DNA 聚合酶(RNA directed DNA polymerase，RDDP)，又称反转录酶或逆转录酶。此酶主要存在于 RNA 病毒中，也存在于人的正常细胞和胚胎细胞中。反转录酶兼有三种酶活性：①反转录酶活性——以 RNA 为模板催化互补的 DNA 的合成；②RNA 酶活性——催化“DNA-RNA”杂交链中的 RNA 水解，保留 DNA 链(第一链)；③DNA 聚合酶活性——以 DNA 第一链为模板，dNTP 为原料，催化互补的 DNA 第二链合成。各链延伸方向均为 $5'\to3'$，引物由宿主细胞一种 tRNA 代用。

逆转录的过程分为三步：首先，在逆转录酶催化下，以 RNA 为模板，以 dN'I'P 为原料，合成与模板互补的 DNA 新链，形成 RNA-DNA 杂化双链；其次，逆转录酶中有核糖核酸酶(RNase)活性的组分又催化水解除去杂化双链中的 RNA；最后，以剩下的单链 DNA 为模板，合成第二条新的 DNA 互补链，形成双链 DNA(图 12-3)。

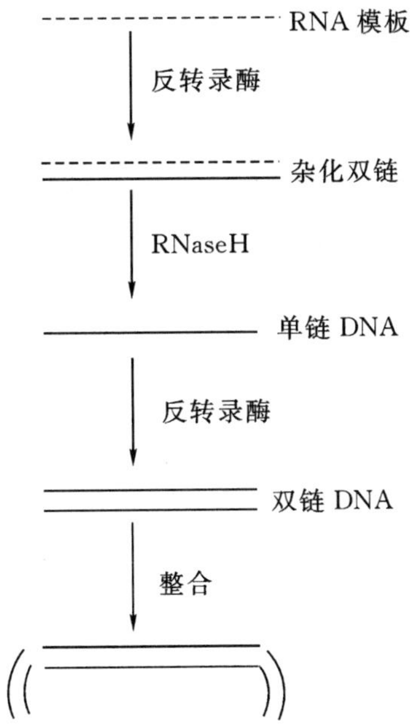

图 12-3　逆转录过程示意图

反转录酶和反转录现象是分子生物学研究的重大发现。该现象说明在某些生物中 RNA 同样具有遗传信息传代和表达的功能。以病毒 RNA 为模板合成的双链 DNA 称为前病毒，它保留了 RNA 病毒的全部遗传信息，在某些情况下可以整合到宿主细胞 DNA 分子中，并随宿主细胞基因一起复制和表达，可使宿主细胞发生病变。存在于正常细胞和胚胎细胞中的逆转录酶可能与细胞的分裂及胚胎的发育有关。在基因工程中，可将 mRNA 经反转录形成 DNA，以获得目的基因，此法称为 cDNA 法。

第二节　RNA 的生物合成

RNA 合成的方式有转录和复制两种。转录(transcription)是以 DNA 为模板合成 RNA 的过程，是生物体内主要的合成方式。也有少数生物如 RNA 病毒以 RNA 为模板合成 RNA，称 RNA 复制。转录产物包括 mRNA、tRNA、rRNA 等各种 RNA。

一、转录的过程

(一)参与 RNA 转录的生物分子

1. 底物

4 种三磷酸核苷酸 ATP、GTP、CTP、UTP，总称 NTP。

2. 模板

模板是 DNA 链。因为整个 DNA 分子携带了生物的全部遗传信息，所以，对于每一个具体的 RNA 分子，只有 DNA 的某一条链的某个片段(结构基因)作为模板指导转录，在转录中起模板作用的一股链，称模板链，相对的另一股链称为编码链。这种转录方式称为不对称转录。它有两方面含义：一是在 DNA 双链分子上，一条链可转录，另一条链不转录；二是模板链并非永远在同一单链上(图 12 - 4)。转录产物 RNA 与编码链碱基序列一致，只是以 U 代替 T。

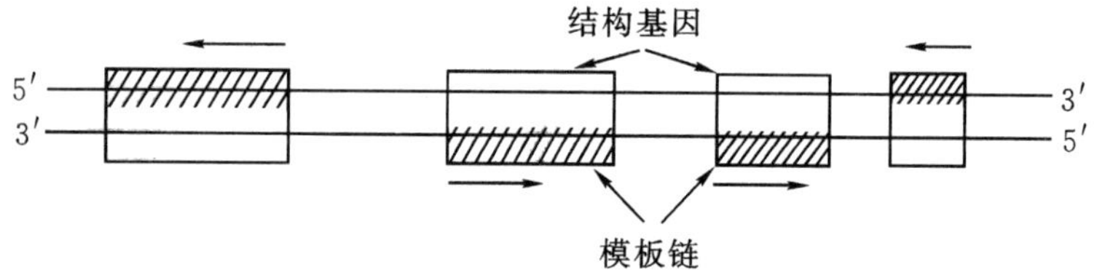

图 12 - 4　不对称转录

3. 酶类和蛋白质因子

(1)RNA 聚合酶：又称 DNA 依赖的 RNA 聚合酶(DNA directed RNA polymerase，RNA pol)。RNA 聚合酶具有 5′→3′聚合酶活性，以 DNA 模板链碱基为模板，以四种 NTP 为原料，催化 RNA 的生成，其实质是催化 3′，5′-磷酸二酯键的形成，从头启动 RNA 链的合成，转录起始不需要引物。

原核生物如大肠杆菌 RNA 聚合酶是由 4 种 5 个亚基组成($\alpha_2\beta\beta'\sigma$)的蛋白质。其中 σ 亚

基又称 σ 因子，它的作用是辨认转录起始点，σ 因子容易从全酶中分离，分离后余下的部分称为核心酶（$\alpha_2\beta\beta'$），核心酶的主要作用是使已开始合成的 RNA 链延伸。活细胞的转录起始需要全酶，转录延长阶段则仅需核心酶。利福霉素、利福平可以和 RNA 聚合酶的 β 亚基结合，从而抑制原核生物 RNA 聚合酶的活性。

真核生物细胞的 RNA 聚合酶有 3 种，分别称为 RNA 聚合酶Ⅰ、Ⅱ、Ⅲ。它们专一性地转录不同的基因而生成各不相同的产物，分别是 rRNA 前体、mRNA 前体及小分子 RNA（5S rRNA、tRNA、snRNA）。真核生物 RNA 聚合酶对利福平不敏感，因此利福平对于人体无毒性作用。

（2）ρ 因子：存在于大肠杆菌和一些噬菌体中，与 RNA 合成的终止有关。

（3）启动子：提供转录起始信号，大部分位于转录起始点的上游。真核生物的启动子至少包括一个转录起始点及一个以上的功能组件，常见的有 OCT－1、GC 盒、CAAT 盒与 TATA 盒。其中 TATA 盒可调控转录起始的准确性及频率，是基本转录因子 TFⅡD 的结合位点。

（4）反式作用因子：真核生物 RNA 聚合酶Ⅱ启动转录时需要的一些蛋白质，能辨认和结合转录上游区段的 DNA。其中能直接或间接结合 RNA 聚合酶的称为基本转录因子（TF）。真核生物中不同的 RNA 聚合酶需要不同的 TF 配合完成转录的起始和延长。

（5）顺式作用元件：指真核生物转录起始点上游调节自身基因转录活性的不同的 DNA 序列，包括启动子、启动子上游调控元件等近端调控元件和增强子、沉默子等远隔序列，与转录起始有关。

（二）转录的过程

RNA 的转录也包括起始、延长和终止 3 个阶段（图 12－5）。原核生物与真核生物因 RNA 聚合酶种类不同，其结合 DNA 模板的特性也不一样，转录过程有一定的差异。

1. 起始阶段

起始阶段就是 RNA 聚合酶结合到 DNA 模板，DNA 双链局部解开，第一个 NTP 加入形成转录起始复合物。

转录是分区段进行的，每个区段可视为一个转录单位，称为操纵子（operon），操纵子由若干个结构基因及其上游的调控序列组成。调控序列中的启动子（promoter）是 RNA 聚合酶全酶与 DNA 模板结合并启动转录的部位，由 RNA 聚合酶全酶中 σ 亚基辨认。启动子是指在转录开始进行时，RNA 聚合酶与模板 DNA 分子结合的特定碱基序列。原核生物的启动子区存在共有序列，位于转录起始点上游，长约 40 bp，含有－35 区和－10 区两段保守序列，受 RNA 聚合酶保护。－35 区是 RNA 聚合酶 σ 亚基对转录起始的识别序列，共有序列为 TTGACA；－10 区是 RNA 聚合酶核心酶牢固结合的位点，又称 Pribnow 盒，共有序列为 TATAAT，A－T配对相对集中，DNA 双链容易解开，有利于 RNA 聚合酶的进入而促使转录作用的起始。

原核生物 RNA 聚合酶 σ 亚基首先识别结合在启动子的识别部位，引导 RNA 聚合酶核心酶结合在启动子的结合部位。DNA 分子部分双螺旋结构解开，Pribnow 盒附近展示出 DNA 模板链，有利于 RNA 聚合酶进入形成转录复合体（5′DNA－RNApol 全酶－pppGpN－OH3′），催化 RNA 聚合作用。根据模板链上核苷酸序列，NTP 进入，生成与 DNA 互补的

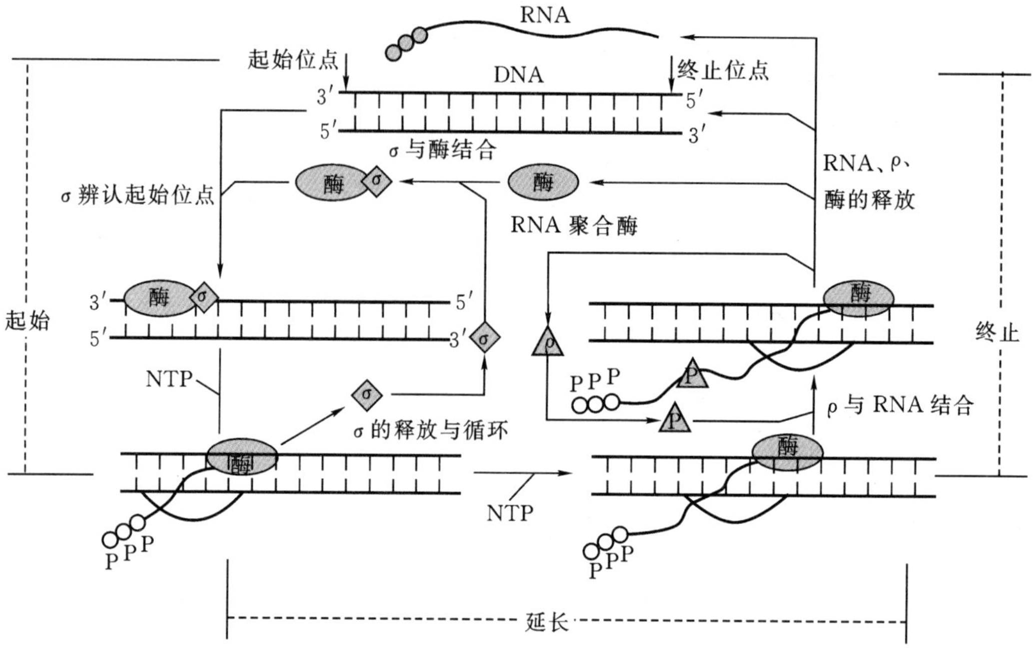

图 12-5　大肠杆菌转录示意图

RNA 第一、第二位三磷酸核苷，RNA 聚合酶催化第一、第二位三磷酸核苷形成第一个 3′,5′-磷酸二酯键。通常新生 RNA 链起始 5′-末端总是 GTP 或 ATP，又以 GTP 更为常见。

真核生物转录起始时也需要 RNA 聚合酶与模板形成复合物，但必须先由一系列转录因子 TFⅡ与 DNA 模板形成聚合物，再引导 RNA 聚合酶Ⅱ与转录起始点结合，最终形成转录起始前复合物(PIC)。

2. 延长阶段

当第一个 3′,5′-磷酸二酯键形成后，σ亚基从转录起始复合物上脱落，转录进入延长阶段。脱落下来的σ亚基可再与核心酶结合而循环使用，转录延长阶段只需要 RNA 聚合酶核心酶参与。

原核生物核心酶沿 DNA 模板链 3′→5′方向向下游移动，而新生 RNA 链按碱基配对原则(A-U、T-A、G-C)以 5′→3′方向进行延伸。RNA 聚合酶分子可覆盖 40 bp 以上的 DNA 分子片段，转录解链范围小于 20 bp，产物 RNA 和模板链配对形成约 12 bp 的 RNA/DNA 杂化双链，这种转录复合物被形象地称为转录空泡。随着 RNA 链的延长，5′-末端脱离模板向空泡外伸展，模板链与编码链之间恢复双螺旋结构。

与真核生物转录过程不同，原核生物转录延长与蛋白质的翻译同时进行，保证了原核生物转录和翻译的高效进行，满足快速增殖的需要。

真核生物转录在核内进行，而翻译在胞质内进行，不像原核生物转录和翻译同步，在转录的延长过程中可以观察到核小体的移位和解聚。

3. 终止阶段

RNA 聚合酶在 DNA 模板上移行到终止信号区域时停止，转录产物 RNA 从转录复合物上脱落下来。

原核生物转录终止分为依赖 ρ 因子和非依赖 ρ 因子两大类。

(1)依赖 ρ 因子的转录终止。ρ 因子是存在于大肠埃希菌中的一种由 6 个亚基组成的终止蛋白质，具有 ATP 酶和解旋酶的活性，能结合 RNA。在转录终止过程中 RNA 的 3′-末端会产生丰富的 C 碱基，ρ 因子特异识别这一终止信号并与之结合，利用其 ATP 酶的活性水解 ATP 供能，利用解旋酶的活性解开 DNA－RNA 杂化双链，导致 RNA 释放，并使聚合酶与它一起从 DNA 上脱落，转录终止。

(2)非依赖 ρ 因子的转录终止。在 RNA 延长过程中，当行进到 DNA 模板的终止信号时，RNA 聚合酶就不再继续前进，聚合作用也就停止。终止信号中含有由 GC 富集区组成的反向重复序列，在转录生成的 RNA 中形成发夹结构，妨碍 RNA 聚合酶的行进，停止 RNA 聚合作用。发夹结构后常随有一连串寡聚 U，由于 A－U 配对最不稳定，寡聚 U 有利于 RNA 与模板链脱离，使转录终止。

真核生物 RNA 聚合酶Ⅱ所催化的 hnRNA 转录终止与 polyA 尾的形成同时发生。真核生物 DNA 模板链编码区下游常有一组共有序列 AATAA，下游有许多 GT 序列，成为修饰点。当转录超过修饰点，mRNA 在修饰点处被切段，随即加入 polyA 尾。RNA 聚合酶缺乏具有 3′→5′核酸外切酶活性的校对功能，因此转录的错误率比复制要高。

综上，DNA 复制和转录的相同点：两过程都以 DNA 为模板，都需依赖 DNA 的聚合酶，聚合过程每次都只延长一个核苷酸，核苷酸之间连接键都是 3′，5′-磷酸二酯键，在模板链上移动方向都是从 3′→5′，新链的延长方向都从 5′→3′。二者之间不同点见表 12－1。

表 12－1　DNA 复制和转录的区别

	DNA 复制	转录
模板	两条链均复制，全部基因组被复制	仅模板链转录，部分基因转录
底物	dNTP	NTP
酶	DNA 聚合酶	RNA 聚合酶
产物	子代双链 DNA 分子	mRNA、tRNA、rRNA 前体
碱基配对	A－T、G－C	A－U、T－A、G－C

二、转录后的加工修饰

真核生物转录产物为 RNA 前体，是初级 RNA 转录产物(primary RNA transcripts)，不具有生物活性，必须进行加工修饰才能成为成熟的、有活性的 RNA。真核生物 RNA 的加工主要在细胞核内进行。

(一)真核生物 mRNA 转录后的加工修饰

真核生物 mRNA 转录后的初级产物称为非均一核 RNA(heterogeneous nuclear RNA，hnRNA)，需要对 5′-末端、3′-末端修饰，以及对 mRNA 链进行剪接等加工。

1. 在 5′-末端形成“帽子”结构

hnRNA 的第一个核苷酸往往是 5′-三磷酸鸟苷(pppG)。在 mRNA 成熟的过程中，在加帽酶作用下 5′- pppG 去除 γ -磷酸，然后 5′-末端与另一个新的 GTP 反应生成 5′- 5′三磷酸双鸟苷。最后在甲基酶作用下，使加上去的 GMP 中鸟嘌呤的 N7 和原新生的 RNA 5′-末端第一个或第二个核苷酸中戊糖的 C - 2′甲基化，形成不同的 7 -甲基鸟嘌呤三磷酸核苷($Gppp^mG$)的帽子结构。帽子结构可以稳定 mRNA，使其免遭核酸酶降解破坏，也能与帽结合蛋白质复合体结合，参与 mRNA 与核糖体的结合，启动蛋白质生物合成。

2. 在 3′-末端形成多聚 A 尾(polyA)

先由核酸外切酶切去前体 mRNA 3′-末端的一些多余的核苷酸，然后在多聚腺苷酸聚合酶的催化下，由 ATP 聚合而成，该过程与转录的终止同时进行。polyA 的长度一般在 100～200 个腺苷酸之间，也有少数例外。其长度随 mRNA 的寿命而缩短，随着 polyA 的缩短，翻译的活性下降。因此 polyA 的有无及长短，可能是维持 mRNA 作为翻译模板的活性，也是增加 mRNA 本身稳定的重要因素。

3. hnRNA 的剪接

hnRNA 分子中有表达活性的核酸序列称为外显子(enox)，隔断基因的线形表达而在剪接中被去除的核酸序列，称为内含子(intron)。在剪接体内，由 RNA 酶的作用切除 hnRNA 中内含子，再拼接外显子，有的还需对转录物的序列进行编辑，最终成为具有指导翻译功能的模板(图 12 - 6)。

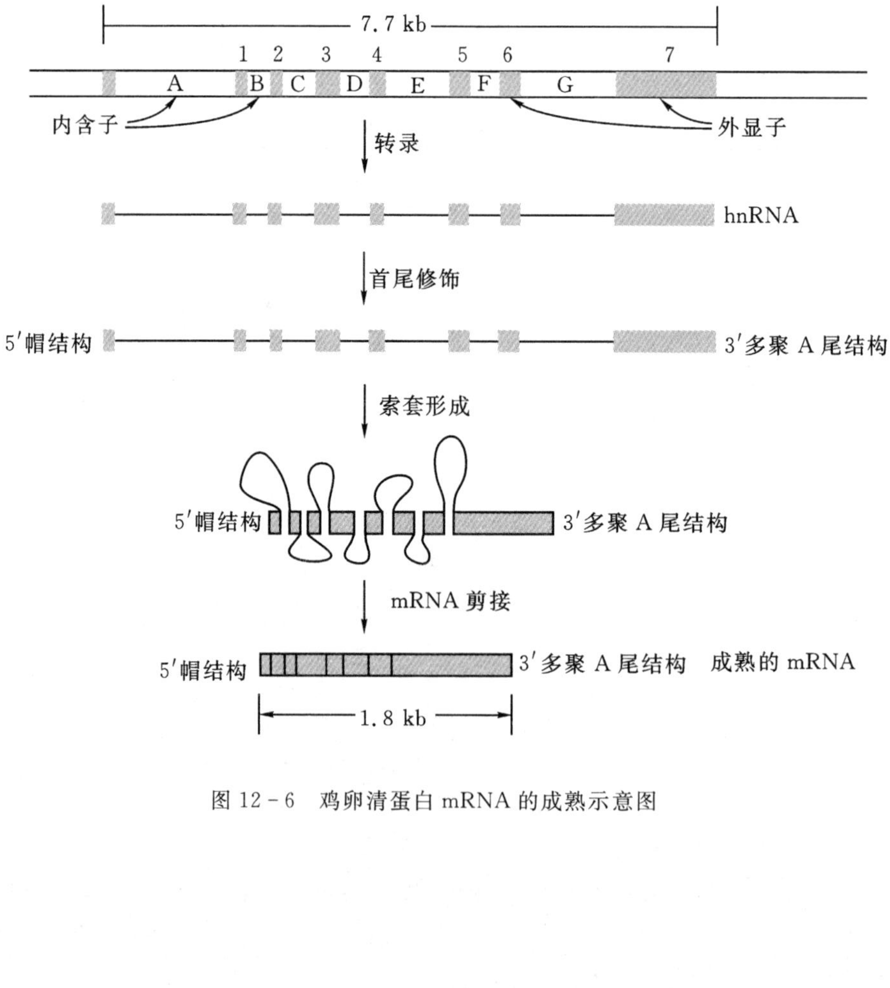

图 12 - 6　鸡卵清蛋白 mRNA 的成熟示意图

(二)真核生物 tRNA 转录后的加工

1. 剪接

在 RNA 酶的催化下，tRNA 前体 $5'$-末端的部分核苷酸序列和 $3'$-末端部分核苷酸序列被切除，在其 $3'$-末端加上 CCA—OH 序列，该序列是氨基酸结合部位。同时还要切除中部的内含子，然后由连接酶催化拼接。

2. 修饰

修饰主要是一些核苷酸的碱基经化学修饰成为稀有碱基，包括某些尿嘧啶还原为二氢尿嘧啶(DHU)，某些嘌呤生成甲基嘌呤，某些尿嘧啶核苷转变为假尿嘧啶核苷(Ψ)，某些腺苷酸生成次黄嘌呤核苷酸(I)，使成熟的 tRNA 分子中含有较多的稀有碱基。

(三)真核生物 rRNA 转录后的加工

真核细胞中 rRNA 前体为 45S 的转录产物，它是三种 rRNA 的前身。45S rRNA 经剪接后，先分出 18S 的产物，18S rRNA 与有关蛋白质一起，装配成核蛋白体小亚基。余下的部分再剪接成 28S rRNA 与 5.8S rRNA，后两者与有关蛋白质一起，装配成核蛋白体的大亚基。然后通过核孔转移到细胞质中，作为蛋白质生物合成的场所。

目标检测

一、名词解释

1. 逆转录
2. 突变

二、简答题

1. 参与原核生物 DNA 复制的酶有哪些？各有什么作用？
2. 比较 DNA 复制和 RNA 转录的异同点。

（黄泓轲）

第十三章　蛋白质的生物合成及调控

学习目标

【掌握】翻译、密码子的概念。

【熟悉】遗传密码子的特点；三种 RNA 在蛋白质生物合成中的作用；蛋白质生物合成的过程。

【了解】翻译后的加工修饰及蛋白质合成的抑制剂；基因表达的特点，基因表达调控的概念；癌基因、抑癌基因的概念。

蛋白质的生物合成，即翻译，就是将核酸中由核苷酸序列编码的遗传信息，通过遗传密码破译的方式解读为蛋白质一级结构中 20 种氨基酸的排列顺序。蛋白质分子是由许多氨基酸组成的，在不同的蛋白质分子中，氨基酸有着特定的排列顺序，这种特定的排列顺序不是随机的，而是严格按照蛋白质的编码基因中的碱基排列顺序决定的。基因的遗传信息在转录过程中从 DNA 转移到 mRNA，再在翻译的过程中由 mRNA 和 tRNA 将这种遗传信息表达为蛋白质中氨基酸顺序。翻译的过程也就是蛋白质分子生物合成的过程，在此过程中需要 200 多种生物大分子参加，其中包括核糖体、mRNA、tRNA 及多种蛋白质因子。新合成的蛋白质需要经过翻译后的加工修饰折叠成为具有天然构象的蛋白质，并通过蛋白质的靶向输送到靶位点，来完成它们的生物学功能。

蛋白质的生物合成分为 3 个反应阶段：①氨基酸的活化阶段，即氨基酸分别在氨酰-tRNA 合成酶的催化下合成氨酰-tRNA；②多肽链的生物合成阶段，即将 mRNA 上的遗传信息翻译成多肽链；③翻译完成后的加工修饰阶段，新合成的蛋白质为其一级结构，要行使功能，必须折叠成天然蛋白质的空间结构，并对一级结构和空间构象进行修饰，定向输送到靶位点发挥功能。

第一节　蛋白质的生物合成

蛋白质的生物合成是一个由很多种因子参与的合成多肽链的化学反应过程，合成过程需要由 mRNA、tRNA、rRNA 提供肽链合成的模板、氨基酸转运载体和蛋白质的组装车间，参与氨基酸活化及肽链合成所需要的酶及各种蛋白质因子、功能物质及某些无机离子共同完成，见图 13-1。

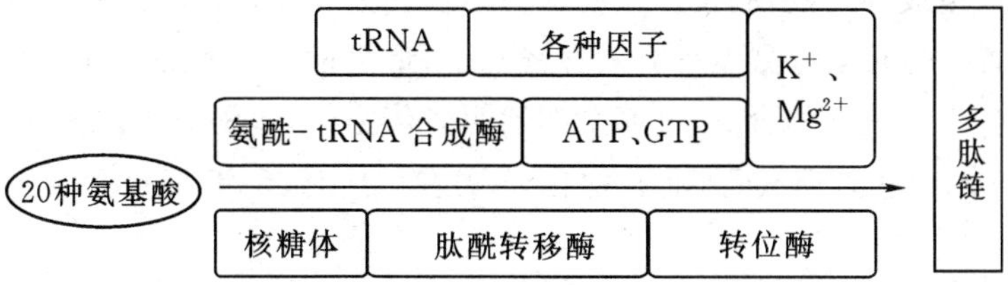

图 13-1　蛋白质生物合成所需物质

一、参与蛋白质生物合成的物质

(一)合成原料

自然界由 mRNA 编码的氨基酸共有 20 种，只有这些氨基酸能够作为蛋白质生物合成的直接原料。某些蛋白质分子还含有羟脯氨酸、羟赖氨酸、γ-羧基谷氨酸等，这些特殊氨基酸是在肽链合成后的加工修饰过程中形成的。

(二)mRNA 是合成蛋白质的直接模板

mRNA 是结构基因的转录产物，是蛋白质生物合成的直接模板。mRNA 是由 5′-末端非翻译区、开放阅读框架区和 3′-末端非翻译区组成，见图 13-2。开发阅读框架区是指 mRNA 5′-末端起始密码子 AUG 到 3′-末端终止密码子之间的核苷酸序列，各个三联密码子连续排列编码一条多肽链。

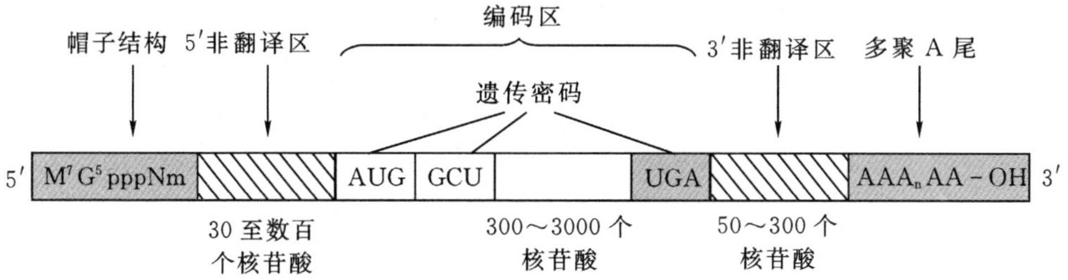

图 13-2　mRNA 的结构

位于 mRNA 起动部位 AUG 为氨基酸合成肽链的起动信号。以哺乳动物为代表的真核生物，此密码子代表甲硫氨酸；以微生物为代表的原核生物则代表甲酰甲硫氨酸。

原核细胞中每种 mRNA 分子常带有多个功能相关蛋白质的编码信息，以一种多顺反子的形式排列，在翻译过程中可同时合成几种蛋白质，而真核细胞中，每种 mRNA 一般只带有一种蛋白质编码信息，是单顺反子的形式。mRNA 以它分子中的核苷酸排列顺序携带从 DNA 传递来的遗传信息，作为蛋白质生物合成的直接模板，决定蛋白质分子中的氨基酸排列顺序。不同的蛋白质有各自不同的 mRNA，mRNA 除含有编码区外，两端还有非编码区。非编码区对于 mRNA 的模板活性是必需的，特别是 5′-末端非编码区在蛋白质合成中被认为是与核糖体结合的部位。

mRNA 分子以 5′→3′方向，从 AUG 开始每 3 个连续的核苷酸组成一个密码子，mRNA

中的 4 种碱基可以组成 64 种密码子。这些密码不仅代表了 20 种氨基酸，还决定了翻译过程的起始与终止位置。每种氨基酸至少有一种密码子，最多的有 6 种密码子。从对遗传密码性质的推论到决定各个密码子的含义，进而全部阐明遗传密码，是科学上最杰出的成就之一，科学家们设计了十分出色的遗传学和生物化学实验，于 1966 年编排出了遗传密码表，见表13-1。

表 13-1 遗传密码表

第一个核苷酸	第二个核苷酸				第三个核苷酸
(5′)	U	C	A	G	(3′)
U	苯丙氨酸	丝氨酸	酪氨酸	半胱氨酸	U
	苯丙氨酸	丝氨酸	酪氨酸	半胱氨酸	C
	亮氨酸	丝氨酸	终止密码子	终止密码子	A
	亮氨酸	丝氨酸	终止密码子	色氨酸	G
C	亮氨酸	脯氨酸	组氨酸	精氨酸	U
	亮氨酸	脯氨酸	组氨酸	精氨酸	C
	亮氨酸	脯氨酸	谷氨酰胺	精氨酸	A
	亮氨酸	脯氨酸	谷氨酰胺	精氨酸	G
A	异亮氨酸	苏氨酸	天冬酰胺	丝氨酸	U
	异亮氨酸	苏氨酸	天冬酰胺	丝氨酸	C
	异亮氨酸	苏氨酸	赖氨酸	精氨酸	A
	甲硫氨酸	苏氨酸	赖氨酸	精氨酸	G
G	缬氨酸	丙氨酸	天冬酰胺	甘氨酸	U
	缬氨酸	丙氨酸	天冬酰胺	甘氨酸	C
	缬氨酸	丙氨酸	谷氨酸	甘氨酸	A
	缬氨酸	丙氨酸	谷氨酸	甘氨酸	G

遗传密码具有以下 4 个特点。

(1)方向性。密码子 AUG 是起始密码，代表合成肽链的第一个氨基酸的位置，它们位于 mRNA 5′-末端，同时它也是甲硫氨酸的密码子，因此原核生物和真核生物多肽链合成的第一个氨基酸都是甲硫氨酸，当然少数细菌中也用 GUG 作为起始码。在真核生物 CUG 偶尔也用作起始甲硫氨酸的密码。密码子 UAA、UAG、UGA 是肽链的终止密码，不代表任何氨基酸，它们单独或共同存在于 mRNA 3′-末端。因此翻译是沿着 mRNA 分子 5′→3′方向进行的。

(2)连续性。两个密码子之间既无间断也无重叠，因此从起始码 AUG 开始，3 个碱基代表一个氨基酸，这就构成了一个连续不断的读框，直至终止码。如果在读框中间插入或缺失一个碱基就会造成移码突变，引起突变位点下游氨基排列的错误。

(3)简并性。一种氨基酸有几组密码子，或者几组密码子代表一种氨基酸的现象称为密码子的简并性，这种简并性主要是由于密码子的第三个碱基发生摆动现象形成的，也就是说密码

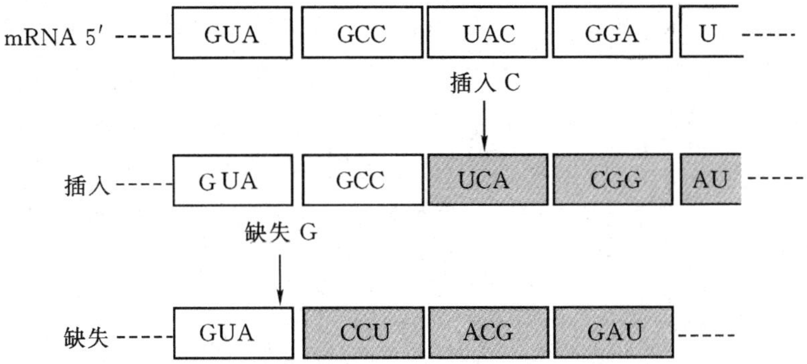

子的专一性主要由前两个碱基决定，即使第三个碱基发生突变也能翻译出正确的氨基酸，这对于保证物种的稳定性有一定意义。如 GCU、GCC、GCA、GCG 都代表丙氨酸。

(4)通用性。大量的事实证明，生命世界从低等到高等，都使用一套密码，也就是说遗传密码在很长的进化时期中保持不变。因此，这张密码表是生物界通用的。真核生物线粒体的密码子有许多不同于通用密码，例如，人线粒体中，UGA 不是终止码，而是色氨酸的密码子，AGA、AGG 不是精氨酸的密码子，而是终止密码子，加上通用密码中的 UAA 和 UAG，线粒体中共有四组终止码。

(三)tRNA 是氨基酸的运载工具

tRNA 在蛋白质生物合成过程中起到携带氨基酸到核糖体上组装成多肽链的关键作用，见图 13-3。mRNA 上的遗传信息被翻译成蛋白质一级结构，而 mRNA 分子与氨基酸分子之

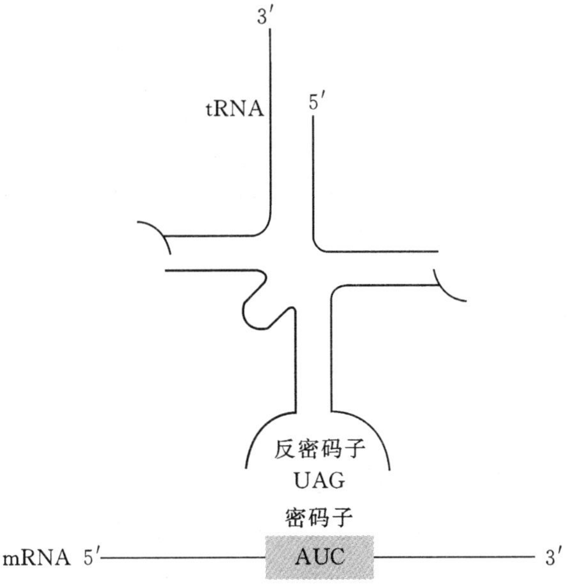

图 13-3　密码子和反密码子的相互作用

间并无直接的对应关系。这就需要 tRNA 分子。tRNA 是一类小分子 RNA，长度为 73～94

个核苷酸，tRNA 分子中富含稀有碱基和修饰碱基，分子 3′-末端均为 CCA 序列，氨基酸分子通过共价键与 A 结合，此处的结构也叫氨基酸臂。每种氨基酸都有 2～6 种各自特异的 tRNA，它们之间的特异性是靠氨酰-tRNA 合成酶来识别的。这样，携带相同氨基酸而反密码子不同的一组 tRNA 称为同功 tRNA，它们在细胞内合成量上有多和少的差别，分别称为主要 tRNA 和次要 tRNA。主要 tRNA 中反密码子识别 tRNA 中的高频密码子，而次要 tRNA 中反密码子识别 mRNA 中的低频密码子。每种氨基酸都只有一种氨酰-tRNA 合成酶。因此细胞内有 20 种氨酰-tRNA 合成酶。

(四)核糖核蛋白体

核蛋白体是由 rRNA 和几十种蛋白质组成的亚细胞颗粒，位于胞质内，可分为两类，一类附着于粗面内质网，主要参与白蛋白、胰岛素等分泌性蛋白质的合成，另一类游离于胞质，主要参与细胞固有蛋白质的合成。

核糖体由大、小两个亚基组成，每个亚基都由多种核糖体蛋白质和 rRNA 组成，是高度复杂的体系，为蛋白质的生物合成提供场所，是多肽链合成的"组装车间"。它的任何个别组分或局部组分都不能起整体的作用。原核及真核生物核糖体的组成见表 13-2。

表 13-2　原核及真核生物核糖体的组成

核糖体	亚单位	rRNA	蛋白质
原核生物(70S)	小亚基(30S)	16S rRNA	21 种
	大亚基(50S)	5S rRNA	31 种
		23S rRNA	
真核生物(80S)	小亚基(40S)	18S rRNA	33 种
	小亚基(60S)	5.8S rRNA	49 种
		5S rRNA	
		28S rRNA	

核蛋白体作为蛋白质的合成场所具有以下几种作用，以原核生物为例，见图 13-4。

(1)mRNA 结合位点：位于 30S 小亚基头部，此处有几种蛋白质构成一个以上的结构域，负责与 mRNA 的结合，特别是 16S rRNA 3′端与 mRNA AUG 之前的一段序列互补是这种结合必不可少的。

(2)P 位点：又称为肽酰-tRNA 位。它大部分位于小亚基，小部分位于大亚基，它是结合起始 tRNA 并向 A 位给出氨基酸的位置。

(3)A 位点：又称为氨酰-tRNA 位。它大部分位于大亚基而小部分位于小亚基，它是结合一个新进入的氨酰-tRNA 的位置。

(4) 转肽酶活性部位：位于 P 位和 A 位的连接处。

(5)其他：结合参与蛋白质合成的起始因子(IF)、延长因子(EF)和终止因子或释放因子(RF)。

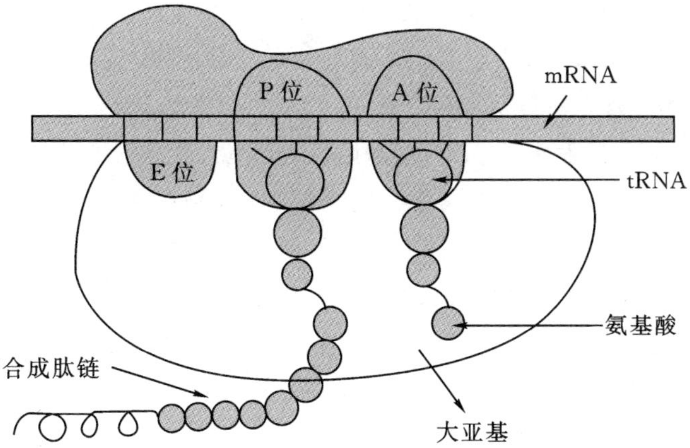

图 13-4 翻译过程中的原核生物核糖体

(五)酶类

在蛋白质合成过程中主要有以下 3 种酶参与。

(1)氨酰-tRNA 合成酶:在 ATP 提供能量的情况下,氨酰-tRNA 合成酶催化氨基酸活化氨酰-tRNA,氨酰-tRNA 合成酶的专一性保证了翻译的忠实性。

(2)转肽酶:催化核糖体 P 位点上的肽酰基转移至 A 位点的氨酰-tRNA 上,并形成肽键。

(3)转位酶:催化核糖体沿 mRNA 的 5′→3′移动一个密码子的距离,使下一个密码子定位于核糖体的 A 位,原 A 位上的肽酰-tRNA 移至 P 位。

(六)能量物质及离子

参与蛋白质生物合成的能量物质有 ATP、GTP 及 Mg^{2+} 和 K^{+} 等无机离子。

二、蛋白质生物合成过程

蛋白质的生物合成经历了起始、延长、终止 3 个阶段。翻译时,从 mRNA 5′-末端的起始密码子 AUG 开始,向 3′-末端逐一读码,至终止密码子结束,完成多肽链从 N 端向 C 端的延长。

原核生物与真核生物的蛋白质合成过程中有很多的区别,真核生物此过程更复杂,下面着重介绍原核生物蛋白质合成的过程,并指出真核生物与其不同之处。

蛋白质生物合成可分为 5 个阶段,氨基酸的活化、多肽链合成的起始、肽链的延长、肽链的终止和释放、蛋白质合成后的加工修饰。

(一)氨基酸活化

氨基酸的活化过程靠氨酰-tRNA 合成酶催化,此酶催化特定的氨基酸与特异的 tRNA 相结合,生成各种氨酰-tRNA。原核细胞中起始氨基酸活化后,还要甲酰化,形成甲酰甲硫氨酸 tRNA,由 N^{10}-甲酰四氢叶酸提供甲酰基。真核细胞没有此过程。

（二）多肽链合成的起始

核蛋白体大小亚基，mRNA 起始 tRNA 和起始因子共同参与肽链合成的起始。

1. 原核生物翻译起始复合物形成的过程

（1）核糖体 30S 小亚基附着于 mRNA 起始信号部位：它是位于 AUG 上游 8～13 个核苷酸处的一个短片段称为 SD 序列。这段序列正好与 30S 小亚基中的 16S rRNA 3′-末端一部分序列互补，因此，SD 序列也称为核糖体结合序列，这种互补使核糖体能选择 mRNA 上 AUG 的正确位置来起始肽链的合成，该结合反应由起始因子 3（IF－3）介导，另外，IF－1 促进 IF－3 与小亚基的结合，故先形成 IF－3－30S 亚基－mRNA 三元复合物。

（2）30S 前起始复合物的形成：在 IF－2 作用下，甲酰甲硫氨酰起始 tRNA 与 mRNA 分子中的 AUG 相结合，即密码子与反密码子配对，同时 IF－3 从三元复合物中脱落，形成 30S 前起始复合物，即 IF－2－3S 亚基－mRNA－fMet－tRNAfmet 复合物，此步需要 GTP 和 Mg^{2+} 参与。

（3）70S 起始复合物的形成：50S 亚基与 30S 前起始复合物结合，同时 IF－2 脱落，形成 70S 起始复合物，即 30S 亚基－mRNA－50S 亚基－mRNA－fMet－tRNAfmet 复合物。此时 fMet－tRNAfmet 占据着 50S 亚基的肽酰位。而 A 位则空着有待于对应 mRNA 中第二个密码的相应氨酰－tRNA 进入，从而进入延长阶段。

2. 真核细胞蛋白质合成的起始

真核细胞蛋白质合成起始复合物的形成中需要更多的起始因子参与，起始过程也更复杂。

（1）需要特异的起始 tRNA，即－tRNAfmet，并且不需要 N 端甲酰化。已发现的真核起始因子有近 10 种（eIF）。

（2）起始复合物形成在 mRNA 5′-末端 AUG 上游的帽子结构，某些病毒 mRNA 除外。

（3）ATP 水解为 ADP 供给 mRNA 结合所需要的能量。真核细胞起始复合物的形成过程是：翻译起始也是由 eIF－3 结合在 40S 小亚基上而促进 80S 核糖体解离出 60S 大亚基开始，同时 eIF－2 在辅 eIF－2 作用下，与 Met－tRNAfmet 及 GTP 结合，再通过 eIF－3 及 eIF－4C 的作用，先结合到 40S 小亚基，然后再与 mRNA 结合。

mRNA 结合到 40S 小亚基时，除了 eIF－3 参加外，还需要 eIF－1、eIF－4A 及 eIF－4B 并由 ATP 小解为 ADP 及 Pi 来供能，通过帽结合因子与 mRNA 的帽结合而转移到小亚基上。但是在 mRNA 5′-末端并未发现能与小亚基 18S rRNA 配对的 SD 序列。目前认为，通过帽结合后，mRNA 在小亚基上向下游移动而进行扫描，可使 mRNA 上的起始密码 AUG 在 Met－tRNAfmet 的反密码位置固定下来，进行翻译起始。

（三）多肽链的延长

在多肽链上每增加一个氨基酸都需要经过进位、转肽和移位三个步骤，见图 13－6。

（1）进位：密码子所特定的氨基酸 tRNA 结合到核蛋白体的 A 位。氨酰－tRNA 在进位前需要有 3 种延长因子的作用，即热不稳定的 EF（unstable temperature，EF－Tu），热稳定的 EF（stable temperature EF，EF－Ts）及依赖 GTP 的转位因子。EF－Tu 先与 GTP 结合，再与氨酰－tRNA 结合成三元复合物，这样的三元复合物才能进入 A 位。此时 GTP 水解成 GDP，

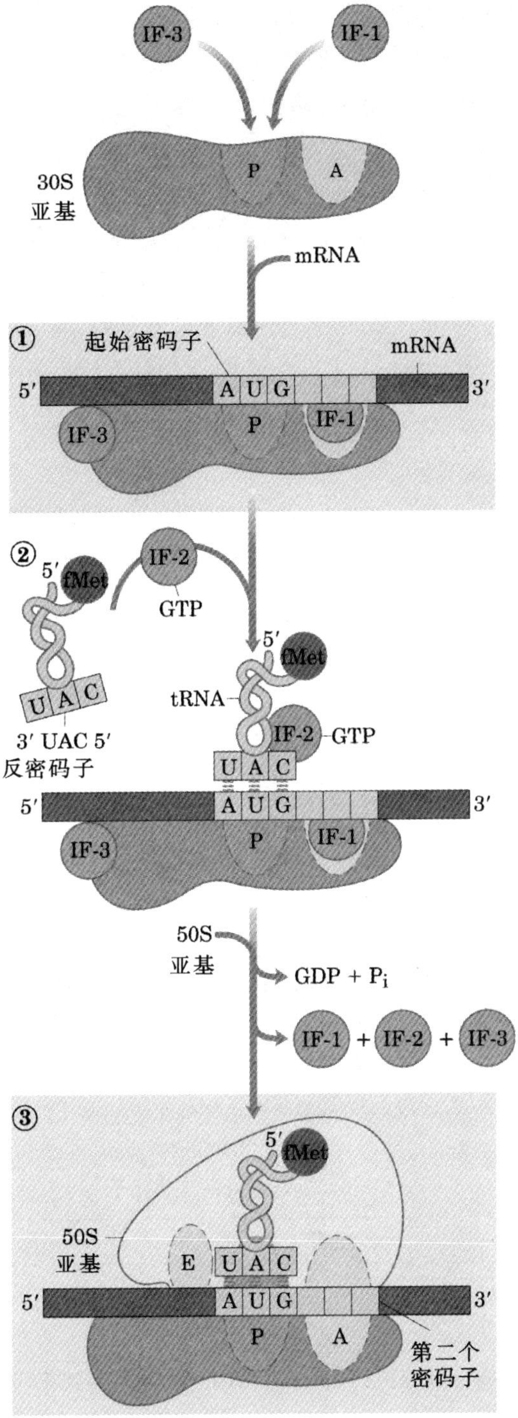

图 13－5　原核生物蛋白质生物合成 70S 起始复合物的形成

EF－Tu和 GDP 与结合在 A 位上的氨酰－tRNA 分离。原核生物和真核生物延长因子见表13－3。

(2)转肽——肽键的形成：在 70S 起始复合物形成过程中，核糖核蛋白体的 P 位上已结合了起始型甲酰甲硫氨酸 tRNA，当进位后，P 位和 A 位上各结合了一个氨酰- tRNA，两个氨基酸之间在核糖体转肽酶作用下，P 位上的氨基酸提供 α - COOH 基，与 A 位上的氨基酸的 α - NH_2 形成肽键，从而使 P 位上的氨基酸连接到 A 位氨基酸的氨基上，这就是转肽。转肽后，在 A 位上形成了一个二肽酰- tRNA。

(3)移位：转肽作用发生后，氨基酸都位于 A 位，P 位上无负荷氨基酸的 tRNA 就此脱落，核蛋白体沿着 mRNA 向 3′-末端方向移动一组密码子，使得原来结合二肽酰- tRNA 的 A 位转变成了 P 位，而 A 位空出，可以接受下一个新的氨酰- tRNA 进入，移位过程需要 EF - 2，GTP 和 Mg^{2+} 的参加。以后，肽链上每增加一个氨基酸残基，即重复上述进位、转肽、移位的步骤，直至所需的长度，实验证明，mRNA 上的信息阅读是从 5′-末端向 3′-末端进行，而肽链的延伸是从氨基端到羧基端。所以多肽链合成的方向是 N 端到 C 端。

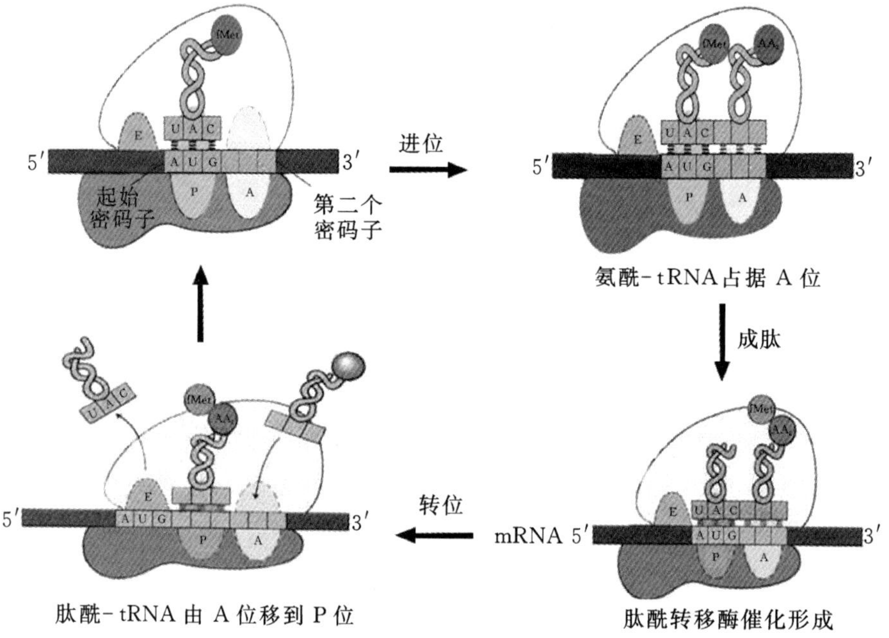

表 13 - 6　原核生物多肽链合成过程

表 13 - 3　肽链合成的延长因子

原核生物延长因子	生物功能	对应真核生物延长因子
EF - Tu	促进氨酰- tRNA 进入 A 位，结合分解 GTP	eEF - 1α
EF - Ts	调节亚基	eEF - 1βγ
EF - G	有转位酶活性，促进肽酰- tRNA 由 A 位前移到 P 位，有 GTPase 活性，促进卸载 tRNA 释放	eEF - 2

(四)翻译的终止及多肽链的释放

无论原核生物还是真核生物都有 3 种终止密码子 UAG、UAA 和 UGA。没有一个 tRNA 能够与终止密码子作用，而是靠特殊的蛋白质因子促成终止作用。这类蛋白质因子称为释放因子,原核生物有 3 种释放因子:RF－1、RF－2、RF－3。RF－1 识别 UAA 和 UAG,RF－2 识别 UAA 和 UGA,RF－3 的作用还不明确。真核生物中只有一种释放因子 eRF,它可以识别 3 种终止密码子。

原核生物还是真核生物的释放因子都作用于 A 位点,将肽链从结合在核糖体上的 tRNA 的 CCA 末端上脱下来,然后 mRNA 与核糖体分离,最后一个 tRNA 脱落,核糖体在 IF－3 作用下,解离出大、小亚基。解离后的大小亚基又重新参加新的肽链的合成,循环往复,所以多肽链在核糖体上的合成过程又称核糖体循环(ribosome cycle)。原核生物肽链合成的终止过程见图 13－7。

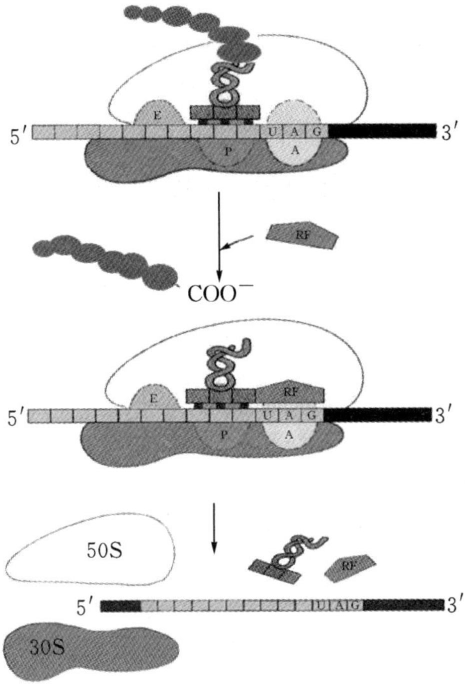

图 13－7　原核生物肽链合成的终止过程

(五)多核糖体循环

蛋白质开始合成时,第一个核糖体在 mRNA 的起始部位结合,引入第一个甲硫氨酸,然后核糖体向 mRNA 的 3′-末端移动一定距离后,第二个核糖体又在 mRNA 的起始部位结合,向前移动一定的距离后,在起始部位又结合第三个核糖体,依次下去,直至终止。两个核糖体之间有一定的长度间隔,每个核糖体都独立完成一条多肽链的合成,多核糖体可以在一条 mRNA 链上同时合成多条相同的多肽链,大大提高了翻译的效率。

真核生物蛋白质多肽链的合成过程同样经过起始、延长、终止 3 个阶段,但是合成过程较原核生物更复杂,涉及的蛋白质因子更多。表 13－4 所示为原核生物和真核生物多肽链合成过程的差别。

表 13-4 原核生物和真核生物多肽链合成过程的差别

	原核生物	真核生物
模板	mRNA 不需要加工，半衰期短，1～3 min	mRNA 需要加工，半衰期长，数小时至十几小时
转录与翻译	偶联	不偶联
翻译过程	起始：SD 序列，fMet-tRNAifmet，IF	起始：5′-CBP，Met-tRNAiMet，eIF
	延长：EF	延长：eEF
	终止：RFs	终止：eRF
翻译产物	由多顺反子 mRNA 翻译成多个多肽链	由单顺反子 mRNA 翻译成一条多肽链

三、翻译后的加工修饰

从核糖体上释放出来的多肽链，还要进行一系列不同方式的加工修饰，并按照一级结构中氨基酸侧链的性质，卷曲盘绕形成一定的空间结构，才具有其生物学功能。翻译后的加工过程包括多肽链的折叠、一级结构的修饰、空间结构的修饰及蛋白质合成后的靶向输送。

(一)多肽链的折叠——蛋白质天然构象的形成

蛋白质的一级结构是空间构象的基础，氨基酸序列储存着折叠的信息，空间构象是蛋白质行使正确功能的基础。新生肽链的合成未完成时，肽链的折叠就开始。随序列的延伸逐步折叠，最后形成正确的空间构象。

细胞中大多数天然蛋白质的折叠都不是自动完成的，而是需要一些酶和蛋白质的辅助。参与折叠的辅助性酶和蛋白质如下。

(1)分子伴侣：细胞中的一类保守蛋白质，可识别肽链的非天然构象，可逆的与未折叠的肽段的疏水基团反复结合，促进各种功能域和整体蛋白质的正确折叠。分子伴侣还能与错误聚集的肽段结合，再诱导其正确折叠。有些分子伴侣具有形成二硫键的酶活性，包括热休克蛋白(HSP)和伴侣蛋白(GroEL/GroES 系统)。

(2)二硫键异构酶(protein disulfide isomerase，PDI)：在氧化条件下，可使多肽链内或多肽链间形成正确的二硫键，稳定二级和三级结构。

(3)脯氨酰顺反异构酶(peptide prolyl *cis*-*trans* isomerase，PPI)：在新合成的多肽中，X-脯氨酸肽键的构型是反式的，而成熟蛋白质中该肽键的构型有 10%以上是顺式的。脯氨酰顺反异构酶催化这种异构化的过程，也可以加速蛋白质的折叠。

(二)一级结构的修饰

1. 氨基端和羧基端的修饰

在原核生物中几乎所有蛋白质都是从 *N*-甲酰甲硫氨酸开始，真核生物从甲硫氨酸开始。甲酰基经酶水解而除去，甲硫氨酸或者氨基端的一些氨基酸残基常由氨肽酶催化而水解除去，包括除去信号肽序列。因此，成熟的蛋白质分子 N-端没有甲酰基，或没有甲硫氨酸。同时，某些蛋白质分子氨基端要进行乙酰化，在羧基端也要进行修饰。

2. 共价修饰

许多的蛋白质可以进行不同的类型化学基团的共价修饰，修饰后可以表现为激活状态，也可以表现为失活状态。

(1)磷酸化：多发生在多肽链丝氨酸或苏氨酸的羟基上，这种磷酸化的过程受细胞内一种蛋白激酶催化，磷酸化后的蛋白质可以增加或降低它们的活性。

(2)糖基化：细胞质膜蛋白质和许多分泌性蛋白质都具有糖链，这些寡糖链结合在丝氨酸或苏氨酸的羟基上，如红细胞膜上的 ABO 血型决定簇；也可以与天冬酰胺连接。这些寡糖链是在内质网或高尔基体中加入的。

(3)羟基化：胶原蛋白前 α 链上的脯氨酸和赖氨酸残基在内质网中受羟化酶、分子氧和维生素 C 作用，产生羟脯氨酸和羟赖氨酸，如果此过程受障碍胶原纤维不能进行交联，极大地降低了它的张力强度。

(4)二硫键的形成：mRNA 上没有胱氨酸的密码子，多肽链中的二硫键是在肽链合成后，通过两个半胱氨酸的巯基氧化而形成的，二硫键的形成对于许多酶和蛋白质的活性是必需的。

3. 多肽链的剪接加工

一些蛋白质初合成后是无活性的蛋白质前体，需要在特异蛋白水解酶催化下去除某些肽段或氨基酸残基生成具有活性的蛋白质或多肽，如酶原的激活。

(三)空间构象的修饰

空间构象的修饰包括亚基聚合和辅基连接。

1. 亚基聚合

有许多蛋白质是由两个以上亚基构成的，这就需这些多肽链通过非共价键聚合成多聚体才能表现生物活性。例如，成人血红蛋白由两条 α 链，两条 β 链及四分子血红素所组成，大致过程如下：α 链在多聚核糖体合成后自行释下，并与尚未从多聚核糖体上释下的 β 链相连，然后一并从多聚核糖体上脱下来，变成 α、β 二聚体。此二聚体再与线粒体内生成的两个血红素结合，最后形成一个由 4 条肽链和 4 个血红素构成的有功能的血红蛋白分子。

2. 辅基连接

结合蛋白质中蛋白质部分与其辅基如金属离子、维生素、核酸、多糖和脂质等相共价连接，才能形成具有生物学功能的蛋白质。

(四)蛋白质合成后的靶向输送

蛋白质是在细胞内的各亚细胞结构或细胞外行使功能。因此，蛋白质在核糖体上合成后，会定向输送到执行功能的区域行使功能，将这一过程称为蛋白质的靶向输送。输送主要有 3 个去向：保留在细胞液、进入线粒体等细胞器、分泌到细胞外液。

靶向输送的完成是因为蛋白质结构中存在输送信号，主要是多肽链 N -端存在 12～35 个特异性的氨基酸序列，引导着蛋白质转移到细胞的靶部位，这类序列称为信号肽。信号肽分 3 个区段：N -端附近有带正电荷的氨基酸，称为碱性氨基末端；中间为中性氨基酸组成的疏水核心区；C -端通常为小分子氨基酸(丙氨酸)，可被信号肽酶裂解，称为加工区。信号序列决定靶向运输。

四、蛋白质生物合成与医学

蛋白质的生物学功能复杂，与物质代谢、遗传信息的传递、细胞分化分裂、免疫等生命活动密切相关。真核生物与原核生物蛋白质合成的过程既有相似也有区别，因此医学上，抗生素可以通过抑制细菌蛋白质的合成杀死细菌，但对人体无明显影响。某些毒素也可以通过抑制真核生物某些蛋白质的合成引起毒性作用。因此，可针对蛋白质生物合成必需的关键组分作为研究新抗菌药物的靶作用位点，同时尽量利用真核生物、原核生物蛋白质合成体系的差异，以设计、筛选仅对病原微生物特效而不损害人体健康的药物。

（一）抗生素类阻断剂

抗生素通过阻断细菌蛋白质的生物合成从而达到抑制细菌生长和繁殖的目的。许多抗生素都是以直接抑制细菌细胞内蛋白质合成而对人体副作用最小为目的而设计的，它们可作用于蛋白质合成的各个环节，包括抑制起始因子、延长因子及核糖核蛋白体的作用等，抗生素抑制蛋白质生物合成的原理见表 13－5。

表 13－5 抗生素抑制蛋白质生物合成的原理

抗生素	作用点	作用原理	应用
四环素族（金霉素、新霉素、土霉素）	原核核蛋白体小亚基	抑制氨酰－tRNA 与小亚基结合	抗菌药
链霉素、卡那霉素、新霉素	原核核蛋白体小亚基	改变构象引起读码错误、抑制起始	抗菌药
氯霉素、林可霉素	原核核蛋白体大亚基	抑制转肽酶、阻断延长	抗菌药
红霉素	原核核蛋白体大亚基	抑制转肽酶、妨碍转位	抗菌药
夫西地酸	原核核蛋白体大亚基	与 EFG－GTP 结合，抑制肽链延长	抗菌药
放线菌酮	真核核蛋白体大亚基	抑制转肽酶、阻断延长	医学研究
嘌呤霉素	真核、原核核蛋白体	氨酰－tRNA 类似物，进位后引起未成熟肽链脱落	抗肿瘤药

1. 链霉素、卡那霉素、新霉素等

这类抗生素属于基苷类，它们主要抑制革兰阴性细菌蛋白质合成的 3 个阶段：①S 起始复合物的形成，使氨酰－tRNA 从复合物中脱落；②在肽链延伸阶段，使氨酰－tRNA 与 mRNA 错配；③在终止阶段，阻碍终止因子与核蛋白体结合，使已合成的多肽链无法释放，而且还抑制 70S 核糖体的解离。

2. 四环素和土霉素

这类抗生素作用于细菌内 30S 小亚基，抑制起始复合物的形成，抑制氨酰－tRNA 进入核糖体的 A 位，阻滞肽链的延伸；影响终止因子与核糖体的结合，使已合成的多肽链不能脱落离核糖体。四环素类抗生素除对菌体 70S 核糖体有抑制作用外，对人体细胞的 80S 核糖体也有抑制作用，但对 70S 核糖体的敏感性更高，故对细菌蛋白质合成抑制作用更强。

3. 氯霉素

氯霉素属于广谱抗生素。①氯霉素与核糖体上的 A 位紧密结合，因此阻碍氨酰-tRNA 进入 A 位。②抑制转肽酶活性，使肽链延伸受到影响，菌体蛋白质不能合成，因此有较好的抑菌作用。

4. 嘌呤霉素

嘌呤霉素的结构与氨酰-tRNA 相似，从而取代一些氨酰-tRNA 进入核糖体的 A 位，当延长中的肽链转入此异常 A 位时，容易脱落，终止肽链合成。因嘌呤霉素对原核和真核生物的翻译过程均有干扰作用，故难于用作抗菌药物，有人试用于肿瘤治疗。

5. 白喉霉素

由白喉杆菌所产生的白喉霉素是真核细胞蛋白质合成抑制剂。白喉霉素实际上是寄生于白喉杆菌体内的溶源性噬菌体 β 基因编码的由白喉杆菌转运分泌出来，进入组织细胞内，它对真核生物的延长因子-2(EF-2)起共价修饰作用，生成 EF-2 腺苷二磷酸核糖衍生物，从而使 EF-2 失活，它的催化效率很高，只需微量就能有效地抑制细胞整个蛋白质合成，而导致细胞死亡。

(二)其他干扰蛋白质生物合成的物质

1. 干扰素

干扰素(interferon)是病毒感染后，感染病毒的细胞合成和分泌的一种小分子蛋白质。从白细胞中得到 α-干扰素，从成纤维细胞中得到 β-干扰素，在免疫细胞中得到 γ-干扰素。干扰素结合到未感染病毒的细胞膜上，诱导这些细胞产生寡核苷酸合成酶、核酸内切酶和蛋白激酶。在细胞未被感染时，不合成这三种酶，一旦被病毒感染，有干扰素或双链 RNA 存在时，这些酶被激活，并以不同的方式阻断病毒蛋白质的合成。

干扰素具有很强的抗病毒作用，因此在医学上有重大的实用价值，但组织中含量很少，难于从生物组织中大量分离干扰素。现在已难应用基因工程合成干扰素以满足研究与临床应用的需要。

2. 毒素

某些毒素对蛋白质合成的抑制作用是通过阻断蛋白质的合成、促进核糖体的降解等方式来实现的。如白喉毒素是白喉杆菌分泌物，是一种化学修饰酶，能催化哺乳动物的延长因子(eEF-2)与 NAD^+ 反应，生成 eEF-2 的腺苷二磷酸核糖衍生物，使 eEF-2 失活，从而抑制哺乳动物蛋白质的合成(图 13-8)。

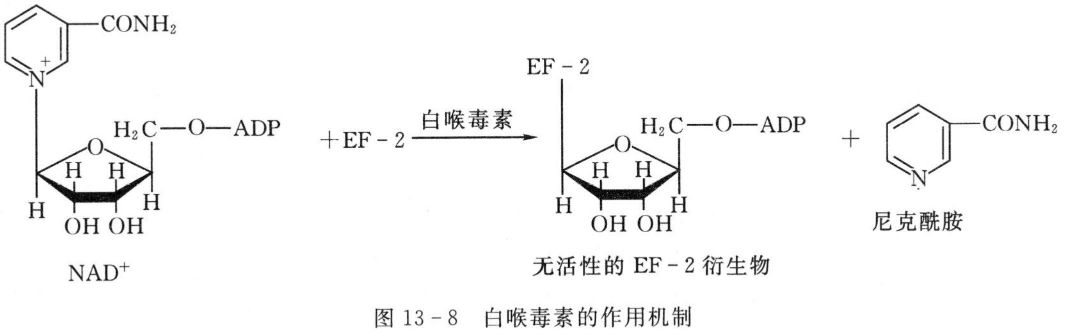

图 13-8　白喉毒素的作用机制

第二节 基因表达调控

一、基因表达的特点

基因表达(gene expression)是指储存遗传信息的基因经过一系列步骤表现出其生物功能的整个过程。典型的基因表达是基因经过转录、翻译,产生有生物活性的蛋白质的过程。rRNA 或 tRNA 的基因经转录和转录后加工产生成熟的 rRNA 或 tRNA,也是 rRNA 或 tRNA 的基因表达。

基因组(genome)是指含有一个生物体生存、发育、活动和繁殖所需要的全部遗传信息的整套核酸。但生物基因组的遗传信息并不是同时全部都表达出来,即使极简单的生物(如最简单的病毒),其基因组所含的全部基因也不是以同样的强度同时表达的。大肠杆菌基因组含有约 4000 个基因,一般情况下只有 5%～10%在高水平转录状态,其他基因有的处于较低水平的表达,甚至暂时不表达。人的基因组约含有 10 万个基因,但在一个组织细胞中通常只有一部分基因表达,多数基因处在沉静状态,典型的哺乳类细胞中开放转录的基因约 1 万个,即使蛋白质合成量比较多、基因开放比例较高的肝细胞,一般也只有不超过 20%的基因处于表达状态。基因表达的特点包括组织特异性、阶段特异性和环境适应性。

(一)基因表达的组织特异性

生物个体的各种组织细胞一般都有相同的染色体数目,每个细胞含的 DNA 量基本相近,这些遗传信息的表达受到严格调控,通常各组织细胞只合成其自身结构和功能所需要的蛋白质。不同组织细胞中不仅表达的基因数量不同,而且基因表达的强度和种类也各不相同,这就是基因表达的组织特异性。

例如,肝细胞中涉及编码鸟氨酸循环酶类的基因表达水平高于其他组织细胞,合成的某些酶(如精氨酸酶)为肝脏所特有;胰岛 B 细胞合成胰岛素;甲状腺滤泡旁细胞(C 细胞)专一分泌降血钙素等。细胞特定的基因表达状态,就决定了这个组织细胞特有的形态和功能。如果基因表达调控发生变化,细胞的形态与功能也会随之改变,例如,正常组织细胞转化为癌瘤细胞的过程,就首先有基因表达方面的改变;人肝细胞在胚胎时期合成甲胎蛋白(AFP),成年后就很少合成 AFP 了,但当肝细胞转化成肝癌细胞时编码 AFP 的基因又会开放,合成 AFP 的量会大幅度提高,成为肝癌早期诊断的一个重要指标;人肺组织并不合成降血钙素,但某些肺组织细胞癌变时,合成降血钙素的基因会开放,能分泌降血钙素,引起血钙降低的症状。

(二)基因表达的阶段特异性

细胞分化发育的不同时期,基因表达的情况是不相同的,这就是基因表达的阶段特异性。

一个受精卵含有发育成一个成熟个体的全部遗传信息,在个体发育分化的各个阶段,各种基因极为有序地表达,一般在胚胎时期基因开放的数量最多,随着分化发展,细胞中某些基因关闭,某些基因转向开放,胚胎发育不同阶段、不同部位的细胞中开放的基因及其开放的程度不一样,合成蛋白质的种类和数量都不相同,显示出基因表达调控在空间和时间上极高的有序性,从而逐步生成形态与功能各不相同、极为协调、巧妙有序的组织脏器。即使是同一个细胞,处在不同的细胞周期状态，其基因的表达和蛋白质合成的情况也不尽相同，这种细胞生长过程中基因表达调控的变化，正是细胞生长繁殖的基础。

(三)基因表达的环境适应性

生物只有适应环境才能生存。当周围的营养、温度、湿度、酸度等条件变化时，生物体就要改变自身基因表达状况，以调整体内执行相应功能蛋白质的种类和数量，从而改变自身的代谢、活动等以适应环境，这就是基因表达的环境适应性。

生物体内的基因调控各不相同，根据基因表达随环境变化的情况，把基因表达的环境适应性分成组成性表达和适应性表达两类。

1. 组成性表达

组成性表达指不大受环境变动而变化的一类基因表达。其中某些基因表达产物是细胞或生物体整个生命过程中都持续需要而必不可少的，这类基因可称为看家基因(house keeping gene)，这些基因中不少是在生物个体其他组织细胞，甚至在同一物种的细胞中都是持续表达的，可以看成是细胞基本的基因表达。组成性基因表达也不是一成不变的，其表达强弱也是受一定机制调控的。

2. 适应性表达

适应性表达指环境的变化容易使其表达水平变动的一类基因表达。应环境条件变化基因表达水平增高的现象称为诱导，这类基因被称为可诱导的基因；相反，随环境条件变化而基因表达水平降低的现象称为阻遏，相应的基因被称为可阻遏的基因。

在原核生物、单细胞生物中，改变基因表达的情况以适应环境尤其突出和重要。例如，当环境中有充足的葡萄糖时，细菌利用葡萄糖作能源和碳源，不必更多去合成利用其他糖类的酶类；当外界没有葡萄糖时，细菌就要适应环境中存在的其他糖类(如乳糖、半乳糖、阿拉伯糖等)，开放能利用这些糖的酶类基因，以满足生长的需要。

在高等哺乳类中，即使内环境保持高度稳定，也经常要变动基因的表达来适应环境。例如，与适宜温度下生活相比较，在冷或热环境下适应生活的动物，其肝脏合成的蛋白质图谱就有明显的不同；长期摄取不同的食物，体内合成代谢酶类的情况也会有所不同。

二、基因表达调控概念

遗传信息从 DNA 传递到蛋白质的过程称为基因表达，对这个过程的调节即为基因表达调控。在一个生物体中，任何细胞都带有同样的遗传信息，但是一个基因在不同组织、不同细胞中的表现并不一样，这是由基因调控机制所决定的。基因调控机制根据各个细胞的功能要求，精确地控制每种蛋白质的生产数量。生物体完整的生命过程是基因组中的各个基因按照一定的时空次序开关的结果。根据基因表达的特点将基因大致分为管家基因、可诱导基因和可阻遏基因。

(1)管家基因：某些基因在一个个体的几乎所有细胞中持续表达，其表达产物通常是对生命全过程都是必需的或必不可少的，这类基因称为管家基因。这类基因表达称为基本表达，又称组成性基因表达。

(2)可诱导基因：某些基因的表达水平很容易受环境变化影响，随着外界环境信号变化，表达水平出现升高或降低。在特定环境信号刺激下，相应的基因被激活，基因表达产物增加，这种基因称为可诱导基因。可诱导基因在特定环境中表达增强的过程称为诱导。

(3)可阻遏基因：如果基因对环境信号应答是被抑制，这种基因被称为可阻遏基因。可阻遏基因表达产物水平降低的过程称为阻遏。

(一)基因表达调控的层次

基因表达调控主要表现在几个层次。

1. 染色质水平上的调控

基因转录前染色质结构需要发生一系列重要变化，这是基因转录的前提，活化的基因处于染色质的伸展状态之中，可以被转录，而非活化的染色质 DNA 不能被转录。

2. 转录水平上的表达调控

转录水平上的表达调控是最主要的基因调控方式。转录水平调控的重点是在特定组织或细胞中、在特定的生长发育阶段、在特定的机体内外条件下，选择特定基因进行转录表达。

3. 转录后调控

转录后调控是指基因转录起始后对转录产物进行的一系列修饰、加工等调控行为。转录后调控主要包括提前终止转录过程，对 mRNA 前体进行加工剪切，mRNA 通过核孔和在细胞质内定位等。

4. 翻译水平上的调控

翻译水平上的调控是基因表达调控的重要环节。翻译的速率和细胞生长的速度之间是密切协调的。在肽链合成的起始、延伸和终止 3 个阶段中，对翻译起始速率的调控是最重要的，而在翻译的延伸和终止阶段也存在着调控因素。最后一个方面的调控是蛋白质活性的调节。来自 mRNA 的遗传信息翻译成蛋白质后，这些蛋白质如何活化并发挥其生物学功能，涉及蛋白质合成后的加工问题。对于由 mRNA 翻译产生的多肽，经过正常折叠后，有些已经具有生物活性，然而，对于真核生物中大部分蛋白质来说，还需要进一步加工、修饰和活化，才具有生理功能。

(二)原核生物基因表达的调控

原核细胞和真核细胞都有一套精确的基因表达和蛋白质合成的调控机制。原核生物的基因组和染色体结构简单，基因表达的调控主要发生在转录水平上，在翻译水平上也存在着调控因素。下面以大肠杆菌为例认识原核生物基因表达的调控分子机制。

1. 操纵元的提出

大肠杆菌可以利用葡萄糖、乳糖、麦芽糖、阿拉伯糖等作为碳源而生长繁殖。当培养基中有葡萄糖和乳糖时，细菌优先使用葡萄糖，当葡萄糖耗尽，细菌停止生长，经过短时间的适应，就能利用乳糖，细菌继续呈指数式繁殖增长，见图 13－9。

大肠杆菌利用乳糖至少需要两个酶：促使乳糖进入细菌的乳糖透过酶，催化乳糖分解第一步的 β－半乳糖苷酶。在环境中没有乳糖或其他 β－半乳糖苷时，大肠杆菌合成 β－半乳糖苷酶量极少，加入乳糖 2～3 min 后，细菌大量合成 β－半乳糖苷酶。在大肠杆菌利用乳糖再次繁殖前，也能测出细菌中 β－半乳糖苷酶活性显著增高的过程。这种典型的诱导现象，是研究基因

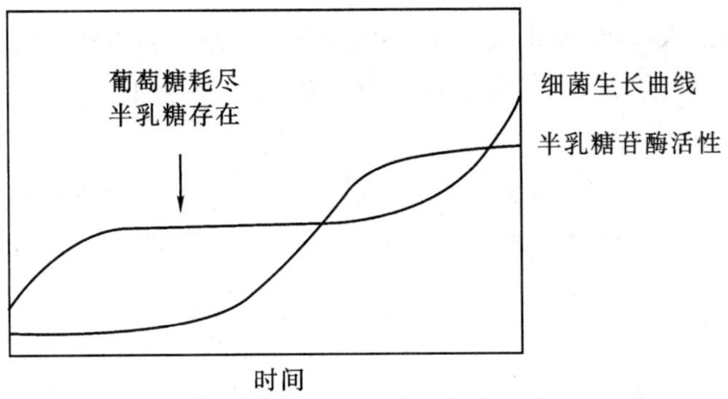

图 13－9　大肠杆菌二次生长曲线

表达调控的极好模型。

2. 操纵元的基本组成

针对大肠杆菌利用乳糖的适应现象，法国的雅可布（F. Jacob）和莫诺（J. L. Monod）等人做了一系列遗传学和生化学研究实验，于 1961 年提出乳糖操纵元（lac operon）学说，见图 13－10。在原核生物中，若干功能相关的结构基因可串联在一起，其表达受到同一调控系统的调控，共同组成一个转录单位，这种基因的组织形式称为操纵元。大肠杆菌的基因多数以操纵元的形式组成基因表达调控的单元。下面以半乳糖操纵元为例子说明操纵元的最基本的组成元件。

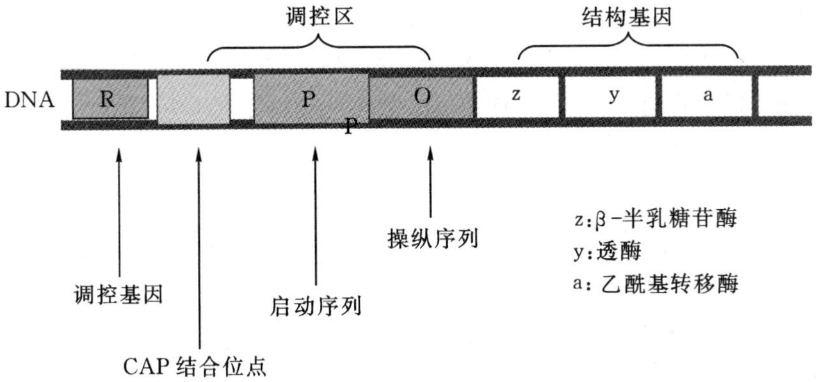

图 13－10　乳糖操纵元的表达调控

（1）结构基因群：操纵元中被调控的编码蛋白质的基因可称为结构基因（structural gene，SG）。一个操纵元中含有 2 个以上的结构基因，多的可达十几个。每个结构基因是一个连续的开放读框，各结构基因头尾衔接、串联排列，组成结构基因群。

乳糖操纵元含有 z、y 和 a 3 个结构基因。z 基因编码 β－半乳糖苷酶，催化乳糖转变为别乳糖，再分解为半乳糖和葡萄糖；y 基因编码半乳糖透过酶，促使乳糖进入细菌；a 基因编码乙酰基转移酶，催化半乳糖的乙酰化。z 基因 5′侧具有大肠杆菌核糖体识别结合位点特征的 SD 序列，当乳糖操纵元开放时，核糖体能结合在转录产生的 mRNA 上，并能沿 mRNA 移动，依次合成基因群所编码的所有蛋白质。

(2)启动子(promoter,P):指能被 RNA 聚合酶识别、结合并启动基因转录的一段 DNA 序列。操纵元至少有一个启动子,一般在第一个结构基因 5′侧上游,控制整个结构基因群的转录。

(3)操纵子(operator,O):指能被调控蛋白特异性结合的一段 DNA 序列,常与启动子邻近或与启动子序列重叠,当调控蛋白结合在操纵子序列上,会影响其下游基因转录的强弱。

(4)调控基因(regulatory gene):指编码能与操纵序列结合的调控蛋白的基因。与操纵子结合后能减弱或阻止其调控基因转录的调控蛋白称为阻遏蛋白,其介导的调控方式称为负性调控;与操纵子结合后能增强或启动调控基因转录的调控蛋白称为激活蛋白,所介导的调控方式称为正性调控。

某些特定的物质能与调控蛋白结合,使调控蛋白的空间构象发生变化,从而改变其对基因转录的影响,这些特定物质可称为效应物,其中凡能引起诱导发生的分子称为诱导剂,能导致阻遏发生的分子称为阻遏剂。

在乳糖操纵元中,调控基因 *lac* Ⅰ 位于启动子 *Plac* 邻近,编码产生调控蛋白 R,在环境没有乳糖存在的情况下,R 形成的活性四聚体能特异地与操纵子 O 紧密结合,从而阻止利用乳糖的酶类基因的转录,所以 R 是乳糖操纵元的阻遏蛋白;当环境中有足够的乳糖时,乳糖受β-半乳糖苷酶作用转变为别乳糖,别乳糖与 R 结合,使 R 的空间构象变化,四聚体解聚成单体,失去与操纵子特异性紧密结合的能力,从而解除了阻遏蛋白的作用,使其后的基因得以转录合成利用乳糖的酶类。在这过程中乳糖(实际起作用的是别乳糖)就是诱导剂,与 R 结合起到去阻遏作用,诱导了利用乳糖的酶类基因转录开放。

(5)终止子(terminator,T):指给予 RNA 聚合酶转录终止信号的 DNA 序列。在一个操纵元中至少在构基因群最后一个基因的后面有一个终止子。

3. 乳糖操纵元的表达调控

(1)阻遏蛋白的负性调控:当大肠杆菌在没有乳糖的环境中生存时,乳糖操纵元处于阻遏状态。阻遏蛋白 R 以四聚体形式与操纵子 O 结合,阻碍了 RNA 聚合酶与启动子 *Plac* 的结合,阻止了基因的转录起动。

当有乳糖存在时,乳糖受 β-半乳糖苷酶的催化转变为别乳糖,与 R 结合,使 R 构象变化,R 四聚体解聚成单体,失去与 O 的亲和力,与 O 解离,基因转录开放,这就是乳糖对 *lac* 操纵元的诱导作用。

(2)CAP 的正性调控:细菌中的 cAMP 含量与葡萄糖的分解代谢有关,当细菌利用葡萄糖分解供给能量时,cAMP 含量低;当环境中无葡萄糖可供利用时,cAMP 含量高。细菌中有一种能与 cAMP 特异结合的 cAMP 受体蛋白 CRP,当 CRP 未与 cAMP 结合时它是无活性的,当 cAMP 浓度升高时,CRP 与 cAMP 结合并发生空间构象的变化而活化,称为 CAP(CRP cAMP activated protein),能以二聚体的方式与特定的 DNA 序列结合。

(三)真核生物基因表达的调控

与原核生物相比,真核基因表达调控更复杂,具有一些明显的特点。

1. 真核基因表达调控的环节更多

转录是真核生物基因表达调控的主要环节。但真核基因转录发生在细胞核(线粒体基因的转录在线粒体内),翻译则多在胞质,两个过程是分开的,因此其调控增加了更多的环节和复杂性。

2. 真核基因的转录与染色质的结构变化相关

真核基因组 DNA 绝大部分都在细胞核内与组蛋白等结合成染色质,染色质的结构、染色质中 DNA 和组蛋白的结构状态都影响转录。

3. 真核基因表达以正性调控为主

真核 RNA 聚合酶对启动子的亲和力很低,基本上不依靠自身来起始转录,需要依赖多种激活蛋白的协同作用。真核基因调控中虽然也发现有负性调控元件,但其存在并不普遍;真核基因转录表达的调控蛋白也有起阻遏和激活作用或兼有两种作用者,但总的是以激活蛋白的作用为主。多数真核基因在没有调控蛋白作用时是不转录的,需要表达时就要有激活的蛋白质来促进转录。

第三节　癌基因与抑癌基因

一、癌基因

癌基因(oncogene)可定义为其异常表达或表达产物的异常直接决定细胞恶性表型的产生的某种基因。

(一)癌基因的发现

20 世纪初,Rockefeller 研究所的 F. P. Rous 医生将鸡肉瘤组织匀浆后的无细胞滤液皮下注射于正常鸡后发现引起了肿瘤,由于当时对病毒认识的缺乏,直到 20 世纪 50 年代才确认致瘤的因素是病毒,并以 F. P. Rous 医生的名字命名为罗氏肉瘤病毒(RSV)。1975 年,J. M. Bishop 从 RSV 中分离到第一个病毒癌基因 *src*,该基因编码分子量为 60 000 的磷蛋白质,以 pp60src 表示。1976 年 D. Stehelin 以实验证明正常鸡成纤维细胞基因组中存在有与病毒癌基因 *src* 的同源序列。此后陆续发现许多禽类和鼠类也有类似情况,即宿主细胞基因组中含有病毒癌基因的同源序列,称之为细胞癌基因。

(二)癌基因的概念

癌基因最初的定义是,通过其表达产物可在体外引起细胞转化,在体内引起癌瘤的一类基因,也称为转化基因。癌基因首先发现于以罗氏肉瘤病毒为代表的致癌反转录病毒。反转录病毒为 RNA 病毒,感染细胞后其 RNA 基因组在反转录酶作用下反转录成单链 DNA,再复制成双链 DNA。这类病毒致癌作用与其存在的一段核酸序列有关;若该序列缺失,则丧失致癌能力,故称癌基因。哺乳类动物细胞基因组中普遍存在着与病毒癌基因相似的序列,但在正常情况下不表达,或只是有限制地表达,对细胞无害;只有在外界某些理化或生物学因素作用下被活化而异常表达,可导致细胞癌变。通常将病毒中的癌基因称为病毒癌基因(viral oncogene,V－onc),将哺乳类细胞中的癌基因称为细胞癌基因(cellular oncogene,C－onc)。

因为通常情况下细胞癌基因以非激活形式存在，所以又称为原癌基因（proto - oncogene）。原癌基因是细胞的正常基因，其表达产物对细胞的生理功能极其重要，只有当原癌基因发生结构改变或过度表达时，才有可能导致细胞癌变。

（三）细胞癌基因的激活

细胞癌基因的激活是指原本不致癌 C - onc 在特定的情况下转变成致癌性的，大体上有以下几种激活方式。

1. 原癌基因的点突变

DNA 序列分析实验进一步表明，有的癌细胞的癌基因的激活是由于癌基因本身核苷酸发生改变，使其蛋白质产物发生了明显变化。例如，将膀胱癌细胞的 *ras* 基因与正常细胞相应 DNA 片段比较，原癌基因在一个碱基上发生了变化，第 12 位密码子- GGC -（甘氨酸）变成- GTC -（缬氨酸），这种改变使正常产物变成致癌产物，细胞的生长属性发生了变化。*ras* 基因的表达产物 Ras 是一种小分子 G 蛋白，在信号转导中起重要作用，正常 Ras 的作用因其自身的 GTP 酶活性而受到严格控制，而突变了的 Ras 其 GTP 酶活性下降或丧失，失去了原有控制，致使增殖信号持续作用，细胞发生恶性转化。

2. 强启动子的插入

有的细胞癌变是由于其细胞癌基因表达增强，使基因转录速度增加，产物量大大增加引起的。例如，用 RSV 转化细胞，转化细胞中的 pp60stc 蛋白的含量比正常细胞高出 10～100 倍，可是其产物与细胞- *src* 基因的蛋白质产物并无质的不同。原癌基因的过分活跃是由于在其上游插入了启动子。这种蛋白质产物量的增加使转化细胞代谢失去了平衡，引起恶性的增殖。

3. 染色体重排

染色体重排也是癌基因激活的途径之一。B 淋巴细胞癌常由于染色体重排而使 *c - myc* 的表达失控。

4. 基因扩增

基因扩增可转录形成更多的 mRNA，从而合成大量的蛋白质。在人神经母细胞瘤细胞中含有 *V - myc* 癌基因的许多复本，这种基因称为 *N - myc*（*N* 代表神经）。通常，细胞表面在接收生长信号时才合成 myc 蛋白。可是由于基因扩增合成了过多的 c - myc 蛋白，在正常降解后还有剩余，使细胞核继续接收生长信号，导致细胞快速增殖。

5. 原癌基因的低甲基化

致癌物质的作用下，使原癌基因的甲基化程度降低而导致癌症，这是因为致癌物质降低了甲基化酶的活性。

二、抑癌基因

抑癌基因又称肿瘤抑制基因，它的发现较癌基因晚，迄今克隆到的抑癌基因的数目亦较少，这并不意味着客观存在的抑癌基因就一定比癌基因少，只是由于技术上的原因，要想分离、鉴定、确认一个抑癌基因比较困难。

早在 20 世纪 60 年代，有人将癌细胞与同种正常双倍体成纤维细胞融合，所获杂种细胞的后代只要保留某些正常亲本染色体时就可表现为正常表型。然而，随着染色体的丢失又可重新出现恶变细胞。这一现象表明，正常染色体内可能存在某些抑制肿瘤发生的基因，它们的丢失、突变或失去功能，可使潜在的致癌因素如激活的癌基因发挥作用而致癌。已确定的几种抑癌基因产物及其功能见表 13-6。

表 13-6　已确定的几种抑癌基因产物及其功能

基因	染色体定位	相关肿瘤	基因产物及功能
RB	13q14	RB、成骨肉瘤、胃癌、SCLC、乳癌、结肠癌	P105，控制生长
WT	11p13	WT、横纹肌肉瘤、肺癌、膀胱癌、乳癌、肝母细胞瘤	WT-ZFP，负调控转录因子
NF-1	17p12	神经纤维瘤、嗜铬细胞瘤、雪旺细胞瘤、神经纤维肉瘤	GAP，拮抗 p21rasB
DCC	18q21.3	结肠瘤	P192，细胞黏附分子
p53 *	17p3	星状细胞瘤、胶质母细胞瘤、结肠癌、乳癌、成骨肉瘤、SCLC、胃癌、鳞状细胞肺癌	P53，控制生长
erbA	17q21	ANLL	T3 受体，含锌指结构的转录因子

*：*p53* 的野生型是抑癌基因，而其突变型属癌基因。

目标检测

一、名词解释

1. 三联体密码
2. 开放阅读框
3. 移码突变
4. 管家基因
5. 操纵元
6. 原癌基因

二、简答题

1. 简述多肽链生物合成的基本过程。
2. 简述多肽链延长的基本过程。
3. 简述蛋白质生物合成后的加工修饰方式。
4. 简述乳糖操纵元的调控原理。
5. 简述癌基因的分类。
6. 简述原癌基因异常激活的方式。

（李思敏）

第三篇

专 题 篇

ZHUANTIPIAN

第十四章　细胞信号转导

学习目标

【掌握】受体的概念、分类、作用特点；cAMP 的作用机制；PKA 的作用。

【熟悉】第二信使的概念；受体活性调节的常见机制；cAMP－PK 途径；Ca^{2+}－磷脂依赖性 PK 途径；IP_3 和 DAG 的生成与功能；细胞内受体介导的信息传递。

【了解】PKC 的生理功能；酪氨酸 PK 途径；cGMP－PK 途径。

第一节　概　述

生物体的基本构成单位是细胞，细胞以多种方式感受内、外环境信号，并进行加工，通过检测、放大、整合细胞外环境中的多种信号，使细胞的代谢途径、基因转录、基因复制、细胞分裂等都发生变化，以随时保证个体与环境的统一。细胞通讯和信号转导的基本路线和方式可以表示如下。

细胞外信号→受体→细胞内多种分子的浓度、活性、位置变化→细胞应答反应

一、细胞外化学信号

细胞可以感受化学信号，也可以感受物理信号。本章主要介绍细胞对化学信号的应答。

(一)化学信号通讯的进化过程

化学信号通讯(chemical signaling)的建立是生物为适应环境而不断变异、进化的结果。单细胞生物对外界环境变化可直接做出应答，多细胞生物对外界的刺激(包括物理、化学因素)，需要细胞间复杂的信号传递系统来传递，从而协调机体各种细胞的代谢和行为，保证整体生命活动的正常进行。最原始的通讯方式是细胞与细胞间通过孔道进行的直接物质交换，或者是通过细胞表面分子相互作用实现信息交流，这种调节方式至今仍然是高等动物细胞分化、个体发育及实现整体功能协调适应的重要方式。但是，相距较远的细胞之间进行功能协调必须有可以远距离发挥作用的信号。

(二)可溶性化学信号

多细胞生物中，细胞与邻近细胞或相对较远距离的细胞之间的信息交流主要是由细胞分泌的可溶性化学物质完成的。它们作用于周围的或相距较远的同类或其他类细胞(靶细胞)，调节其功能，这种通讯方式称为化学通讯。

根据体内化学信号分子作用距离，可以将其分为内分泌信号(endocrine)、旁分泌信号

(paracrine)和神经递质(neurotransmitter)3 大类(表 14-1)。有些旁分泌信号还作用于发出信号的细胞本身,称为自分泌(autocrine)。一些肿瘤细胞存在着生长因子的自分泌作用以保证持续增殖。

表 14-1 可溶性化学信号的分类

	神经分泌	内分泌	旁分泌及自分泌
化学信号的名称	神经递质	激素	细胞因子
作用距离	纳米级	米级	米级
受体位置	膜受体	膜或胞内受体	膜受体
举例	乙酰胆碱、谷氨酸	胰岛素、甲状腺素、生长激素	表皮生长因子、白细胞介素、神经生长因子

按照化学信号传输距离和作用方式,将信息传递方式分为 3 种。

(1)内分泌:参与内分泌信息传递的主要是一些内分泌激素,如胰岛素、甲状腺素、肾上腺素等。这种传递方式的特点是信息分子有特殊的内分泌细胞合成分泌,再通过血液循环到达较远距离的靶细胞发挥作用,信息分子入血运输而被稀释,浓度较低,但与靶细胞的亲和力极高。多数信息分子对靶细胞的作用比较缓慢而且持久。内分泌激素按化学组成分为含氮激素、类固醇激素。按照激素受体的分布部位不同又可分为胞内受体激素和膜受体激素。

(2)旁分泌:参与此传递的是体内某些细胞分泌的一些局部化学介质,如神经递质、生长因子、细胞因子、一氧化氮、前列腺素等,其中以细胞因子为主。与内分泌相比,此种传递方式的特点是信息分子不进入血液运输,而是通过扩散作用到达附近的靶细胞,主要作用于局部临近的细胞,是一种短距离通讯。由于不进入血液,发挥作用的信息分子浓度高,传递距离短,发挥作用快速而且短暂。

(3)自分泌:有些信息分子分泌后能对同种细胞或分泌细胞自身起调节作用,这类信息分子称为自分泌信号。许多细胞生长因子以这种方式起作用,如某些癌蛋白具有刺激自身细胞增殖的作用。此类信息传递是因为分泌信息分子的细胞自身存在该信息分子的特异受体。

(三)膜结合型化学信号

每个细胞都有众多的蛋白质、糖蛋白、蛋白聚糖等各类分子分布于细胞质膜的外表面,这些表面分子可以作为细胞的"触角",与相邻细胞的膜表面分子特异性地识别和相互作用,达到功能上的相互协调。这种细胞通讯方式称为膜表面分子接触通讯,属于这一类通讯的有相邻细胞间黏附因子的相互作用、T 淋巴细胞与 B 淋巴细胞表面分子的相互作用等。

二、受体

(一)受体的作用特点

受体(receptor)是细胞中能识别生物活性分子并与之结合的成分,它把识别和接收的信号准确放大并传递到细胞内部,从而引起生物学效应。受体的化学本质是蛋白质,个别是糖脂。我们把能与受体呈特异性结合生物活性分子称为配体(ligand)。最常见的配体是细胞间信息物质，另外，某些药物、维生素和毒物也可作为配体而发挥生物学作用。

受体与配体的结合有以下特点。

1. 高度特异性

受体选择性地与特定配体结合，呈现高度的特异性，这种特异性是由两者结构决定的。受体与配体在构象上有一定互补性，当两者互补的程度越大时，两者越容易发生特异性的结合。受体与配体的结合通过反应基团的定位和分子构象的相互契合来实现。但是，这种特异性结合也并非完全绝对的，在某些情况下同一配体可有两种受体，同一受体也可结合配体类似物，如糖皮质激素受体除了结合糖皮质激素外，还可以结合盐皮质激素，此现象称受体交叉。

2. 高度亲和力

受体与配体结合的能力，称为亲和力。受体与配体复合物间的解离常数一般为 10^{-11} ～ 10^{-9} mol/L，无论是膜受体还是胞内受体，他们与配体间的亲和力都极强。这使得在体内浓度非常低的信息物质（通常 $\leqslant 10^{-8}$ mol/L），但能具有显著的生物学效应，足见二者间的亲和力之高。

3. 可饱和性

受体-配体结合曲线（Satchard 曲线）为矩形双曲线。配体生物学效应的强弱通常与受体结合配体的量成正比关系，但由于受体的数目有限，当配体浓度升高至一定程度，配体与受体结合曲线呈现饱和的状态。如果能很快达到饱和，表明配体与受体的亲和力高，为特异性结合。如果配体的浓度很高时，受体也不能达到饱和，则称为非特异性结合，表明他们的亲和力很低。

4. 可逆性

受体与配体以非共价键结合，具有可逆性。当产生生物学效应后，配体-受体复合物即可解离。受体可恢复到原来的状态，信号转导终止，从而保证细胞对信号迅速做出应答和及时终止。

5. 特定的作用模式

受体在细胞内的分布，从数量到种类，都具有组织特异性，并出现了特定的作用模式，这预示某类受体与配体结合后能引起某种特定的生理效应。

（二）受体的种类

受体在细胞信息转导过程中起着极为重要的作用。按照受体存在部位分为细胞膜受体和细胞内受体。其中，胞内受体位于胞液和细胞核中，大部分为 DNA 结合蛋白。存在于细胞质膜上的受体则称为膜受体，他们大部分是镶嵌糖蛋白。按照受体的结构和作用方式不同，又可将膜受体分为 4 大类：离子通道型受体、G 蛋白偶联受体、具有酪氨酸蛋白激酶活性的受体、具有鸟苷酸环化酶活性的受体。

1. 膜受体

(1)离子通道型受体：此型受体是位于细胞膜上，自身为离子通道，为环状结构的蛋白质，又称为环状受体，是配体依赖性离子通道。它由均一或不均一的亚基构成寡聚体，存在于神经、肌肉等可兴奋细胞，其信息分子为神经递质，离子通道型受体分为阳离子通道和阴离子通道。

离子通道受体信号转导的最终作用是通过配体控制通道的开关，选择性地允许离子进出细胞，导致细胞膜电位的改变。故离子通道型受体是通过将化学信号转变为电信号进而影响细胞的功能。例如，乙酰胆碱的N型受体是由5个亚基围成的Na^+离子通道，两分子的乙酰胆碱结合使之处于通道开放状态，但是该受体位于通道开放状态的时限非常短暂，几十纳秒又会回到关闭的状态。最后乙酰胆碱与之解离，受体恢复初始状态，再次做好接受配体的准备。

(2)G蛋白偶联受体(G-protein coupled receptors,GPCRs)：目前已知的G蛋白偶联受体已多达1000多种，并且数量还在不断增加。G蛋白偶联受体是研究得最为广泛和透彻的一类受体，它们组成不同功能的超家族。G蛋白偶联受体又称蛇形受体，G蛋白偶联受体由一条肽链组成，N-端在细胞外侧，C-端形成细胞内的尾巴，中段形成七个跨膜α螺旋结构，在各α螺旋结构之间又有环连接。每个α螺旋结构分别由20～25个疏水氨基酸组成(图14-1)，因此也将此类受体称为七次跨膜螺旋受体。细胞内的第三个环(连接第5个和第6个跨膜螺旋)是鸟苷酸结合蛋白(guanylate binding protein，简称G蛋白)相偶联的部位，配体(即信息分子)与受体结合后所产生的信息(指受体构象的变化)主要是通过第三个环传递到G蛋白。配体包括生物胺、感觉刺激(如光和气味等)、脂类衍生物、肽类等。受体疏水螺旋区的一级结构是高度同源的，亲水环的一级结构有较大的差异。该类受体可对多种激素和神经递质做出应答。

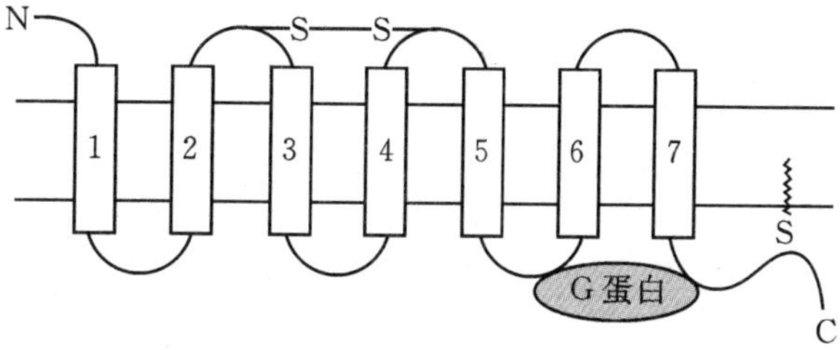

图14-1　G蛋白偶联受体的结构

G蛋白偶联受体为糖蛋白，不同的受体在N-端有不同的糖基化模式。G蛋白偶联受体有一些保守的半胱氨酸残基，对维持受体的结构起到关键作用。例如，在胞外的第二个和第三个环有两个高度保守的半胱氨酸残基，参与形成连接第二个和第三个环的二硫键，用以维持蛋白质胞外结构域的正确构象。另外，许多G蛋白偶联受体的C-端也存在一个高度保守的Cys残基。

受体可通过不同的G蛋白而影响腺苷酸环化酶(adenylate cyclase,AC)或磷脂酶C(lipase C)等的活性，从而引起细胞内产生第二信使。G蛋白是一类位于细胞膜上的鸟苷酸结合蛋白，由α亚基(45 000)、β亚基(35 000)和γ亚基(7000)构成的三聚体。G蛋白通过βγ亚基的异戊二烯化的基团或α亚基的豆蔻酰化的基团锚定于细胞膜。G蛋白有两种构象，一种与GDP结合的αβγ三聚体，为非活化型；另一种是α亚基与GTP结合导致βγ二聚体的脱落，形成Gα-GTP，此型为活化型。在基础状态下，G蛋白为非活化型的三聚体，当信息分子与特异受体结合时使受体活化时，受体构象发生改变，进而影响G蛋白α亚基对GDP的亲和力，GTP置换GDP与α亚基发生结合，引起βγ二聚体与α亚基分离，活化型的Gα-GTP进一步将信息转导给下游的信息传递物，例如，腺苷酸环化酶、磷脂酶 C 等，都能产生第二信使，传递并级联放大信号，用以启动细胞应答反应。

G 蛋白种类繁多，对其下游信息传递物的调节可以是激动性的，也可以是抑制性的。常见的有激动型 G 蛋白(stimulatory G protein，Gs)、抑制型 G 蛋白(inhibitory G protein，Gi)及磷脂酶 C 型 G 蛋白(PI－PLC G protein，Gp)。不同的 G 蛋白能特异地将受体和与之相适应的效应酶偶联起来(表 14－2)。

表 14－2　G 蛋白的主要类型和功能

G 蛋白的类型	α 亚基	功能
激动型 G 蛋白	α_s	激活腺苷酸环化酶
抑制型 G 蛋白	α_i	抑制腺苷酸环化酶
磷脂酶 C 型 G 蛋白	α_p	激活磷脂酰肌醇特异的磷脂酶 C
转导素 G 蛋白	α_T	激活视觉

(3)具有酪氨酸蛋白激酶活性的受体：当配体与受体的细胞外识别部位结合后，细胞直接或间接表现出酪氨酸蛋白激酶(tyrosine-protein kinase，TPK)的活性，这类受体称为酪氨酸蛋白激酶受体。这类受体的结构共同点是由均一或非均一多肽链构成的单体或寡聚体，每个单体或者亚基的跨膜 α 螺旋区只有一段，故又称为单跨膜受体。该受体由 4 部分组成：细胞外配体结合区、跨膜区、细胞内近膜区和功能区。催化型受体的跨膜区由 22～26 个氨基酸残基构成一个 α 螺旋，高度疏水。细胞外区一般有 500～850 个氨基酸残基，有的含有与免疫球蛋白(Ig)同源的结构，有的富含半胱氨酸区段，该区为配体结合区。酪氨酸蛋白激酶功能区位于 C－端，包括 ATP 结合和底物结合两个功能区(图 14－2)。

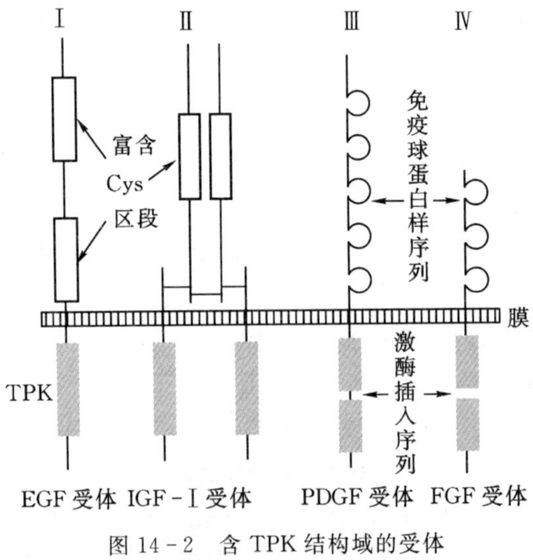

图 14－2　含 TPK 结构域的受体

根据受体与配体结合后，受体本身是否具有 TPK 活性，将这类受体分为有酪氨酸蛋白激酶型受体(催化型受体)和非酪氨酸蛋白激酶型受体(非催化型受体)。催化型受体(catalytic receptor)与配体结合之后,受体本身具有 TPK 活性,既可导致受体自身磷酸化,又可催化底物蛋白的特定酪氨酸残基磷酸化,从而表现出生物学效应。例如,胰岛素受体和表皮生长因子受体等,这种受体本身具有的酪氨酸蛋白激酶称为受体型酪氨酸蛋白激酶。非催化型受体与配体结合之后,需要借助于细胞内连接蛋白的作用完成信号转导。例如,生长激素受体、干扰素受体、红细胞生成素、粒细胞集落刺激因子等受体均属于此类。这类受体游离存在于细胞质中的酪氨酸蛋白激酶,又称之为非受体型酪氨酸蛋白激酶。

这类受体的下游分子常含 SH_2 结构域(Scr homology 2 domain)、SH_3 结构域(Scr homology 3 domain)和 PH 结构域(pleckstrin homology domain)等。SH_2 结构域可与酪氨酸残基磷酸化的多肽链进行结合;SH_3 结构域可与富含脯氨酸的肽段进行结合;PH 可识别具有磷酸化的丝氨酸和苏氨酸的短肽,并且能够与 G 蛋白的 βγ 复合物进行结合。另外,PH 结构域还能够与带电的磷脂结合。由此可见,这些结构域能够与其他蛋白质发生蛋白质-蛋白质之间相互作用,从而参与细胞间的信息转导。

单个跨膜 α 螺旋受体还包括转化生长因子 β(transforming growth factor β,TGFβ)受体。TGFβ 家族成员通过受体的丝氨酸或苏氨酸蛋白激酶转导信息。TGFβ 受体家族被分为两个亚家族——Ⅰ型受体(TβR-Ⅰ)及Ⅱ型受体(TβR-Ⅱ)。TβR-Ⅰ和 TβR-Ⅱ是糖蛋白,胞外部分相对较短,并含有决定该区域折叠的 10 个或更多的半胱氨酸。在跨膜序列附近,3 个半胱氨酸特征性地成簇排列,而其他半胱氨酸的空间位置多变,TβR-Ⅰ比 TβR-Ⅱ保守。TβR-Ⅰ和 TβR-Ⅱ的激酶结构域具有丝氨酸或苏氨酸蛋白激酶的规范序列。TβR-Ⅱ能够进行自身磷酸化和磷酸化 TβR-Ⅰ的丝氨酸和苏氨酸残基。

(4)具有鸟苷酸环化酶(guanylate cyclase,GC)活性的受体:鸟苷酸环化酶催化 GTP 生成环磷酸鸟苷。鸟苷酸环化酶受体为具有 GC 活性的蛋白,是催化型受体,分为膜受体和可溶性受体。人体心血管组织细胞、小肠、精子及视网膜杆状细胞多数为膜受体,膜受体的配体包括心钠素(arrionatriuretic peptide,ANP)和鸟苷蛋白。人体脑、肺、肝及肾等组织中大部分具鸟苷酸环化酶活性的受体是胞液可溶性受体,可溶性的鸟苷酸环化酶(soluble guanylate cyclase,GC-S)的配体为 NO 和 CO。

膜受体为具有 GC 活性的单次跨膜糖蛋白,由同源的三聚体或四聚体组成。每一条亚基由 N-端的胞外受体结构域、跨膜区域、膜内的蛋白激酶样结构域和 C-端的鸟苷酸环化酶催化结构域组成。每条亚基通过胞外受体结构域间的氢键连接成三聚体或四聚体。GC 是一个高度磷酸化的酶,当受体与配基结合后,GC 的活性大大提高,随后迅速去磷酸化使 GC 活性复原。

胞液可溶性受体为具有 GC 活性的可溶性蛋白,由 α、β 两个亚基组成的杂二聚体,分子量分别为 76 000 和 80 000。每个亚基具有一个鸟苷酸环化酶催化结构域及血红素结合结构域。当杂二聚体解聚后,酶的活性丧失,酶活性依赖 Mn^{2+}。

2. 胞内受体

除了膜上的受体之外,胞质和胞核内也存在着受体,称为胞内受体。胞内受体的配体为亲脂性信息分子和小分子的亲水性信息分子,这类受体本身为转录因子。在没有激素作用时,受体与热休克蛋白形成复合物，阻止了受体向细胞核的移动及其与 DNA 的结合。而当激素与受体结合后，受体构象发生变化，从而导致热休克蛋白与其解聚，暴露出受体核内转移部位及 DNA 结合部位，激素受体复合物向核内转移，并结合于 DNA 上特异基因临近的激素反应元件上，作为转录因子调节基因的表达。能与该型受体结合的脂溶性信息分子有类固醇激素、甲状腺素、维生素 D、视黄醇等。

胞内受体通常为 400～1000 个氨基酸残基组成的单体蛋白质，包括以下 4 个区域(图 14－3)。

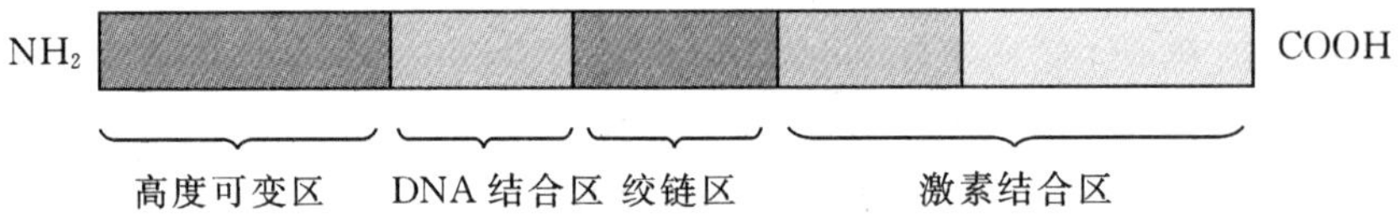

图 14－3　胞内受体结构

(1)高度可变区：位于 N－端，长度不一，氨基酸残基从二十几个到六百多个不等，具有一个非激素依赖性的组成性转录激活功能(activation function)区。该区同时也是多数核受体抗体的结合部位。

(2)DNA 结合区：位于受体分子中部，包含 66～68 个氨基酸残基组成的核心结构及后续的羧基端延伸组成。核心结构含有两个锌指模序(模体)，它能顺 DNA 螺旋旋转并且与之结合。

(3)铰链区：除了部分甾体激素受体以外，多数核受体主要定位于核内。核受体中有与 SV40 大 T 抗原核定位信号(nuclear localization signal，NLS)相似的氨基酸序列。核受体在胞质中合成后，NLS 相似序列能够引导核受体进入细胞核中。

(4)激素结合区：位于 C－端。作用包括：①与配体进行结合，这个区域的某些氨基酸残基参与受体与配体的高亲和力的特异性结合。②与热休克蛋白进行结合，受体与配体结合前，一分子受体、两分子热休克蛋白(Hsp90)及其他分子伴侣组成寡聚体。当受体与配体结合后，受体的构象发生改变从而使 Hsp90 脱落。③具有核定位信号，该部位有 NLS 相似的氨基酸序列，但该核定位有激素依赖性。④使受体二聚化。⑤激活转录，该区域同时还是与其他转录共激活因子相互作用的部位。

第二节　细胞内信号转导相关分子

细胞间的通讯主要是由细胞分泌的化学物质完成。参与细胞间通讯的化学物质有数百种，其中有调节细胞生命活动的化学物质被称为信息分子。在人体内，如果细胞间不能准确有效地传递信息，机体就有可能出现代谢紊乱、细胞癌变甚至死亡。

信息分子经过由多种成分参加的跨细胞膜的复杂级联传递，最终引起生物效应，这一过程称为信号转导。信息分子先经过血液运输或扩散到达相应的靶细胞，由靶细胞特异受体接收信号，再经过多种细胞内相关成分逐级传递、放大，最后诱导细胞发生对信号的各种应答反应，即产生生物学效应。人体内的信息分子和受体种类繁多，细胞内的信息传递形成一个网络系统，精细调节着各种生理过程，故细胞的信息传递是一个非常复杂的过程。

一、细胞间信息分子

生物体接受多种物理、化学刺激信号，转换为细胞能直接感受的特定化学信号成分，经过类似于信号途径，产生细胞应答。随着现代生物学的进展，信息分子的范围不断扩大，包括对机体具有调节作用的多种外界信号。细胞间信号分析除了经典的激素外，还包括神经递质、生长因子、细胞因子和发育信号、抗原、细胞外基质，甚至包括引起视觉、嗅觉、味觉、触觉的光线信号、气味、味道分子等。在细胞间参与信号转导的化学物质被统称为第一信使。

（一）激素

激素是由内分泌细胞分泌释放的化学信息分子，通过血液循环运送到远离的靶细胞从而发挥作用的一类化学物质。按照其化学本质，激素可分为蛋白质和多肽类激素、氨基酸衍生物激素、类固醇激素和花生四烯酸衍生物 4 大类。各类激素都必须被靶细胞相应受体特异识别、结合并相互作用后才能发挥调节作用。因此，激素也可按受体部位及信号传递方式不同，分为细胞内受体激素和细胞膜受体激素。细胞内受体激素包括类固醇激素、甲状腺素等，它们分子小，脂溶性强，可通过细胞质膜进入细胞内并与胞内受体结合从而发挥作用。细胞膜受体激素包括蛋白质、肽类、儿茶酚胺类激素等，因分子较大或水溶性，不易透过细胞膜。经常通过质膜上的受体介导，在胞液生成第二信使分子，转导信号引起效应。

（二）神经递质

哺乳动物神经元之间的信息传递，绝大多数神经元的突触传递通过某种化学物质介导，称为神经递质，少部分通过突触的电传递。神经递质又称为突触分泌信号，是神经元之间、神经与肌肉或腺体细胞之间传递信号的化学物质。神经递质与受体相互作用，诱导突触后神经元产生生物效应。

（三）细胞因子

细胞因子是由活细胞分泌的多肽类信息分子，属于细胞可溶性蛋白。细胞因子具有调节细胞生长、增殖、分化、免疫等多方面生物活性。至今发现的细胞因子有 200 多种，如干扰素、淋巴因子、神经生长因子、表皮生长因子、炎性细胞因子、巨噬细胞因子、血小板衍生生长因子、肿瘤坏死因子、胰岛素样生长因子、白细胞介素类、集落刺激因子等。细胞因子主要通过旁分泌和自分泌方式作用于靶细胞的相应受体从而发挥调节作用。细胞因子具有作用范围广泛、功能多样和效率高等特点。

（四）气体信号分子

一氧化氮和一氧化碳都是结构简单、半衰期短、化学性质活泼的气体信号分子。一氧化氮合酶存在于内皮细胞、血小板、巨噬细胞、神经细胞等多种细胞内，含有不同亚型，可通过氧化 *L*-精氨脒基而产生一氧化氮。生成的一氧化氮可以迅速扩散，以旁分泌或者自分泌方式对临近的细胞或自身细胞发挥信使分子的作用。一氧化氮极不稳定，且半衰期短，可被氧化为硝酸根及亚硝酸根而灭活。一氧化氮可在心血管、免疫和神经系统等方面发挥重要的调节作用。

一氧化碳是在血红素单加氧酶氧化血红素(heme)的过程中产生的,具有与一氧化氮相似的信息分子功能,但对一氧化碳的作用机制仍需进一步研究。

除了上述4种主要的细胞间信息传递分子外,还有一些信息物质能与位于分泌细胞自身的受体结合从而起调节作用,为自分泌信号(autocrine signal)。例如,一些癌蛋白。还有些细胞间信息物质可在不同的个体间传递信息,如昆虫的性激素。

二、细胞内信息分子

在细胞内传递细胞调控信号的化学物质称为细胞内信息分子。细胞内信息分子主要有两类:一类是被称为第二信使的小分子化学物质;另一类是大分子蛋白质或多肽类。细胞内信息分子在转导通路上起"开关分子"或"接头分子"的作用。当细胞外许多亲水性较强的化学信息分子作用于靶细胞时,先被靶细胞膜受体特异识别、结合并且相互作用,然后通过改变细胞膜中效应蛋白酶活性,引起细胞内产生小分子化学物质,后者将信号传递给下游的效应蛋白,从而产生生物学效应。这类在细胞内传递信息的小分子化合物称为第二信使(secondary messenger)。体内常见的第二信使有cAMP、cGMP、三磷酸肌醇(inositol triphosphate,IP_3)、Ca^{2+}、二酰甘油(diacylglycerol,DAG)、花生四烯酸及其代谢产物、神经酰胺(ceramide,Cer)等。在细胞传递信号的过程中,依靠蛋白激酶和蛋白磷酸酶的磷酸化和去磷酸化对其下游的效应蛋白或酶活性执行"开关"样的调节作用,加速改变代谢速度甚至方向。

负责细胞核内外信息传递的物质称为第三信使,是一类可与靶基因特异序列结合的核蛋白。它能调节基因的转录,发挥着转录因子或转录调节因子的作用,又被称为DNA结合蛋白。例如,立早基因(immediate-early gene)的编码蛋白质常作为第三信使,参与基因调控、细胞增殖与分化及肿瘤形成等。立早基因多为细胞原癌基因(如 *c-fos*、*APl/c-jun* 等)。

细胞内信息分子在传递信号时绝大部分通过酶促级联反应的方式进行。最终通过改变细胞内有关酶的活性、开启或者关闭细胞膜离子通道及细胞核内基因的转录,来达到调节细胞代谢和控制细胞的生长、繁殖和分化的功能。在完成信息传递后,所有信息分子必须立即被灭活。通常细胞通过酶促降解、代谢转化及细胞摄取等方式灭活信息分子。

一些细胞外信息物质影响细胞内代谢的可能途径见表14-3。

表14-3 细胞外信息物质影响细胞功能的途径

信息物质		受体	引起细胞内的变化
神经递质	乙酰胆碱、谷氨酸、γ-氨基丁酸	质膜受体	影响离子通道开闭
生长因子	类胰岛素生长因子-1、表皮生长因子、血小板衍生生长因子	质膜受体	引起酶蛋白和功能蛋白的磷酸化和脱磷酸化,改变细胞的代谢和基因表达
激素	蛋白质、多肽及氨基酸衍生物类激素、类固醇激素、甲状腺素	质膜受体	引起酶蛋白和功能蛋白的磷酸化和脱磷酸化,改变细胞的代谢和基因表达
		胞内受体	调节转录
维生素	维生素A、维生素D	胞内受体	调节转录

第三节　主要的信号转导途径

细胞外化学信号与靶细胞膜受体或细胞内受体特异性结合后，通过受体的介导作用可将信息传递给细胞内的各种信息转导分子，再经过一系列级联反应，最后产生特定生理效应。我们把这种由细胞内若干信号转导分子所构成的级联反应系统称细胞信号转导途径。不同受体所介导的细胞信号转导途径各不相同，但是各条途径间既是相对独立的，又存在着广泛的信号交流，使得各条信号转导途径在细胞内形成复杂的信息网络系统。细胞转导途径包括膜受体介导的信号转导途径及胞内受体介导的信号转导途径。

一、膜受体介导的信号转导

膜受体介导的信号转导途径是通过存在于细胞外的信息分子与靶细胞膜表面的受体特异性结合来触发细胞内的信号转导过程，信息分子本身并不进入细胞内。神经递质、细胞因子、生长因子类、胰岛素、甲状旁腺素等亲水性信息分子通过膜受体将信息传递进入细胞内，经过逐级放大从而调节细胞的功能。膜受体介导的信号转导途径主要有 cAMP -蛋白激酶途径、Ca^{2+}-依赖性蛋白激酶途径、cGMP -蛋白激酶系统、酪氨酸蛋白激酶体系等多种途径，现介绍比较重要的 4 条途径。这 4 条途径之间既相对独立又存在一定联系。

(一)cAMP -蛋白激酶途径

在 20 世纪 50 年代的时候，Sutherland 等体外实验发现，肾上腺素可引起肝糖原的分解。但是亲水性很强的肾上腺素不能够通过细胞膜，而只能作用于肝细胞膜表面。肾上腺素通过何种机制引起肝糖原分解？他们发现肾上腺素作用于肝细胞膜后，即可诱导细胞内产生 cAMP，后者作为肾上腺素在细胞内的第二信使，将信号进一步传递。cAMP 首先激活蛋白激酶 A，然后由蛋白激酶 A 通过级联反应使多种酶蛋白发生磷酸化修饰从而被激活，最终引起肝糖原分解。信号转导的过程以 cAMP 的产生和蛋白激酶 A 激活为特点，被称之为 cAMP -蛋白激酶 A 途径。

许多细胞外信息分子，都可影响靶细胞内 cAMP 水平，如胰高血糖素、肾上腺素和促肾上腺皮质激素、促黄体素和甲状旁腺素等。这些激素作用于靶细胞膜后，诱导胞内产生 cAMP 为第二信使，再通过 cAMP -蛋白激酶 A 途径在胞内进一步传递信号，最终产生生物学效应。以下是以肾上腺素作用于靶细胞膜 β 受体为例，阐述 cAMP -蛋白激酶 A 途径的信号转导过程。

1. cAMP 的合成与分解

G 蛋白是一类与鸟苷酸结合的蛋白质(GTP 结合蛋白)，由 α、β 和 γ 3 个亚基构成异三聚体。目前已鉴定出 20 多种 G 蛋白，各类 G 蛋白可以介导不同的活化受体和膜中效应蛋白之间的信号传递。其中介导腺苷酸环化酶(adenylate cyclase，AC)活性的 G 蛋白有激活性 G 蛋白和抑制性 G 蛋白两类。Gs 蛋白偶联兴奋性受体，激活 AC，使细胞内 cAMP 水平增高，相反 Gi 使胞内 cAMP 水平下降。

在基础状态下，G 蛋白的 α 亚基与 GDP 结合(Gα - GDP)，并且与 βγ 二聚体构成无活性的异三聚体形式存在于细胞膜的内侧面。当肾上腺素作用于靶细胞膜β肾上腺素受体(β-AR)时，发生相互作用并使受体别构活化，活化的β-AR作用于Gs蛋白，引起G蛋白变构而释放出GDP结合GTP，同时导致Gs的α亚基与βγ解离，释放出Gα-GTP。Gα-GTP能激活AC，后者催化ATP转化成cAMP。过去认为，G蛋白中只有α亚基发挥作用，现知βγ复合体在信息转导和信息通路的交联中也起到重要作用。βγ复合体也可独立地作用于相应的效应物，与α亚基拮抗。

$$\text{ATP} \xrightarrow[\text{Mg}^{2+}\ \searrow \text{PPi}]{\text{AC}} \text{cAMP} \xrightarrow[\text{H}_2\text{O}\nearrow\ \ \text{Mg}^{2+}]{\text{磷酸二酯酶}} 5'\text{-AMP}$$

腺苷酸环化酶分布广泛，除了成熟红细胞以外，几乎分布于所有组织的细胞质膜上。cAMP经磷酸二酯酶(phosphodiesterase，PDE)降解成5′-AMP从而失去活性。cAMP是重要的第二信使。少数激素，如生长激素抑制素、胰岛素和抗血管紧张素Ⅱ等，它们活化受体后可催化抑制性G蛋白解离，导致胞内AC活性下降，进而降低细胞内cAMP水平。

正常细胞内cAMP的平均浓度为10^{-6} mol/L 。cAMP在细胞中的浓度除与腺苷酸环化酶活性有关外，还与磷酸二酯酶活性有关。体内一些激素，如胰岛素，能激活磷酸二酯酶，加速cAMP降解；还有某些药物，如茶碱，则能抑制磷酸二酯酶，促使细胞内cAMP浓度升高。

2. cAMP的作用机制

细胞内有一类能够催化蛋白质或者酶发生磷酸化修饰的蛋白激酶，cAMP可将其激活，这类酶被称为cAMP依赖性蛋白激酶(cAMP dependent protein kinase，PKA)。在动物细胞内，cAMP对细胞的调节作用是通过激活PKA来实现的。PKA是由两个催化亚基(C)和两个调节亚基(R)构成的四聚体，PKA以四聚体形式存在时呈无活性状态。每个调节亚基上有两个cAMP结合位点，催化亚基具有催化底物蛋白质某些特定丝/苏氨酸残基磷酸化的功能。当4分子cAMP与2个调节亚基结合后，调节亚基脱落(图14-4)，游离的催化亚基具有蛋白激酶活性。

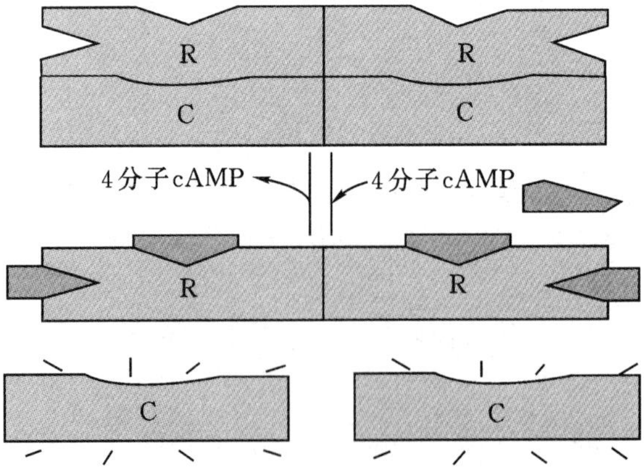

图14-4　cAMP激活蛋白激酶

3. PKA 的作用

PKA 属于丝氨酸和(或)苏氨酸激酶，PKA 被 cAMP 激活后，能在 ATP 存在的情况下使许多蛋白质特定的丝氨酸残基和(或)苏氨酸残基磷酸化，从而对细胞的物质代谢及基因表达进行调节。

(1)对代谢的调节作用。靶酶经过 PKA 的催化作用发生磷酸化反应之后，有些酶活性增加，而另外一些酶活性被抑制，有利于细胞调控代谢途径运行的方向或多酶体系反应的速度，从而发挥调节物质代谢的作用。例如，肾上腺素调节糖原分解的级联反应。肾上腺素与质膜上的受体结合以后，通过激动型 G 蛋白使得 AC 被激活，AC 催化 ATP 生成 cAMP，后者能进一步激活 PKA。PKA 一方面使无活性的磷酸化酶激酶 b 磷酸化而转变成有活性的磷酸化酶激酶 a，后者能催化磷酸化酶 b 修饰带上磷酸根，成为有活性的磷酸化酶 a。磷酸化酶 a 经磷蛋白磷酸酶脱去磷酸又转变成无活性的磷酸化酶 b。同时，PKA 也催化糖原合酶的特定丝/苏氨酸磷酸化而抑制该酶活性，这些酶磷酸化的结果是肝糖原的分解加强，合成受到抑制，而有利于血糖浓度升高。

(2)对基因表达的调节作用。顺式作用元件、反式作用因子及它们的相互作用对真核细胞基因的表达调控起非常重要的作用。生长激素释放抑制因子基因的转录调控区中有一类称为 cAMP 应答元件(cAMP response element，CRE)的碱基序列，CRE 序列可与 cAMP 应答元件结合蛋白(cAMP response element bound protein，CREB)相互作用而调节此基因的转录。当 PKA 的催化亚基进入细胞核后，可催化反式作用因子——CREB 肽链中关键部位的丝氨酸和(或)苏氨酸残基发生磷酸化作用。磷酸化的 CREB 进一步发生二聚化而活化，进而作用于 CRE 碱基序列，激活特定的基因转录。活化的 CREB 又受蛋白磷酸酶-1 作用去磷酸化而失活，从而关闭该基因的转录。

PKA 通过催化细胞内某些功能性蛋白质磷酸化反应，达到调节细胞功能和代谢的作用。例如，细胞核中组蛋白或酸性蛋白磷酸化，可以解除对 DNA 的抑制从而加速转录；核糖体的磷酸化可以加速翻译，促进蛋白质的生物合成；肾小管细胞膜蛋白磷酸化，可以改变细胞对水盐的通透性；微管蛋白磷酸化，可以影响细胞的分泌功能等。

(二)Ca^{2+}-依赖性蛋白激酶途径

Ca^{2+} 最主要的生理功能是作为第二信使调节细胞的功能，以细胞内 Ca^{2+} 浓度变化为基础的 Ca^{2+} 信息传递途径所参与的生理活动非常广泛，例如，收缩、运动、分泌和分裂等复杂的生命活动中，都需要有 Ca^{2+} 参与调节。Ca^{2+} 在细胞内外及各亚细胞结构中的分布不同，细胞内液中 Ca^{2+} 浓度在 10^{-7} mol/L，而细胞外液中 Ca^{2+} 浓度在 10^{-3} mol/L，明显高于细胞内液。细胞的肌浆网、内质网和线粒体可作为细胞内 Ca^{2+} 的储存库。细胞膜电位变化，激素、神经递质等信息物质的刺激，均与钙通道的开启有关。当细胞外液的 Ca^{2+} 通过钙通道进入细胞，或者亚细胞器内储存的 Ca^{2+} 释放到胞液时，都会使胞质内 Ca^{2+} 水平急剧升高，随之引起某些酶活性和蛋白质功能的改变，引发一系列细胞内信息传递过程，从而调节各种生命活动。

1. Ca^{2+}-磷脂依赖性蛋白激酶途径

此途径通过调节细胞内蛋白激酶 C(protein kinase C，PKC)活性而进一步调节细胞内的代谢，故又称为蛋白激酶 C 通路，该通路以生成第二信使二酰甘油(DAG)和三磷酸肌醇(IP_3)

双信号为特征。该系统可以单独调节细胞内的许多反应，又可以与 cAMP -蛋白激酶途径及酪氨酸蛋白激酶体系相偶联，组成复杂的网络，共同调节细胞的代谢以及基因表达。

(1)IP_3和 DAG 的生物合成。细胞膜内磷脂酰肌醇的代谢非常活跃，在激酶的作用下，磷脂酰肌醇进一步磷酸化生成磷脂酰肌醇 4，5 -二磷酸(phosphatidyl inositol-4，5 - biphosphate，PIP_2)。当信息分子如血管紧张素Ⅱ、乙酰胆碱、促甲状腺素释放激素等与靶细胞膜特定受体结合后，通过 G 蛋白(Gp)介导，活化磷脂酰肌醇特异性磷脂酶 C(PI - PLC)，后者则特异性催化细胞膜组分 PIP_2水解，生成 DAG 和 IP_3，这两种物质都是第二信使。

(2)IP_3和 DAG 的信使作用。当信息分子作用于细胞膜引起第二信使 DAG 和 IP_3生成以后，小分子水溶性的 IP_3从膜上扩散至胞质中，与内质网和肌浆网上的受体结合，引起受体蛋白变构，钙通道开放，促进钙储库内的 Ca^{2+} 迅速释放，使胞质内的 Ca^{2+} 浓度升高。Ca^{2+} 能与胞质内的 PKC 结合并聚集至质膜，在 DAG 和膜磷脂共同诱导下，PKC 被激活。DAG 因脂溶性仍留在质膜上，当 IP_3引起胞质 Ca^{2+} 浓度升高后，PKC 与 Ca^{2+} 结合，促进 PKC 移位接近细胞膜内侧，位于细胞膜内 DAG 在 Ca^{2+} 、磷脂酰丝氨酸协助下激活 PKC。

(3)PKC 的生理功能。PKC 是一类分子量为 78 000～90 000 的同工酶家族，现已发现 12 种 PKC 同工酶。PKC 由一条多肽链组成，含一个催化结构域和一个调节结构域。调节结构域常与催化结构域的活性中心部分贴近或嵌合，一旦 PKC 的调节结构域与 DAG、磷脂酰丝氨酸和 Ca^{2+} 结合，发生 PKC 构象改变而暴露出活性中心。PKC 广泛地存在于机体的组织细胞内，不同亚型的 PKC 分布于不同的组织，可由不同的信息分子启动信息传递，它们对机体的代谢、基因表达、细胞分化和增殖起作用。

1)对代谢的调节作用：PKC 被激活后可引起一系列靶蛋白的丝氨酸残基和(或)苏氨酸残基发生磷酸化反应。靶蛋白可以分为 3 类：①代谢途径中关键性酶类，离子通道和细胞膜上的离子泵、载体等；②与信息传递有关的蛋白质，如表皮生长因子受体、胰岛素受体、GTP 酶活化蛋白等；③调控基因表达的转录因子及翻译有关的因子等。总之，PKC 通过对靶蛋白的丝氨酸/苏氨酸残基磷酸化反应而改变功能蛋白的活性和性质，影响细胞内信息的传递，以调节机体的许多代谢途径并启动一系列生理、生化反应。

2)对基因表达的调节作用：PKC 可催化调控基因表达的转录因子或者与翻译有关因子的磷酸化反应，诱导后者阻遏某些基因的转录。PKC 对基因的活化过程可分为早期反应和晚期反应两个阶段。在 PKC 活化的早期，可以催化细胞核内的一组立早基因的反式作用因子磷酸化，加速立早基因的表达。立早基因多数为细胞原癌基因(如 *c - fos*、*c - jun* 等)，它们表达的蛋白质寿命短暂(半衰期为 1～2 h)，具有跨越核膜传递信息的功能，被称为“第三信使”。第三信使受磷酸化修饰后，最终活化晚期反应基因，导致细胞增生(或)核型变化。

2. Ca^{2+} -钙调蛋白依赖性途径(Ca^{2+} - CaM 途径)

胞质内 Ca^{2+} 浓度达到 10^{-6} mol/L 时，Ca^{2+} 即可发挥调节作用。Ca^{2+} 可诱导神经末梢细胞分泌神经递质，激活多条代谢途径的关键酶。另外，在多数情况下，作为第二信使的 Ca^{2+} 需要与胞内多种钙结合蛋白形成复合物。例如，钙调蛋白(calmodulin，CaM)为钙结合蛋白，是细胞内重要的调节蛋白。CaM 几乎存在于所有真核细胞中，是一条由 148 个氨基酸残基组成的单体蛋白。人体的 CaM 通过肽链盘绕、折叠形成 4 个 Ca^{2+} 结合位点。当胞内 Ca^{2+} 浓度从

基础水平增高到 10^{-6} mol/L 时，Ca^{2+} 即与 CaM 的钙离子结合位点中的酸性氨基酸残基以离子键结合，Ca^{2+} 结合量可以 1～4 个不等，形成不同空间构象的 Ca^{2+}－CaM 活性复合物，当这些位点全部被占满后其构象发生改变——分子的大部分呈现 α 螺旋结构，进而识别并结合胞内不同的靶蛋白或酶。

Ca^{2+}－CaM 底物谱非常广，现发现细胞内有 20 多种重要的酶或蛋白受 Ca^{2+}－CaM 活性复合物的调节。例如，糖原磷酸化酶激酶、钙调蛋白激酶、钙调磷酸酶、肌球蛋白轻链激酶、钙泵、细胞骨架相关蛋白等。

Ca^{2+}－CaM 活性复合物可以磷酸化蛋白质的丝氨酸和(或)苏氨酸残基，使之激活或失活。Ca^{2+}－CaM 激酶既能激活腺苷酸环化酶又能激活环腺苷酸磷酸二酯酶，使信息迅速传至细胞内，然后又迅速消失。Ca^{2+}－CaM 不仅参与调节 PKA 的激活和抑制，还能激活胰岛素受体的酪氨酸蛋白激酶活性。可见 Ca^{2+}－CaM 在细胞的信息传递中起着非常重要的作用。

(三)cGMP－蛋白激酶系统

cGMP－蛋白激酶系统是以鸟苷酸环化酶催化 GTP 生成第二信使 cGMP，同时激活 cGMP 依赖性蛋白激酶(cGMP-dependent protein kinase，PKG)为主要特征，又称为鸟苷酸环化酶的信号转导途径。cGMP 广泛存在于动物各组织中，含量为 cAMP 的 1/100～1/10。

1. 鸟苷酸环化酶与 cGMP

鸟苷酸环化酶(guanylate cyclase，GC)广泛分布于人体的各种组织细胞中，按照亚细胞定位及分子结构的不同，分为两大类。一类是存在于细胞膜上的具有鸟苷酸环化酶活性的受体，如心钠素受体，其细胞外区有特异信息分子的结构域，细胞内区有 GC 结构域。当信息分子特异地与这类受体结合时，受体的构象改变并激活 GC，催化 GTP 生成 cGMP。另一类是存在于细胞质中可溶性的 GC，如一氧化氮受体，此类受体可与一些容易穿过细胞膜的非极性小分子物质结合而被特异性激活，使得胞质中的 cGMP 浓度升高，从而发挥生理效应。

$$\mathrm{GTP}\xrightarrow[\mathrm{Mg^{2+}}\ \searrow\ \mathrm{PPi}]{\mathrm{GC}}\mathrm{cGMP}\xrightarrow[\mathrm{H_2O}\ \nearrow\quad \mathrm{Mg^{2+}}]{\text{磷酸二酯酶}}5'\text{-}\mathrm{GMP}$$

cGMP 能激活 cGMP 依赖性蛋白激酶，也称为蛋白激酶 G(protein kinase G，PKG)，催化有关蛋白或有关酶类的丝氨酸/苏氨酸残基磷酸化，产生生物学效应。

2. PKG 的生理作用

PKG 在脑和平滑肌中含量较丰富，在神经系统的信号传递过程中具有重要作用。

当心脏血流负载过大时，心房细胞分泌心钠素，心钠素(ANP)是小分子量的肽，心钠素与靶细胞膜上特异的具有鸟苷酸环化酶活性的受体结合，激活鸟苷酸环化酶，后者催化 GTP 转变成 cGMP。cGMP 能激活 PKG，催化有关蛋白或有关酶类的丝氨酸/苏氨酸残基磷酸化，产生生物学效应，即松弛血管平滑肌和增加尿钠，并且它能间接地影响交感神经系统和肾素-血管紧张素-醛固酮系统，从而降低血压。

一氧化氮是新发现的神经递质和血液调节物质。一氧化氮通过与血红素的相互作用激活胞液内的具鸟苷酸环化酶活性的可溶性受体，使 cGMP 生成增加，cGMP 激活蛋白激酶 G，导致血管平滑肌松弛。在临床上常用的硝酸甘油等作为血管扩张剂就是因为它们能自发产生一氧化氮，使细胞内 cGMP 浓度增高，激活 PKG，产生松弛血管平滑肌、扩张血管的作用。

（四）酪氨酸蛋白激酶体系

酪氨酸蛋白激酶（tyrosine-protein kinase，TPK）体系是指信息分子与受体结合后，通过激活酪氨酸蛋白激酶引发的一系列细胞内信息传递的级联反应，从而产生各种生物学效应，包括细胞的生长、增殖、分化及代谢调节等，该途径与肿瘤的发生有密切的关系。

细胞中的 TPK 包括两大类，第一类位于细胞质膜上称为受体型 TPK，如胰岛素受体、表皮生长因子受体及某些原癌基因（*erb*－*B*、*kit*、*fms* 等）编码的受体，它们均属于催化型受体；第二类位于胞液中，称为非受体型 TPK，如底物酶 JAK 和某些原癌基因（*src*、*yes* 等）编码的 TPK，它们可与非催化型受体偶联而发挥作用。

当配体与受体型 TPK 结合后，催化型受体大多数发生二聚化，二聚体的 TPK 被激活，受体自身的酪氨酸残基发生磷酸化，这一过程称为自身磷酸化（autophosphorylation）；而非催化型受体的某些酪氨酸残基则被细胞质中非受体型 TPK 催化发生磷酸化。酪氨酸的磷酸化在细胞生长和分化的过程具有重要的调节作用。

细胞内存在着连接物蛋白（adaptor protein），具有 SH_2 结构域。磷酸化的受体通过连接物蛋白可以偶联其他效应蛋白，这些效应物蛋白本身具有酶的活性，故可逐级传递信息并且可将效应级联放大。

受体型 TPK 和非受体型 TPK 虽都能使蛋白质底物的酪氨酸残基磷酸化，但它们的信息传递途径有所不同。

1. 受体型 TPK-Ras-MAPK 途径

受体型 TPK-Ras-MAPK 途径广泛而重要，绝大多数生长因子都是通过这条途径来传递信息、调节细胞代谢、细胞分裂和增殖等功能。现已发现多种生长因子信息传递过程中都需要有 Ras 蛋白参与，因此这条途径又称为 Ras 通路。

Ras 蛋白是由一条多肽链组成的单体蛋白，由原癌基因 *ras* 编码而得名。Ras 蛋白的分子量为 21 000，故又称 p21 蛋白，其分子量小于与 7 个跨膜螺旋受体偶联的 G 蛋白，故被称为小 G 蛋白。Ras 是膜结合型蛋白，性质类似于异三聚体 G 蛋白中的 α 亚基，它的活性与其结合 GTP 或 GDP 直接有关，Ras 结合 GDP（Ras-GDP）时无活性，Ras 结合 GTP（Ras-GTP）时有活性。生长因子受体结合蛋白（GRB_2）和一种鸟苷酸释放因子（SOS）均有 SH_2 和 SH_3 结构域。在静息细胞中，GRB_2 通过其羧基末端的 SH_3 与 SOS 结合成复合物，游离在胞液中。

信息分子与受体细胞外侧部分结合，引起受体二聚化，激活的受体催化受体细胞内自身的酪氨酸残基磷酸化，磷酸化的酪氨酸残基吸引胞质中 GRB_2，并且使之活化。GRB_2 是一种接头蛋白，可以将活化的 TPK 和细胞内的其他信号蛋白连接起来，但是本身并没有信号的作用。GRB_2 被活化后又可以使 SOS 蛋白激活，因 SOS 具有核苷酸转移酶的活性，SOS 蛋白作用于 Ras，并且可以催化 Ras-GDP 转变成 Ras-GTP 而活化。SOS 特定的酪氨酸残基磷酸化可增强其核苷酸转移酶的活性。活化的 Ras 蛋白可进一步活化胞质 Raf 蛋白。Raf 蛋白具有丝氨酸/苏氨酸蛋白激酶活性，可以激活有丝分裂原激活蛋白激酶（mitogen－activated protein kinase，MAPK）系统。

MAPK 系统包括 MAPK、MAPK 激酶（MAPKK）、MAPKK 激活因子（MAPKKK）。它

们是一组蛋白丝氨酸/苏氨酸激酶兼底物的蛋白分子，都能催化下游效应蛋白酶分子中的丝氨酸/苏氨酸残基发生磷酸化修饰。其中，MAPK 更具有广泛的催化活性，它既能催化丝氨酸/苏氨酸残基又能催化酪氨酸残基磷酸化，故是一种具双重催化活性的蛋白激酶。MAPK 激酶除了在调节花生四烯酸的代谢和细胞微管形成之外，更重要的是可以催化细胞核内许多反式作用因子（如转录因子）的丝氨酸/苏氨酸残基的磷酸化，引起基因转录或者关闭。

此外，受体型 TPK 活化以后还可以激活腺苷酸环化酶、多种磷脂酶（如 PI-PLC、磷脂酶 A 和鞘磷脂酶）等发挥调控基因表达的作用，在体内如胰岛素、大部分细胞生长因子都是通过这种途径发挥相应作用。

2. JAKs-STAT 途径

非酪氨酸蛋白激酶型受体与配体结合后，可以与细胞内的酪氨酸蛋白激酶偶联，激活 JAKs 及信号转导子和转录激动子（signal transductors and activator of transcription, STAT），调节基因转录。体内一部分生长因子和大部分细胞因子，如生长激素（growth hormone, GH）、干扰素、红细胞生成素（erythropoietin, EPO）、粒细胞集落刺激因子（granulocyte colony stimulating factor, GCSF）和一些白细胞介素，其受体分子缺乏酪氨酸蛋白激酶活性，但能借助细胞内的非受体型酪氨酸蛋白激酶 JAKs 完成信息转导。

JAKs 再通过激活信号转导子和转录激动子而最终影响到基因的转录调节。故将此途径又称为 JAKs-STAT 信号转导通路。

该途径最先在干扰素信号传递研究中发现。γ-干扰素与受体结合以后，可以导致受体二聚化，二聚化的受体激活 JAKs-STAT 途径，后者可以将信号传入核内。JAKs 是一种存在于胞质中的酪氨酸蛋白激酶，活化以后可以使受体磷酸化。STAT 可以通过其 SH_2 结构域识别磷酸化的受体并且与之进行结合。然后 STAT 分子也发生酪氨酸的磷酸化，磷酸化的 STAT 进入细胞核内形成有活性的转录因子，调控基因的表达。

因为在 JAKs-STAT 途径中，激活后的受体可与不同的 JAKs 和不同的 STAT 相结合，所以该途径传递信号更具多样性和灵活性。

以上叙述各条途径均有细胞内相应的蛋白激酶催化蛋白质磷酸化，与之对应，细胞内同时还存在蛋白磷酸酶，共同构成了磷酸化与去磷酸化这个重要的蛋白活性开关系统。通过膜受体介导的细胞信号转导除了上述比较重要的 4 条途径以外，还有其他途径，这里不再阐述。

二、胞内受体介导的信号转导

胞内受体的配体为脂溶性类固醇激素（糖皮质激素、盐皮质激素、雄激素、孕激素、雌激素）、甲状腺素（T_3 及 T_4）和 $1,25-(OH)_2-D_3$ 等，这些信息分子可以直接以简单扩散的方式借助于某些载体蛋白跨越靶细胞膜，与位于胞液或胞核中的胞内受体结合。细胞内受体又可分为核内受体和胞质内受体，如雄激素、孕激素、雌激素和甲状腺素受体位于细胞核内，而糖皮质激素的受体位于胞质中。

类固醇激素与其核受体结合后，可以使受体构象改变，暴露出 DNA 结合区。在胞质中形成的类固醇激素-受体复合物，并以二聚体形式穿过核孔进入核内。在核内，激素-受体复合物作为反式作用因子，与 DNA 特异基因的激素反应元件（hormone response element, HRE）进行结合，这种结合或是解除DNA阻遏，或是改变DNA螺旋构象而使基因活化，从而促进特异mRNA转录，以增进效应蛋白(或酶)的合成。

甲状腺素进入靶细胞以后，能与胞内的核受体结合，形成甲状腺素-受体复合物，此复合物可与DNA上的甲状腺素反应元件(TRE)结合，从而调节基因的表达。另外，在某些组织，如肾、肝、心及肌肉的线粒体内膜上也有甲状腺素受体，甲状腺素与线粒体上相应受体结合后能促进线粒体某些基因的表达，可能与甲状腺素调节线粒体氧化磷酸化功能有关。

第四节 信号转导与医学

在人类基因组计划完成以后，信号转导机制研究作为后基因组研究的重要内容将继续成为生命科学的研究热点。如前所述，阐明细胞信号转导机制对于认识生命活动的本质具有重要的理论意义，同时也为医学的发展带来了新的机遇和挑战。细胞信号转导是涉及许多信号转导分子，这些信号转导分子的结构域和数量的异常都可以导致疾病的发生。另外，在临床上，也经常通过使用药物对这些信号转导分子的活性进行调节，从而达到治疗疾病的目的。

一、信号转导分子的结构改变是许多疾病发生发展的基础

(一)受体病

受体病是指由于基因突变，使靶细胞激素受体缺失、较少或结构异常所引起的内分泌代谢性疾病。受体病经常导致靶细胞对相应的激素产生抵抗。常见的有胰岛素、糖皮质激素、盐皮质激素、1,25-$(OH)_2$-D_3及甲状腺素抵抗症等。受体病临床表现为相应激素缺乏的症状和体征，但血中相应的激素浓度是正常或增高，且有家族史。

(二)肿瘤

瘤细胞过度表达生长因子样物质或生长因子样受体及相关的信号转导分子引起肿瘤的发生，这些物质的过度表达导致细胞生长的失控、分化的异常。肿瘤的发生和发展涉及多种单跨膜受体信号通路的异常，许多癌基因或抑癌基因的编码产物都是该信号通路中的关键分子，尤其是各种蛋白酪氨酸激酶，更是与肿瘤发生密切相关。

(三)感染性疾病

目前，一些细菌性感染性疾病的发病机制也在分子水平进行研究，即G蛋白在细菌毒素的作用下发生化学修饰从而导致功能异常。这类疾病包括霍乱、破伤风等。已有资料证明，霍乱引起严重的水及电解质紊乱是由霍乱弧菌分泌的霍乱毒素所致，霍乱的症状是肠上皮细胞内cAMP的含量急剧升高所致。霍乱毒素的A亚基进入小肠上皮细胞以后直接作用于$G\alpha_s$的α亚基，使其发生ADP-核糖化修饰，导致其固有的GTP酶活性丧失，不能恢复到GDP结合形式，因而$G\alpha_s$处于持续活化状态，细胞中的cAMP含量持续升高。通过下游信号传递最终将Cl^-、HCO_3^-与水不断分泌进入肠腔，引起腹泻和水电解质紊乱等症状。

除霍乱外，破伤风毒素及百日咳毒素也是作用于G蛋白而导致受累细胞功能异常的。因为不同的毒素在细胞膜上的受体不同，所以这些毒素作用于不同的细胞引起不同的症状。

(四)精神疾病

已有研究表明,某些精神疾病的发生可能与脑中某种信息分子的浓度改变有一定关系。例如,狂郁症的发生与脑中5-羟色胺和儿茶酚胺有关;阿尔茨海默病患者脑海马中,腺苷酸环化酶活性降低,cAMP水平低下。

二、细胞信号转导分子是重要的药物作用靶位

近年来,随着细胞信号转导机制研究的发展,尤其是对各种疾病过程中的信号转导异常的认识发展,为发展新的疾病诊断和治疗手段提供了更多的机会。以纠正信号转导异常为目的的生物疗法和药物设计已经成为近年来的研究热点。例如,目前临床应用较多的有调节胞内钙浓度的钙通道阻滞剂,维持细胞cAMP浓度的β受体阻滞剂和cAMP磷酸二酯酶抑制剂。另外,如帕金森病患者脑中多巴胺浓度降低,通过补充其前体*L*-多巴,可收到一定的疗效。

在研究各种病理过程中发现,信号转导分子结构与功能的改变为新药的筛选和开发提供了靶位,由此产生了信号转导药物这一新概念。信号转导药物的研究出发点是信号转导分子的激动剂和抑制剂,尤其各种蛋白激酶的抑制剂更是被广泛用作母体药物进行抗肿瘤新药的研究。人们正在努力筛选和改造已有的化合物,以发现具有更高选择性的信号转导分子的激动剂和抑制剂,同时也在努力了解信号转导分子在不同细胞的分布情况。这些努力已使一些药物得以用于临床,特别是在肿瘤治疗研究领域。

目标检测

一、名词解释

1. 受体
2. G蛋白
3. 第二信使

二、简答题

1. 一氧化氮的产生及其细胞信使作用有哪些?
2. G蛋白的类型有哪些?
3. 简要说明由G蛋白偶联受体介导的信号的特点。

(许莹)

第十五章　基因工程与分子生物学常用技术

学习目标

【掌握】基因重组的概念；基因工程的过程。

【熟悉】重组 DNA 技术的原理。

【了解】常用分子技术的分类和应用。

第一节　基因重组与基因工程

一、自然界的基因转移与 DNA 重组

自然界不同物种或个体之间的基因转移和重组是经常发生的，它是基因变异和物种进化的基础。基因重组(gene recombination)是指 DNA 片段在细胞内、细胞间，甚至在不同物种之间进行交换，交换后的片段仍然具有复制和表达的功能。

自然界的基因转移的方式有以下几种。

(一)接合作用

当细胞与细胞相互接触时，DNA 分子即从一个细胞向另一个细胞转移，这种遗传物质的转移方式称为接合作用(conjugation)。

(二)转化作用

通过自动获取或人为地供给外源 DNA，使细胞或培养的受体细胞获得新的遗传表型，称为转化作用(transformation)。

(三)转导作用

当病毒从被感染的(供体)细胞释放出来，再次感染另一(受体)细胞时，发生在供体细胞与受体细胞之间的 DNA 转移及基因重组即为转导作用(transduction)。

(四)转座

转座又称为转位(transposition)，是指 DNA 的片段或基因从基因组的一个位置转移到另一个位置的现象。这些能够在基因组中自由游动的 DNA 片段包括插入序列和转座子两种类型。

1. 插入序列

典型的插入序列(insertion sequence，IS)是长 750～1500 bp 的 DNA 片段，由两个分离的

反向重复序列和一个转座酶基因。当转座酶基因表达时，即可引起该序列的转座。其转座方式主要有保守性转座和复制性转座。

2. 转座子

转座子（transposons）是可从一个染色体位点转移到另一个位点的分散的重复序列，含两个反向重复序列、一个转座酶基因和其他基因（如抗生素抗性基因）。免疫球蛋白重链基因由一组可变区基因（*VH*）和一组恒定区基因（*CH*）构成，通过这些基因的选择性转座和重组，就可以转录表达出各种各样的免疫球蛋白重链，以对付不同的抗原。

（五）基因重组

基因重组包括位点特异性重组和同源重组两种类型。

1. 位点特异性重组

在整合酶的催化下，两段 DNA 序列的特异的位点处发生整合并共价连接，称为位点特异性重组。

2. 同源重组

发生在同源 DNA 序列之间的重组称为同源重组（homologous recombination）。这种重组方式要求两段 DNA 序列类似，并在特定的重组蛋白或酶的作用下完成。

二、重组 DNA 技术

重组 DNA 技术又称为基因工程（genetic engineering）或分子克隆（molecular cloning），是指采用人工方法将不同来源的 DNA 进行重组，并将重组后的 DNA 引入宿主细胞中进行增殖或表达的过程。

（一）载体和目的基因的分离

对载体 DNA 和目的基因分别进行分离纯化，得到其纯品。

1. 基因载体

常用的载体有质粒 DNA、噬菌体 DNA 和病毒 DNA。这些载体均需经人工构建，除去致病基因，并赋予一些新的功能，如有利于进行筛选的标志基因、单一的限制酶切点等。

（1）质粒：存在于天然细菌体内的一种独立于细菌染色体之外的双链环状 DNA，具有独立复制的能力，通常带有细菌的抗药基因。

（2）噬菌体：可通过转染方式将其 DNA 送入细菌体内进行增殖。常用的为人工构建的 λ 噬菌体载体，当目的基因与噬菌体 DNA 进行重组时，可采用插入重组方式，也可采用置换重组方式。

（3）病毒：常用的为 SV40，通过感染方式将其 DNA 送入哺乳动物细胞中进行增殖。

2. 目的基因

目的基因是我们要研究或利用的 DNA 序列或基因，称为目的基因。目的基因有两种类型：cDNA 和基因组 DNA。cDNA（complementary DNA）是以 RNA 为模板，经反转录合成的与 RNA 互补的单链 DNA。以 cDNA 为模板经聚合反应可合成双链 cDNA。基因组 DNA（genomic DNA）是指代表一个细胞或生物体整套遗传信息的所有 DNA 序列。

目的基因的分离有以下几种。

(1)直接从染色体 DNA 中分离:仅适用于原核生物基因的分离。

(2)人工合成:根据已知多肽链的氨基酸顺序,利用遗传密码表推定其核苷酸顺序再进行人工合成。人工合成适应于编码小分子多肽的基因。

(3)从 mRNA 合成 cDNA:采用一定的方法钓取特定基因的 mRNA,再通过反转录酶催化合成其互补 DNA(cDNA),除去 RNA 链后,再用 DNA 聚合酶合成其互补 DNA 链,从而得到双链 DNA。

(4)从基因文库中筛选:将某一种基因的 DNA 用适当的限制酶切断后,与载体 DNA 重组,再全部转化宿主细胞,得到含全部基因组 DNA 的种群,称为 G 文库(genomic DNA library)。将某种细胞的全部 mRNA 通过逆转合成 cDNA,然后转化宿主细胞,得到含全部表达基因的种群,称为 C -文库(cDNA library)。C -文库具有组织细胞特异性。

(5)利用 PCR 合成:如已知目的基因两端的序列,则可采用聚合酶链反应(polymerase chain reaction, PCR)技术,在体外合成目的基因。

(二)载体和目的基因的切断

通常采用限制性核酸内切酶(restriction endonuclease),简称限制酶,分别对载体 DNA 和目的基因进行切断,以便于重组。能够识别特定的碱基顺序并在特定的位点降解核酸的核酸内切酶称为限制酶。限制酶所识别的顺序往往为 4～8 个碱基对,且有回文结构。由限制酶切断后的末端可形成平端、3′-突出黏性末端和 5′-突出黏性末端 3 种情况。形成黏性末端(cohesive end)者较有利于载体 DNA 和目的基因的重组。

(三)载体和目的基因的重组

载体和目的基因的重组指将带有切口的载体与所获得的目的基因连接起来,得到重新组合后的 DNA 分子。

1. 黏性末端连接法

黏性末端连接法是指 DNA 分子在限制酶的作用之下形成的具有互补碱基的单链延伸末端结构,它们能够通过互补碱基间的配对而重新环化起来。

2. 人工接尾法

人工接尾法即同聚物加尾连接法。在末端核苷酸转移酶的催化下,将脱氧核糖核苷酸添加于载体或目的基因的 3′-末端,如载体上添加一段 polyG,则可在目的基因上添加一段 polyC,通过碱基互补进行黏合后,再由 DNA 连接酶连接。

3. 人工接头连接法

将人工连接器(一段含有多种限制酶切点的 DNA 片段)连接到载体和目的基因上,即有可能使用同一种限制酶对载体和目的基因进行切断,得到可以互补的黏性末端。

(四)重组 DNA 的转化和扩增

将重组 DNA 导入宿主细胞进行增殖或表达。重组质粒可通过转化方式导入宿主细胞,λ 噬菌体作为载体的重组体,则需通过转染方式将重组噬菌体 DNA 导入大肠杆菌等宿主细胞。重组 DNA 导入宿主细胞后,即可在适当的培养条件下进行培养以扩增宿主细胞。

(五)重组 DNA 的筛选和鉴定

对含有重组体的宿主细胞进行筛选并进行鉴定。

(1)根据重组体的表型进行筛选。对于带有抗药基因的质粒重组体,可采用插入灭活法进行筛选。

(2)根据标志互补进行筛选。当宿主细胞存在某种基因及其表达产物的缺陷时,可采用此方法筛选重组体。在载体 DNA 分子中插入相应的缺陷基因,如宿主细胞重新获得缺陷基因的表达产物,则说明该细胞中带有重组体。

(3)根据 DNA 限制酶谱进行分析。经过粗筛后的含重组体的细菌,还需进行限制酶谱分析进一步鉴定。

(4)用核酸杂交法进行分析鉴定。采用与目的基因部分互补的 DNA 片段作为探针,与含有重组体的细菌菌落进行杂交,以确定重组体中带目的基因。

获得带目的基因的细菌后,可将其不断进行增殖,从而得到大量的目的基因片段用于分析研究。如在目的基因的上游带有启动子顺序,则目的基因还可转录表达合成蛋白质。

第二节　常用分子生物学技术

20 世纪 70 年代以来,分子生物学技术迅速发展起来,使人们有可能进行人类基因组及单个基因的结构研究,分析其功能特征,了解其变化规律。下面就一些分子生物学技术予以介绍。

一、印迹技术

印迹技术首先由萨瑟恩(E. M. Southern)在 1975 年提出,是将在凝胶中分离的生物大分子转移(印迹)或直接放在固相化介质上并加以检测分析的技术,目前广泛应用于 DNA、RNA 和蛋白质的检测。印迹技术包括 DNA 印迹技术(Southern blotting)、RNA 印迹技术(Northern blotting)、蛋白质印迹技术(Western blotting)。它们的基本流程见图 15－1。

(一)DNA 印迹技术

DNA 印迹技术(DNA blotting)由萨瑟恩等人首次应用,因而以其姓氏命名,被广泛称为 Southern blotting。具体过程为:从组织或细胞中提取的基因组 DNA 经限制性内切酶消化后进行琼脂糖电泳,将含有 DNA 区带的凝胶在变性液中变性使其成为单链后,将一张硝酸纤维素(nitrocellulose,NC)膜放在胶上,膜上放上吸水纸巾,利用毛细作用,胶中的 DNA 分子转移到硝酸纤维素膜上。载有 DNA 单链分子的硝酸纤维素膜就可以在杂交液中与另一种 DNA 或 RNA 分子(称为探针,可用同位素标记)进行杂交。具有互补序列的 RNA 或 DNA 探针结合到存在于硝酸纤维素膜的 DNA 分子上,经放射自显影或其他检测技术就可以显现杂交分子的有无及位置。这一类技术类似于用吸墨纸吸收纸张上的墨迹,因此称为印迹技术。DNA 转移的速度取决于其分子的大小,分子越小,转移越快。转移完成后,在 80 ℃加热硝酸纤维素膜,使 DNA 更易固定于膜上,便于进行杂交反应。

除了上述靠毛细作用将 DNA 转移至硝酸纤维素膜的方法外,后来又发展了电转移印迹

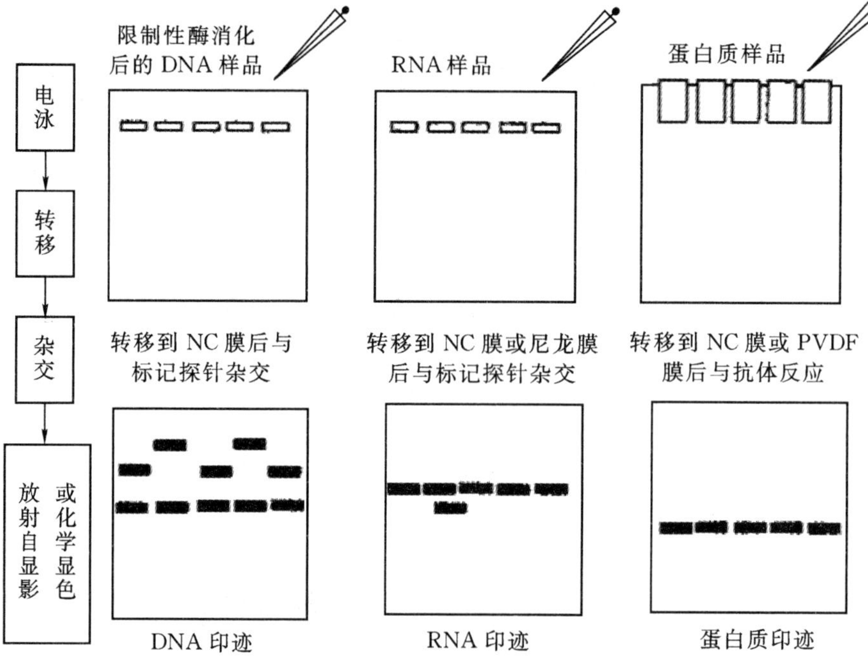

图 15－1　DNA 印迹、RNA 印迹和蛋白质印迹技术示意图

技术和真空负压吸引转移印迹技术，缩短了转移所需的时间。另外，硝酸纤维素膜也有了许多换代产品，改善了转移效率和样品的承载能力。

DNA 印迹技术主要用于基因组 DNA 的定性和定量分析，如对基因组中特定基因的定位及检测，确定基因组中某一特定基因的大小、拷贝数、酶切图谱及其在染色体中的位置。如果一个基因出现丢失或扩增，相应条带的信号就会减少或增加。如果基因中有突变，可能会出现不同于正常的条带。此外，DNA 印迹技术也可用于分析重组质粒和噬菌体。

（二）RNA 印迹技术

利用与 DNA 印迹技术类似的技术来分析 RNA 就称为 RNA 印迹技术。RNA 印迹技术可以用来确定特异 RNA 的大小，是否有不同剪接体等，同时也可以对该种特异性 RNA 进行半定量分析，目前主要用于检测某一组织或细胞中已知的特异 mRNA 的表达水平或比较不同组织或细胞中同一基因的表达情况。

其基本原理与 DNA 印迹技术相同，只是转移的分子是 RNA。RNA 分子较小，在转移前不需要进行限制性内切酶切割，而且变性 RNA 的转移效率也比较高。

（三）蛋白质印迹技术

蛋白质印迹技术的过程与 DNA 和 RNA 印迹技术类似。首先将蛋白质用变性聚丙烯酰胺凝胶电泳按分子大小分开，再将蛋白质转移到 NC 膜或其他膜上，膜上蛋白质的位置可以保持在与胶相对应的原位上，与 DNA 和 RNA 不同的是，蛋白质的转移只有靠电转移方可完成。另外，蛋白质的检测是以抗体作探针，然后再与用碱性磷酸酶、辣根过氧化物酶标记或同位素标记的第二抗体反应，最后用放射自显影、底物显色来显示目的蛋白的有无和所在位置，底物亦可以与化学发光剂结合以提高灵敏度。

蛋白质印迹技术用于检测样品中特异蛋白质是否存在、细胞中特异蛋白质的半定量分析及蛋白质分子的相互作用研究等。

(四)其他印迹技术

除上述 3 种印迹技术外，还有一些建立在印迹技术基础上的核酸和蛋白质的分析方法，如将多种已知序列的 DNA 排列在一定大小的尼龙膜或其他支持物上，用于检测细胞或组织样品中核酸种类的 DNA 点阵(DNA array)杂交；不经电泳分离直接将样品点在硝酸纤维素膜上用于杂交分析的斑点印迹(dot blotting)；直接在组织切片或细胞涂片进行杂交分析的原位杂交(in situ hybridization)。

二、聚合酶链反应

(一)聚合酶链反应概念

聚合酶链式反应简称 PCR，是指在 DNA 聚合酶催化下，以母链 DNA 为模板，以特定引物为延伸起点，通过变性、退火、延伸等步骤，体外复制出与母链模板 DNA 互补的子链 DNA 的过程，是一项 DNA 体外合成放大技术，能快速特异地在体外扩增任何目的 DNA，可用于基因分离克隆、序列分析、基因表达调控、基因多态性研究等许多方面。PCR 技术广泛应用于检测细菌、病毒类疾病，诊断遗传疾病，诊断肿瘤，以及法医物证学。PCR 技术由美国科学家穆利斯(K. B. Mullis)发明，因此穆利斯获得了 1993 年诺贝尔化学奖。

(二)PCR 技术的基本原理

类似于 DNA 的天然复制过程，在高温(94～95 ℃)下，待扩增的靶 DNA 双链受热变性成为两条单链 DNA 模板；而后在低温(37～55 ℃)情况下，两条人工合成的寡核苷酸引物与互补的单链 DNA 模板结合，形成部分双链；在 Taq 酶的最适温度(72 ℃)下，以引物 3′-末端为合成的起点，以单核苷酸(dNTP)为原料，沿模板以 5′→3′方向延伸，合成 DNA 新链。这样，每一双链的 DNA 模板，经过一次解链、退火、延伸 3 个步骤的热循环后就成了两条双链 DNA 分子。如此反复进行，每一次循环所产生的 DNA 均能成为下一次循环的模板，每一次循环都使两条人工合成的引物间的 DNA 特异区拷贝数扩增一倍，PCR 产物得以 2^n 的指数形式迅速扩增，经过 25～30 个循环后，理论上可使基因扩增 10^9 倍以上，实际上一般可达 10^6～10^7 倍。

(三)PCR 反应基本步骤

1. 变性

变性(denaturation)是通过加热使模板 DNA 的双链之间的氢键断裂，双链分开而成单链的过程(94 ℃，30 s)。

2. 退火

退火(annealing)是当温度降低时，引物与模板 DNA 中互补区域结合成杂交分子(55 ℃，30 s)。

3. 延伸

延伸(extension)是在DNA聚合酶、dNTPs、Mg^{2+}存在下，DNA聚合酶催化引物按5′→3′方向延伸，合成出与模板DNA链互补的DNA子链(70～72 ℃，30～60 s)。

以上述3个步骤为一个循环，每一循环的产物均可作为下一个循环的模板，经过n次循环后，目的DNA以2^n的形式增加。

(四)PCR反应体系和程序

1. 标准的PCR反应体系

10×扩增缓冲液	10 μl
4种dNTP混合物	各200 μmol/L
引物	各10～100 pmol
模板DNA	0.1～2 μg
Taq DNA聚合酶	2.5 U
Mg^{2+}	1.5 mmol/L
加双或三蒸水至	100 μl

2. PCR反应程序

94 ℃预变性	3～5 min
94 ℃变性	30 s～2 min
退火	30 s～2 min
72 ℃延伸	1～5 min
2～4步25～40个循环	
72 ℃延伸	5～10 min

三、生物芯片技术

生物芯片技术是通过缩微技术，根据分子间特异性地相互作用的原理，将生命科学领域中不连续的分析过程集成于硅芯片或玻璃芯片表面的微型生物化学分析系统，以实现对细胞、蛋白质、基因及其他生物组分的准确、快速、大信息量的检测。按照芯片上固化的生物材料的不同，可以将生物芯片划分为基因芯片、蛋白质芯片、多糖芯片和神经元芯片。

(一)基因芯片

基因芯片也称之为DNA芯片，是将大量特定序列的DNA片段(分子探针)有序的固定在经过处理后的尼龙膜、玻璃片、硅片等支持物上，从而能快速、准确地对大量DNA分子序列进行测定和分析的一种类似电脑的芯片。其主要原理是利用碱基的互补配对原则(DNA分子杂交)。目前，基因芯片已广泛应用于基因组研究和人类疾病的诊断等多领域。

(二)蛋白质芯片

蛋白质芯片(protein chip)又称蛋白质微阵列，是指以蛋白质或多肽作为配基，将其有序地固定在固相载体的表面形成微阵列；用标记了荧光的蛋白质或其他分子与之作用，洗去未结合的成分，经荧光扫描等检测方式测定芯片上各点的荧光强度，来分析蛋白质之间或蛋白质与其他分子之间的相互作用关系。蛋白质芯片技术在医学中的应用包括：特异性抗原抗体的检测、生化反应的检测、疾病诊断、对疾病分子机制的研究、药物筛选及新药的研制开发。

（三）细胞芯片

细胞芯片又称细胞微阵列，是以活细胞为研究对象的一种生物芯片，在芯片上完成对细胞的捕获、固定、平衡、运输、刺激及培养的精确控制，并通过微型化的化学分析方法，实现对细胞样品的高通量、多参数、连续原位信号检测和细胞组分的理化分析等。

（四）组织芯片

组织芯片又称组织微阵列，是将不同生物体的组织按预先设计或研究需要排列在固相载体上所形成的组织微阵列。组织芯片最大的优势在于可以对大量组织标本同时进行检测，只需一次实验过程即可完成，缩短时间，减少误差，提高了可比性。

目标检测

一、名词解释

1. 基因重组
2. PCR
3. 蛋白质芯片

二、简答题

1. 自然界基因转移的方式主要有哪些？
2. 简述 PCR 技术的原理。

（任捷）

第十六章　肝的生物化学

学习目标

【掌握】生物转化的概念、反应类型及参与结合反应的生物活性物质；胆汁酸的种类；血红素合成的原料；三种黄疸的病因及血、尿、粪改变。

【熟悉】肝在糖、脂、蛋白质、维生素和激素代谢中的作用；生物转化的特点，影响生物转化作用的因素；胆汁酸的生理功能及代谢过程；血红素合成的过程及调节；胆色素的代谢，两种胆红素性质的差别。

【了解】肝功能受损时物质代谢紊乱的表现；胆汁的组成；生物转化的反应。

肝是人体最重要的器官之一。肝在组织结构及生化组成等方面具有 4 大特点：①肝有肝动脉和门静脉双重血液供应，将氧、营养物质及其他物质运至肝脏；②肝组织富含血窦，血流速度缓慢，肝细胞与血液能够充分接触；③肝有肝静脉和胆道系统两条输出通道，与体循环和消化道相连；④肝细胞内含有丰富的细胞器和 600 多种酶。这些特点使肝成为人体内糖、脂、蛋白质、维生素、激素和非营养物质等的“代谢中枢”。

肝不仅在糖、脂、蛋白质、维生素和激素等物质代谢中发挥重要的作用，还参与体内的分泌、排泄、生物转化等重要过程。

第一节　肝在物质代谢中的作用

肝在物质的合成、分解、加工、储存、释放、转运及物质代谢的调控中发挥重要的作用。

一、肝在糖代谢中的作用

肝细胞主要通过糖原的合成、分解及糖异生作用来维持血糖浓度的相对恒定。

饱食后，血糖浓度升高，肝可将大量葡萄糖合成糖原贮存起来。成人肝重 1500 g 左右，贮存的糖原可达肝重的 6%～8%。饥饿时，血糖浓度降低，肝细胞内的糖原被迅速分解生成葡萄糖，补充血糖。然而，毕竟糖原的储备有限，若仅靠糖原供能，饥饿 8～12 h 体内糖原就被耗尽，此时糖异生就成为维持血糖浓度相对恒定的主要途径。糖异生在空腹 24～48 h 后达最大速度。肝细胞将甘油、氨基酸、丙酮酸及乳酸等非糖物质转变为葡萄糖并释放入血。

肝细胞内磷酸戊糖途径也很活跃，为非营养物质代谢等提供充足的 NADPH。

二、肝在脂类代谢中的作用

肝在脂类的消化、吸收、分解、合成及运输等过程中均发挥重要的作用。

肝细胞以胆固醇为原料合成并分泌胆汁酸，随胆汁排入肠腔，可以促进脂类和脂溶性维生素的消化和吸收。肝细胞富含脂肪酸合成、β-氧化及合成酮体的酶，是脂肪酸合成、酯化和β-氧化最主要的场所，也是生成酮体的唯一器官，还是脂肪酸饱和度及长度改造的重要场所。肝是胆固醇代谢的主要器官，胆固醇的生成、酯化及转变主要在肝进行。肝合成的胆固醇占全身合成胆固醇总量的 80%以上；血浆胆固醇的酯化需要肝细胞合成并分泌的卵磷脂-胆固醇脂酰基转移酶(LCAT)催化；体内胆固醇约有一半在肝内转变成胆汁酸。脂蛋白是脂类的运输形式，肝细胞合成并分泌 VLDL 和 HDL，将甘油三酯、磷脂和胆固醇等运至肝外组织，并将肝外组织的胆固醇运回肝内处理。肝也是 LDL 降解的主要场所。当肝功能受损或甘油三酯摄入、合成过量，肝内脂肪不能运出，可形成脂肪肝。

三、肝在蛋白质代谢中的作用

肝在人体蛋白质的合成和分解代谢中发挥重要作用。

(一)肝与血浆蛋白质

肝内蛋白质代谢极为活跃。不但合成自身的结构蛋白，肝细胞还合成与分泌 90%以上的血浆蛋白质。除外 γ 球蛋白，几乎全部的血浆蛋白质均来自肝，包括清蛋白、凝血因子(如纤维蛋白原、凝血酶原、凝血因子Ⅶ、Ⅸ、Ⅹ等)、α_1-抗凝血酶、α_1-酸性糖蛋白、α_1-巨球蛋白和 α_2-巨球蛋白、铜蓝蛋白及多种载脂蛋白(ApoA、B、C、E)等。清蛋白是游离脂肪酸、胆红素及某些药物等在血液中运输的载体，对于维持血浆胶体渗透压也起着举足轻重的作用。肝功能严重受损时会出现清蛋白合成不足，引起水肿和腹水，并伴有凝血时间延长及出血倾向等。

胚胎肝可以合成一种与清蛋白相近的甲胎蛋白，出生后因其合成受到抑制而不易在血浆中检出。原发性肝癌细胞内的甲胎蛋白基因失去阻遏作用，使得甲胎蛋白大量合成，血浆中甲胎蛋白浓度明显升高，可以作为原发性肝癌的辅助诊断指标。

肝细胞也是清除血浆蛋白(清蛋白除外)的重要场所，通过受体介导的途径将其内吞并在溶酶体中降解。

(二)肝与氨基酸代谢

肝在氨基酸分解代谢中发挥重要作用。除支链氨基酸(Leu、Ile、Val)外，几乎所有氨基酸的转氨基、脱氨基、脱羧基等反应在肝中都十分活跃。肝细胞富含氨基酸代谢的酶，当肝细胞受损时，细胞膜通透性增加或细胞坏死，细胞内的酶如丙氨酸转氨酶(ALT/GPT)逸出，使血中该酶活性增高。临床上测定血清 ALT/GPT 活性有助于急性肝病的辅助诊断。

肝是合成尿素的主要器官，通过鸟氨酸循环可将有毒的氨合成相对无毒的尿素经肾随尿排出。严重肝病时，可因尿素合成减少导致血氨升高，氨进入脑组织，干扰脑内代谢，引起肝性脑病。

肝还是芳香族氨基酸和芳香胺的清除器官。肝功能障碍可引起芳香族氨基酸堆积，在脑内造成神经递质代谢失衡。严重肝病时，肠道产生的苯乙醇胺和β-羟酪胺等芳香胺类不能被及时清除，成为“假神经递质”进入脑内，严重影响神经系统功能。这些异常都与肝性脑病的发生密切相关。

四、肝在维生素代谢中的作用

肝在多种维生素的吸收、贮存、运输和转化等方面起重要作用。

肝合成并分泌的胆汁酸盐，有利于脂溶性维生素 A、D、E、K 的吸收。肝细胞受损或胆道梗阻时，胆汁酸盐合成不足或排泄受阻，可导致脂溶性维生素的吸收障碍。

肝是体内含维生素（A、K、B_1、B_2、B_6、B_{12}、泛酸及叶酸等）较多的器官，也是维生素 A、维生素 E、维生素 K 和维生素 B_{12} 贮存的主要场所。肝在维生素 A 的代谢中发挥重要作用：肝贮存的维生素 A 约占体内总量的 95%，肝合成并分泌视黄醇结合蛋白参与维生素 A 在血液中的运输，参与维生素 A 代谢的视黄醇循环，还能将 β-胡萝卜素转化为维生素 A。肝虽然不贮存维生素 D，但肝细胞合成的维生素 D 结合蛋白参与维生素 D 在血液中的运输，肝还负责将维生素 D_3 羟化为 25-羟维生素 D_3，为肾的进一步活化奠定了基础，在钙、磷代谢中发挥重要作用。维生素 K 参与肝细胞中凝血因子Ⅱ、Ⅶ、Ⅸ和Ⅹ的合成；维生素 B_{12} 参与甲基转移反应，可用于胸腺嘧啶的合成。因此，适量进食动物肝脏对维生素 A 缺乏引起的夜盲症、维生素 K 缺乏导致的出血倾向和维生素 B_{12} 缺乏造成的巨幼红细胞性贫血等均有预防作用。

肝细胞还能将多种维生素转化为辅酶的活性形式，如维生素 PP 转化为辅酶Ⅰ（NAD^+）和辅酶Ⅱ（$NADP^+$）、维生素 B_1 转化为焦磷酸硫胺素（TPP）、泛酸转化为辅酶 A（HSCoA）等。

五、肝在激素代谢中的作用

多种激素在发挥调节作用后，主要在肝内进行分解转化而被降解或失去活性，这一过程称为激素的灭活。灭活过程对于激素作用时间的长短及强度具有调控作用。严重肝病时，由于对激素的灭活作用减弱，体内雌激素、肾上腺皮质激素、醛固酮和抗利尿激素等多种激素发生堆积，出现不同程度的激素调节紊乱，如男性乳房女性化、蜘蛛痣、肝掌（雌激素对小血管的扩张作用）、高血压、水肿和腹水等。

第二节　肝的生物转化作用

一、生物转化的概念

人体内存在一些非营养物质，它们既不能构成组织细胞的成分，又不能氧化供能或作为酶的辅助因子，其中某些物质对人体还有一定的生物学效应或毒性作用。按其来源，非营养物质可分为内源性和外源性两类。内源性物质包括一些有毒的代谢产物如氨、胺类、胆红素等和有强烈生物学活性的物质如激素、神经递质等。外源性物质包括药物、毒物、食品添加剂、环境污染物，以及肠道细菌腐败作用的产物（胺、酚、吲哚和硫化氢）等。机体在排出这些非营养物质以前，常对其进行各种代谢转变，使其极性（水溶性）增加，毒性降低，易于随胆汁或尿液排出体外，这一过程称为生物转化（biotransformation）。肝是生物转化的主要器官，肾、肠、肺、皮肤及胎盘等也有少量生物转化的能力。肝内富含生物转化的酶，催化生物转化的酶类列于表16-1。

表 16-1 参与肝生物转化的酶类

酶类	细胞内定位	反应底物或辅酶	结合基团的供体
第一相反应			
氧化酶类			
加单氧酶系	微粒体	RH;NADPH、O_2、FAD	
单胺氧化酶	线粒体	胺类;O_2、H_2O	
脱氢酶系	胞液或微粒体	醇或醛;NAD^+	
还原酶类	微粒体	硝基苯等;NADPH 或 NADH	
水解酶类	胞液或微粒体	酯类、酰胺类或糖苷类化合物	
第二相反应			
葡萄糖醛酸转移酶	微粒体	含羟基、巯基、氨基、羧基化合物	尿苷二磷酸葡萄糖醛酸
硫酸转移酶	胞液	苯酚、醇、芳香胺类	3′-磷酸腺苷 5′-磷酰硫酸
乙酰基转移酶	胞液	芳香胺、胺、氨基酸	乙酰 CoA
谷胱甘肽 S-转移酶	胞液与微粒体	环氧化物、卤化物、胰岛素等	谷胱甘肽
酰基转移酶	线粒体	酰基 CoA(如苯甲酰 CoA)	甘氨酸
甲基转移酶	胞液与微粒体	含羟基、氨基、巯基化合物	S-腺苷甲硫氨酸

二、生物转化的类型

生物转化的主要反应类型包括氧化(oxidation)、还原(reduction)、水解(hydrolysis)和结合(conjugation)4 种。通常将它们归纳为两相反应:第一相反应是对非营养物质本身的某些基团进行加工和处理的过程,包括氧化、还原和水解反应;第二相反应即结合反应,无论是否经历过第一相反应的非营养物质,通过结合其他基团来改变其溶解性和活性。

(一)第一相反应——氧化、还原、水解

1. 氧化反应

氧化反应是最常见的生物转化反应,由多种氧化酶系催化,包括加单氧酶系、胺氧化酶系和脱氢酶系。

(1)加单氧酶系:加单氧酶系存在于肝细胞微粒体,是生物转化最重要的酶。由细胞色素 P450(Cyt - P450)、NADPH -细胞色素 P450 还原酶(其辅酶为 FAD)和细胞色素 b_5 还原酶组成。催化分子氧中的一个氧原子参入底物生成羟基化合物或环氧化物,而另一个氧原子被 NADPH 还原为水。一个氧分子发挥了两种功能,该酶又被称为混合功能氧化酶。由于其氧化产物主要是羟化物,亦称羟化酶。

$$NADPH + H^+ + O_2 + RH \xrightarrow{\text{加单氧酶}} NADP^+ + H_2O + ROH$$

此酶特异性低,可催化烷烃、芳香烃、*N* -烷基和氨基氮等多种非营养物质进行羟化反应,使其溶解度增大而易于随尿排出,是肝内最重要的代谢药物及毒物的酶系,并参与维生素 D_3、肾上腺皮质激素、性激素和胆汁酸盐合成和灭活过程中的羟化反应。应该指出的是,加单氧酶

系作用后还可能生成有毒或致癌物，如黄曲霉素 B_1 可经该酶催化生成黄曲霉素 2,3 -环氧化物，成为肝癌的严重危险因子。

(2)胺氧化酶系：单胺氧化酶(monoamine oxidase，MAO)是一种含 FAD 的黄素蛋白，存在于线粒体外膜，催化胺类氧化生成醛。从肠道吸收的腐败产物如组胺、酪胺、色胺、尸胺、腐胺和体内许多生理活性物质如 5 -羟色胺、儿茶酚胺等均可经此酶氧化为醛和氨。

$$RCH_2NH_2+O_2+H_2O \xrightarrow{\text{单胺氧化酶}} RCHO+NH_3+H_2O_2$$

(3) 脱氢酶：醇脱氢酶(alcohol dehydrogenase，ADH)和醛脱氢酶(aldehyde dehydrogenase，ALDH)存在于胞液和微粒体中，均以 NAD^+ 为辅酶，分别催化醇和醛氧化生成相应的醛或酸。

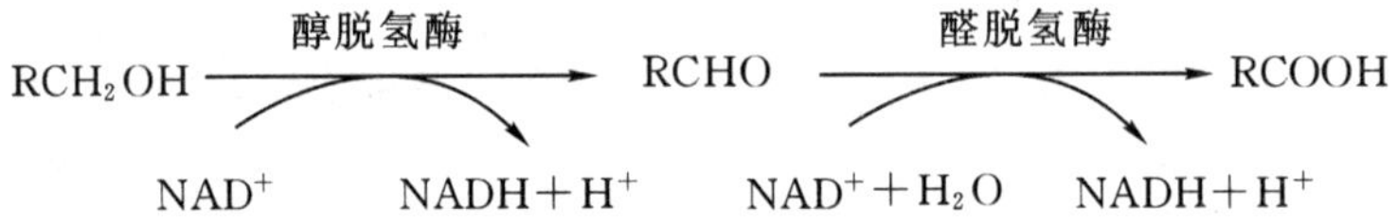

2. 还原反应

肝细胞微粒体中含有硝基还原酶和偶氮还原酶，分别催化硝基化合物与偶氮化合物从 NADPH 接受氢，还原生成相应的胺类。例如，氯霉素、硝基苯和偶氮苯的还原。

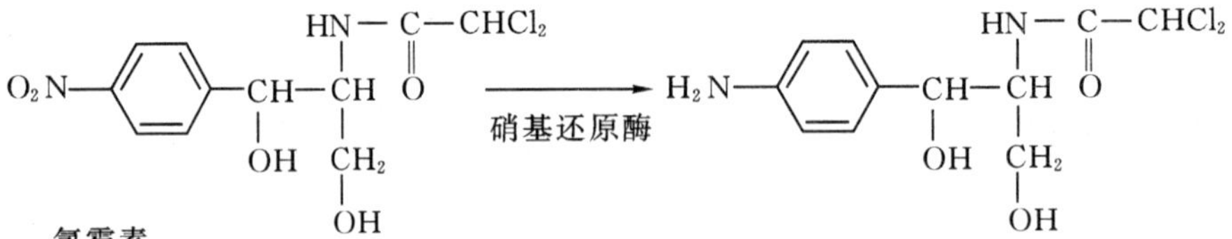

氯霉素　　　　氨基氯霉素

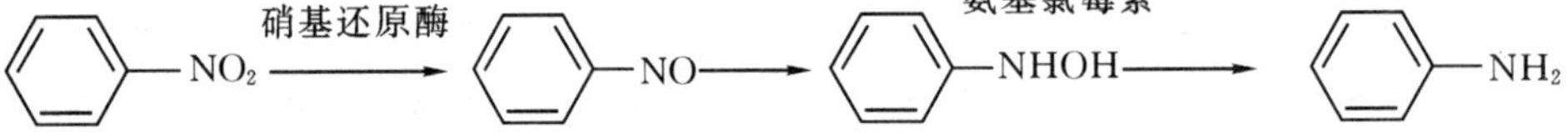

硝基苯　　亚硝基苯　　苯胲　　苯胺

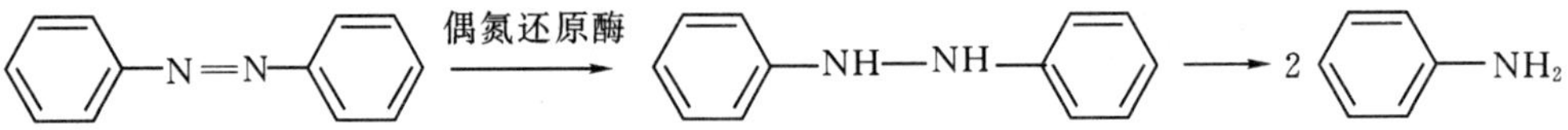

偶氮苯　　苯胺

3. 水解反应

水解酶存在于肝细胞的胞液和微粒体中，如酯酶、酰胺酶及糖苷酶等，可以将脂类、酰胺类和糖苷类化合物水解，以减少或消除其生物活性。这些水解产物，往往还需进一步结合其他基团才能排出体外。例如，普鲁卡因和乙酰水杨酸的水解。

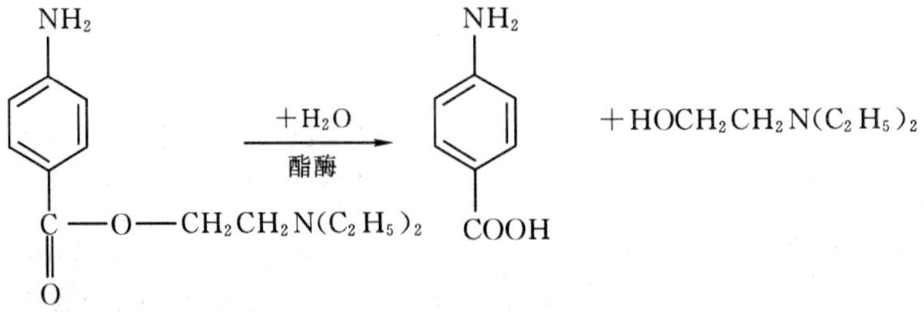

普鲁卡因　　对氨基苯甲酸　　二乙基氨基乙醇

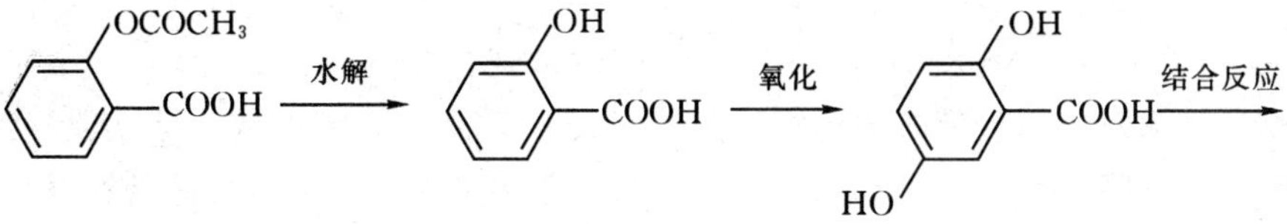

乙酰水杨酸　　水杨酸　　羟基水杨酸

(二)第二相反应——结合

结合反应是体内最重要的生物转化方式。凡含有羟基、巯基、氨基、羧基等功能基团的激素、药物或毒物,无论是否经历第一相反应,均可与极性很强的基团如葡萄糖醛酸、硫酸、谷胱甘肽、甘氨酸等发生结合反应,增加其水溶性,使其易于排出体外。

1. 与葡萄糖醛酸的结合

与葡萄糖醛酸的结合是最重要的结合反应。人体内有数千种代谢物、药物或毒物可以和葡萄糖醛酸结合。葡萄糖醛酸的活化形式是在糖醛酸途径中产生的尿苷二磷酸葡萄糖醛酸,在肝细胞微粒体中葡萄糖醛酸基转移酶催化下,将葡萄糖醛酸基转移到含羟基、巯基、氨基、羧基的化合物上,生成相应的葡萄糖醛酸苷。某些底物分子可以结合 2 个葡萄糖醛酸,如胆红素。

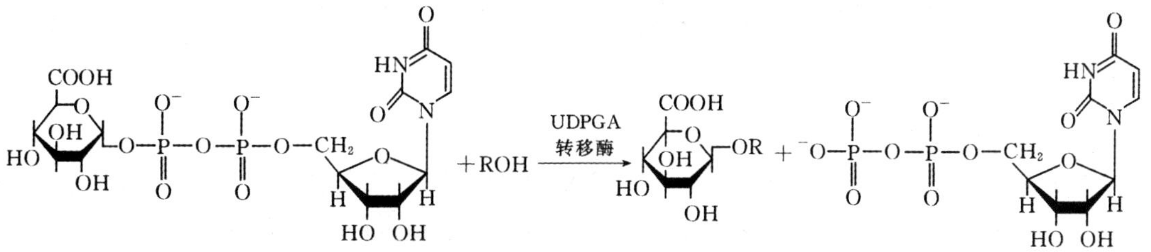

UDPGA　　葡萄糖醛酸苷　　UDP

2. 与硫酸的结合

与硫酸的结合也是常见的结合反应。醇、酚或芳香胺类化合物都可以和硫酸结合增加其水溶性。活性硫酸的供体是 3′-磷酸腺苷-5′-磷酰硫酸。催化其结合反应的酶是硫酸转移酶,生成相应的硫酸酯。雌酮就是通过结合硫酸基团而被灭活的。严重肝病患者的生物转化功能下降,就会因血中雌激素过多而出现“肝掌”或“蜘蛛痣”等毛细血管扩张的现象。

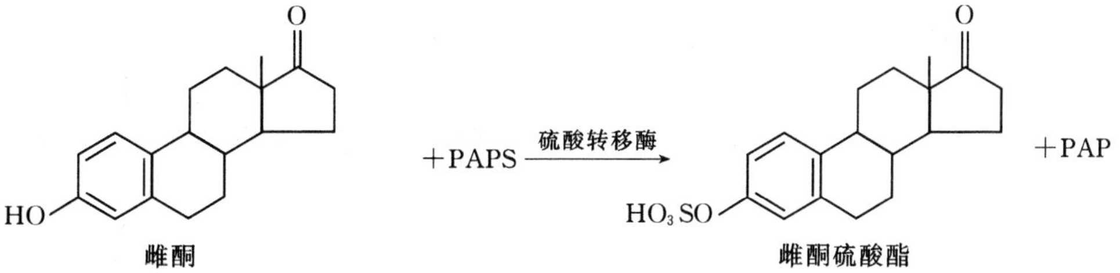

雌酮　　雌酮硫酸酯

3. 乙酰基结合

乙酰基结合是胺类化合物重要的结合反应。各种芳香族、脂肪族胺类或氨基酸的氨基均可与乙酰基结合,生成相应的乙酰化衍生物。乙酰 CoA 提供活化的乙酰基。肝细胞富含乙酰基转移酶，催化乙酰基的结合反应。

$$CH_3CO\sim SCoA + RNH_2 \xrightarrow{\text{乙酰基转移酶}} CH_3CONHR + HSCoA$$

抗结核病药物异烟肼及大部分磺胺类药物通过这种方式灭活。应该指出的是，磺胺类药物经乙酰化后溶解度反而降低，在酸性尿中易于析出，故在服用磺胺类药物时可适量加服小苏打或增加饮水，以提高其溶解度，利于随尿排出。

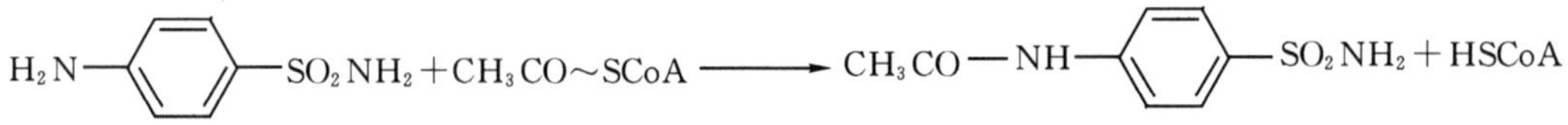

氨苯磺胺　　乙酰辅酶 A　　乙酰氨苯磺胺　　辅酶 A

4. 谷胱甘肽结合

谷胱甘肽结合主要参与致癌物、化疗药物及内源性活性物质的生物转化作用。谷胱甘肽硫转移酶存在于胞液中，可催化谷胱甘肽（GSH）与有毒的环氧化合物或卤代化合物结合，消除其毒性，对肝细胞起保护作用。生成的谷胱甘肽结合产物，随胆汁排出体外。

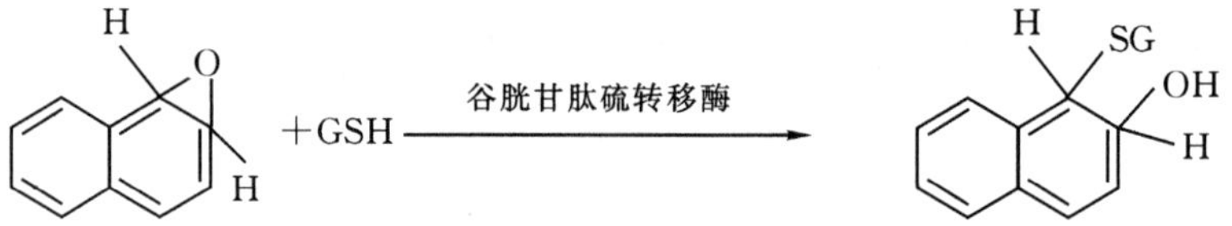

环氧萘　　S-二氢萘醇谷胱甘肽

5. 甘氨酸的结合

甘氨酸可与含羧基的化合物结合。有些药物、毒物等的羧基与辅酶 A 结合形成酰基辅酶 A 后，可与甘氨酸的氨基结合。该结合反应由肝细胞线粒体的酰基转移酶催化。例如，苯甲酰辅酶 A 与甘氨酸结合后可生成马尿酸。

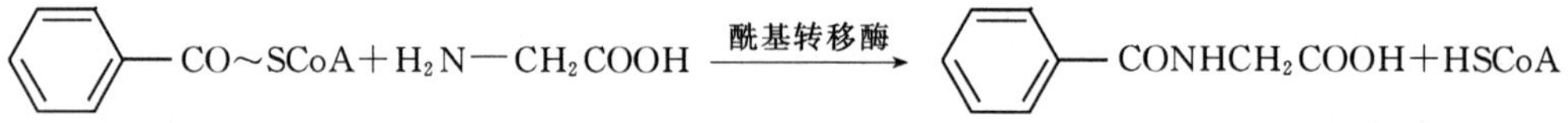

苯甲酰辅酶 A　　甘氨酸　　马尿酸

胆酸和脱氧胆酸与甘氨酸结合生成结合胆汁酸亦属于此类反应。

6. 甲基的结合

甲基化是生物活性物质和药物代谢的重要反应。在肝细胞的胞液和微粒体中存在多种甲基转移酶，可催化含有羟基、巯基和氨基的化合物进行甲基化反应。活性甲基由 S-腺苷甲硫氨酸（SAM）提供，生成相应的甲基化产物。儿茶酚胺、5-羟色胺和组胺等可通过甲基化而失活。

儿茶酚　　*O*-甲基儿茶酚

三、生物转化的特点

(一)反应的连续性

多数非营养物质需连续进行数种反应才能被充分转化而排出体外。例如,乙酰水杨酸(阿司匹林)进入体内,先被水解为水杨酸,少量直接排出,大部分需再进行结合反应,生成多种结合产物而排泄。因此,服用乙酰水杨酸的患者尿中可检测到多种转化产物。

(二)反应类型的多样性

一种非营养物质在体内可进行多种生物转化,生成结构上有差异的不同代谢产物。如雌酮除了能与 PAPS 结合,还能与葡萄糖醛酸结合,生成葡萄糖醛酸雌酮。

(三)解毒与致毒的双重性

多数有毒物质经生物转化后,毒性减弱或消失,水溶性增加。但少数物质毒性反而出现或增强,有的水溶性还可能下降。例如,香烟中的 3,4 -苯并芘并无致癌作用,进入人体后,经肝微粒体中的加单氧酶系作用后,转变为 7,8 -二氢二醇- 9,10 -环氧化物反而具有强致癌作用。当这类环氧化物继续进行结构重排、水化、结合等转化反应之后,其致癌作用丧失且易于随尿排出。因此,非营养物质在体内的生物转化过程表现出活化和失活的双重性,不能将肝脏的生物转化作用简单地看作是“解毒作用”。

四、影响生物转化的因素

值得注意的是,肝的生物转化作用受到年龄、性别、疾病及诱导物等体内、体外因素的影响存在个体差异。

某些酶如加单氧酶在出生后一个月很快升高,超过成人水平的 2～3 倍,并可维持数年;某些酶如葡萄糖醛酸转移酶在出生后 5～6 d 才开始升高,8 周左右达到成人水平,新生儿的高胆红素血症就与缺乏葡萄糖醛酸转移酶有关;也有的酶在胎儿肝内表达活性高于成人或与成人表达不同的同工酶谱。现在认为,老年人肝的生物转化能力仍属正常,老年人对药物的血浆清除率下降和半衰期延长可能与肾廓清的速率和肝血流量下降有关。

女性的醇脱氢酶活性高于男性,对乙醇的代谢率高。氨基比林在男性体内半衰期约为 13.4 h,而在女性则只有 10.3 h。

肝病使肝对药物的清除率下降。其他器官的疾病也可能影响肝的生物转化功能,如慢性肺梗死可因缺氧而降低肝葡萄糖醛酸化的功能。

毒物或药物对生物转化的诱导作用可加速其自身代谢,同时也使其他物质的同类生物转化作用大大增强。如长期服用苯巴比妥的患者,肝的加单氧酶系对氨基比林等药物的生物转化能力也增强,产生耐药性。因此,用药时需考虑药物配伍对药物生物转化的影响,合理用药。另一方面,可以利用药物的诱导作用加速毒物的生物转化速度,如临床用苯巴比妥治疗新生儿高胆红素血症,促进葡萄糖醛酸转移酶的合成,使游离胆红素转变为葡萄糖醛酸胆红素(结合胆红素),防止发生“核黄疸”。

第三节 胆汁酸代谢

一、胆汁的组成

胆汁(bile)由肝细胞分泌,通过胆道系统排入十二指肠。正常成人平均每日分泌胆汁300～700 ml。肝细胞初分泌的胆汁称肝胆汁,呈金黄色、微苦、稍偏碱性,比重约1.010。肝胆汁进入胆囊后,因其中的水分和其他一些成分被胆囊吸收而浓缩,并掺入胆囊壁分泌的黏膜,使其颜色转变为暗褐或棕绿色,比重增至约1.040,称为胆囊胆汁。

胆汁的主要固体成分是胆汁酸,占固体物质总量的50%～70%,以钠盐或钾盐的形式存在,称为胆汁酸盐。另外,胆汁中还含有胆色素、胆固醇、磷脂、无机盐、黏蛋白、脂肪酶、磷脂酶、淀粉酶和磷酸酶等。进入人体的药物、毒物、染料及重金属盐等经生物转化后也可随胆汁排出体外。正常人胆汁的化学组成见表16-2。

表16-2 正常人胆汁的化学组成

	肝胆汁(%胆汁)	胆囊胆汁(%胆汁)
水	96～97	80～86
总固体	3～4	14～20
胆汁酸盐	0.2～2	0.5～10
胆色素	0.05～0.17	0.2～1.5
胆固醇	0.05～0.17	0.2～0.9
磷脂	0.05～0.08	0.2～0.5
无机盐	0.2～0.9	0.5～1.1
黏蛋白	0.1～0.9	1～4
比重	0.009～1.013	0.026～1.060
pH值	7.1～8.5	5.5～7.7

二、胆汁酸的生理功能

(一)促进脂类的消化和吸收

促进脂类的消化和吸收是胆汁酸的主要生理功能。胆汁酸是一大类24碳胆固烷酸的总称(图16-1),其分子内部既含有亲水的羟基、羧基、磺酸基,又含疏水的烃核和甲基。在立体构型上,两类基团恰好位于环戊烷多氢菲核的两侧,构成亲水和疏水两个侧面,能降低油/水两相之间的表面张力,所以胆汁酸是较强的乳化剂,使脂类在水中乳化成直径仅3～10 μm的混合微团,既有利于酶的消化作用,又有利于脂类的吸收。

(二)抑制胆汁中胆固醇的析出

人体约99%的胆固醇随胆汁从肠道排出体外。由于胆固醇难溶于水,为防其沉淀析出须与胆汁酸盐和卵磷脂形成可溶性微团。若胆汁酸、卵磷脂合成不足,或胆汁酸经消化道丢失过

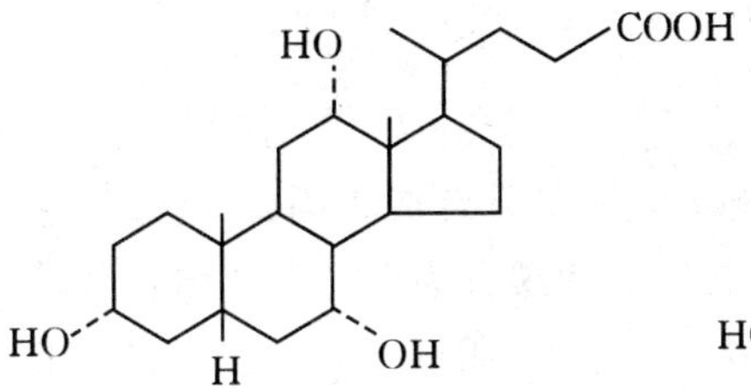

胆酸
(3α,7α,12α－三羟胆固烷酸)

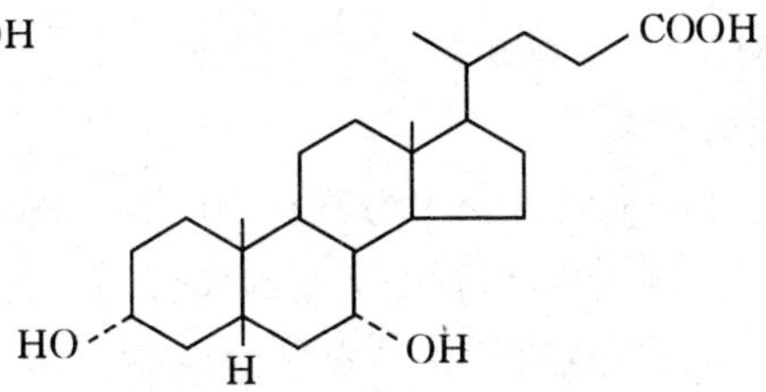

鹅脱氧胆酸
(3α,7α－二羟胆固烷酸)

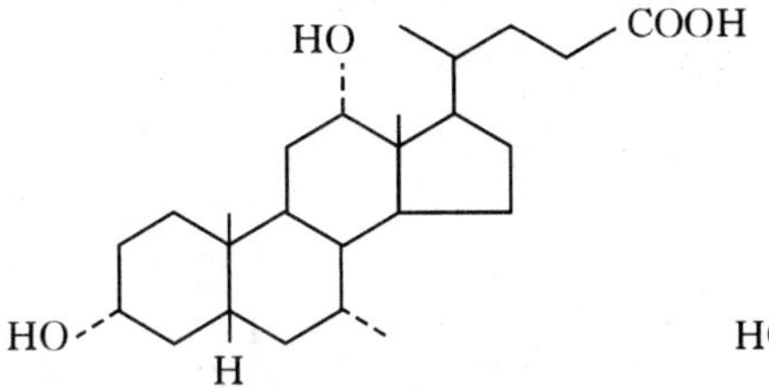

脱氧胆酸
(3α,12α－二羟胆固烷酸)

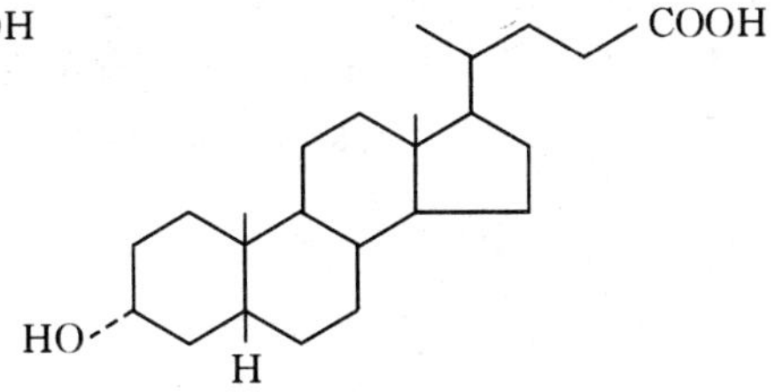

石胆酸
(3α－羟胆固烷酸)

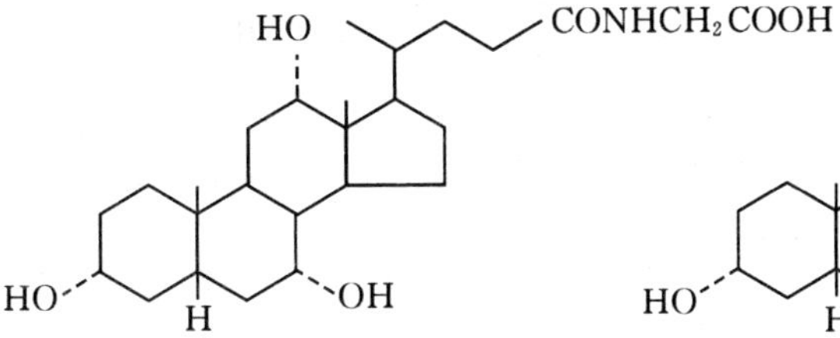

甘氨胆酸

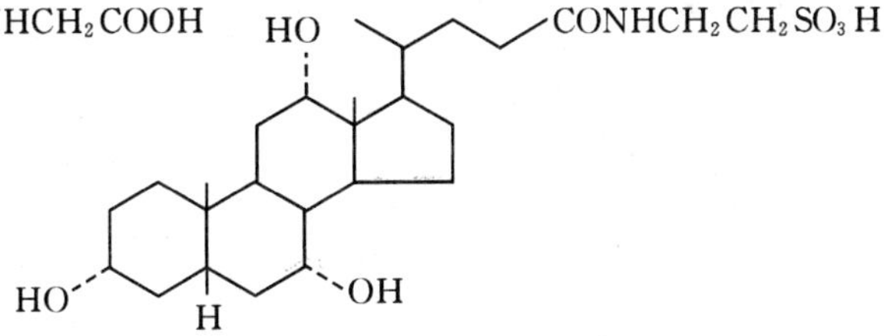

牛磺胆酸

图 16－1　几种胆汁酸的结构式

多,或经胆汁排泄的胆固醇过多等,均可造成胆汁酸或卵磷脂与胆固醇的比值下降,当比值小于 10∶1 时,胆固醇就会因过饱和而析出形成胆石。

(三)胆汁酸的其他生理功能

胆汁酸可通过抑制 7α－羟化酶和 HMG－CoA 还原酶的活性,反馈调节胆汁酸和胆固醇的生物合成;胆汁酸可促进磷脂向胆小管转运、增加铁、钙等高价金属离子的溶解度、抑菌和刺激黏膜的分泌;胆汁酸还能够影响大肠对水和电解质的吸收并促进大肠蠕动。

三、胆汁酸的代谢

(一)胆汁酸的分类

正常人的胆汁酸可分为两类:初级胆汁酸(primary bile acids)和次级胆汁酸(secondary bile acids),每类又有游离型和结合型之分。胆汁酸均以钠盐或钾盐的形式存在,故称胆汁酸盐,简称胆盐(bile salts)。

(二)胆汁酸的生成

1.初级胆汁酸的生成

初级胆汁酸是肝细胞以胆固醇为原料合成的。正常成人每日合成胆固醇 1～1.5 g,其中约 2/5(0.4～0.6 g)在肝细胞内转变为初级胆汁酸。初级胆汁酸分为游离型和结合型。

(1) 游离型初级胆汁酸的生成。在肝细胞微粒体和胞液中,胆固醇在 7α-羟化酶催化下生成 7α-羟胆固醇。后者经羟化、加氢和侧链氧化断裂等反应,生成胆酸(3α,7α,12α-三羟胆固烷酸)和鹅脱氧胆酸(3α,7α-二羟胆固烷酸)(图 16-2)。7α-羟化酶是胆汁酸生成的限速酶,受胆汁酸的负反馈调节。胆固醇可促进其基因表达而增加其活性,甲状腺素也可使 7α-羟化酶的 mRNA 合成增加,促进胆固醇转化为胆汁酸,这可能是甲状腺素降低胆固醇水平的重

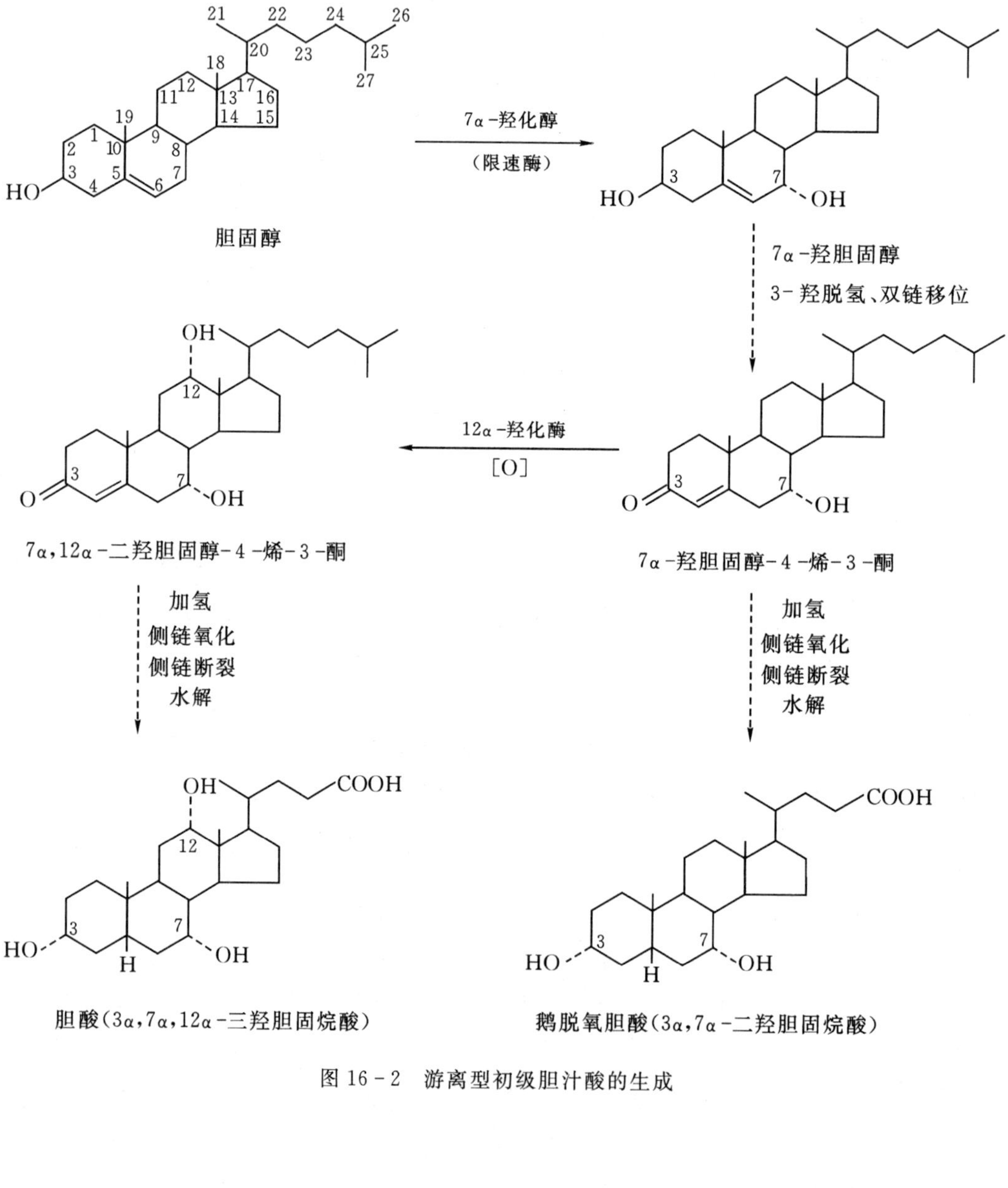

图 16-2 游离型初级胆汁酸的生成

要原因。胆汁酸对胆固醇合成的限速酶 HMG－CoA 还原酶也有抑制作用，以减少胆汁酸生成的原料来源。

(2)结合型初级胆汁酸的生成。胆酸和鹅脱氧胆酸侧链上的羧基与 CoA 相连，生成胆酰 CoA 和鹅脱氧胆酰 CoA，再分别与甘氨酸或牛磺酸通过酰胺键连接形成结合型初级胆汁酸，即甘氨胆酸、牛磺胆酸、甘氨鹅脱氧胆酸和牛磺鹅脱氧胆酸(图 16－3)。正常成人胆汁中的胆汁酸以结合型为主，并因肝合成牛磺酸的能力有限，故与甘氨酸结合者多于与牛磺酸结合者，二者含量之比约为 3∶1。

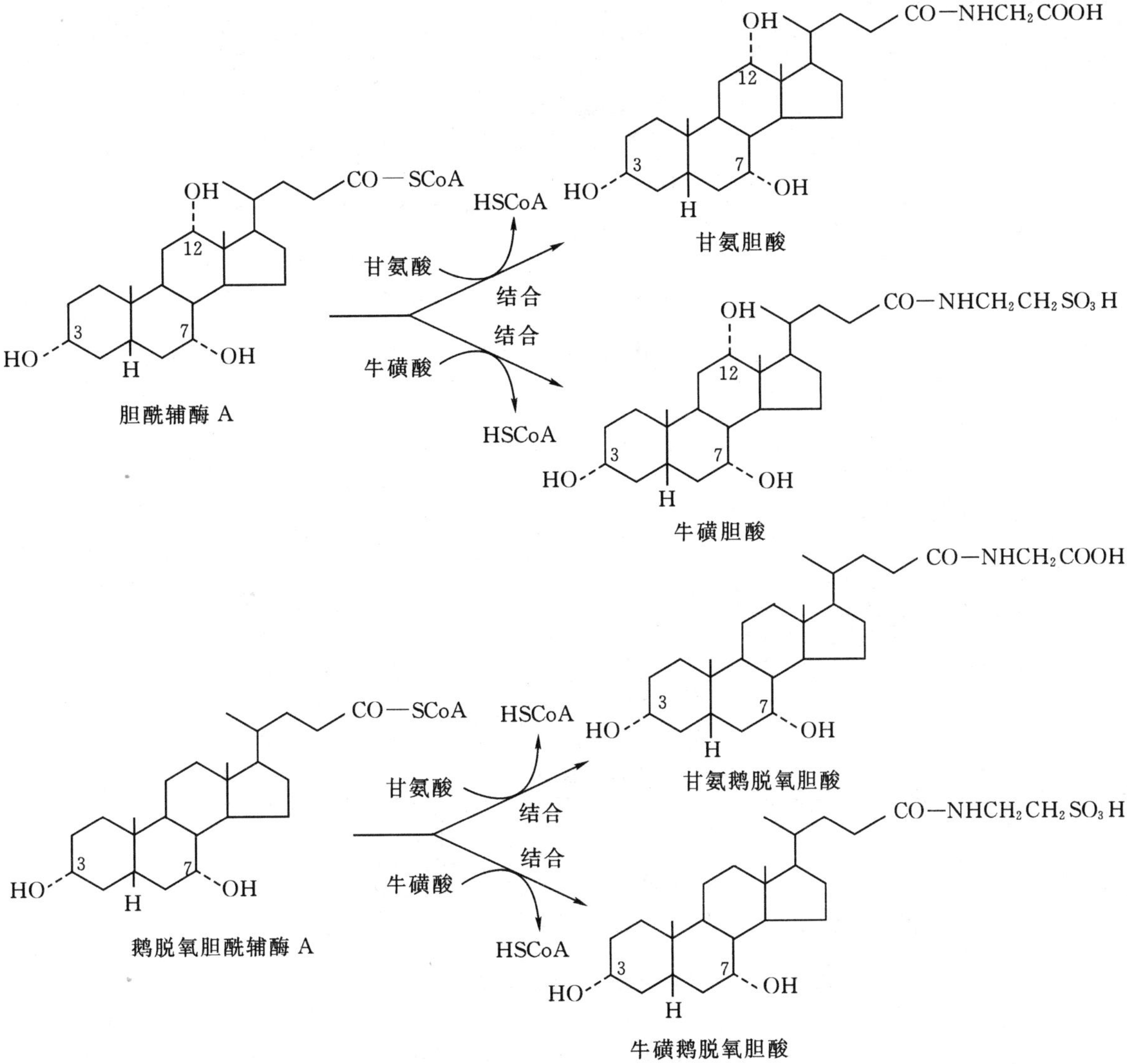

图 16－3 结合型初级胆汁酸的生成

2. 次级胆汁酸的生成

次级胆汁酸是肠菌作用的产物。初级胆汁酸分泌进入肠道，协助脂类物质的消化和吸收。之后在肠菌酰胺酶的催化下，结合型初级胆汁酸水解脱去甘氨酸或牛磺酸，释放出游离型初级胆汁酸，进而在肠菌酶催化下，脱去 7α-羟基，转变成游离型次级胆汁酸，即脱氧胆酸（3α，12α-二羟胆固烷酸）和石胆酸（3α-羟胆固烷酸）（图 16-4）。石胆酸溶解度小，不再与甘氨酸或牛磺酸结合；脱氧胆酸还可与甘氨酸或牛磺酸结合，生成结合型次级胆汁酸，即甘氨脱氧胆酸和牛磺脱氧胆酸。

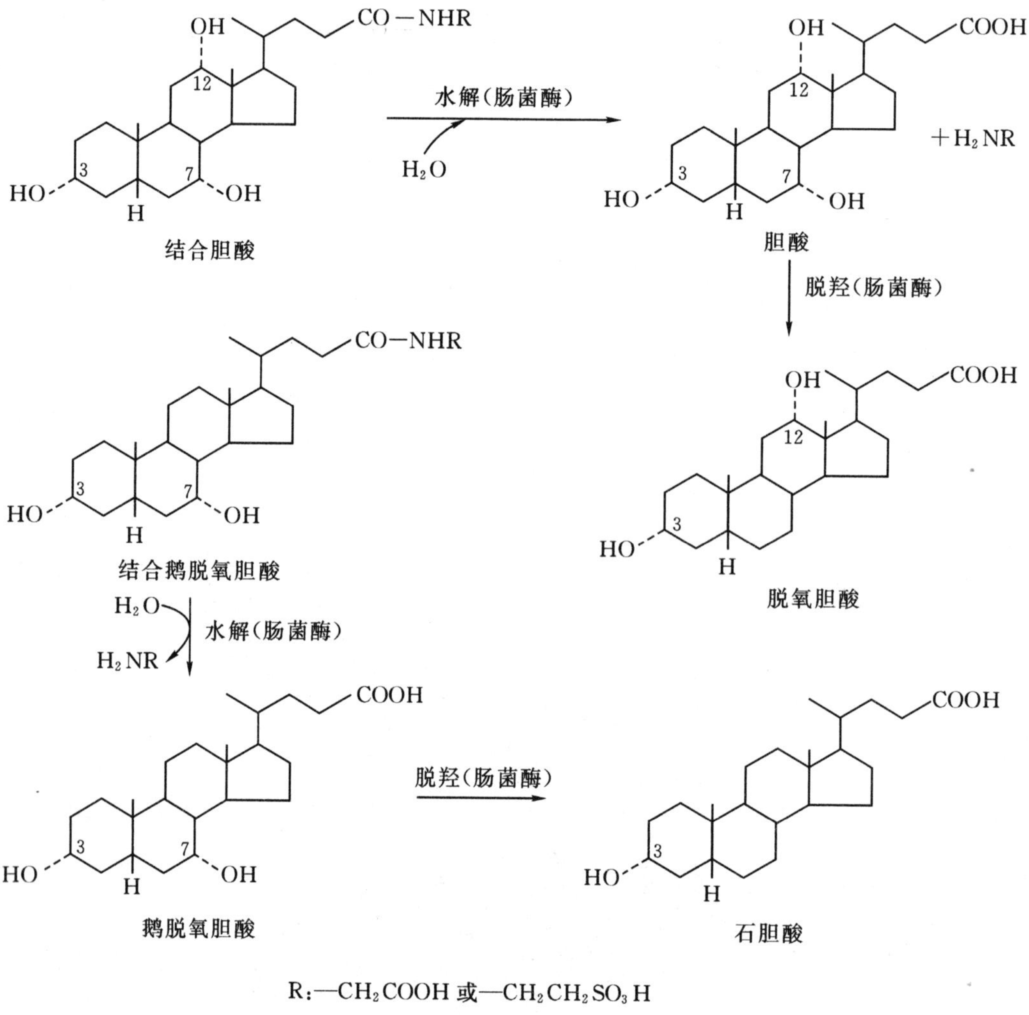

图 16-4 游离型次级胆汁酸的生成

（三）胆汁酸的肠肝循环

排入肠道的胆汁酸约有 95%以上被重吸收，经门静脉入肝，并同新合成的胆汁酸一起再次排入肠道，胆汁酸在肝和肠之间的这种循环过程称为胆汁酸的肠肝循环（enterohepatic circulation）（图 16-5）。初级胆汁酸在小肠下部即回肠中肠菌的作用下，脱去甘氨酸和牛磺酸，再去除 7α-羟基生成次级胆汁酸，被主动重吸收。少量在小肠远端和大肠被动重吸收。在肝中，重吸收的游离型胆汁酸又可转变成结合型胆汁酸。石胆酸由于溶解度小，一般不被吸收，即使有少量吸收，也会在肝细胞内被转化成硫酸酯而直接随粪便排出。

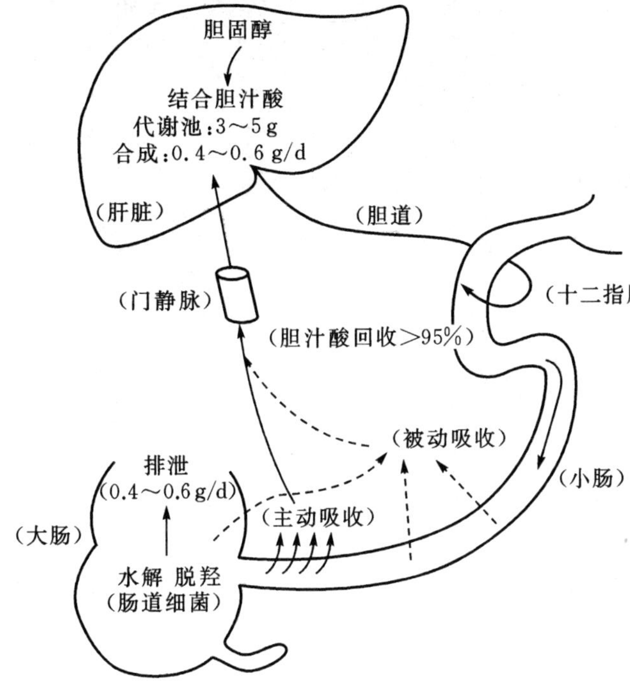

图 16-5　胆汁酸肠肝循环

胆汁酸的肠肝循环具有重要的生理意义。正常人每日脂类乳化需 16～32 g 胆汁酸，而肝内胆汁酸代谢池仅有 3～5 g 胆汁酸，通过每日 6～10 次的肠肝循环，可使有限的胆汁酸反复发挥作用，以保证脂类的消化吸收。正常人每日仅有 0.4～0.6 g 胆汁酸随粪便排出，与新合成的胆汁酸量相平衡。此外，胆汁酸的重吸收也有利于促进胆汁的分泌，并使胆汁中的胆汁酸盐与胆固醇比例恒定，不易形成胆固醇结石。

第四节　血红素代谢

一、血红素的生物合成

1. 血红素的生物合成

体内多种细胞都能合成血红素，合成的血红素可作为肌红蛋白、细胞色素、过氧化物酶等的辅基。血红蛋白中的血红素主要在骨髓的幼红细胞和网织红细胞内合成。甘氨酸、琥珀酰 CoA 和 Fe^{2+} 是合成血红素的基本原料。合成的起始和终末阶段均在线粒体内进行，中间阶段在胞液进行。血红素的生物合成可受多种因素的调节。其合成过程可分为以下 4 个步骤。

(1)δ-氨基-γ-酮戊酸(ALA)的生成。在线粒体内，由 ALA 合酶(ALA synthase)催化琥珀酰酶 A 与甘氨酸缩合生成 δ-氨基-γ-酮戊酸(δ-amino levulinic acid，ALA)，ALA 合酶的辅酶是磷酸吡哆醛，此酶是血红素合成的限速酶，受血红素的反馈调节。

(2)胆色素原的合成。生成的 ALA 从线粒体进入胞液。在 ALA 脱水酶(ALA dehydratase)催化下，2 分子 ALA 脱水缩合生成 1 分子胆色素原(prophobilinogen，PBG)。ALA 脱水酶含巯基，铅等重金属可抑制其活性。

(3)粪卟啉原的合成。在胞液，4 分子胆色素原在尿卟啉原 Ⅰ 同合酶(UPG Ⅰ cosynthase，又称胆色素原脱氨酶)催化下，脱氨缩合生成 1 分子线状四吡咯，后者再由 UPGⅢ同合酶催化生成环形尿卟啉原Ⅲ(UPGⅢ)。UPGⅢ进一步经尿卟啉原Ⅲ脱羧酶催化，生成粪卟啉原Ⅲ。

(4)血红素的生成。胞液中生成的粪卟啉原Ⅲ扩散进入线粒体，经粪卟啉原Ⅲ氧化脱羧酶作用，侧链氧化脱羧生成原卟啉原Ⅸ，再由原卟啉原Ⅸ氧化酶催化脱氢氧化生成原卟啉Ⅸ(protoporphyrin Ⅸ)。最后，在亚铁螯合酶(ferrochelatase)(又称血红素合成酶)的催化下，原卟啉Ⅸ和 Fe^{2+} 结合生成血红素。铅等重金属对亚铁螯合酶也有抑制作用。

血红素生成后从线粒体运至胞液，在骨髓的有核红细胞及网织红细胞中，与珠蛋白结合成为血红蛋白。血红素合成的全过程总结见图 16-6。

2.血红素生物合成的调节

(1)ALA 合酶的调节：ALA 合酶是血红素生成的限速酶，因此对 ALA 生成的调节是调节血红素生成最主要的环节。血红素可以反馈抑制 ALA 合酶的活性，过多的血红素会被氧化成高铁血红素，后者可以强烈抑制 ALA 合酶的活性。磷酸吡哆醛是 ALA 合酶的辅酶，因此维生素 B_6 缺乏可使该酶活性降低。一些致癌物、杀虫剂等对 ALA 合酶具有一定的诱导作用，因其在肝中进行生物转化需要细胞色素 P450，而后者的辅基是血红素。另外，某些类固醇激素如雄激素或雌二醇等对骨髓 ALA 合酶的合成有诱导作用，故临床使用丙酸睾酮及其衍生物治疗再生障碍性贫血。

(2)ALA 脱水酶与亚铁螯合酶：ALA 脱水酶虽然也可被血红素抑制，但并不能引起明显的生理效应，因为该酶活性比 ALA 合酶强 80 倍。ALA 脱水酶和亚铁螯合酶是巯基酶，对重金属的抑制作用十分敏感，因此血红素合成抑制是铅中毒的重要特征。另外，亚铁螯合酶还需要还原剂(如谷胱甘肽)，任何还原条件的缺失都会影响血红素的合成。

(3)促红细胞生成素(erythropoietin，EPO)：EPO 是由 166 个氨基酸残基组成的糖蛋白，分子量 34 000。主要在肾合成，缺氧时合成增加。EPO 可与原始红细胞膜受体结合，促进血红素和血红蛋白的合成，加速有核红细胞的成熟。EPO 是红细胞增殖、分化和成熟的主要调节剂。

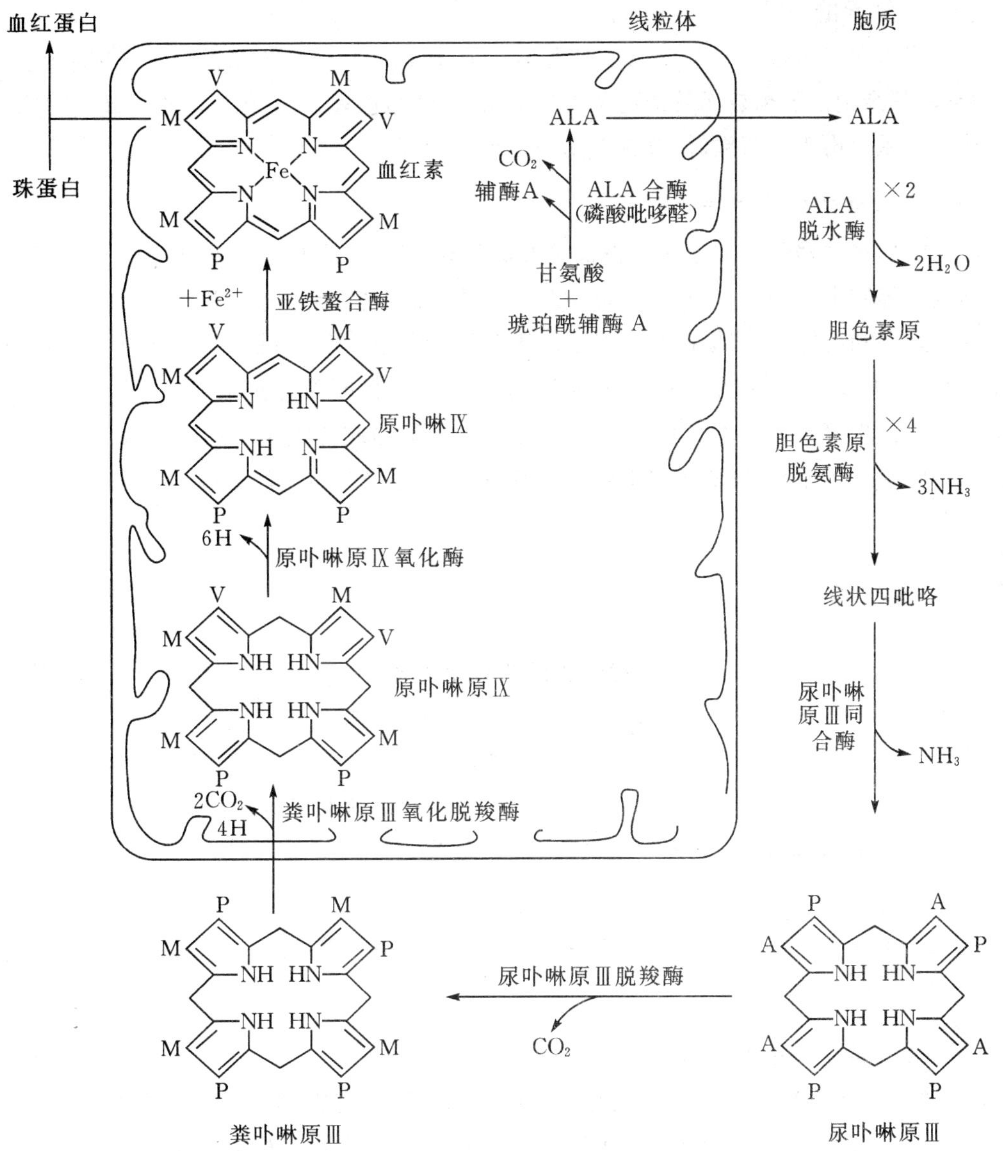

图 16－6　血红素的生物合成

A：$-CH_2COOH$；P：$-CH_2CH_2COOH$；M：$-CH_3$；V：$-CH=C$

二、胆色素代谢

胆色素（bile pigment）是体内铁卟啉化合物的主要分解代谢产物，包括胆绿素（biliverdin）、胆红素（bilirubin）、胆素原（bilinogen）和胆素（bilin）。这些化合物除胆素原无色外，其余均有颜色，故称胆色素。胆红素呈橙黄色，是胆汁的主要色素，正常情况下主要随胆汁排泄，其代谢异常，可导致高胆红素血症，引起黄疸。

(一)胆红素的来源

正常成人每日生成 250～350 mg 胆红素。其中 70%～80%来源于衰老红细胞中血红蛋白的分解,其余则主要来自无效造血及铁卟啉酶(如细胞色素、过氧化氢酶和过氧化物酶等)的分解。肌红蛋白由于更新率低,故所占比例很小。

(二)胆红素的生成过程

红细胞的平均寿命约为 120 d,正常成人每日有 6～8 g 来自衰老红细胞的血红蛋白被分解。衰老红细胞由于细胞膜的变化,可被肝、脾、骨髓的单核-巨噬细胞识别并吞噬。血红蛋白分解为珠蛋白和血红素,珠蛋白按一般蛋白质分解途径进行代谢;血红素原卟啉Ⅸ环上的 α-次甲基桥(═CH—)在微粒体血红素加氧酶催化下氧化断裂生成胆绿素,反应消耗 O_2 和 NADPH 并释出等摩尔的 CO 和 Fe^{2+}。血红素加氧酶是胆红素生成的限速酶。胞液中有活性很强的胆绿素还原酶,可使胆绿素由 NADPH＋H^+ 还原生成胆红素(图 16－7)。

知识拓展

胆红素的双重生理作用

一方面,胆红素具有毒性,可引起大脑不可逆性损害,其代谢异常,可导致高胆红素血症,引起黄疸。另一方面,胆红素又是体内含量最丰富的抗氧化剂,研究表明,胆红素清除超氧化物和过氧化自由基的能力甚至优于维生素 E。另外,胆红素生成过程中产生的 CO 还是一种重要的信号分子,通过激活鸟苷酸环化酶,增加细胞内 cGMP 的含量,引起血管舒张和血压降低。

(三)胆红素在血中的运输

在单核-巨噬细胞系统中生成的胆红素虽然含有羟基、酮基、亚氨基和丙酸基等亲水基团,但由于分子内氢键的形成,整个胆红素分子呈脊瓦状,表现出亲脂疏水的性质(图 16－8)。这种胆红素不能直接与重氮试剂发生反应,需加入乙醇或尿素等破坏分子内氢键才能反应生成紫红色化合物,因此称为间接胆红素(indirect reacting bilirubin)。间接胆红素通过血液运输到肝继续代谢,故又称血胆红素。

间接胆红素主要与血浆清蛋白结合运输,这样既有利于增加胆红素的溶解度,又有利于防止其扩散进入组织细胞产生毒性作用。因血胆红素与清蛋白属非共价结合,故仍称之为未结合胆红素(unconjugated bilirubin),以区别于葡萄糖醛酸结合胆红素。正常成人血胆红素含量仅为 3.4～17.1 μmol/L(0.2～1 mg/dl),而每 100 ml 血浆所含的清蛋白能结合 700 mg 游离胆红素,所以正常情况下血浆清蛋白结合游离胆红素的储备量是很大的。某些有机阴离子如磺胺药、脂肪酸、胆汁酸和水杨酸等可竞争性地与清蛋白结合,使胆红素游离出来,因此在新生儿和高胆红素血症患者要慎用此类药物,以免引起胆红素脑病(bilirubin encephalopathy)。

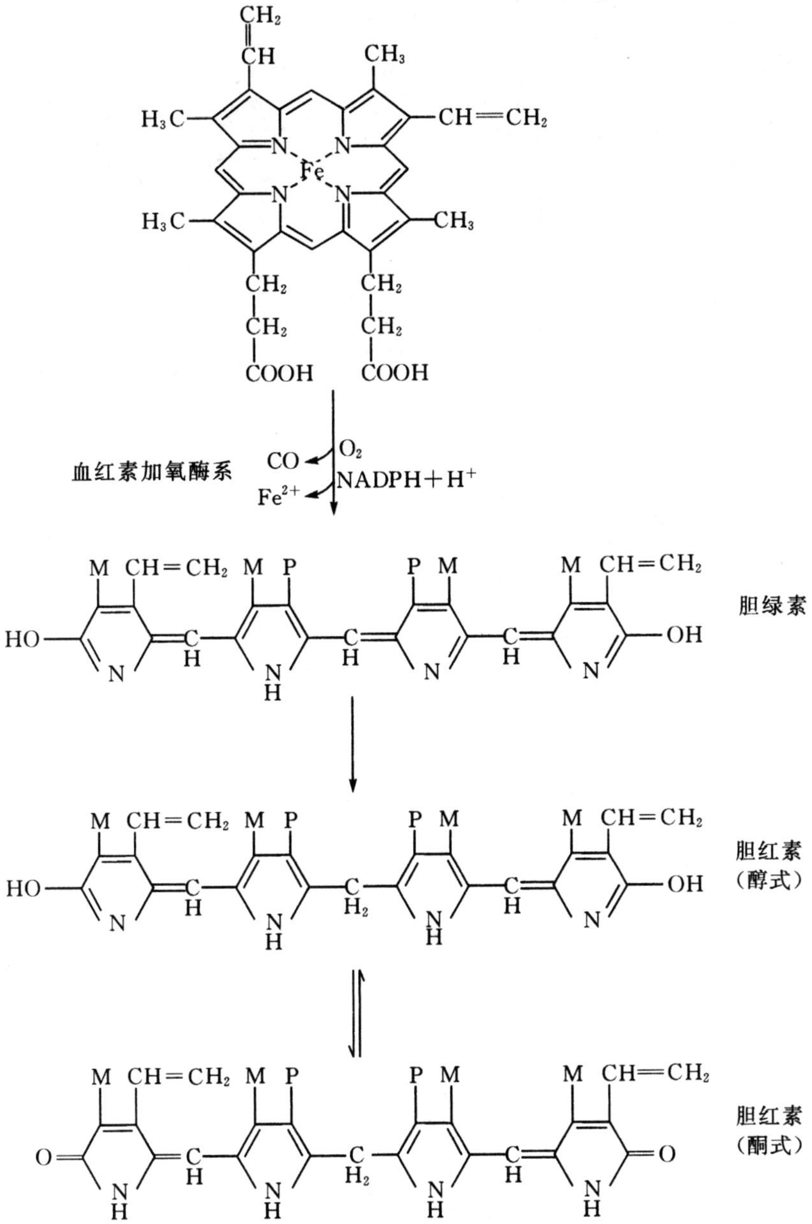

图 16－7　胆红素的生物合成

游离胆红素与清蛋白结合后，不能通过肾小球滤出，所以正常人尿中无间接胆红素。间接胆红素若沉着于皮肤并暴露于强烈蓝光（波长 440～500 nm）下，则会发生光照异构作用，影响分子内氢键的形成，使极性增加，水溶性增大。这种异构体称光胆红素，可迅速释放到血液中，不经结合即可排出，因此，临床多采用蓝光照射治疗新生儿黄疸。

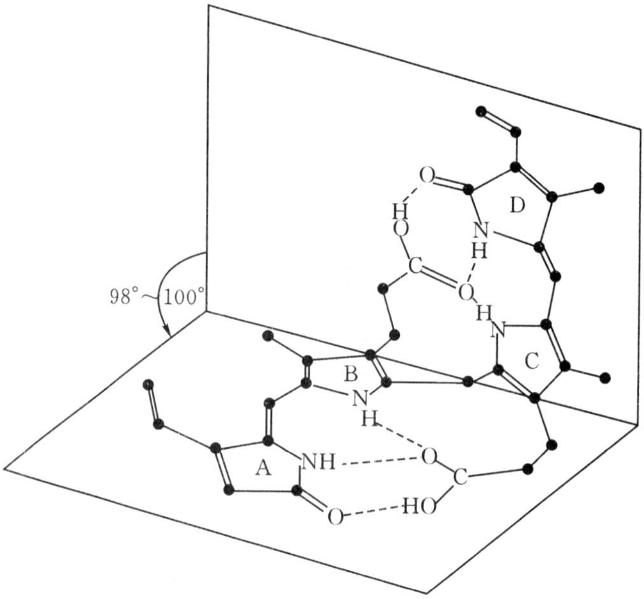

图 16-8 胆红素空间结构示意图

(四)胆红素在肝细胞内的代谢

1. 肝细胞对胆红素的摄取

与清蛋白结合的胆红素在通过肝血窦与肝细胞膜接触时，与清蛋白分离并迅速被肝细胞摄取。胆红素进入肝细胞后与载体 Y 蛋白或 Z 蛋白结合形成复合物而被转运，以 Y 蛋白结合为主。

甲状腺素和磺溴酞钠(BSP)等可竞争性地与 Y 蛋白结合，影响肝细胞对胆红素的摄取。婴儿出生 7 周后，Y 蛋白才达到成人水平，临床可应用过苯巴比妥等药物诱导 Y 蛋白的合成，加强胆红素的转运，用于辅助治疗新生儿黄疸。

2. 胆红素在肝中的结合反应

胆红素被 Y 蛋白转运至滑面内质网后，在葡萄糖醛酸转移酶催化下，与尿苷二磷酸葡萄糖醛酸提供的葡萄糖醛酸基结合，生成胆红素单葡萄糖醛酸酯和胆红素双葡萄糖醛酸酯，称结合胆红素(conjugated bilirubin)。其中胆红素双葡萄糖醛酸酯占 70%～80%，是主要的结合胆红素。这种结合反应也可发生在肾和小肠黏膜细胞。

$$\text{胆红素}+\text{尿苷二磷酸葡萄糖醛酸}\xrightarrow{\text{UDP-葡萄糖醛酸转移酶}}\text{胆红素单葡萄糖醛酸酯}+\text{UDP}$$

$$\text{胆红素单葡萄糖醛酸酯}+\text{尿苷二磷酸葡萄糖醛酸}\xrightarrow{\text{UDP-葡萄糖醛酸转移酶}}\text{胆红素双葡萄糖醛酸酯}+\text{UDP}$$

结合胆红素主要在肝内生成，又称肝胆红素。因其可直接与重氮试剂反应，又称为直接胆红素(direct reacting bilirubin)。结合胆红素易溶于水，可随胆汁从胆道排泄，因此正常人血和尿中无结合胆红素。患肝胆疾病时，胆道阻塞，毛细胆管因压力过高而破裂，结合胆红素可逆流入血也可在尿中出现。

胆汁酸盐可增加胆红素的溶解度，若胆汁酸盐与胆红素比例失调，则可引起胆红素析出形成结石。

结合胆红素和游离胆红素在理化性质方面存在很大差异，两种胆红素的区别见表 16－3。

表 16－3　两种胆红素性质比较

性质	游离胆红素	结合胆红素
常见其他名称	间接胆红素	直接胆红素
	血胆红素	肝胆红素
与葡萄糖醛酸结合	未结合	结合
与重氮试剂反应	慢或者间接反应	迅速、直接反应
溶解性	脂溶性	水溶性
经肾可随尿排出	不能	能
进入脑组织产生毒性作用	大	无

(五)胆红素在肠中的变化

1.胆素原和胆素的生成

结合胆红素随胆汁排入肠道后，在肠道细菌的作用下，脱去葡萄糖醛酸，并被逐步还原为一组无色的胆素原，包括中胆素原、粪胆素原和 *D*－尿胆素原。胆素原在肠道下段接触空气，可分别被氧化成 *L*－尿胆素、粪胆素和 *D*－尿胆素，统称胆素。胆素为黄褐色色素，随粪便排出，成为粪便的主要颜色。正常成人每日从粪便排出胆素原 40～280 mg。胆道完全梗阻时，胆红素进入肠道受阻，不能生成胆素原和胆素，导致粪便呈陶土色；新生儿由于肠道菌群不健全，胆红素未经细菌作用而直接出现在粪便中，使粪便呈现橘黄色。

2.胆素原的肠肝循环

肠道中的胆素原有 10%～20%被肠黏膜细胞重吸收，并经门静脉入肝，其中大部分又随胆汁排入肠道，此过程称为胆素原的肠肝循环。重吸收的小部分胆素原可进入体循环再经肾随尿排出，即尿胆素原，与空气接触后被氧化成黄色的尿胆素，成为尿液的颜色(图 16－9)。每日经肾排出的尿胆素原为 0.5～4.0 mg，碱性尿有利于尿胆素的排泄。各种原因引起的胆素原来源增加或排出受阻都会使血和尿中胆素原含量增加。当胆道完全阻塞时，胆红素不能排入肠道，因此肠中无胆素原的生成，尿中也检测不到胆素原。

(六)高胆红素血症与黄疸

正常人血清总胆红素含量应低于 17.1 μmol/L(<1 mg/dl)，其中游离胆红素占 4/5，与清蛋白结合运输，其余为结合胆红素。游离胆红素很容易通过生物膜，对细胞产生毒性作用。神经细胞富含脂类，对胆红素的毒性作用尤其敏感，可造成不可逆性损伤。肝有强大的处理胆红素的能力，单核-巨噬细胞系统每日生成的胆红素 200～300 mg，而肝细胞每日可清除3000 mg 以上的胆红素，远远大于其生成量。因此，正常人血浆胆红素的含量甚微。

当体内胆红素生成过多，或肝摄取、结合、排泄障碍时，可引起血浆胆红素浓度升高，即高胆红素血症(hyperbilirubinemia)。胆红素为金黄色，大量的胆红素扩散进入组织，可造成皮肤、黏膜和巩膜黄染称黄疸(jaundice)。黄疸的程度与血清胆红素的浓度有关。当血清胆红素

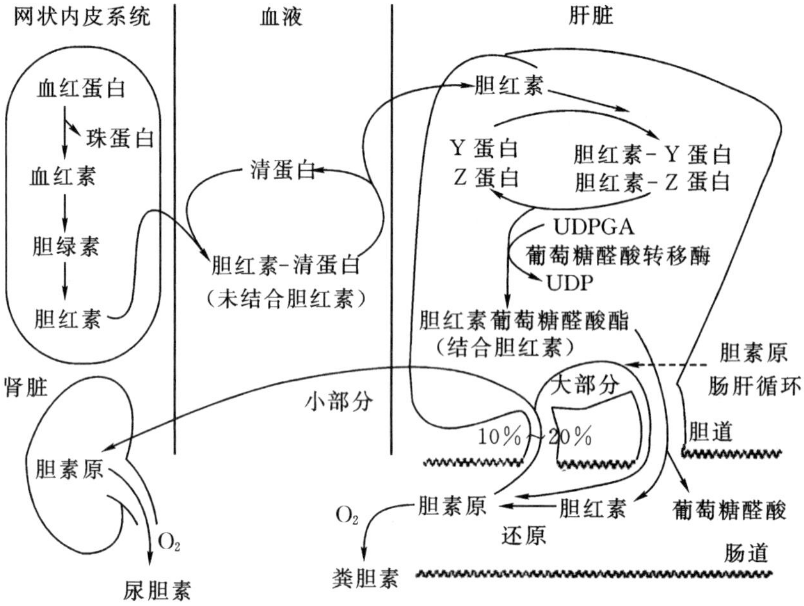

图 16－9　胆色素与胆素原的肠肝循环示意图

在 17.1～34.2 μmol/L（1～2 mg/dl）时，肉眼不易观察到黄染现象，称隐性黄疸；大于 34.2 μmol/L（2 mg/dl）时，巩膜和皮肤黄染明显，称显性黄疸。

临床上黄疸的发病机制复杂，按照胆红素的来源，可简单地分成 3 类。

1. *溶血性黄疸*

溶血性黄疸（hemolytic jaundice）又称肝前性黄疸，是由于红细胞破坏过多，在单核-巨噬细胞系统内生成过多的胆红素，超过肝细胞的处理能力，造成血浆游离胆红素浓度显著升高。镰刀状红细胞贫血、球形红细胞增多症、恶性疟疾、输血和用药不当等均可引起溶血性黄疸。发生溶血性黄疸时，血中结合胆红素的含量变化不大，重氮试剂反应呈间接阳性，即游离胆红素升高；尿胆红素呈阴性，但经肝处理的胆红素增多，因此从肠道吸收经肾排泄的尿胆素原增多。

2. *阻塞性黄疸*

阻塞性黄疸（obstructive jaundice）又称肝后性黄疸，是由于胆道系统梗阻，胆小管和毛细胆管内压力升高而破裂，造成结合胆红素逆流入血，使血清胆红素升高。常见于胆管的炎症、结石、肿瘤、寄生虫病或先天性胆管闭锁等疾病。临床上可检测到血中结合胆红素浓度升高，重氮试剂反应呈直接阳性，游离胆红素无明显改变；因为结合胆红素可经肾排泄，所以尿中可检测到尿胆红素，而经胆管排泄的胆红素减少，所以尿胆素原是降低的。

3. *肝细胞性黄疸*

肝细胞性黄疸（hepatocellular jaundice）又称肝原性黄疸，是由于肝细胞本身的病变，使其摄取、转化和排泄胆红素的能力降低所致。常见于肝实质性病变，如肝炎、肝肿瘤、药物或毒物中毒性肝病等。一方面，肝细胞摄取胆红素障碍，不能将游离胆红素全部转变为结合胆红素，造成血中游离胆红素浓度增高；另一方面，因为肝细胞肿胀、毛细胆管阻塞或毛细胆管与肝血窦直接相通等，使部分结合胆红素返流入血，所以血中结合胆红素浓度也增高，重氮试剂反应呈双向阳性。经肠肝循环到达肝的胆素原可通过受损的肝细胞进入体循环，并从尿中排泄，使尿胆素原增高。

溶血性黄疸、阻塞性黄疸、肝细胞性黄疸的血、尿、粪变化见表 16－4。

表 16－4 溶血性黄疸、阻塞性黄疸、肝细胞性黄疸的血、尿、粪改变

检测指标	正常	溶血性黄疸	阻塞性黄疸	肝细胞性黄疸
血液				
总胆红素	<1 mg/dl	增加	增加	增加
结合胆红素	0～0.8 mg/dl	不变或微增	显著增加	增加
游离胆红素	<1 mg/dl	显著增加	不变或微增	增加
尿液				
尿胆红素	—	—	有	有
尿胆素原	少量	增加	减少或无	不定
尿胆素	少量	增加	减少或无	不定
粪便				
尿胆素原	40～280 mg/24 h	显著增加	减少或无	减少
粪便颜色	正常	加深	变浅或陶土色	变浅或正常

目标检测

一、名词解释

生物转化

二、简答题

1. 生物转化有哪些类型？
2. 初级胆汁酸和次级胆汁酸各有哪些种类？
3. 未结合胆红素与结合胆红素有何区别？

（王宏娟）

第四篇

实验指导

SHIYANZHIDAO

实验一　血清总蛋白测定(双缩脲法)

【实验目的】

(1)掌握双缩脲法测定血清总蛋白的实验原理。

(2)熟悉测定血清总蛋白在临床上的应用。

【实验原理】

蛋白质分子中的肽键在碱性条件下能与铜离子作用生成紫红色的络合物,产生的颜色强度在一定范围内与蛋白质的含量成正比,经与同样处理的蛋白标准液比较,经计算即可求出血清蛋白质含量。

【实验试剂】

(1)双缩脲试剂:称取硫酸铜结晶($CuSO_4 \cdot 5H_2O$)3.0 g,溶于 500 ml 蒸馏水中,分别加酒石酸钾钠($NaKC_4H_4O_6 \cdot 4H_2O$)9.0 g 和碘化钾 5.0 g,待溶解后,再加 6.0 mol/L 氢氧化钠溶液 100 ml,混匀,最后蒸馏水定容至 1000 ml。

(2)54.0 mmol/L 氯化钠溶液。

(3)6.0 mol/L 氢氧化钠溶液。

(4)蛋白标准液。

【操作步骤】

取 3 支试管,按下表操作。

加入物(ml)	测定管	标准管	空白管
待定血清	0.1	—	—
蛋白标准液	—	0.1	—
NaCl	0.4	0.4	0.5
双缩脲试剂	5.0	5.0	5.0

混匀, 37 ℃水浴,10 min,用 540 nm 波长,以空白管调零,读取各管的吸光度值。

【计算公式】

$$血清总蛋白(g/L)=\frac{测定管吸光度}{标准管吸光度}\times 蛋白标准浓度$$

【正常参考范围】

总蛋白 60～80 g/L。

【临床意义】

血清中清蛋白几乎都由肝细胞合成,球蛋白由单核-巨噬细胞系统产生,它们的血中含量的变化,可反映肝脏和免疫系统疾病。

1. 血清总蛋白增高

(1)血液中水分减少,血液浓缩,总蛋白浓度相对增高。如严重腹泻、呕吐、高热、休克、慢性肾上腺皮质功能减低等。

(2)血清蛋白质合成增加，主要是球蛋白增加，如多发性骨髓瘤。

2. 血清总蛋白减低

(1)血液中水分增加，血液稀释，总蛋白浓度相对减低，如注射过多低渗溶液或因各种原因引起水、钠潴留。

(2)营养不良和消耗增加。食物中蛋白质含量不足或慢性肠胃道疾病所引起吸收不良，使体内缺乏合成蛋白质的原料，或因长期患严重结核、甲状腺功能亢进、恶性肿瘤等，使蛋白质大量消耗，导致血清蛋白浓度降低。

(3)合成障碍，主要是肝脏疾患，肝功能严重损害时，清蛋白合成障碍所致。

(4)蛋白质丢失增加，如大量失血、严重灼伤时血浆渗出，肾病综合征时大量蛋白尿。

(朱海英)

实验二　酶的专一性

【实验目的】

(1)掌握淀粉酶专一性测定的实验方法。

(2)了解酶专一性测定的基本方法。

【实验原理】

酶具有高度的专一性,对其作用的底物有严格的选择性。例如,唾液淀粉酶只能催化淀粉水解为麦芽糖而不能催化蔗糖水解。淀粉水解后产生的麦芽糖具有还原性,可使班氏试剂中的 Cu^{2+} 还原为 Cu^{+} 而出现砖红色沉淀;而淀粉和蔗糖没有还原性,不出现砖红色沉淀。

【实验试剂】

(1)1%淀粉溶液:取可溶性淀粉 1 g,少许蒸馏水调成糊状,然后倒入已煮沸的 90 ml 蒸馏水中,继续煮沸约 1 min,冷却后移入容量瓶中定容至 100 ml。

(2)1%蔗糖溶液:取蔗糖 1 g,少许蒸馏水溶解,然后蒸馏水定容至 100 ml。

(3)班氏试剂:取 17.3 g $CuSO_4$ 溶于 100 ml 蒸馏水中,再取柠檬酸钠 173 g 和无水 Na_2CO_3 100 g,二者放烧杯中,加蒸馏水 700 ml 溶解,待完全溶解后,与已溶解的 $CuSO_4$ 混合,边加边摇移入容量瓶中,再加蒸馏水定容至 1000 ml,此试剂可长期保存。

【操作步骤】

(1)鉴定蔗糖:取试管 1 支,加 1%蔗糖溶液 3 滴,加班氏试剂 1 ml,加热煮沸 3 min,溶液颜色不变,则证明蔗糖溶液纯净。

(2)唾液淀粉酶的制备:漏斗内垫少量棉花(尽量薄),用清水漱口后,过滤取唾液约 2 ml,蒸馏水稀释 10 倍用。

(3)取试管 2 支,编号,按下表加入各种试剂。

试剂	试管 1	试管 2
1%淀粉溶液(ml)	1	—
1%蔗糖溶液(ml)	—	1
唾液淀粉酶(ml)	1	1

(4)各管摇匀,置 37 ℃恒温水浴箱中保温 10 min。

(5)在两管中各加班氏试剂 3 滴,摇匀后煮沸 3 min。

【实验结果】

观察两支试管加入班氏试剂加热后颜色的变化,由此判断唾液淀粉酶对淀粉和蔗糖的水解效果。

【注意事项】

水解后溶液中还原糖量多少不同，在加入班氏试剂加热后，溶液颜色呈现砖红色、黄色或绿色沉淀。

（徐世明）

实验三　影响酶促反应速度的因素

【实验目的】

(1)熟悉温度、pH、激活剂和抑制剂对酶活性的影响。

(2)学会测定酶最适温度、最适 pH 值的方法;鉴定激活剂和抑制剂影响酶促反应速度的原理和方法。

【实验原理】

温度对酶的活性有显著影响。温度降低,酶促反应减弱或停止,温度升高,反应速度加快。当上升至某一温度时,酶促反应速度达最大值,此温度称为酶的最适温度。温度继续升高,反应速度反而迅速下降。人体内大多数酶的最适温度在 37 ℃左右。在体外,酶的最适温度随反应时间而异,温度愈高,酶蛋白变性愈重,至 80 ℃时,酶活性几乎完全丧失。

本实验以唾液淀粉酶为例,观察温度对酶活性的影响。唾液淀粉酶催化淀粉水解生成各种糊精和麦芽糖。

$$\underset{\text{淀粉}}{(C_6H_{10}O_5)_n} \rightarrow \underset{\text{糊精}}{(C_6H_{10}O_5)_m} \rightarrow \underset{\text{麦芽糖}}{C_{12}H_{22}O_{11}}$$

淀粉溶液属胶体溶液,具乳样光泽,与碘反应呈蓝色,无自由半缩醛羟基,不具还原性。糊精根据分子大小,与碘反应呈蓝、紫红等不同的颜色。麦芽糖不与碘呈色,但有自由半缩醛羟基,具有还原性。根据上述性质,可以用碘液检查淀粉是否水解及其水解程度,间接判断淀粉酶活性大小。

环境的 pH 显著影响酶活性。pH 既影响酶蛋白本身也影响底物的解离程度和所带电荷,从而改变酶与底物的结合以及催化作用。在某一 pH 值时,酶活性达最大值,这一 pH 值称酶的最适 pH 值。不同的酶,最适 pH 值不尽相同。人体内多数酶的最适 pH 值在 7.0 左右。

以唾液淀粉酶为例,该酶最适 pH 值为 6.8,过酸过碱均可使酶活性显著降低。判断 pH 对酶活性的影响可用底物即淀粉消失的快慢来衡量酶活性的高低,淀粉消失的快慢可用淀粉与碘呈色反应来判断。

激动剂和抑制剂对酶活性也有显著影响。本实验以唾液淀粉酶为例,氯离子为激动剂,使该酶活性增强,而铜离子为抑制剂,强烈抑制该酶活性。

【实验试剂】

(1)1%淀粉溶液:取可溶性淀粉 1 g,少许蒸馏水调成糊状,然后倒入已煮沸的 90 ml 蒸馏水中,继续煮沸约 1 min,冷却后移入容量瓶中定容至 100 ml。

(2)pH 值为 3 的缓冲液:取 0.730 g $Na_2HPO_4 \cdot 2H_2O$,柠檬酸($C_6H_8O_7 \cdot H_2O$)1.670 g,加蒸馏水少许溶解,然后移入干净的 100 ml 容量瓶中,加蒸馏水至 100 ml 刻度,混匀即可。

(3)pH 值为 6.8 缓冲液:取 3.510 g $Na_2HPO_4 \cdot 12H_2O$,1.592 g $NaH_2PO_4 \cdot 2H_2O$,加蒸馏水少许溶解,然后移入干净的 100 ml 容量瓶中,加蒸馏水至 100 ml 刻度,混匀即可。

(4)pH 值为 10 的缓冲液:取甘氨酸(NH_2CH_2COOH)1.501 g,NaOH 0.512 g,加蒸馏水

少许溶解，然后移入干净的量筒(或量杯)中，加蒸馏水至 164 ml 刻度，混匀即可。

(5)1% NaCl：取 NaCl 1 g，用少许蒸馏水溶解后，移入 100 ml 容量瓶中，然后加蒸馏水至 100 ml 即可。

(6)1% $CuSO_4$：取 $CuSO_4 \cdot 5H_2O$ 1 g，用少许蒸馏水溶解后，移入 100 ml 容量瓶中，然后加蒸馏水至 100 ml 刻度即可。

(7)1% Na_2SO_4：取无水 Na_2SO_4 1 g，用少许蒸馏水溶解后，移入 100 ml 容量瓶中，然后加蒸馏水至 100 ml 刻度即可。

(8)碘液：取 I_2 1 g，KI 2 g，溶于 100 ml 蒸馏水，贮存于棕色瓶中。

【操作步骤】

1. 唾液淀粉酶的制备

漏斗内垫少量棉花(尽量薄)，用清水漱口后，过滤取唾液约 2 ml，蒸馏水稀释 10 倍用。

2. 温度对酶活性的影响

(1)取试管 5 支，编号，按下表操作。

	试管 A	试管 B	试管 C	试管 D	试管 E
唾液淀粉酶(ml)	1	1	1	1	1
温度处理	0 ℃，10 min	0 ℃，10 min	室温，10 min	37 ℃，10 min	100 ℃，10 min

(2)再取试管 5 支，编号，按下表操作。

	试管 1	试管 2	试管 3	试管 4	试管 5
1%淀粉溶液(ml)	1	1	1	1	1
温度处理	0 ℃，5 min	0 ℃，5 min	室温，5 min	37 ℃，5 min	37 ℃，5 min
与上表中各管酶液混匀	A	B	C	D	E
温度处理	0 ℃，10 min	0 ℃，10 min	室温，10 min	37 ℃，10 min	37 ℃，10 min
碘液(滴)	1～2	1～2	1～2	1～2	1～2
温度处理	37 ℃，10 min	观察实验现象			
碘液(滴)	1～2				

混匀并观察实验现象。

3. pH 对酶活性的影响

取试管 3 支，编号，按下表操作。

	试管 1	试管 2	试管 3
缓冲液(ml)	2(pH 值 3)	2(pH 值 6.8)	2(pH 值 10)
唾液淀粉酶(ml)	1	1	1
1%淀粉(ml)	1	1	1

37 ℃水浴保温 10 min，各管分别加碘液 1～2 滴混匀，观察实验现象。

4. 激动剂和抑制剂对酶活性的影响

取试管 4 支，编号，按下表操作。

	试管 1	试管 2	试管 3	试管 4
1% 淀粉液(ml)	1	1	1	1
1% NaCl(滴)	2	—	—	—
1% $CuSO_4$(滴)	—	2	—	—
1% Na_2SO_4(滴)	—	—	2	—
蒸馏水(滴)	—	—	—	2
唾液淀粉酶(ml)	0.5	0.5	0.5	0.5

将各管摇匀，置 37 ℃水浴中 10 min，取出各加碘液 1～2 滴摇匀，观察实验现象。

【实验结果】

观察实验现象并解释结果。

（徐世明）

实验四　血糖测定(葡萄糖氧化酶法)

【实验目的】

(1)掌握酶法测定血糖的基本原理。

(2)熟悉可见分光光度计的操作方法。

【实验原理】

血清中的葡萄糖在葡萄糖氧化酶(GOD)的催化作用下,生成过氧化氢(H_2O_2)和葡萄糖酸。H_2O_2与苯酚以及4-氨基安替吡啉(4-AA)在过氧化物酶(POD)的催化下生成红色醌类化合物,红色醌类化合物在505 nm波长处有最大吸收峰,其吸光度变化与葡萄糖浓度成正比。用分光光度法将待测溶液与相同处理的葡萄糖标准溶液进行比色,便可求得待测溶液血糖浓度。

GOD和POD催化的反应如下。

$$\text{葡萄糖}+O_2+H_2O\xrightarrow{\text{葡萄糖氧化酶}}\text{葡萄糖酸}+H_2O_2$$

$$H_2O_2+\text{苯酚}+4\text{-氨基安替吡啉}\xrightarrow{\text{过氧化物酶}}+H_2O_2+\text{红色醌类化合物}$$

【实验仪器与试剂】

1. 器材

(1)可见分光光度计、恒温水浴箱(37 ℃)。

(2)微量取样器、吸头、吸量管、试管。

2. 试剂

试剂盒组成:①酚试剂R2;②酶试剂R1;③葡萄糖标准液(100 mg/dl)

试剂有效成分:

葡萄糖氧化酶	13 000 U/L
过氧化物酶	900 U/L
4-氨基安替吡啉	0.77 mmol/L
苯酚	11 mmol/L

【操作步骤】

(1)试剂准备:将10 ml R1与90 ml R2混匀即为工作液。

(2)取3支试管,编号,按下表操作。

试剂(ml)	空白管	标准管	测定管
待测血清	—	—	0.02
葡萄糖标准液(100 mg/dl)	—	0.02	—
工作液	3.00	3.00	3.00

混匀,37 ℃水浴15 min,冷却后,用分光光度计在505 nm波长处,以空白管溶液调零,测定各管的吸光度值,显色后在2 h内稳定。

【计算公式】

$$葡萄糖含量(mg/dl)=\frac{测定管吸光度}{标准管吸光度}\times 葡萄糖标准浓度$$

【正常参考范围】

正常血糖值为 70～110 mg/dl(3.89～6.11 mmol/L)。

【临床意义】

血糖超过 110 mg/dl,称为高血糖症,超过 160 mg/dl 可出现糖尿,糖尿病、甲状腺功能亢进、脑垂体前叶功能亢进、肾上腺皮质和髓质功能亢进等,均可出现高血糖症和糖尿。血糖低于 70 mg/dl,称为低血糖症,多见于胰岛素分泌过多、肾上腺皮质功能减退、脑垂体前叶功能减退和甲状腺功能减退等。

(张丽娟)

实验五　血清总胆固醇测定(胆固醇氧化酶法)

【实验目的】

(1)掌握胆固醇氧化酶法测定血清胆固醇的基本原理。

(2)熟悉胆固醇氧化酶法测定血清胆固醇的基本操作步骤。

(3)了解血清总胆固醇测定的临床意义。

【实验原理】

血清中胆固醇酯酶(CHE)将血清中的胆固醇酯水解成游离胆固醇,在胆固醇氧化酶(COD)催化下将胆固醇氧化成胆烷-4-烯-3-酮和 H_2O_2,接着在过氧化物酶(POD)催化下,利用 H_2O_2 将色原物4-氨基安替比林和酚氧化成红色醌类化合物,其颜色深浅与胆固醇含量成正比。

【实验仪器与试剂】

1.仪器

全自动生化分析仪、半自动生化分析仪、分光光度计。

2.试剂

(1)胆固醇测定单试剂:组成如下。

哌嗪-N,N′-双(2-乙基磺酸)(PIPES)(pH值为6.8)	75 mmol/L
Mg^{2+}	10 mmol/L
胆酸钠	3 mmol/L
CHE	>800 U/L
COD	>500 U/L
POD	>1000 U/L
4-AAP	0.5 mmol/L
酚	3.5 mmol/L
聚氧乙烯类表面活性剂	3 g/L

胆固醇测定双试剂用于自动分析,分别为R1和R2:

R1含胆酸钠、酚及其衍生物,聚氧乙烯类表面活性剂和缓冲系统;

R2含CHE、COD、POD、4-AAP和缓冲系统。各组分的最终浓度与单一试剂相同。

缓冲系统有PBS、Tris和GOOD's系统。

(2)胆固醇标准液5.17 mmol/L(200 mg/L):精确称取胆固醇200 mg,用异丙醇配成100 ml溶液,分装后,4 ℃保存,临用前取出。也可用定值的参考血清作标准。

【操作步骤】

取 3 支试管，分别标号为空白管、标准管、测定管，如下表加样。

加入物(ml)	空白管	标准管	测定管
蒸馏水	0.02	—	—
标准液	—	0.02	—
血清	—	—	0.02
酶试剂	2.00	2.00	2.00

混匀后，37 ℃水浴箱中保温 15 min，以空白管调零，于 510 nm 波长处以试剂空白调零，分别测出测定管和标准管的吸光度(A)求得血清总胆固醇浓度。

【计算公式】

$$\text{血清 TC(mmol/L)}=\frac{\text{测定管吸光度}}{\text{标准管吸光度}}\times\text{胆固醇标准液浓度}$$

【正常参考值】

TC<5.18 mmol/L 为合适范围；

5.18～6.19 mmol/L 为边缘升高；

≥6.22 mmol/L 为升高。

【临床意义】

(1)胆固醇增高：常见于动脉粥样硬化、原发性高脂血症、糖尿病、肾病综合征、胆总管阻塞、甲状腺功能减退、肥大性骨关节炎、老年性白内障和牛皮癣。

(2)胆固醇降低：常见于低脂蛋白血症、贫血、败血症、甲亢、肝脏疾病、严重感染、营养不良、肠道吸收不良和药物治疗过程中的溶血性黄疸及慢性消耗性疾病，如癌症晚期等。

（吕慧玲）

实验六　血清甘油三酯测定(磷酸甘油氧化酶法)

【实验目的】

(1)掌握磷酸甘油氧化酶法测定血清甘油三酯的基本原理。

(2)熟悉磷酸甘油氧化酶法测定血清甘油三酯的手工法操作步骤。

(3)了解血清甘油三酯测定对脂类代谢紊乱等疾病诊断的临床意义。

【实验原理】

血清中甘油三酯经脂蛋白脂肪酶作用,可以水解为甘油和游离脂肪酸,甘油在 ATP 和甘油激酶的作用下,生成 3 -磷酸甘油,再经磷酸甘油氧化酶作用氧化生成磷酸二羟丙酮和过氧化氢(H_2O_2)。H_2O_2 与 4 -氨基安替比林(4 - AAP)及 4 -氯酚在过氧化物酶的作用下,生成红色醌类化合物,其显色程度与甘油三酯的浓度成正比。分光光度计波长 500 nm 测定吸光度,对照标准计算出甘油三酯含量。

【实验仪器与试剂】

1. 仪器

全自动生化分析仪、半自动生化分析仪、分光光度计。

2. 试剂

(1)甘油三酯测定单试剂:组成如下。

PIPES 缓冲液(pH 值为 6.8)	50 mmol/L
LPL	>2000 U/L
GK	>250 U/L
GPO	>3000 U/L
POD	>1000 U/L
$MgCl_2$	40 mmol/L
胆酸钠	3.5 mmol/L
ATP	≥1.4 mmol/L
4 - AAP	≥1.0 mmol/L
4 -氯酚	3.5 mmol/L
高铁氰化钾	10 μmol/L
表面活性剂	0.1 g/L

甘油三酯测定双试剂用于自动分析,分别为 R1 和 R2:

R1 含缓冲系统、GK、GPO、POD、ATP、胆酸钠、4 -氯酚、高铁氰化钾和表面活性剂;

R2 含 4 - AAP、LPL 和缓冲系统。各组分的最终浓度与单一试剂相同。

(2)甘油三酯标准液 2.26 mmol/L(200 mg/L):精确称取高纯度甘油三酯(分子量:885.4)200 mg 加 TritonX - 100 5 ml,用蒸馏水定容至 100 ml,分装 4 ℃保存,切勿冰冻保存。

【操作步骤】

取 3 支试管，分别标号为空白管、标准管、测定管，如下表加样。

	空白管(B)	标准管(C)	测定管(U)
样品(μl)	—	—	10
校准液(μl)	—	10	—
蒸馏水(μl)	10	—	—
工作液(μl)	1000	1000	1000

混匀后，37 ℃水浴箱中保温 5 min，以空白管调零，用分光光度计于 500 nm 波长处分别测出测定管和标准管的吸光度(A)，求得血清甘油三酯浓度。

【计算公式】

$$血清甘油三酯(mmol/L)=\frac{测定管吸光度}{标准管吸光度}\times 标准液浓度$$

【参考区间】

TG≤1.70 mmol/L 为合适范围；

1.70～2.25 mmol/L 为边缘升高；

＞2.26 mmol/L 为升高。

【临床意义】

(1)增高见于家族性脂类代谢紊乱、肾病综合征、糖尿病、甲状腺功能减退、急性胰腺炎、糖原贮积症、胆道梗阻、原发性甘油三酯增高症、动脉粥样硬化等。

(2)降低比较少见，慢性阻塞性肺疾病、脑梗死、甲状腺功能亢进、营养不良和消化吸收不良综合征等可引起血清甘油三酯的降低。

(吕慧玲)

实验七　血清丙氨酸氨基转移酶活性测定(赖氏比色法)

【实验目的】

(1)掌握赖氏比色法测定血清丙氨酸氨基转移酶活性的实验原理。

(2)熟悉测定血清丙氨酸氨基转移酶活性在临床上的应用。

【实验原理】

血清丙氨酸氨基转移酶(ALT)催化丙氨酸与α-酮戊二酸之间的氨基转换反应,生成丙酮酸和谷氨酸。

$$L\text{-丙氨酸}+\alpha\text{-酮戊二酸}\xrightarrow{ALT}\text{丙酮酸}+L\text{-谷氨酸}$$

经 30 min 反应后,加入 2,4-二硝基苯肼终止反应,并与反应液中产生的丙酮酸及底物缓冲液中剩余的α-酮戊二酸作用生成相应的 2,4-二硝基苯腙。两种苯腙在碱性条件下呈红棕色,其吸收光谱曲线有差别,在 500～520 nm 处差异最大,以等摩尔浓度计算,丙酮酸苯腙的呈色强度约为α-酮戊二酸苯腙的 3 倍。根据此特点可计算出丙酮酸的生成量,从而推算出 ALT 的活性。

【实验试剂】

(1)0.1 mol/L 磷酸氢二钠溶液:磷酸氢二钠(含两分子结晶水)17.8 g 溶解于水中,并加水至 1000 ml,冰箱内保存。

(2)0.1 mol/L 磷酸二氢钾溶液:磷酸二氢钾 13.6 g 溶解于水中,加水至 1000 ml,冰箱内保存。

(3)0.1mol/L 磷酸盐缓冲液(pH 值为 7.4):将 420 ml 浓度为 0.1 mol/L 磷酸氢二钠溶液和 80 ml 0.1 mol/L 磷酸二氢钾溶液混匀,加氯仿数滴,置冰箱内保存。

(4)底物缓冲液(*DL*-丙氨酸 200 mmol/L,α-酮戊二酸 2 mmol/L):精确称取 1.79 g *DL*-丙氨酸和 29.2 mg α-酮戊二酸,先溶于约 50 ml 0.1 mol/L 磷酸盐缓冲液中,用 1 mol/L 氢氧化钠(约 0.5 ml)调节到 pH 值为 7.4,再加磷酸盐缓冲液至 100 ml,置冰箱保存,可稳定 2 周。每升底物缓冲液中可加入麝香草酚 0.9 g 或加氯仿数滴防腐。置冰箱中至少可保存 1 个月。分装安瓿灭菌后,室温至少可用 3 个月。

(5)1.0 mmol/L 2,4-二硝基苯肼溶液:称取 19.8 mg 2,4-二硝基苯肼,溶于 10 ml 浓度为 10 mol/L 盐酸中,待完全溶解后,加蒸馏水至 100 ml,置棕色玻璃瓶,室温下保存。若有结晶析出,应重新配制。

(6)0.4 mol/L 氢氧化钠溶液:将 16.0 g 氢氧化钠溶解于水中,并加水至 1000 ml,置具塞塑料试剂瓶内,室温下可长期稳定。

(7)2 mmol/L 丙酮酸标准液:准确称取 22.0 mg 丙酮酸钠(AR),置于 100 ml 容量瓶中,用 0.05 mol/L 硫酸至刻度。丙酮酸不稳定,开封后易变质,相互聚合为多聚丙酮酸,建议使用质量可靠的市售丙酮酸标准液。

【操作步骤】

1. 制作标准曲线

取 5 支洁净干燥的试管，编号，按下表配制标准管。

加入物(ml)	0	1	2	3	4
0.1 mol/L 磷酸盐缓冲液	0.10	0.10	0.10	0.10	0.10
2 mmol/L 丙酮酸标准液	—	0.05	0.10	0.15	0.20
底物缓冲液	0.50	0.45	0.40	0.35	0.30
相当于酶活性(卡门单位)	0	28	57	97	150

各管加入 2,4-二硝基苯肼溶液 0.5 ml，混匀，37 ℃ 20 min 后加入 0.4 mol/L 氢氧化钠溶液 5.0 ml，混匀。

室温放置 5 min 后，用分光光度计在波长 505 nm 处，以蒸馏水调零，读取各管吸光度。将各管吸光度均减去"0"管吸光度后，以所得吸光度差值为纵坐标、各管对应的酶活性卡门氏单位为横坐标作图，绘制成标准曲线。

2. ALT 测定

在测定前取适量的底物溶液，在 37 ℃恒温水浴箱内预温 5 min 后使用。具体操作按下表进行。

加入物(ml)	测定管	对照管
血清	0.1	0.1
底物缓冲液	0.5	—
混匀，在 37 ℃恒温水浴箱中保温 30 min		
2,4-二硝基苯肼溶液	0.5	0.5
底物缓冲液	—	0.5

各管混匀后，置 37 ℃水浴保温 20 min，然后，每管加入 0.4 mol/L 氢氧化钠 5.0 ml，混匀，室温放置 5 min 后，用分光光度计在波长 505 nm 处，以蒸馏水调零，读取各管的吸光度值。测定管吸光度减去对照管吸光度后，从标准曲线中查得 ALT 活性单位。

【单位】

血清 1 ml，反应液总体积 3 ml，反应温度 25 ℃，波长 340 nm，比色杯光径 1.0 cm，每分钟吸光度下降 0.001 Å 为一个卡门单位(相当于 0.1608 μmol NADH 被氧化)。

【正常参考值】

5～25 卡门单位(反应温度为 37 ℃)。

【临床意义】

肝细胞中 ALT 含量较多，且主要存在于胞质内。当肝细胞受损时，此酶可释放入血，使血中 ALT 活性浓度增加。

(1)作为肝细胞损伤的灵敏指标。急性病毒性肝炎患者血清转氨酶升高的阳性率可达 80%～100%，到恢复期，转氨酶逐渐转入正常。但如果在 100 U 左右波动，或恢复后再度上升提示转化为慢性活动性肝炎。重症肝炎或亚急性重型肝炎患者症状恶化时，该酶活性反而降低，提示肝细胞坏死后增生不良、预后不佳。

(2)作为肝病诊断的重要指标。慢性活动性肝炎或脂肪肝时，转氨酶轻度增高(100～200 U)，或在正常范围，且 AST＞ALT。肝硬化、肝癌时，ALT 有轻度或中度增高，提示可能并发肝细胞坏死，预后严重。其他原因引起的肝脏损害，如心功能不全时，肝淤血导致肝小叶中央带细胞的萎缩或坏死，可使 ALT、AST 明显升高；某些化学药物如氯丙嗪、苯巴比妥、四氯化碳、砷剂等可不同程度地损害肝细胞，引起 ALT 的升高。

(3)协助诊断其他疾病。骨骼肌损伤、多发性肌炎等因素亦可引起转氨酶升高。磷酸吡哆醛缺乏时 ALT 活性也降低。

(许莹)

参考文献

[1]查锡良,药立波.生物化学与分子生物学[M].8版.北京:人民卫生出版社,2014.

[2]何旭辉,吕士杰.生物化学[M].7版.北京:人民卫生出版社,2014.

[3]郭善军,杨华.生物化学[M].北京:人民卫生出版社,2016.

[4]徐坤山,张知贵.生物化学[M].南京:江苏凤凰科学技术出版社,2015.

[5]邱烈, 张知贵.生物化学[M].2版.西安:第四军医大学出版社,2012.

[6]杨友谊,刘伟.生物化学[M].北京:化学工业出版社,2013.

[7]徐世明,黄川锋.生物化学[M].西安:西安交通大学出版社,2012.

[8]德伟,王杰,李存保.生物化学与分子生物学[M].北京:北京大学医学出版社,2015.

[9]田余祥.生物化学[M].北京:科学出版社,2013.

[10]查锡良.生物化学[M]. 7版. 北京:人民卫生出版社,2009.

[11]朱玉贤,李毅.现代分子生物学[M]. 北京:高等教育出版社,2007.